U0397364

国家文物局指南针中国古建筑精细测绘项目
国家自然科学基金资助（项目批准号：51478005）
『十二五』国家重点图书出版规划项目
中国古代建筑精细测绘与营造技术研究丛书

山西万荣稷王庙

建筑考古研究

徐怡涛 等著

东南大学出版社·南京

课题组成员

北京大学考古文博学院：

徐怡涛　徐新云　王书林　彭明浩　王　敏　王子奇

崔金泽　吕经武　张　洁　房　佳　冯乃希　李倩茹

罗　希　谭　镭　佟　可　俞莉娜　张梦遥　吉富遥树

赵靖雯　朱静华

山西省古建筑保护研究所：

任毅敏　张藕莲

北方工业大学：

张　勃　李　媛　陆金霞　天　妮　王颖超　王　勇

孙　婧　谢　彬　刘占蛟

北京科达诚业空间技术有限公司：

席　玮　梁孟华　李英成　陈　曦　周俊吕　吴星亮　孙长文

洛阳市文物考古研究院：

马利强　马建民等

领队、课题负责人：徐怡涛

执笔：徐怡涛　徐新云　彭明浩　俞莉娜　张梦遥

目录

测绘图集

附　录

第一章 概述

一、基于历史学视角的古建筑“精细测绘”

中国的文物建筑，尤其是那些建于古代、历史久远的文物建筑，当前所面临的最迫切问题，并非是如何加固、重修等工程保护措施和探寻合理的利用方法，而是对其文物本体历史信息的全面记录与价值研判。而尽可能准确、详细地确定文物建筑的历史年代沿革，是确立文物建筑价值的首要问题与关键所在。因为历史沿革决定了文物建筑的历史价值，而历史价值又是文化遗产价值体系的核心。只有在充分认识到文物建筑的价值之后，对文物建筑的保护与利用，才有可能做到对文物本体历史信息的最小干预和对各项价值的最大展现、利用。

国家文物局在“指南针”古建筑价值发掘专项研究中所提出的“精细测绘”的概念，有别于传统上的法式测绘和修缮勘查。本课题组认为，“精细测绘”与以往古建筑测绘的主要差别在于：“精细测绘”并非仅仅记录文物建筑上特定的几何信息或病损情况，而是将测绘对象视为历史研究的“史料”，运用各种科学方法，真实、全面地记录文物建筑本体的几何、色彩、材料、格局、文字等方面的现状信息，使之符合历史学对史料的要求，具备真实、全面、综合、可辨析的特点。通过对史料的解析，准确地揭示文物本体历史信息的时间属性，使之成为相关历史研究的客观证据，以扩大历史学研究基础，同时，为文化遗产的科学保护与有效利用提供决策依据。

综上所述，基于历史学视角，为历史研究提供全面“史料”，是“精细测绘”的主要目的。而文物建筑的历史学问题，首先是文物建筑的时代问题，即文物建筑从创建至今的历史沿革及其在物质形态上的体现，我们通过比较各类建筑构件或构件组合的物质形态，可以发现不同时代所特有的印记，以此印证或还原文字所记载或缺失的历史，建立文物建筑的沿革年表。在厘清不同区域内文物建筑的时代问题后，我们就可以在限定时间或空间变化的基础上，看到文物建筑的物质形态在时间和空间内的流传演变。在确认文物建筑形制流变的基础上，我们将有可能探讨出现时间演变和空间传播的历史成因，最终使对文物建筑本体形制的研究，成为历史研究的一部分，丰富历史研究，扩展其研究基础。时代、流变、成因的脉络，是建筑考古学研究的主线，而时代问题是这条主线的起点和基础，是文物建筑研究和保护利用成败的关键，因此，课题组认为，文物建筑的“时代问题”是基于历史学视角的“精细测绘”工作的核心。

二、选题意义

万荣稷王庙，位于山西省运城市万荣县西北 8 公里南张乡太赵村中。寺庙坐北朝南，占地约 3400 平方米，庙内现仅存大殿及戏台各一座。大殿面阔五间、进深三间，单檐庑殿顶。1965 年公布为山西省重点文物保护单位，2001 年公布为第五批全国重点文物保护单位，公布年代为金代。

运城地处山西西南部，西邻陕西，南接河南，临近唐宋时期的政治文化中心地区，又因其天然的盐池资源，历来受政府所重视，所以运城与周边地区，尤其是陕西、河南和太原地区存在密切的交流关系，在现存古代建筑形制上亦有体现。由于战乱频仍，中国宋代以前的文化中心区极少有建筑遗存，所以，研究运城的早期建筑，有助于我们认识中国唐宋时期文化中心区域的建筑特征，揭示中国古代建筑的历史演变和形制流布规律。

本次精细测绘选定万荣稷王庙，主要基于以下原因：

1. 万荣稷王庙大殿是晋南地区现存早期建筑中屋顶等级最高者，且其建筑形制特征鲜明，保存基本完整，现存部分金石、题记史料，符合文物建筑形制年代学标尺的成立条件；

2. 2007 年至 2010 年，北京大学考古文博学院文物建筑专业对万荣稷王庙进行了持续的调研和监测，并完成了晋南地区宋元建筑形制的分期分区研究，论证了稷王庙大殿的年代非国保单位所公布的金代，而是北宋，是国内仅存的北宋庑殿顶建筑，具有极其重要的历史价值，亟待深入研究；

3. 稷王庙大殿在山西“南部工程”中将进行落架大修，亟需保存历史信息，确保真实性。

正是从古建筑区系类型角度上认识到运城地区古建筑的重要性，及万荣稷王庙本身的重要性，课题组最终选定位于运城地区的万荣稷王庙作为精细测绘对象。

课题组试图通过对万荣稷王庙历史信息的记录和解读工作，探索古建筑“精细测绘”的有效方法，留存重要文物建筑的历史信息，验证前期建筑形制年代研究结论，深化历史问题研究，提升我们对古代建筑区系渊源流变的认识，并直接为万荣稷王庙的保护与利用提供依据。

三、团队组织与基本工作内容及方法

根据万荣稷王庙的研究、保护和管理现状，课题组设定本次“精细测绘”所需记录的历史信息内容主要包括：稷王庙大殿的几何形制、材料、文献和院落格局。为达成以上历史信息真实、全面的记录与分析，课题组开展的万荣稷王庙历史信息测绘、记录分项工作如下：

①手工测绘；②技术测量；③图像记录；④考古勘探；⑤材料鉴定；⑥科技测年；⑦修缮记录；⑧访谈记录；⑨文献记录。

由于万荣稷王庙大殿将进行落架大修，为保证历史信息和修缮记录的真实性，课题组分别于稷王庙大殿修缮前、修缮中和修缮后进行了三次测绘、记录工作。

为完成以上各项工作，根据本次工作所需专业技术和设备，我们组建了由北京大学考古文博学院文物建筑专业、山西省古建筑保护研究所、北方工业大学建筑学院和北京科达诚业空间技术有限公司四家单位构成的联合团队，各司其职，发挥所长，力争圆满完成项目任务要求，全面、真实地记录万荣稷王庙的历史信息，科学地揭示其历史价值。

分工方面，北京大学考古文博学院：全程组织协调各项子课题工作，参与修缮前、中、后各阶段测绘，负责考古勘探、历年图像记录、文献记录、访谈记录、碳十四测年、材料研究、形制年代和格局演变研究、编纂研究报告、测绘图集等工作；山西省古建筑保护研究所具体负责：修缮前期勘察测绘、修缮信息记录和作业现场支持等工作；北方工业大学建筑学院主要承担：稷王庙大殿落架修缮过程中的三维激光扫描和部分拆解散件的手工测绘、记录等工作；北京科达诚业空间技术有限公司负责：修缮前的三维激光扫描、近景摄影测量及航测、修缮后的三维激光扫描、测绘精度控制等工作。

在文物建筑本体的测绘、记录和建筑历史问题的研究上，针对不同测绘阶段和不同研究对象，课题组采取了具有针对性和多样性的方法。

文物建筑本体几何信息测绘方面，分别采取了手工测绘、三维激光扫描和近景摄影测量等技术，并综合运用各类技术的优势成果，提高测绘工作质量。在庙宇格局记录方面，除运用全站仪、GPS 等测量手段外，还特别运用了考古勘探和民间访谈的方法，获得了更加丰富的历史信息。在材料方面，广泛取样，采用粗识和显微切片的方法，明确文物建筑本体全面的木材用料规律。在木构件年代研究方面，分别运用了建筑形制类型学和碳十四测年方法，获得了良好的互证效果。另外，本课题还运用到数据和文献的提炼、发现、分析比较等方法，并特别强调测绘研究人员必须深入现场，长期接触文物本体的工作原则。总之，我们的一切工作方法，皆服务于本课题的研究目的，即全面、真实地记录文物建筑的历史信息，使之成为历史研究的史料，确证文物建筑的年代及其历史沿革，揭示其历史价值，以达成更好的保护与利用。

四、致谢

山西万荣稷王庙的研究与测绘工作大体分为四个阶段：一是文物建筑踏查与形制研究；二是文物建筑现状与历史信息的详细提取与全面记录；三是进行历史、材料、尺度、碳十四等分项研究，并绘制各类图纸；四是撰写研究论文和整体研究报告。

自 2007 年至今，春秋八度，我们对万荣稷王庙的认识，也随着岁月的更替而日渐清晰。拂去历史的尘封，还历史本来的面目，让古代建筑的研究成为见证历史、还原历史的基石，这是建筑考古学的使命。

万荣稷王庙研究工作所取得的成果，首先要感谢始终参与本项课题的北京大学文物建筑专业的同学们。8 年来，支持这一研究从无到有、从小到大的始终是北京大学考古文博学院文物建筑专业的师生。从2007年开始，已经连续有4届本、硕同学参与过稷王庙调研、测绘和研究工作，在一个本科隔年招生的专业里，在一个平均每年不到10名学生的专业里，在燕园美丽而偏僻的红湖岸边，8年来，他们始终为万荣稷王庙的建筑考古研究而默默坚守着。

在调查、测绘和历史记录方面，王书林、王敏以及文物建筑2008级本科班的同学们付出了巨大努力，实际上，所有参与稷王庙课题的北大学子，在他们所经历的工作中，都表现出优秀的才智和品质。在此，我还要特别指出以下几位同学的贡献：

徐新云，他在完成于2009年的硕士学位论文中，以建筑形制考古类型学的方法，依据晋西南地区木构建筑和砖塔及砖室墓等仿木构史料，判定万荣稷王庙大殿的年代为北宋中前期，下限不晚于熙宁。2011年5月，在稷王庙第三次测绘的现场，我通过短信将发现北宋“天圣”题记的消息告诉了他，许久，我收到他的回复，四个字，“泪流满面”。

彭明浩，他在2011年完成的硕士学位论文中，对万荣稷王庙大殿木料的树种进行了研究，通过对比山西已知年代的宋、金建筑木料的树种情况，得出了万荣稷王庙大殿木料的树种使用符合北宋建筑特点的结论。此外，彭明浩还参与了万荣稷王庙的考古勘探工作。当他得知课题组在现场发现“天圣”题记后，回复我道，“这是方法论的胜利”。

崔金泽、谭镭，在2011年课题组第三次对稷王庙进行测绘时，他们在测绘架上偶然发现了身后木枋上有淡淡的墨书痕迹，这一发现为确认万荣稷王庙大殿的确切年代创造了必要条件，使题记纪年与前述形制和材料研究的成果形成互证。

俞莉娜、张梦遥，2012年，她们将万荣稷王庙大殿的尺度和格局研究作为其本科毕业论文选题，进行了艰辛而刻苦的研究。俞莉娜综合课题组精细测绘所得大量建筑构件数据，研究推算出万荣稷王庙大殿的用尺长度最大可能为一尺等于31.4厘米，恰为前辈学者所论证的北宋官尺长度。宋真宗曾在今万荣县境内大力兴建汾阴后土祠，而万荣稷王庙大殿与之在时间和空间上皆非常接近，这一尺度研究的成果与历史、形制、材料和纪年成果形成了互证。张梦遥通过梳理课题组所获得的碑铭文献、访谈记录、考古勘探以及建筑形制断代等成果，推测复原了万荣稷王庙一系列重要时期的院落格局，揭示了万荣稷王庙的历史演变历程和建筑组群以主体建筑明间开间为模数进行尺度控制的规律。

同时，徐新云、彭明浩、俞莉娜、张梦遥、王书林等还参与了本书的撰稿、校对或图纸整理工作。

历年来，在课题负责人的指导下，众多北大学子所完成的各项工作，对还原万荣稷王庙的历史，揭示更广泛的建筑演变，探究文化源流变迁，具有重要的学术意义。通过参与万荣稷王庙的研究工作，许多北大同学树立了终生从事文化遗产研究、保护的志愿，成为奋斗在文化遗产事业一线的工作者。我想，对一名教师而言，这是超越具体研究的最大收获。

万荣稷王庙研究工作的完成，还有赖于课题组各参与单位的鼎力合作；有赖于山西省文物局的支持；有赖于万荣县政府和县文物局的支持。

时任山西省古建筑保护研究所所长的宁建英女士，积极支持与北大开展科研合作，山西省古建筑保护研究所任毅敏副所长和万荣文物局苏银锁局长，都曾多次亲临稷王庙现场，对北大师生的工作给予高度肯定和大力协助。承担万荣稷王庙南部工程修缮的万荣古建筑公司的经理、记录员和各位工人师傅，在现场都给予了积极的配合。

北方工业大学建筑学院的张勃先生和他的研究团队，参与了课题组对万荣稷王庙的第二次测绘工作，在落架大修的现场，冒着严寒，北大和北方工大的师生一起用三维扫描仪、小钢尺、照相机，一件件地仔细记录着祖先留下的珍贵遗产。现场测绘后，北方工业大学的同学们又完成了大量分件图的绘制工作。

科达诚业公司的席玮女士组织了摄影测量、三维扫描的技术团队，空军测绘局的梁孟华等先生为此提供了卓越的技术支持。

洛阳文物考古研究院的马利强、马建民等先生，出色地完成了万荣稷王庙的考古勘探工作，其所获考古勘探成果是揭示稷王庙早期历史格局和建筑群尺度控制规律的基础依据。

北大课题组在万荣稷王庙研究上所获得的成果，还离不开国家对文物建筑的重视和投入，在此，我们由衷地感谢国家文物局设立了“指南针”中国古建筑精细测绘课题。时任国家文物局科技司副司长罗静、科技与信息处处长刘华彬，对此投入了大量心血，对于精细测绘科研方向的提出、立项、论证和技术研讨，两位领导无不亲力亲为，保证了精细测绘课题的顺利开展。作为在一线工作的研究者，我们希望并建议，在总结现有七项精细测绘项目经验的基础上，国家应大力推广精细测绘，使基于精细测绘的研究成为独立于修缮工程并前置于修缮工程的必备工作项目，这样可以使更多的文物建筑得到深入的认识和全面的记录，使文物建筑的历史得以被更准确、更充分地揭示，进而使文物建筑实现更大的价值；并在保护工作中切实做到基于价值的保护，实现一切以文化遗产价值的认识、保存和弘扬为核心的文化遗产工作理念。诚如此，则是中国文物建筑之幸，是中华民族之幸。

第二章　稷王庙现状概况及历史沿革综述

一、万荣史地概况

山西省运城市万荣县位于山西省西南部，运城市西北部，西临黄河，北靠汾河，西南距黄河与汾河交汇口约 40 公里，南距孤山 10 公里，东南距运城市区约 48 公里。地理坐标为北纬 N35° 24′ 57″， 东经 E110° 49′ 56″。万荣县地处华北平原丘陵区，黄土高原东沿第一台地，地势东北高、西南低，县域土地总面积约 1039 平方公里。气候为暖温带大陆性干旱季风气候区，年平均气温 11.8℃，年平均无霜期 187.9 天，年降雨量约 533.7 毫米[1]。

1954 年，原同属山西晋南专区的万泉县、荣河县合并成立万荣县。万泉县与荣河县的建制历史可追溯到秦代设立的河东郡汾阴县，后建制历经北魏、北周、隋、唐、宋等朝代的更替，唐武德三年（620 年）置万泉县，开元十一年（723 年）改汾阴县为宝鼎县，与万泉县同属河中府。宋大中祥符四年（1011 年），宋真宗亲临宝鼎县，增建汾阴后土庙，改宝鼎县为荣河县，置庆成军[2]。金贞佑三年（1215 年）荣河县升荣州，万泉县属之。元代，荣州降为荣河县，明清因之。明清时，万泉、荣河两县同属蒲州和蒲州府。1954 年，万泉县、荣河县合并后，于 1970 年归属运城专区；2000 年，运城地区撤地设市，万荣县由此成为运城市万荣县[3]。

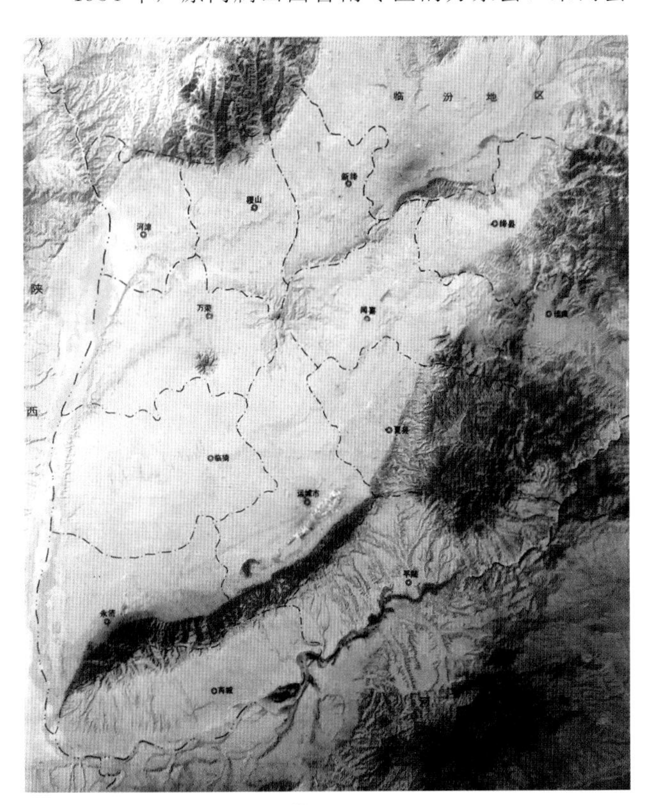

图 2-1-1　运城地区卫星影像图

万荣县所在的运城地区历史悠久，是中华国家起源和农业文明的重要发祥地。唐宋时期，万荣临近唐宋时期的首都地区，其与西安、洛阳和开封的交通路线主要有三条，一是西渡黄河，经韩城至西安；二是向西南经风陵渡过黄河，经潼关至西安或折向东可至洛阳；三是向东南经运城、平陆过黄河，经三门峡至洛阳、开封。

二、稷王庙现状概况

稷王庙又名后稷庙，位于万荣县城西北 8 公里南张乡太赵村中，庙内供奉农业始祖后稷。寺庙坐北朝南，现占地 3400 平方米，四周围以院墙。庙内现仅存中轴线上的大殿及舞楼，其余建筑大多毁于抗日战争期间。1965 年稷王庙被列为山西省重点文物保护单位，2001 年被列入第五批全国重点文物保护单位，年代为金代，庙内设“稷王庙文物保护管理所”。

大殿位于院落北端，面阔五间，进深三间，单檐庑殿顶，整体形制基本保存完整，是目前该地区元以前单檐建筑中屋顶形式等级最高者。大殿前檐斗栱和阑额上现存的彩画、殿内神像和院落东西两侧的绿化带，皆

1 山西省运城地区志编委会，《运城地区志》上册，北京海潮出版社 1999 年 10 月出版。

2 （宋）王存撰，魏嵩山、王文楚点校《元丰九域志》卷 3，中华书局 1984 年出版。

3 山西运城地区地方志编纂委员会办公室编《运城地区简志》，1986 年印制。

1999 年太赵村自发修缮稷王庙时所为[1]。

戏台位于院落南部，北距大殿约 20 米，戏台面阔三间，平面呈凸字形，屋顶为硬山顶“勾连搭”歇山顶。新中国成立后，村民扩大戏台台面，建筑外观被改建为北方农村常见的“人民舞台”式样。戏台面对大殿的歇山部分的斗栱、梁架及木雕等均保存较好，且部分斗栱构件形制较古朴。硬山顶的后台部分建于民国，2010 年南部工程大修前为“稷王庙文物保护管理所”用房。每年庙会时，戏台仍具演出功能（图 2-2-1）。

研究史方面，曾有学者从戏剧史的角度对庙内现存的元代创建舞厅碑刻进行过考证[2]。关于稷王庙大殿的年代问题，2007 年以前，主要有两种观点，一种是金代建筑[4]，其主要依据为大殿斗栱用材大、手法古朴、布局疏朗，屋顶举折平缓等；另一种看法是元代建筑[5]，其主要依据为大殿梁架元代重修题记。

2007 年，北京大学考古文博学院文物建筑专业师生在踏查万荣稷王庙后，时任踏查领队的徐怡涛提出万荣稷王庙大殿为北宋建筑的观点。为确证此观点，揭示万荣稷王庙潜在的历史价值，北京大学文物建筑专业师生对万荣稷王庙保持了长期的关注，每年均有涉及万荣稷王庙的各类调研活动。2009 年完成的北京大学硕士学位论文——《临汾、运城地区的宋金元寺庙建筑》[6]，以文物建筑考古类型学的方法，从建筑形制角度论证了稷王庙大殿为北宋木构建筑遗存。2010 年，国家文物局“指南针”计划开展古建筑精细测绘课题申报，北京大学文物建筑专业即申请以万荣

图 2-2-1　万荣稷王庙大殿及戏台 2010 年“南部工程”修缮前外观（摄于 2007 年）[3]

1 见于庙前 1999 年所立《美化无梁殿碑记》：“……历代屡经重修，但由于年深久远，风雨侵蚀，斗栱蒙尘，失去原有之辉煌。……除美化殿宇外，两旁种植树木花草……”

2 冯俊杰《戏剧与考古》，文化艺术出版社 2002 年第 1 版第 272 页；黄竹三 《戏曲文物研究散论》，文物艺术出版社 1998 年第 1 版第 39 页；薛林平、王季卿 《山西传统戏场建筑》，中国建筑工业出版社 2005 年第 1 版第 53 页。

3 本书中的图表如无特殊说明，皆为课题组成员在历次考察、测绘中所得成果。

4 柴泽俊 《平阳地区古代戏台研究》，注 5，《柴泽俊古建筑文集》，文物出版社 1999 年第 272 页；第五批国家重点文物保护单位名录；国家文物局主编 《中国文物地图集》（山西分册，下册），中国地图出版社 2006 年，运城市万荣县第 1087 页；曹书杰 《后稷传说与稷祀文化》，东方历史学术文库丛书，社会科学文献出版社 2006 年第 1 版第 403 页。

5 冯俊杰 《山西神庙剧场考》，中华书局 2006 年第 136 页。

6 作者 徐新云，导师 徐怡涛。

稷王庙为精细测绘对象，希望以更全面的视角，更多样的方法，保存历史信息，验证年代问题，揭示历史价值，进而推进历史研究和相关保护管理工作。

三、历史沿革综述

在《平阳府志》《万泉县志》等相关地方志中，未见有关太赵村稷王庙的记载[1]。在2010年万荣稷王庙重修和课题组进行精细测绘之前，对稷王庙历史沿革的了解，出自稷王庙内现存的金石题刻，包括：元代创建舞厅刻石一块，大殿梁架元、明重修题记三条，大殿前檐明正德年间蟠龙石柱一根，清代重修碑一通，民国重修碑一通，戏台梁架题记等，内容详见稷王庙现存纪年材料表（表2-3-1）[2]。此外，庙内尚存20世纪60年代所立文物古迹保护标志碑刻一通，1999年《重塑稷王庙祖师关圣像碑记》《美化无梁殿碑记》两通，1998年铸香炉两座。

由表2-3-1可知稷王庙历史沿革如下：稷王庙创建

表2-3-1　截止2010年重修之前稷王庙内现存纪年材料表

纪年主题	纪年年代	现存位置	主要内容
创建舞厅记	元至元八年（1271）	嵌于大殿东侧墙内	今有本庙自建修年深，虽经兵革，殿宇而存，既有舞基，自来不曾兴盖。今有本村□□□等谨发虔心，施其宝钞二百贯文，创建修盖舞厅一座，刻立斯石矣。 时大朝至元八年三月初三日创建。砖匠李记
重修题记	元至元二十五年（1288）	大殿前檐明间下平榑底部	时大元国至元二十五年岁次戊子□宾月望日重修主殿，功德主……谨记
重修题记	元至元二十五年（1288）	大殿前檐西侧乳栿下	……至元二十五年岁次戊子仲夏望日 谨记
捐柱题记	明正德十六年（1521）	大殿前檐明间东侧蟠龙石柱[3]	□国正德拾陆年岁次辛巳冬仲月吉日 □社元祖人畅□室人裴氏□阳世 □祖畅思中□ 高祖畅□□□ 曾祖畅米季□□□畅道□□ 杨氏 胡氏…… ……河津县黄村镇石匠 □□锦 □□成 □□世
重修题记	明万历、天启年间	大殿前檐明间下平榑底部	时大明万历三十九年三月□日，天启六年正月吉日……
重修后稷庙碑记	清同治四年（1865）	大殿内前檐东侧角部	……予村旧有后稷庙一所，正殿周围共十八间，纂顶挑角，四檐齐飞，功程甚浩大焉。居中者后稷，边有坤像，下有罗汉。虽不详其神号，总之不离德配后稷。功崇庙宇者近是，左阁祖师诸尊，右阁关帝数圣，东廊法、药、马、牛王，西廊坤后、城隍，午门将军。累次重修倾圮，至今如故。……庙内房宇莫不整新以张大，庙中神像莫不装容以壮威。正殿内加暖阁而观瞻肃，西廊前建香亭而神灵妥。至于建马房以卫牲口，开便门以别女路，犹追先圣之遗风焉。补葺于二年七月，告竣于三年十月……
创建戏台题记	中华民国十年（1921）	戏台后金枋下	时中华民国拾年岁次辛酉巳月甲午日庚午时，合村创建歌舞楼一座。告竣之后，永保吉祥如意
重建稷王庙戏楼碑记	中华民国十三年（1924）	大殿内前檐东侧角部	……况余邑与稷山接壤，东山之遗迹如昨兴平之古踪犹存，邑内文村、高村建大庙不一，孰有此村之殿宇辉煌，庙貌巍峨者乎。故代远年湮，叠加增补。而戏楼仍属故旧，栋折坏崩，砖颓瓦解。村中父老咸□曰此庙可以修矣，此楼可以葺邑。乃工程浩巨，无力□办，于是议为募疏。行商人员皆为欢从，共得大洋二千元，将戏楼移建于午门，接连正殿重修，四檐齐飞，又干地、天神庙、奎星阁、普照寺南殿、钟楼及□方龙神庙，鸠工庇材，损益酌中，无不焕然一新……

1《平阳府志》（万历）卷四—坛迹—祠庙附、《万泉县志》（乾隆）卷二—祠庙等条目中均载，“后稷庙二，一在稷王山巅，明正德六年□□□□祷雨有应记存祠下，一在西薛里，宋崇宁间祷雨有应立碑，明正德五年知县张席珍祷雨有应，佥事王□”。考之西薛里在旧万泉县之西，包括五村：薛村、高村、庄利村、王李村、郭村，而太赵村在旧万泉县之北，在大赵里，因此县志中所载并非太赵村之稷王庙。

2 稷王庙尚存宋宣和四年铁钟，《杏花池重修记》（碑文湮灭），清道光《白衣洞成功碑记》，清同治《重修瘟神庙碑记》，清道光《太赵村中社西巷重扶古□碣□》等纪年史料。其中宋钟为太赵村普照寺铁钟，碑刻所记内容均与稷王庙无关，因此在表中未列出。

3 据传此石柱为以前万荣县城中东岳庙之物，见冯俊杰：《山西神庙剧场考》，中华书局2006年第135页。考之万荣东岳庙之行宫大殿，其仅存前檐之蟠龙石柱，且柱顶有明正德间题记，后檐及两山均为木柱，此种说法似为可信。

年代史料中无考，元至元八年（1271）在庙内原有舞基之上新建舞厅，元至元二十五年（1288）重修大殿，明万历三十九年（1611）、天启六年（1626）再次重修。清同治二年（1863）至三年（1864）间在大殿内加建暖阁以壮观瞻，同时在庙内加建香亭、马房、便门等，此时稷王庙的规模甚大，大殿旁有左、右配殿，东西为廊庑。至民国间，太赵村稷王庙更是成为邻近诸村中庙貌极辉煌者，并于民国十年（1921）于原午门之地重建戏楼 1，随后又重修大殿及村中干地、天神庙、普照寺等诸寺庙，并于民国十三年（1924）立碑记之。抗日战争时期，村中诸庙及稷王庙内大部分建筑被毁 2。20 世纪 60 年代初，文物工作者发现稷王庙，在庙内树立文物保护标志。至 20 世纪 90 年代末，村人集资修缮稷王庙，在庙内种植树木、绿篱，并彩绘大殿前檐斗栱、阑额，于殿内塑立神像、绘制壁画等（图 2-3-1 ～图 2-3-3）。

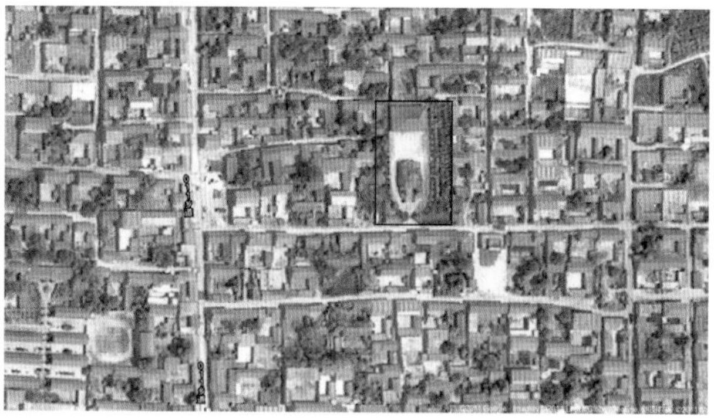

图 2-3-1　万荣太赵村稷王庙及其周边环境现状（红框内为稷王庙现状范围）

以上有关寺庙沿革的认识截止至 2010-2011 年重修和精细测绘之前，是北京大学文物建筑专业自 2007 年开始研究稷王庙的起点。在 2010-2011 年的重修和精细测绘过程中，不断发现了新史料，同时，课题组进行的研究工作，所形成的成果亦丰富了我们对稷王庙历史沿革的认识，其具体内容将在单体建筑研究和寺庙格局研究中述及，所有文字类史料的完整内容收录于本书附录一。

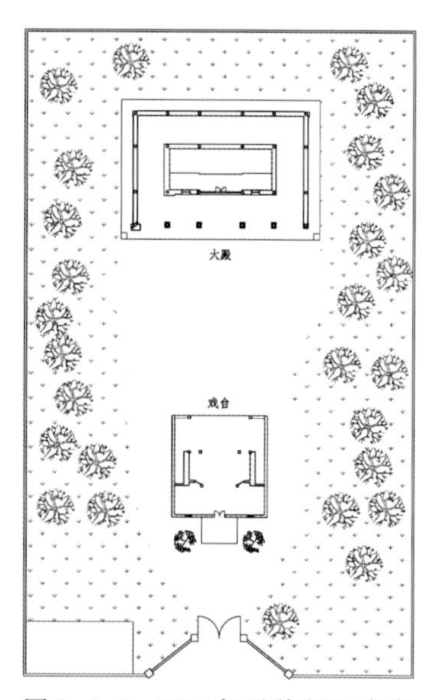

图 2-3-2　2010 年以前稷王庙布局示意图

图 2-3-3　太赵村稷王庙与万荣县城位置关系图

1 冯俊杰 《山西神庙剧场考》，中华书局 2006 年第 138 页。原元代舞厅之柱础尚存，现砌于台基之内，压于墙底或者现柱础之下，原舞厅之平面近方形。可能碑刻中所记之“将戏楼移建于午门”，同时将原舞厅柱础石一并移建。

2 原普照寺塔尚存，位于村中小学院内。

第三章　稷王庙大殿研究

一、建筑形制年代学研究

1. 大殿建筑形制描述

1-1. 平面概况

稷王庙大殿单檐庑殿顶，面阔五间，进深三间。明间面阔 5.01 米，次间 3.76 米，尽间 3.80 米，通面阔 20.11 米，通进深 12.57 米，矩形平面。梁架结构为厅堂造，五铺作六架椽屋前后乳栿用四柱。大殿在檐柱和金柱之间形成回廊，回廊三面围合面南开敞，规制不同于副阶周匝。大殿金柱间地面比回廊地面高 29 厘米。前檐明间东侧柱为镌大明正德年款的八角蟠龙石柱，其余各柱皆为木柱。前檐檐柱分别衬以三种不同雕饰的覆盆柱础，后檐角柱可见方形石柱础（稷王庙大殿平、立、剖及斗拱等图详见本书第六章）。

1-2. 柱础

2010 年稷王庙重修前，因前檐西角柱砌于添建的墙垛内，前檐仅可见五方覆盆柱础，自东至西布局为：莲瓣柱础、凤纹柱础、龙纹柱础（上立蟠龙石柱）、龙纹柱础、莲瓣柱础。重修时，施工人员拆除了包砌于西角柱外的墙垛，露出凤纹柱础一方。施工方在加固、调平和归安柱础时，调换了前檐西角柱下凤纹柱础和前檐西梢间东柱下莲瓣柱础的位置，使前檐柱础雕饰布局对称。即前檐明间柱下用龙纹柱础，前檐次梢间柱下用凤纹柱础，前檐东、西角柱下用莲瓣柱础（图 3-1-1）。

稷王庙大殿前后檐柱础的形式及尺寸，详见大殿础石现状登记表，此表引用自 2010 年稷王庙南部工程修缮《工序记录》之《C1- 柱基础整修》[1]（表 3-1-1）。

图 3-1-1　稷王庙大殿重修前前檐檐柱下的三种覆盆柱础雕饰：莲瓣、龙纹和凤纹（左图为修缮前，前檐西梢间东柱下的莲瓣柱础，修缮后，该柱础调换至前檐西角柱下）

1《C1- 柱基础整修》的原始记录表，按修缮后的位置记录前檐西角柱柱础和前檐西梢间东柱柱础的情况，与修缮前的现状不符。本研究在正文中按修缮前的现状予以调整。另，表内部分柱础位置名称的表述方式亦略作修改，以与本研究正文的描述相统一。山西古建筑研究所 2010 年修缮万荣稷王庙时所做的此《工序记录》除作为本课题的一个分项工作外，同时还是山西“南部工程”的档案材料。本课题在综合研究时，会根据需要，整合各子课题成果，需要调整者将在正文中直接予以纠正。由于与“南部工程”在材料用途和辨析层级上有所不同，所以，看似同一份材料可能会存在差异，本报告对原始材料所做的调整均有可靠依据并注释说明。以下皆同。

表 3-1-1　大殿础石现状登记表

名　称	位　置	材　质	尺寸（毫米） 长×宽×高	保存状况	备　注
础石	1 前檐东角柱	青石	610×600×225	尚好	北侧为毛面，覆盆高 65 毫米，立面雕饰为铺地莲瓣
	2 前檐东梢间西侧	青石	595×600×230	覆盆雕饰略微磨损	覆盆高 65 毫米，立面雕饰为凤凰
	3 前檐明间东侧	青石	640×600×240	覆盆雕饰略微磨损	覆盆高 75 毫米，立面雕饰为行龙
	4 前檐明间西侧	青石	635×595×220	盆唇磨损	覆盆高 65 毫米，立面雕饰为行龙
	5 前檐西梢间东侧	青石	615×560×235	保存较好	覆盆高 80 毫米，立面雕饰为铺地莲瓣
	6 前檐西梢间西侧	青石	595×610×240	盆唇磨损	覆盆高 65 毫米，立面雕饰为凤凰
	7 后檐西北角	青石	550×560×250	尚完整	顶面过一寸三錾，四周高 70 毫米的部分略行修整，其余部分为毛面

1-1 前檐东角柱础石：24 瓣

1-2 前檐东角柱础石：北侧为毛面

1-3 前檐东角柱础石：覆盆高 65 毫米，立面雕饰为铺地莲瓣

1-4 前檐东角柱础石：础石底面毛面，直接坐落于土台上

2-1 前檐东梢间西侧础石

2-2 前檐东梢间西侧础石：覆盆高 65 毫米，雕饰为凤凰

3-1 前檐明间东侧础石	3-2 前檐明间东侧础石：覆盆高 75 毫米，雕饰为行龙

4-1 前檐明间西侧础石	4-2 前檐明间西侧础石：础盘高 65 毫米，雕饰为行龙

5-1 前檐西梢间东侧础石：32 瓣	5-2 前檐西梢间东侧础石：础盘高 80 毫米，雕饰铺地莲瓣

6-1 前檐西梢间西侧础石	6-2 前檐西梢间西侧础石：础盘高 65 毫米，雕饰为凤凰

7-1 后檐西北角础石	7-2 后檐西北角础石：顶面过一寸三錾

注：此表尺寸同课题组测绘数据有一定出入，为保持资料原貌未作调整。

在以上大殿前檐成对雕饰的六块柱础中，以两块莲瓣柱础间的形制差异最大，不但覆盆高度明显不同，且前檐东角柱柱础靠山墙一面作毛面不刻分瓣，而西梢间东柱的莲瓣柱础满刻莲瓣。参考重修前位于西角柱下的凤纹柱础，在靠山墙一面亦刻凤纹，由此推断，前檐东角柱柱础晚于前檐其他五块柱础，应是历史上某次修砌东山墙时更换的晚期构件。

西梢间东柱的莲瓣柱础比现存所有柱础都高出半寸，如果我们认同前檐明间的两块龙纹柱础和东梢间西柱的凤纹柱础为未改变位置的原构，则西梢间东柱下的莲瓣柱础最可能的初始位置应在前檐西角柱下，其础顶高于其他原构柱础础顶的现状，正符合檐柱至角生起的需要。据此推测，稷王庙大殿前檐柱础的原构布局应为：明间两柱用龙纹柱础，次梢间柱用凤纹柱础，角柱用莲瓣柱础，即与2010年修缮后的布局相同。需要指出的是，虽然2010年修缮时对柱础位置所做的调整可能符合历史原状，但修缮前大殿前檐柱础布局不对称的现象，必然蕴含着有关建筑历史沿革的信息，对此类历史信息的改变，应保持慎重态度，并详加记录。

以柱础形制及其布局的变化为线索，参考前檐东、西转角铺作里转挑斡下形制相同的非原构靴楔栱可知，稷王庙大殿的前檐在历史上至少经历了一次较大规模的修缮：在该次修缮中，修缮者将山墙延至前檐角柱，当时，前檐东角柱的柱础已不堪用，所以修缮者在东角柱下换上了新雕凿的莲瓣柱础，又对调了前檐西角柱和西梢间东柱下的柱础。由表 3-1-1 数据可知，被调换至西角柱的凤纹柱础覆盆高 6.5 厘米，新雕的东角柱莲瓣柱础覆盆高度亦为 6.5 厘米，而原西角柱下的莲瓣柱础覆盆高8厘米。更换柱础后，前檐东、西角柱的柱础高度降低，削弱了大殿的檐角生起，同时，也形成了不对称的柱础雕饰布局。此类不注重"生起"和形制对称性的修缮手法，有一定的随意性，显示出因陋就简的特点，与惯用"生起"和讲究工艺严谨的北宋中前期风格不符，但东角柱柱础的样式和雕工亦不常见于当地的明清建筑，同时，前檐东、西梢间补间铺作里转挑斡下的靴楔形制，显非原构，但又非此类构件最晚的替换形式。对照现存纪年史料，我们认为，与以上更换柱础、替补部分转角铺作里转构件等修缮活动最相吻合的纪年材料，应是元至元二十五年（1288）的大殿重修题记。

1-3. 台明

稷王庙的院内地势起伏较大，自戏台向大殿显著升高，大殿台明前的地势亦不平整，露出地势的台明高度大体在30至40厘米左右。大殿台明为砖石包边的夯土台，前檐台明角石高16厘米，阶条石多残损，长短不等（图3-1-2）。

图3-1-2 大殿前檐台明角石（左为前檐西角石，右为前檐东角石）

台基边缘的土层中可见少量碎瓦，但台明西山南端的土层内可见大量碎瓦、砾石和白灰，其土色掺杂，包含物中的碎瓦有与大殿筒瓦勾头形制近似者，应系后期修补西山时扰动所致。大殿前檐台明仅于前檐设阶条石和东、西角石，但东、西角石与阶条石之间仍隔有一段立砌青砖，台明其余各边皆以青砖立砌收边。

台明表面以条砖墁地，阶条石下错缝卧砌数层条砖，露出地面可见者三至五层。为了探明台明砌筑方式，课题组在前檐台明的西端进行了小范围试掘，揭露出的台明砌筑形式为：阶条石或一道立砌砖体之下，卧砌十层青砖，之下再立砌一道青砖，总高约108厘米（图3-1-3）。

图3-1-3 稷王庙大殿前檐西侧台明砌筑形制（上图右上层青砖之上还有三层卧砖至阶条石）

从前檐西侧台明正面和山面的砖砌体形制分析，图3-1-3中突出于山面台明边缘的青砖，可加强台明与地基之间的拉接，应埋于土内，不露出地表。所以，大殿台明露出地面的部分是其上的5层卧砌青砖和阶条石，总高45厘米左右。即，稷王庙大殿前的院落原始地坪位于大殿台明阶条石顶面以下约45厘米处。

修缮大殿台明时，施工队清理出许多一面带掌印的青砖，此类掌印砖是宋金时期中原北方地区常见类型，为原构的可能性极大。这类砖长32.5厘米、宽16厘米、高5.5厘米。现场还发现了一块31厘米见方的带掌印方砖，可能是原台明或院落的墁地砖（图3-1-4）。

1-4. 铺作

稷王庙大殿斗栱用五等材，单材高约21厘米，四周布局对称，外檐柱头、补间、转角铺作均为五铺作双下昂[1]，内外跳皆偷心，补间一朵。其中，各铺作的第一跳皆为

1 由于稷王庙大殿的铺作布局对称，各铺作次序相同，排除因后代重修所带来的差异外，其铺作形制较为统一，为简便起见，在下文中没有区分前后檐、山面进行描述，而仅以前檐铺作为例进行描述，两山及后檐与前檐的差别将在后文的原构解析中详述。

图 3-1-4　掌纹条砖和方砖

华栱做假昂，柱头铺作第二跳亦为华栱做假昂，补间铺作第二跳为真昂，里转做挑斡承下平槫。扶壁栱为足材泥道单栱上施两层柱头枋，第一层柱头枋上隐刻慢栱，第二层柱头枋为素枋，素枋上承令栱，令栱之上施承椽枋承椽。前檐栱眼壁漏空，两山、后檐部分填泥。泥道栱截直材刻出栱身，各铺作的耍头皆作蚂蚱头形，令栱皆不抹斜，各斗斗顱显著，替木两端卷杀，真、假昂的昂头形制相同，皆琴面，顶面平直，无起棱，底面上卷（图 3-1-5）。

柱头铺作外檐两跳均作足材假昂，隐刻插昂昂身、单瓣华头子，第二跳昂身上置交互斗，斗上施令栱支替木承撩檐槫，替木作卷杀。蚂蚱头形耍头，自交互斗内平出，无斜杀内凹作法，斜杀两颊于底部刻人字形凹槽。铺作里转作双杪偷心，上承乳栿。

补间铺作第一跳亦作假昂，隐刻插昂昂身、单瓣华头子，第二跳为真昂，昂下施足材单瓣华头子，昂尾作挑斡，挑斡后尾置单斗支替承下平槫。铺作里转作三跳承挑斡，皆偷心，第二跳华栱、第三跳耍头后尾的栱身皆作楮头承散斗，上承形制独特的栱状靴楔，之上施三散斗承托挑斡。这种靴楔形制不见于《营造法式》及其他已知的建筑实例，为便于描述，本书称之为“靴楔栱”（图 3-1-6）。

转角铺作外檐正身方向的作法与柱头铺作相同，令栱作鸳鸯交手，与瓜子栱出跳相列。45 度方向第二跳昂头置平盘斗，上承由昂。里转四杪并偷心，第二跳以上华栱栱头皆作楮头状，由昂后尾与前檐、山面次间补间铺作昂尾相交，上置斗支替共同挑于下平槫下，老角梁后尾斜置，与下平槫相交（图 3-1-7）。

图 3-1-5　大殿前檐西侧梢间铺作（2010 年修缮前摄）

图 3-1-6　大殿前檐西侧次间铺作里转（2010 年修缮前摄）

稷王庙大殿斗栱的细部作法，颇多可观之处和早期特征。各铺作的栌斗及散斗斗欹曲线内䫜较大，令栱明显短于泥道栱。泥道栱栱身两端呈直角，隐刻栱身分瓣，此种作法未见于宋《营造法式》中所载“造栱之制”，与之类似的泥道栱作法可见于辽应县木塔等早期木构实例。稷王庙大殿的昂头不同于常见的斜尖向下的下昂昂头，其昂身不起棱，昂底上卷，昂头上翘（课题组命名为“下卷昂”），昂下施足材单瓣华头子等作法，是该地区现存早期木构建筑中的孤例，从形制造型的演变趋势看，其近似于批竹昂的昂顶面、直线型昂嘴，以及不出槽的昂底面作法，均应早于本地区现存金元建筑上所普遍具有的带有琴面、起棱、昂底面出槽作法的昂头形制。另外，稷王庙大殿斗栱还存在一些特别的榫卯作法，如栱身与小斗之间有梭形的咬合榫口，使小斗可插于栱身之上，增强了斗栱各散件之间的连接力，这种作法亦鲜见于《营造法式》及同时代建筑，体现出稷王庙匠师在榫卯运用上的独特造诣和智慧。

图 3-1-7　大殿前檐东侧转角铺作里转（2010 年修缮前摄）

1-5. 梁架

稷王庙大殿为典型的厅堂造作法，六架椽屋前后乳栿用四柱，内外柱不同高。檐柱间施阑额，上置普拍枋，“T”形断面，至角部普拍枋出头，阑额不出头。耍头内延做乳栿，乳栿上置高大的卷瓣驼峰承交互斗，交互斗承襻间枋、劄牵，其上置单斗支替承下平槫，驼峰间纵向施顺身串相连。乳栿与劄牵均插入金柱柱身，金柱间施阑额。金柱之上置大斗承平梁、襻间，平梁伸出金柱柱顶的栌斗斗口，作把头绞项造，襻间上施单斗支替木承上平槫。平梁之下再另施一道梁栿，其上皮与内柱柱顶齐平，两道梁栿之间施平綦枋，现部分平綦枋仍存。平梁之上承丁栿，蜀柱立于丁栿之上，上置斗，斗上施捧节令栱承托脊槫，不施丁华抹颏栱（图 3-1-8）。蜀柱两侧现有双层叉手，两层叉手用材、用料和做工明显不同，其中，下层叉手用材规整、硕大，过蜀柱上栌斗口内与捧节令栱栱身相交；上层叉手用材细小弯曲，与脊槫相交。

图 3-1-8　大殿平梁与叉手作法及推山构造（2010 年修缮前摄）

大殿推山较小，山面两坡收进接近两开间。两山铺作里转结构与前檐铺作相同，柱头铺作耍头后尾为乳栿入金柱。两金柱间置散斗承柱头枋，正中置丁栿搭于平梁之上，丁栿出头形如耍头。丁栿偏明间一侧立卷瓣驼峰，驼峰上置斗施捧节令栱承脊槫，老角梁、续角梁渐次与下平槫以上各槫相交，最终汇于脊槫，形成庑殿屋顶结构。

2. 原构构件解析

从稷王庙大殿斗栱及梁架特点来看，其与临汾、运城地区的金元建筑存在很大差别，原构年代当在金代之前。原构及后代扰动主要体现在以下几方面（本报告以2010年落架修缮之前的现状描述）。

2-1. 斗栱

大殿前檐柱头铺作和补间铺作，基本保持了原构。前檐转角铺作部分，其里转靴楔栱与前檐补间铺作里转靴楔栱形制不同，其用料、做工皆不如补间铺作里转的靴楔栱规范、美观，且在其他各面的铺作里转上亦不具备普遍性，应为更替构件。两山明间补间铺作及后檐明间、梢间补间铺作外檐被扰动较大，表现在其耍头非“蚂蚱头”而为云头或方木；第二跳昂被改为插昂，且昂头较短，无上卷之势；令栱栱身较长或较高，其上散斗斗欹曲线为直线且用材很小；替木用材较高，且至两端截直无卷杀；扶壁栱两层柱头枋之上令栱及承椽枋皆缺失，立细木支撑撩檐槫。除前檐外，山面及后檐补间铺作里转部分，仅东山明间补间铺作里转仍为原构，采用真昂作挑斡，余皆被扰动，施托用材弯曲细小，于耍头层之上施乳栿插入内墙，乳栿之上立柱而不用驼峰，乳栿及立柱皆用材细小、加工简陋。

两山及后檐的柱头铺作也存在局部扰动的情况，如山面明间柱头铺作在令栱上加垫块，其上散斗较小；后檐次间柱头铺作耍头之上出梯形木块，替木为短方木。里转在柱头加施短梁，插入内柱，其用材较乳栿偏小。托脚之上置梯形木块，与承椽枋相交。

综上所述，大殿前檐东、西梢间补间铺作里转、两山和后檐明间补间铺作、后檐次间补间铺作等部位经后代较大扰动，后檐明间柱头铺作等处也有一定程度的后代扰动（图 3-1-9 ～图 3-1-12）。

2-2. 梁架

大殿梁栿凡为松木者，皆加工方直。少数梁栿，如后檐明间两根乳栿，截面呈椭圆形，与之联系的后檐柱头铺作在外跳亦多改制，从改制的斗栱形制分析，其时代不早于元。大殿平梁上的大叉手符合早期建筑特点，大叉手之上另有一层叉手，用材细小弯曲，加工既不规整，外形亦不美观，也缺乏结构效用，应是晚期重修时的扰动构件。殿内东、西次间的上部梁架，如驼峰、丁栿等，

图 3-1-9　大殿前后檐明间铺作外檐对比

在形制、用料和加工上与其他部分的同类构件相同，无简略的现象，明显不属于草架，所以，殿内东、西次间原为彻上明造的可能性很大。现殿内东、西次间的藻井骨架，应与清同治四年（1865）“正殿内加暖阁而观瞻肃”相关。而大殿明间的四根抹角平棊枋与金柱柱头枋上的栌斗和平梁交接严密，形制规整，应为原构，证明大殿明间原有平棊或藻井作法，如大殿明间原有平棊，则明间现存于蜀柱和脊槫间的斜撑应为晚期添加构件（图 3-1-13、图 3-1-14）。

综上所述，稷王庙大殿虽经历代重修，混杂了部分晚期构件，但仍大部分保留了原构，所有重要形制均有原构遗存，是该地区不可多得的早期建筑实例。

3. 稷王庙大殿原构形制年代研究

结合周边地区宋金元时期的木构建筑及仿木构史料，稷王庙大殿铺作形制所具有的偷心造、靴楔栱、扶壁栱、

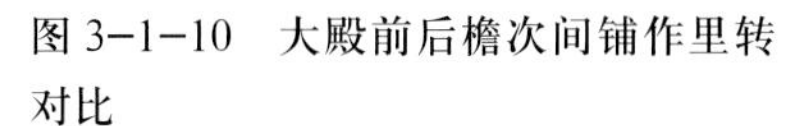

图 3-1-10　大殿前后檐次间铺作里转对比

图 3-1-11　大殿两山明间铺作外檐对比

图 3-1-12　大殿两山明间铺作里转对比

图 3-1-13　殿内次间现存平棊藻井骨架

图 3-1-14　殿内明间抹角平棊枋及斜撑

蚂蚱头耍头底面刻槽、下卷昂、令栱短于泥道栱、斗欹曲线内䫜较大、阑普组合等做法，均早于该地区已知的金元木构建筑[1]，如北宋后期至金代前期的陕西韩城庆善寺大佛殿[2]等。稷王庙大殿的部分形制或形制组合，可见于夏县上牛村北宋嘉祐元年（1056）的砖雕墓、临猗妙道寺双塔之西塔及地宫［北宋熙宁二年（1069）］、万荣八龙寺塔［不晚于北宋熙宁七年（1074）］等仿木构材料。在上述史料中，迟至宋神宗熙宁年间，昂头上卷的下卷昂已在该地区木构建筑中得到较为成熟而广泛的应用，特别是夏县嘉祐元年（1056）砖雕墓及临猗妙道寺双塔的耍头造型、熙宁年间万荣八龙塔的昂头造型，与稷王庙大殿的原构形制如出一辙，可证明这些形制的出现和流行均不晚于北宋中期，且在北宋之后，这些形制已不见于本地区的实例。再从稷王庙大殿斗栱尚存偷心造而临猗妙道寺西塔和八龙塔已为计心单栱造来看，稷王庙大殿斗栱的形制年代应早于北宋熙宁。

1 关于临汾运城地区已知的主要金元木构建筑实例研究，参见徐新云《临汾运城地区的宋金元寺庙建筑》，北京大学硕士学位论文，2009 年，导师徐怡涛。

2 关于陕西韩城庆善寺大佛殿前檐斗栱的年代参见《陕西韩城庆善寺》，徐新云、王书林、徐怡涛《中国历史文物》，2009 年第 4 期。

3-1. 本地区宋金时期纪年仿木构形制总结[1]

另从民间的后稷信仰来看，山西自古就有稷王诞生于晋南稷山之说[2]，现稷山县之南山脉因之名稷神山，县也因此而得名[3]。后稷之信仰在稷山一带大为盛行，按照祀典，后稷之祭当在社稷坛上进行，不必立庙，但稷山一带不仅立庙，还有热闹的社火、演剧活动等[4]。稷神山麓跨万泉、安邑、闻喜、夏县界，诸县皆建有后稷庙，以稷神山之后稷庙为本庙，各县村中之后稷庙皆为其行宫[5]，如闻喜稷王庙（宋太平兴国三年）[6]、万荣西薛里稷王庙（宋崇宁以前）[7]、稷山稷王庙（宋代已有）[8]等。由此观之，以晋南后稷信仰之盛行，在北宋之时建造五开间、庑殿顶的稷王庙大殿是完全可能的。

综上所述，通过对本地区建筑史料的考古形制类型学研究，稷王庙大殿的原构建筑形制年代应为第一期，即北宋崇宁以前，再以下卷昂、偷心造等形制成组出现的时间在仿木构史料中的定位考量，则万荣稷王庙大殿的形制年代下限应不晚于北宋神宗熙宁年间（1068—1077）。

表 3-1-2　宋代仿木构史料

实　例	纪　年	纪年依据	仿木构建筑形制
夏县上牛村宋墓（图 3-1-15）	北宋嘉祐元年（1056）	墓门东侧内壁题有“嘉祐元年七月二十八日□氏……”	1）北壁：面阔三间，各间施普拍枋，明间补间铺作一朵，四铺作单杪，跳头置交互斗，上施令栱置斗承檐，耍头为楷头式[9]；斗欹曲线内䫜较大，令栱明显短于泥道栱； 2）西壁：面阔三间，各间施普拍枋，补间铺作一朵，把头绞项造，耍头为楷头式，斗欹曲线内䫜较大
临猗妙道寺西塔及地宫（图 3-1-16、图 3-1-17）	北宋熙宁二年（1069）	寺之创建无考，宋建隆三年该寺已存，名妙道寺[10]，元至元二十二年在旧址建寺[11]，明洪武间置僧会司，明万历间更名雁塔寺[12]，清代因之，又称“双塔寺”。寺内现存双塔，西塔建有地宫，根据地宫出土的宋碑记载，西塔及地宫均建于宋熙宁二年（1069）[13]。	1）西塔：各层斗栱的斗欹曲线内䫜较大； 2）一层檐下：施普拍枋，至角部出头；五铺作双杪，计心造，令栱隐刻，跳头置斗承檐； 3）二层平座层：斗口跳，施普拍枋，至角部出头； 4）二层至六层：面阔三间，柱间施阑额，不施普拍枋，阑额至角部不出头；不施补间铺作，柱头铺作把头绞项造，耍头为楷头式，角部耍头为直截式，斗欹曲线内䫜较大
			1）西塔地宫：面阔三间，柱间施阑额，不施普拍枋，明间施补间铺作一朵，斗欹曲线内䫜较大； 2）柱头铺作：把头绞项造，耍头为楷头式； 3）补间铺作：四铺作单下昂，泥道云形栱，昂底上卷起槽，昂头上翘
万荣八龙寺塔[14]（图 3-1-18）	北宋熙宁七年（1074）	八龙寺创建于宋大中祥符五年（1012），因真宗祀汾阴，至此见八龙垂像之瑞而建[15]。解放前寺院规模宏大，现仅存大殿、佛塔及金正隆二年铁钟。据载，塔北壁间嵌有宋熙宁七年（1074）《桧圭山八龙寺塔记》碣[16]，其记载之内容未能得见，但可以肯定该塔至迟在宋熙宁七年已存在，元至元二年（1265）重修[17]	1）各层均施普拍枋，至角部出头，斗欹曲线内䫜较大； 2）一至三层斗栱均为五铺作双杪，计心造，其中一二层为隐刻鸳鸯交手，三层非隐刻；一层跳头置斗承檐，二三层跳头置斗承单替木承檐。 3）四层斗栱五铺作双下昂，计心造，昂底上卷起槽，昂头上翘，令栱非隐刻鸳鸯交手，跳头置斗承单替木承檐。角部用昂出跳，其中第一跳昂为下卷昂，第二跳昂为批竹昂； 4）五层斗栱为斗口跳，跳头施单替木承檐
稷山崇宁四年墓[18]（图3-1-19）	北宋崇宁四年（1105）	墓志铭记：……崇宁二年□□□四日□□□卒于家，享年六十九□。□□生子一，人曰顺□□□□□□□□守其成。于崇宁四年四月二十九……	1）施普拍枋，施补间铺作一朵； 2）柱头铺作五铺作双下昂，计心造，昂身琴面，微起棱，呈下垂之势，至昂头上卷，底部起槽，昂嘴呈薄八字形，单瓣华头子；耍头为出锋斜杀内䫜式； 3）补间铺作五铺作单杪单下昂，计心造，施斜栱，昂及耍头形制与柱头铺作同
万荣槛泉寺塔（图 3-1-20）	北宋宣和二年（1120）	据县志载，槛泉寺建于北宋宣和二年（1120）[19]，塔当为创寺之时所建	1）仅第一层施柱分间，补间铺作一朵。施阑额、普拍枋，至角部普拍枋出头，端头呈弧形，阑额不出头；其余各层不施柱，未分间，施普拍枋； 2）一层四铺作单杪，计心造，斗欹曲线内䫜较大，令栱较泥道栱短，耍头为出锋斜杀内 式； 3）二层至四层把头绞项造，耍头为出锋斜杀内䫜式

图 3-1-15 夏县嘉佑元年宋墓北壁斗栱正视图及西壁斗栱侧视图

1 关于临汾、运城地区宋元建筑形制分期的具体研究和详细史料，详见徐新云《临汾、运城地区的宋金元寺庙建筑》北京大学硕士学位论文，2009 年，导师徐怡涛。

2 曹书杰 《后稷传说与稷祀文化》，东方历史学术文库丛书，社会科学文献出版社 2006 年第 1 版，第 58-68 页。

3（清）顾祖禹 《读史方舆纪要》，卷四十一，山西三，平阳府第 1401 页：稷神山，县南五十里，隋因以名县。水经注山下有稷亭，春秋宣十五年晋侯治兵于稷，以略狄土者也。山东西二十里，南北三十里，高十三里，相传后稷始播谷于此……

4《山西通志》（光绪），卷七十二略七，秩祀略上第 32 页：谨案会典，社稷先农皆有坛祀，无庙祭，民非土谷不生，故其义通乎天下，直省府州县均得立坛并祀……后稷之祀盖统于先农也。稷山为诞降之地，有庙最古，乡俗赛享亦所不废者也。

5 《山西通志》（光绪），卷三十一考四，山川考一第 29 页：……旧通志稷神山东连闻喜，西连万泉，南连夏县。峰峦层出，下有漉漉泉，后稷陵庙稷山主之，姜嫄陵庙闻喜主之。

6（清）胡聘之 《山右石刻丛编》，卷十一，《大宋□□□解州闻喜县□□稷王□□碑铭并序》，现已不存。

7《万泉县志》（乾隆），卷二，祠庙，第 7 页：后稷庙二，一在稷王山巅，明正德六年□□□□祷雨有应记存祠下，一在西薛里宋崇宁间祷雨有应立碑，明正德五年知县张席珍祷雨有应，佥事王□。

8《稷山县志》（嘉庆），卷二，祀典，第 19 页：后稷庙二，一在汾南五十里稷神山顶，青峰筜峙，石城巍然，是谓王之寝宫。邑八景曰稷峰叠翠即此。东南有塔，刻后稷明堂四字，累朝遵奉。明初太常定甲以夏四月十七日遣官致祭，后邑令代今仍之，元至正间道士李志贞重建。现仅宋塔，故知后稷庙在宋代已有。

9 该墓耍头底部有一小段内鰤，暂归为楮头式。

10 （清）胡聘之 《山右石刻丛编》，卷十一，《雁塔寺经幢》：……妙道寺庭侧魂指净域，而非遥面礼，弥陁而不远庶乎。天长地久冈离种福之方，暑往寒来永镇修行之地。大宋建隆三年四□□□日建。

11《山西通志》（成化），卷五寺观，第 249 页：妙道寺在猗氏县治东北兴教坊，元至元二十二年因旧建，有砖塔二，国朝洪武中置僧会司于内。

12 《平阳府志》（万历），卷十，寺观，第 66 页：今更名雁塔寺，在县治东北，元至元年建有双塔，斜影见八景。国朝洪武初置僧会司于内，大柏森列，老干苍虬。

13 乔正安 《山西临猗双塔寺北宋塔基地宫清理简报》，《文物》1997 年第 3 期，第 35-53 页。

14 该塔为方形平面，共七层，其中一至五层仿木构斗栱形制、尺度以及塔砖的大小等较为统一，应属宋代原构；六层的斗栱较小，其形制与下层斗栱存在很大差异，且其塔砖明显小于下层塔砖，应非宋代原构，为后代修葺所加；七层未使用仿木构斗栱。表中仅对一至五层的仿木构斗栱进行讨论。

15《平阳府志》（万历），卷十，寺观，荣河县：八龙寺在城东门十五里李庄村，宋祥符五年因八龙垂像之瑞建寺于此，故名。中有浮图一座，元至元二年僧文瑞补葺。

16 据当地群众介绍，现该碣已被盗，收录于《三晋石刻总目》（运城地区卷），山西古籍出版社 1998 年，第 90 页。

17 可见于《山西通志》（四库本，雍正），《蒲州府志》（乾隆）等。《荣河县志》（光绪），卷二，坛庙：八龙寺在城东北十五里李庄，宋大中祥符五年真宗祀汾过此见八龙垂像之瑞，因建寺，内有浮图一座，元至正二年僧文圣修。其所载之“元至正二年僧文圣修”可能为更早版本中的“至元二年”之误。

18 该墓现搬迁于稷山金墓博物馆内。

19《万泉县志》（乾隆），卷七，寺观：槛泉寺在孤山西巅，宋宣和二年建。

图 3-1-16　临猗妙道寺西塔一层及二层平座斗栱及二至四层斗栱

图 3-1-17　临猗妙道寺西塔地宫照片及壁面正视图

图 3-1-18　万荣八龙寺塔三至五层仿木构斗栱

图 3-1-19　稷山崇宁四年墓斗栱

图 3-1-20　万荣槛泉寺檐下斗栱

表 3-1-3　金代仿木构史料

实　例	纪　年	纪年依据	仿木构建筑形制
马村砖雕墓[1]（图3-1-21 至 图3-1-23）	M7 金大定二十一年（1181），其余已发掘之墓为金代大定以前（1123-1161）	M7 中为金大定二十一年所建，M7 北面的墓地均为金代大定以前所建[2]。结合段氏后人所藏之刻铭砖考证[3]，M6 即为其父母合葬之墓，其母去世于金大定元年辛巳年（1161），则 M6 北侧 M1、M3、M4、M5、M8 等年代应早于 M6，为金代大定以前（1123-1161）	总体：阑额普拍枋均施，普拍枋出头作三卷瓣，阑额不出头；铺作次序多为五铺作双下昂计心造 / 四铺作单下昂，扶壁单栱承素枋，铺作布局对称，补间一朵并重点装饰，出斜栱。 细部：斗欹曲线内顱较大，昂身琴面，微起棱，呈下垂之势，至昂头上卷，底部起槽，昂嘴呈薄八字形，多为单瓣华头子，可见四瓣华头子；昂状令栱或翼形令栱，短于泥道栱；出锋斜杀内顱式耍头
侯马市牛村 M1（图 3-1-24）	金天德三年（1151）	墓内北壁壁柱西侧阴刻“天德三年五月五日”[4]	总体：阑额普拍枋均施；五铺作单杪单下昂计心造，扶壁单栱承素枋，补间两朵，铺作布局对称。 细部：除翼形栱外同上
侯马 101 号金墓（图3-1-25）	金大定十三年（1173）	东北角倚柱题“大定十三年”，西壁普拍枋“在墓叔董万”[5]	总体：阑额普拍枋均施；柱头四铺作单杪，补间四铺作单下昂，扶壁单栱承素枋，补间两朵，铺作布局不对称。 细部：除翼形栱外同上
侯马大李金代纪年墓（图3-1-26）	金大定二十年（1180）	墓内南壁砖刻纪年“大定二十年八月十九日毕工记”[6]	总体：阑额普拍枋均施；柱头五铺作单杪单下昂，补间五铺作双下昂，计心造，扶壁单栱承素枋，补间两朵，铺作布局不对称。 细部：不施翼形栱，斗欹曲线内顱较小，其余同上
襄汾侯村金代纪年墓（图3-1-27）	金明昌五年（1194）	墓室东南角立柱阴刻“明昌五年三月十八日烧砖人武卜记”[7]	总体：阑额普拍枋均施；五铺作双杪计心造，扶壁单栱承素枋，补间两朵，铺作布局对称。 细部：不施翼形栱，未施昂，斗欹曲线内顱较小，其余同上
侯马 102 号金墓（图3-1-28）	金明昌七年（1196）	该墓为董海父子合葬墓，现已迁于山西考古研究所侯马工作站院内，墓中多处题记为明昌七年[8]	总体：阑额普拍枋均施；柱头五铺作双杪，补间五铺作双下昂，计心造，扶壁单栱承素枋，补间两朵，铺作布局不对称。 细部：斗欹曲线内顱较小；昂身琴面，微起棱，昂头上卷，底部起槽，昂嘴呈厚八字形，双瓣华头子；花卉状翼形令栱，长于泥道栱；斜杀内顱式耍头
侯马乔村墓地 M4309(图3-1-29)	金泰和二年（1202）	M4309 内出土买地券纪年金泰和二年[9]	总体：阑额普拍枋均施；五铺作单杪单下昂计心造，扶壁单栱承素枋，补间两朵，铺作布局对称。 细部：除不施翼形栱外，其余同上
侯马董明墓（图3-1-30）	金大安二年（1210）	该墓现已迁于山西考古研究所侯马工作站院内，墓中出土买地券纪年金大安二年[10]	总体：阑额普拍枋均施；五铺作单杪单下昂计心造，扶壁单栱承素枋，补间两朵，铺作布局对称。 细部：除翼形栱造型、单瓣华头子外，其余同上
侯马晋光药厂金墓（图3-1-31）	金大安二年（1210）	墓内出土买地券纪年金大安二年[11]	总体：阑额普拍枋均施；柱头五铺作双杪，补间五铺作单杪单下昂，计心造，扶壁单栱承素枋，补间两朵，铺作布局不对称。 细部：除不施翼形栱外，其余同上

1 现为稷山金墓博物馆，M6、M7 及 M9 未开放参观。由于已发掘各墓时代较为接近，均为金代前期，仿木构形制较为相似，因此本表中将综合各墓中的仿木构形制加以总结，不单独描述各墓。

2 参见山西省考古研究所《山西稷山金墓发掘简报》，《文物》1983 年第 1 期，第 45-67 页；山西省考古研究所侯马工作站《山西稷山马村 4 号金墓》，《文物季刊》1997 年 4 期，第 40-51 页。

3 参见田建文、李永敏《马村砖雕墓与段氏刻铭砖》，《文物世界》2005 年 1 期，第 12-19 页。

4 山西省考古研究所侯马工作站《侯马两座金代纪年墓发掘报告》，《文物季刊》1996 年 3 期，第 65-72 页。

5 山西省考古研究所侯马工作站《侯马 101 号金墓》，《文物季刊》1997 年 3 期，第 18-21 页。

6 山西省考古研究所侯马工作站《侯马大李金代纪年墓》，《文物季刊》1999 年 3 期，第 3-7 页。

7 李慧《山西襄汾侯村金代纪年砖雕墓》，《文物》2008 年 2 期，第 36-40 页。

8 山西省考古研究所侯马工作站《侯马 102 号金墓》，《文物季刊》1997 年 4 期，第 28-40 页。

9 山西省考古研究所《侯马乔村墓地》，科学出版社 2004 年，第 969-983 页。

10 山西省文管会侯马工作站。侯马金代董氏墓介绍，《文物》1959 年 6 期：第 50-55 页。

11 山西省考古研究所侯马工作站 。1996 年侯马两座金代纪年墓发掘报告 . 文物季刊（3 期）：第 72-78 页。

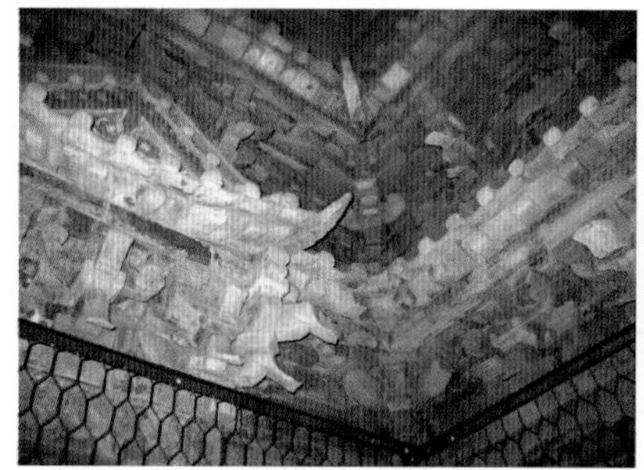

图 3-1-21　马村砖雕墓 M1

图 3-1-22　马村砖雕墓 M2

图 3-1-23　马村砖雕墓 M5

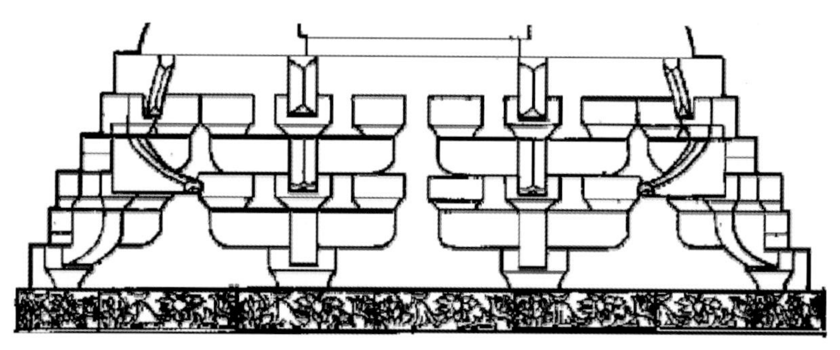

图 3-1-24　侯马牛村 M1 西壁斗栱

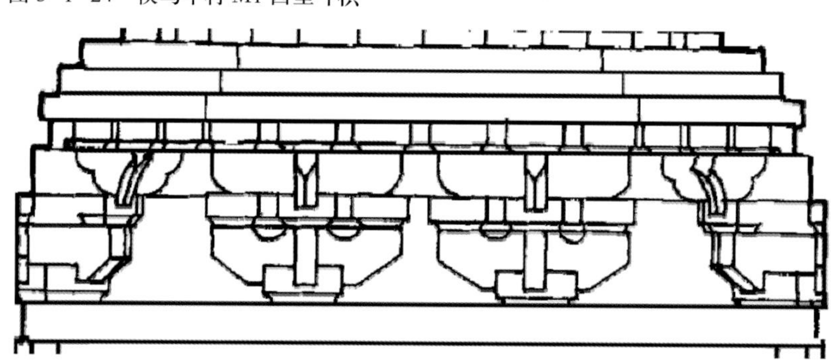

图 3-1-25　侯马 101 号金墓南壁斗栱

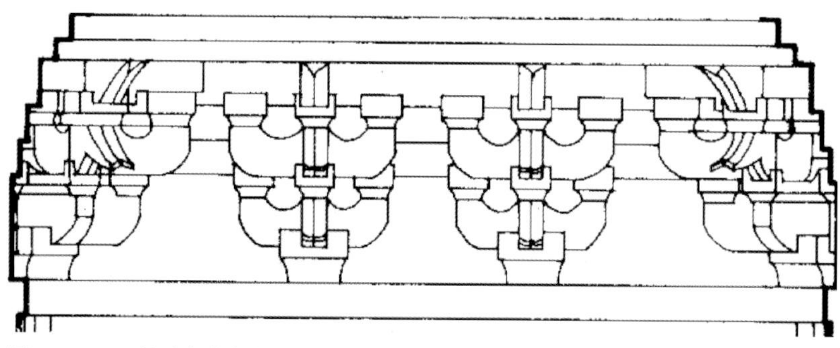

图 3-1-26　侯马大李金代纪年墓北壁斗栱

图 3-1-27　襄汾侯村金墓转角斗栱

图 3-1-28　侯马 102 号金墓后室斗栱

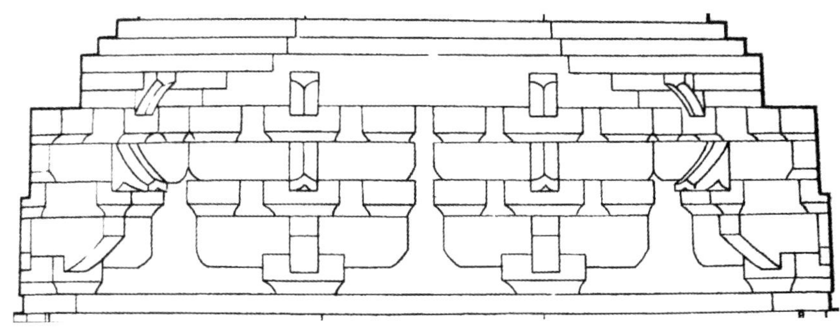

图3-1-29　侯马乔村墓地　M4309

图 3-1-30　侯马董明墓

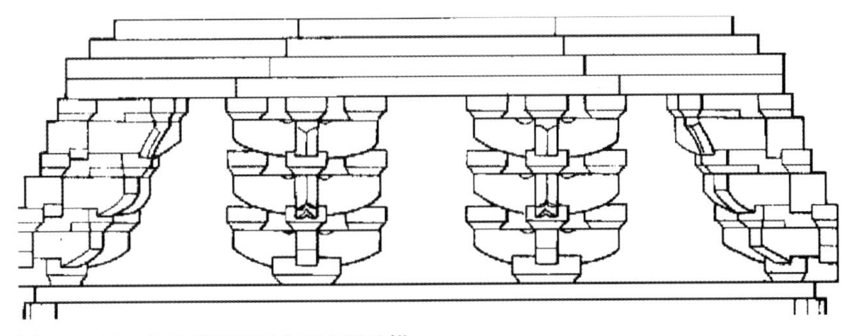

图 3-1-31　侯马晋光药厂金墓东壁斗栱

4. 区域建筑形制分期

结合本地区木构和仿木构实例，我们可以做出典型构件形制的年代对比，并对一些形制进行分型分期，示例如下。

4-1. 栌斗比例及斗欹曲线对比

金至元诸例中，栌斗高宽比例近似 2 ∶ 3，万荣稷王庙大殿栌斗高宽比近似 1 ∶ 2，明显小于金元时期实例。同时，稷王庙大殿栌斗欹曲线的内凹弧度明显大于金元时期实例（图 3-1-32）。

4-2. 要头形制分型及分期

本地区的宋金元建筑铺作的要头基本为自交互斗内平出，其形制变化主要在其斜杀部分，可分为四类[1]：楷头式（S1）、楷头斜杀内顱式（S2）、爵头式（S3）、爵头斜杀内顱式（S4），其时代特征如下（图 3-1-33）：

北宋崇宁以前，主流形制为 S1，同期可见截直式要头；北宋崇宁至金大定，主流形制为 S2；金大定至金末， S2、S3 两种形制并存，前者为主流形制，同期可见介于两者之间的部分要头形制；金末蒙元时期，主流形制为 S3。

元世祖至元至武宗至大，S3、S4 并存，至元年间主流形制为 S4，并仍少见 S3；元大德七年以后，同一座建筑上 S2、S3、S4 多种要头形制并存的现象较为突出。元仁宗以后，S2 又再次成为主流形制。

4-3. 昂、华头子形制分型及分期（图 3-1-34）

该地区普遍流行五铺作双下昂的铺作次序，昂在该地区的宋金元寺庙建筑中得到广泛的应用，大体可分为五种类型，分别是该地区少见的批竹昂（A0）；以万荣稷王庙代表的下卷昂，昂底上卷，昂头上翘 （A1）；以新绛白台寺为代表的昂身琴面微起棱，呈下垂之势，至昂头上卷，底部起槽，昂嘴呈薄八字形（A2）；以绛县太阴寺为代表的符合《营造法式》规定的标准的琴面昂（A3）；以稷山青龙寺大殿为代表的昂身琴面，中起棱较高，出锋起尖，底部起槽，昂嘴呈厚八字形（A4）。

昂及华头子的形制组合复杂，发展演变较快，北宋崇宁以前，柱头铺作用假昂，隐刻昂身及华头子，补间铺作真假昂并用，昂下施单瓣华头子，中起棱；昂的主流形制为 A1，同期可见昂身琴面微起棱，昂底起槽，批竹昂等形制。

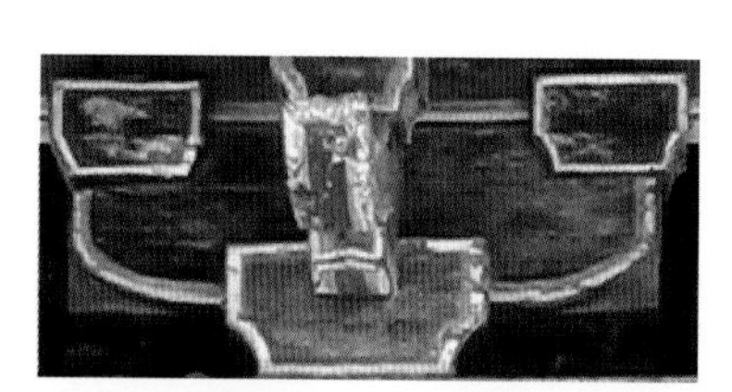
万荣稷王庙大殿

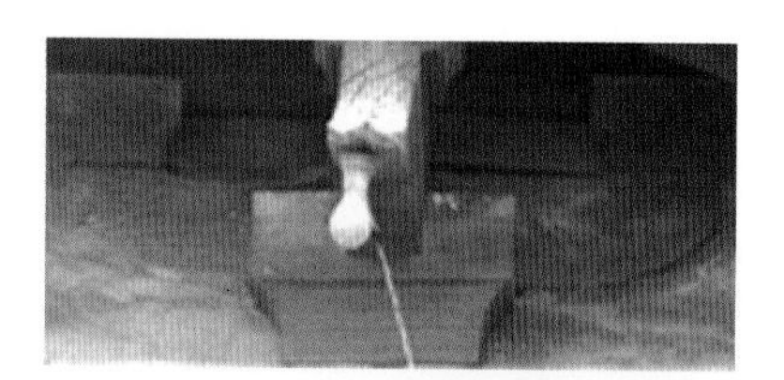
新绛白台寺释迦殿（金）

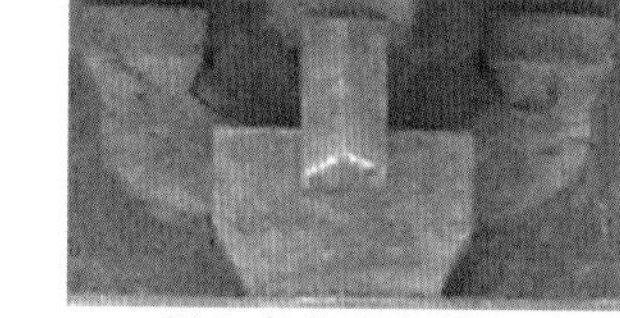
芮城永乐宫三清殿（蒙元）

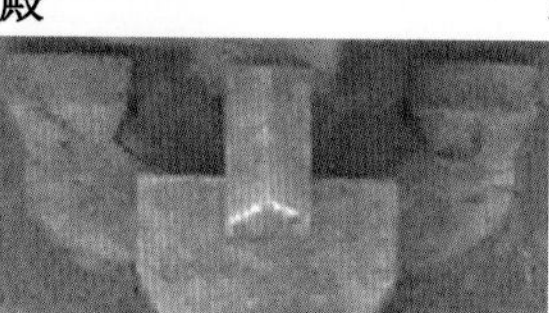
稷山青龙寺腰殿（元）

蒲县东岳庙大殿（元）

图 3-1-32 栌斗形制分期示意图

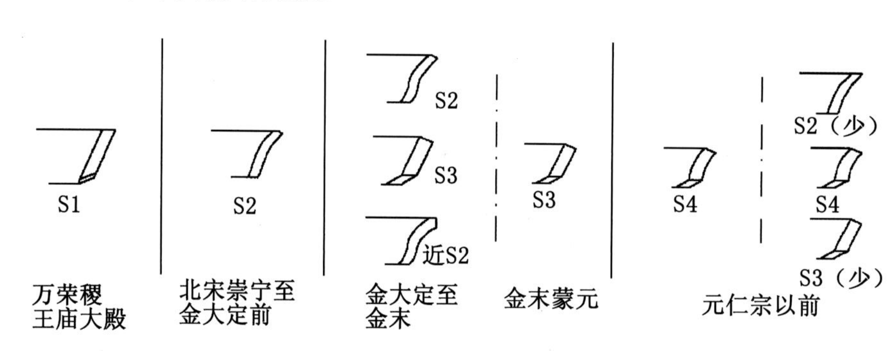

图 3-1-33 要头形制分型及分期示意图

1 楷头与爵头的一个主要区别在于要头端头上部是否施鹊台，及要头斜收部分为一段或二段，斜杀是指要头的斜收部分，有直线和曲线之别。

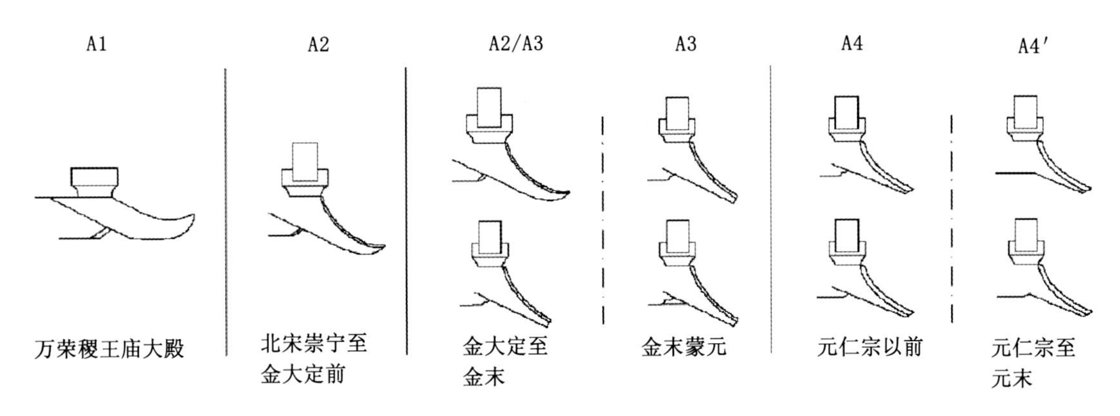

图 3-1-34　昂华头子形制分型及分期示意图

北宋崇宁至金大定，柱头、补间铺作均施假昂，隐刻昂身及华头子，单瓣华头子，中起棱；昂的主流形制为 A2。同期可见施斜栱、斜昂；令栱两端刻作下昂状，昂形与正身方向出跳之昂一致，下刻多瓣（蝉肚纹）华头子等形制。

金大定至金末，真假昂并用，单瓣、双瓣华头子并用；昂的形制分两类，一类是延续第二期的昂头上卷、昂嘴呈薄八字形（A2），另一类是符合《营造法式》规定的标准的琴面昂（A3），前者为主流形制，同期可见介于两类之间的昂形，应是其互相影响的结果。

金末蒙元时期，主流形制为假昂，隐刻昂身、双瓣华头子，昂形为符合《营造法式》规定的标准的琴面昂（A3），微起棱，而金大定以前的下卷昂形 A1、A2 基本绝迹。同期仍可见单瓣补间仍用真昂、单瓣华头子的形制。

元世祖至元武宗至大，作假昂，隐刻昂身，昂的主流形制为 A4，单瓣、双瓣、多瓣华头子并存。至元间仍可见符合营造法式规定的标准的琴面昂，微起棱（A3），元大德七年至武宗至大年间，不同形制共存的现象较为突出。元仁宗至元末，主流形制为假昂（A4′），昂的形制较 A4 有细微变化，未隐刻昂身及华头子，昂嘴较厚，底部不出槽。

综合上述形制分期可知，万荣稷王庙大殿的斗栱原构形制均早于当地宋末金初的建筑标尺。

二、大木作用料树种分析

1. 区域地理环境与森林

山西南部地区四周山脉围合，东有太行山，南有中条山，西有吕梁山，北有太岳山，黄河于外围绕其西、南两面，整体地形北高南低。地区内部分为四个相对独立的盆地，分别对应现在的四市，其中长治、晋城盆地南北相连，临汾、运城盆地南北相连，又形成了两个单元，习惯上称为晋东南和晋西南。两区域之间被太岳山与中条山余脉阻隔，东西交通不便（图 3-2-1）。

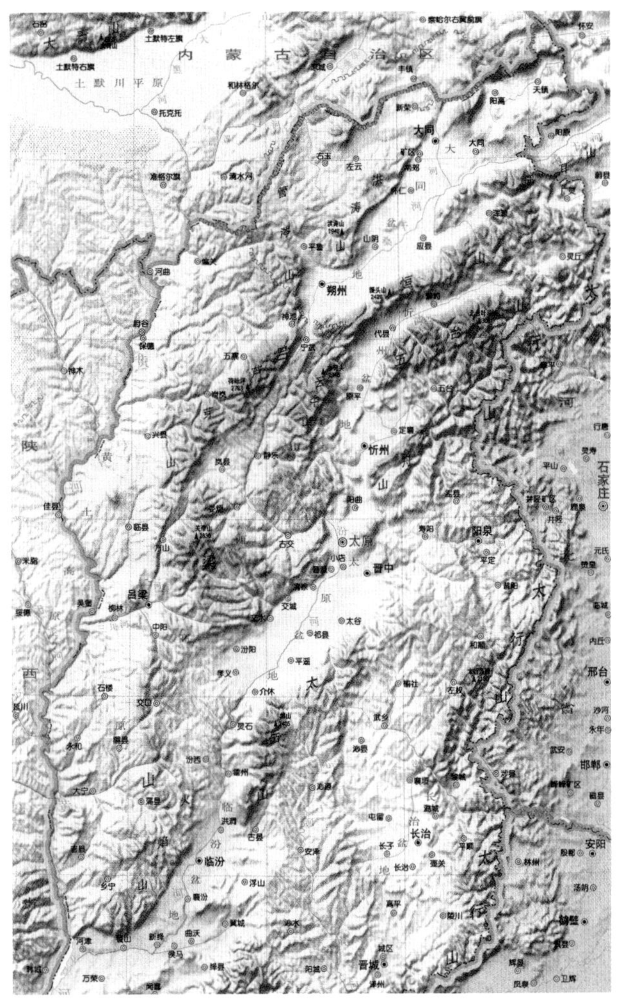

图 3-2-1　山西省地形图

晋东南地区主要有三条河流：其一是沁河，发源于太岳山，南北走向，沿晋东南西缘注入黄河；其二是丹河，发源于晋城盆地东西山脉，向南注入黄河；其三是浊漳河，发源于长治盆地南北山脉，向东穿过太行山进入华北平原。晋西南地区也主要有三条河流：其一是汾河，是山西境内的最大河流，发源于晋中忻州管涔山区，往南过临汾盆地西转入黄河；其二是涑水河，发源于中条山东北部，向西南方向注入黄河；其三是昕水河，发源于吕梁山摩天岭，西向注入黄河。区域内部河流均属外流河，沁、丹、汾、涑、昕水五河属黄河水系，浊漳河属海河水系。

受地理条件影响，山西南部地区属大陆性季风气候，降水量较少，冬季长，寒冷、干燥，春季多风沙。自然植被稀少，残存的天然林主要分布在山脉主脊两侧，现森林覆盖率为13.29%[1]。

山西南部石器时代和夏商周时期古文化分布密集。这一时期，人类活动对森林资源影响有限，一来当时人口相对较少，生产力相对较低；二来当时森林资源还很丰富，自然环境恢复能力还很强。在盆地河谷平原地带还有大片森林，周边丘陵、山地，少有人经略。

秦汉以后，山西南部为战略要冲，地域文化繁荣，农业生产和营造活动逐渐成为这一区域森林资源破坏的主因，两者相互作用，使得平原和丘陵地区逐渐开发为农田，森林覆盖率大为降低[2]。需要注意的是，秦汉至唐宋，山西南部地区虽无大型都市建设，但历代都城均分布在区域周边的平原地区，以长安、洛阳、汴梁、邺城四都为代表，特别是洛阳、汴梁、邺城，地处华北平原，营造用材主要来源于山西南部地区诸山[3]。汾河、浊漳河成为主要的材木外输渠道，流域所及的近山森林成为采伐的重点。宋代以后，除人迹罕至的深山尚存少量天然林外，山西南部已普遍童山[4]。

由于森林资源被严重破坏，山西南部生态环境急剧恶化。宋金之际，我国中东部进入百余年的寒冷期[5]，更加速了区域内生态环境恶化的过程。金元以后，山西南部森林覆盖率仅在10%左右，这种情况一直延续至近代。

2. 区域常用树木粗视识别特征和材性

山西南部地区古建筑常用树木有：松木、榆木、槐木、臭椿、杨木、栎木等。各树木整体形态特征不同，材质特征各异，可通过肉眼进行观察识别，本文称为“粗视识别”。

粗视识别需结合维修或测绘近距离观察，通过材料的横断面和纵断面的颜色、年轮、纹路来判断树种，并辅以触觉、嗅觉以及敲击的声音等手段。

1 引自肖兴威主编《中国森林资源图集》，中国林业出版社，2005年。

2 详见文焕然《几千年来中国森林分布及变迁》，中科院地理所历史地理组，1979年；马忠良等编著《中国森林的变迁》，中国林业出版社，1997年；翟旺、米文精《山西森林与生态史》，中国林业出版社，2009年；史念海《历史时期黄河中游的森林和侧蚀》，收于《河山集》，三联书店，1983年。

3《周书·王罴、王思政列传》“（北魏）京洛材木，尽出西河”，西河郡为今汾阳地区，在吕梁山中段，依靠汾河运材，当时吕梁山南段的临汾地区推断已无大片森林。唐洛阳、宋开封亦依靠汾河水路转入黄河、渭河供材。邺城“取材于上党”。

4 沈括《梦溪笔谈·杂志》：“今齐鲁间松林尽矣，渐至太行，松山大半童矣。”范绒《静轩记》：“熙宁三年……来尉于壶关，始至之日，见穷乡荒障，莫不使人唏嘘而叹息。”崔伯易《感山赋并序》：“怀、卫、磁、泽、潞、汾之人，批苍莽，伐崆垅，贼新甫之柏，筒徂徕之松，浮丹济，其东来，经营庶民，作为宫室……诸山非复昔时，材不爱而木不藩，而兽不滋，迨有千里不毛。”太岳山东段，宋末张刚自保安赴官武乡，“入境所见皆童山”。

5 竺可桢《中国五千年来气候变迁的初步研究》，《考古学报》，1972年1期；满志敏《中国历史时期气候变化研究》，山东教育出版社，2009年。寒冷期持续时间长短还存争议，但宋末至金中期气候相对寒冷已为共识。

具体方法为：

槐木——在山西南部地区多指国槐，落叶乔木，高可达25米，胸径1.5米，树干多弯曲、分叉。老皮灰黑色，块状沟裂。中原北方地区广泛分布，生长颇快。边材黄色或浅灰褐色，与心材区别略明显；窄狭，宽0.5～2厘米。心材深褐或浅栗褐色，色泽感觉温润。木材有光泽；有草腥味。生长轮明显，环孔材，宽度略均匀。早材管孔略大至甚大，在肉眼下明显；连续排列成早材带，宽2～4个管孔；部分心材含有褐色侵填体，早材至晚材急变。木射线极细至中，在肉眼下可见，径切面上有射线斑纹。纹理较乱，结构中至粗，不均匀；重量中或重；硬度硬；干缩及强度中；冲击韧性高。干燥后不易变形，天然耐腐性强，抗蚁蛀（图3-2-2）。现在山西南部地区多洋槐，为20世纪初从外国引入品种。颜色整体较国槐浅，生长轮宽度较国槐大。

图 3-2-2　槐木（国槐）

榆木——榆木整体感觉较槐木粗糙，作斗栱常用，新材颜色偏红，老材发灰（青带土黄）。纹路较槐木疏朗、顺畅，但有明显的早晚材过度的毛茬，木纤维较长。榆树在这儿易生长，但有虫，腐烂之后表面一般会有方形裂块，且不像杨木一样中空，而是茬口朽烂（图3-2-3）。

图 3-2-3　榆木

臭椿——乔木，高达30米，胸径1米。边材黄白色，与心材区别略明显；心材浅黄褐色，木材有光泽，无特殊气味和滋味。生长轮明显，环孔材。早材管孔中至甚大，在肉眼下明显至甚明显；连续排列成早材带，宽1～4列管孔，少数含橘黄色树胶；早至晚材急变。晚材管孔甚小至略小，肉眼不见。木射线稀少，极细至中，比最大管孔小，径面上有射线斑纹。纹理直，结构中，不均匀；重量、硬度、干缩及冲击韧性中，强度低至中。干燥容易，若处理不当会发生翘曲或小裂；稍耐腐，易变色（图3-2-4）。

图 3-2-4　椿木（臭椿）

杨木——落叶乔木或小乔木，约100多种，在山西南部主要为大叶杨和小叶杨。木材具光泽，无特殊气味和滋味。生长轮较明显，轮间呈浅色细线，散孔材或至半环孔材，宽度不均匀，每厘米1～2轮。管孔肉眼不可见。木射线中至略密，极细至甚细，肉眼不可见，在肉眼下径面上射线斑纹不见。纹理直，结构甚细，轻而软，干缩小，强度低，冲击韧性中或至高。易虫蚀、糟朽、中空（图3-2-5）。现在的杨木多为外国引种，材性不及本地杨木，颜色泛白，易劈裂。

松木——主要有油松、红松、落叶松、樟子松4种。整体均条纹顺畅，木节较多，有油脂，无明显的早晚材凸凹。油松易裂，木节较多；红松高档，承挑力度不够，多用作小木作；落叶松常用于梁檩。樟子松一般做建筑施工时的板材，颜色较浅，纵断面带红丝（图3-2-6）。

栎木——麻栎，坚硬但材性较脆，径切面有蝌蚪状轴线，纹理较直，结构较细，坚硬，强度高，冲击韧性中。难干燥，易开裂（图3-2-7）。

3．木材显微识别方法及取样

3-1．显微识别

木材显微识别的原理是利用木材微观结构的不同来识别树种，但识别的程度取决于样本，一般鉴别到属，少数可鉴别到种。其识别要点如表3-2-2。

图 3-2-5　杨木

图 3-2-6　松木（油松）

图 3-2-7　栎木

落叶松　油松　樟子松　柏木

槐木　榆木　椿木　杨木

图 3-2-8　各树种整体比较图

表 3-2-1　物理力学性质（参考）

名　称	产　地	气干密度 (g/cm³)	抗弯强度 (MPa)	弹性模量 (MPa)	顺纹抗压 (MPa)	冲击韧性 (MPa)	端硬度 (MPa)
杨树	北京	0.520	77.1	10 199	91.7	78.6	38.4
	河南	0.505	74.8	9218	106.5	77.6	34.2
	安徽	0.544	72.5	9709	89.2	118.5	30.2
槐树	山东	0.702	103.3	10 199	45	126.5	64.9
	安徽萧县	0.785	105.2	11 278	49.5	139.6	76.7
臭椿	北京	0.672	81.3	10 493	37.6	53.9	53.7
	安徽	0.636	90.4	10 787	41	61.4	58.7

来源：中国林业科学研究院木材工业研究所，《山西南部地区古建筑木材鉴定报告》，2011 年。

3-2. 取样的原则、工具和部位

本文研究的取样工作主要结合山西南部修缮工程，在建筑构件落架大修期间进行取样，取样部位遵循以下基本原则：

1）在构件的外表面隐蔽部位取样；

2）选取构件开裂、掉茬的部位取样；

3）在构件落架加工、替补、开榫时进行取样，这种情况的取样量较大；

4） 对更换下来的原构件进行取样；

5）不在树节、病腐、朽烂部位取样。

表 3-2-2 木材显微识别要点

类　别	识别要点
针叶树材	1）管胞：形态特征及胞壁特征如纹孔的分布、列数、排列方式、形状、纹孔塞边缘形状；螺纹加厚的有无、显著程度、倾斜角度、早晚材分布情况 2）树脂道：有无、泌脂细胞壁的厚薄，泌脂细胞的个数等 3）木射线组织：列数、高度；细胞组成；射线管胞内壁特征；射线薄壁细胞形态特征、水平壁厚薄及有无纹孔、垂直壁形状特征 4）交叉场纹孔：类型、大小、数目 5）轴向薄壁组织：有无、丰富程度及排列方式 6）其他一些不稳定的显微特征，如径列条、澳柏型加厚、含晶细胞壁
阔叶树材	1）导管：导管分子形状、大小；穿孔的类型；侵填体及其他内含物的有无和形态特征；管孔组合方式；管间纹孔式的有无及类型；螺纹加厚的有无等 2）薄壁组织：类型、丰富程度、分室含晶细胞的有无及晶体的个数等 3）射线组织：类型；宽度、高度；与导管间的纹孔式；径向胞间道的有无等 4）木纤维胞壁：厚薄、分隔木纤维及胶质木纤维的有无 5）叠生构造：有无、出现叠生构造的细胞类型等 6）晶体及其他无机内含物主要指晶体的有无、出现部位、数量、形状（菱形、柱状、晶簇、晶沙、针晶或束等） 7）其他特征如由细胞的有无（如樟科木材）、环管管胞明显与否（如壳斗科木材）、维管管胞的有无（如金缕梅科木材、云南龙脑香）等

取样大小顺应构件的走向，一般呈顺纹的片状，长在 1 厘米以内，宽、厚在 5 厘米左右。以能制作横切面和径切面为标准，能否制作出弦切面不一定保证。

取样主要通过徒手或者小刀。徒手取样借助于构件的断茬和开裂，是最常用的方式，使用小刀主要用于材质较坚硬的构件，如榆木、槐木和栎木，不破坏构件本身表面，顺断面部分的裂纹剔落小块样本。

样本取下后装入自封袋，贴上标签，注明位置及粗视识别结果，交由林科所进行显微识别。

4. 稷王庙大殿大木作用料分析

稷王庙大殿的修缮于 2010 年 12 月开始。本文对其大木作选材的考察一次在修缮前（2010 年 8 月），就大殿柱额、铺作层每个构件的材质进行了粗视识别，对部分铺作构件进行了取样；一次在修缮落架中（2011 年 3 月），对第一次的调查结果进行了复查，补充了大殿梁架、椽檩的选材，结合修缮工程，对具有代表性的柱、额枋、铺作、梁架、角梁等构件逐件进行取样，并对其他部位进行了抽样。

两次取样共 174 个，现场未能识别的有 10 个，占 5.7%，粗视识别与显微检测不一致的有 13 处，占 7.5%，主要为榆、槐、椿这三类硬杂木的混淆。

根据检测结果，结合现场考察，大殿的选材图如图 3-2-9、图 3-2-10。

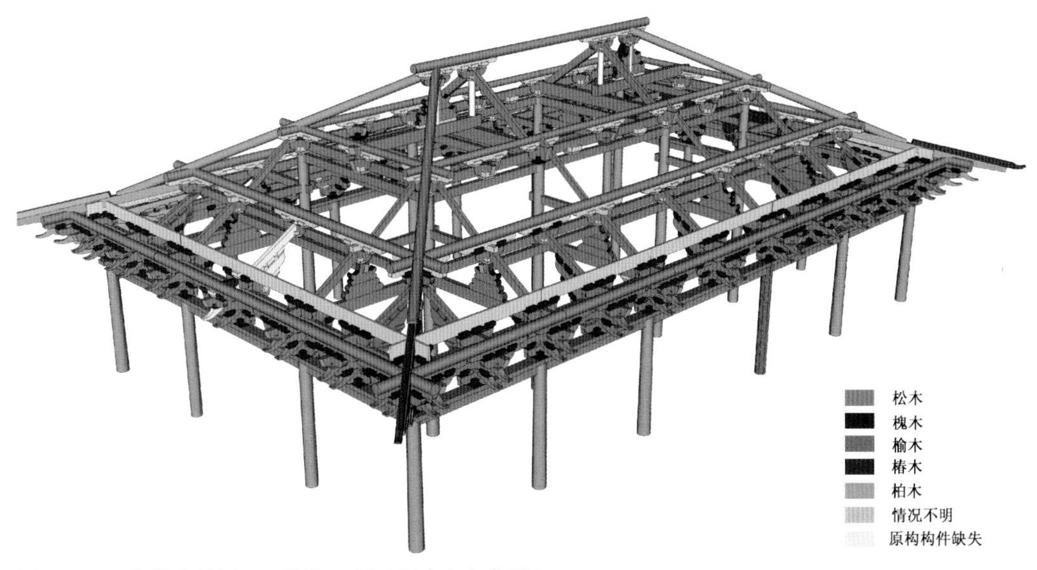

图 3-2-9　大殿选材图——前檐、西山（西南向东北看）

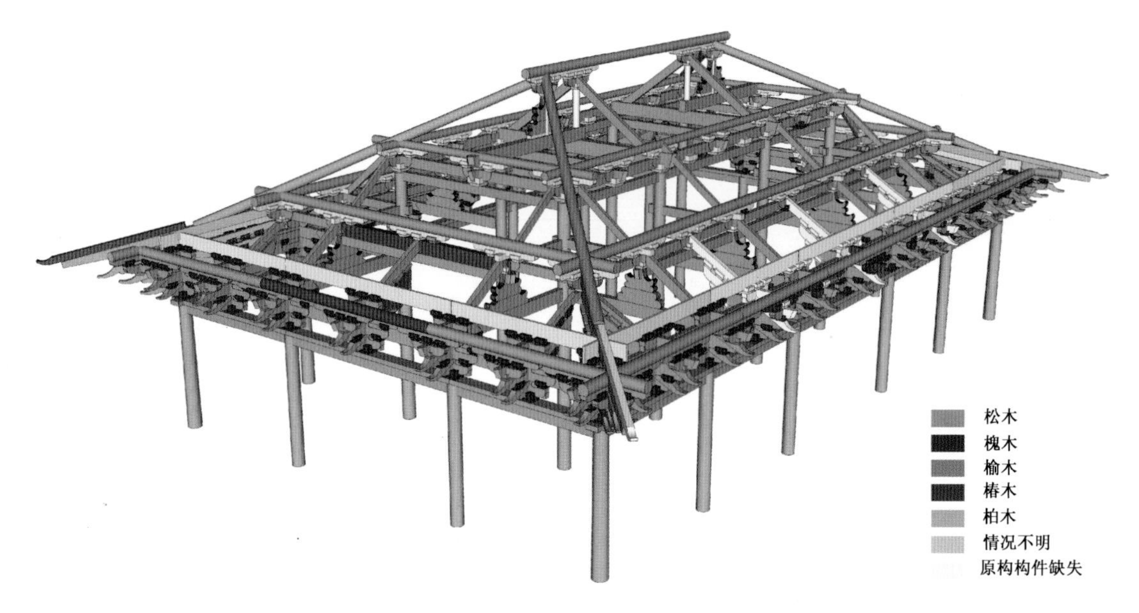

图 3-2-10　大殿选材图——后檐、东山（东北向西南看）

5．选材特征和相关讨论

稷王庙大殿选用松木作为主要材料，根据显微检测结果，现场粗视识别认为松木的取样分别为松科下的硬木松和云杉两属。其中云杉主要用作柱、槫，而硬木松主要用作栱、枋等构件，分布具有一定的规律性，因此推断古人对这两类松木的区分当很明确，而通过粗视识别不易分辨。

斗、栱选材有明显区分，斗主要使用硬杂木，多槐木，少量使用榆木，栱全部使用松木。斗特别使用榆、槐等硬杂木的做法在山西南部地区较为常见，可能与这类木材纹理较乱，抗压、承载能力强相关。这不仅是山西南部的现象，在其他地区的建筑上也有表现，如在晋祠圣母殿的斗栱选材中栌斗即统一使用榆木（图 3-2-11）。

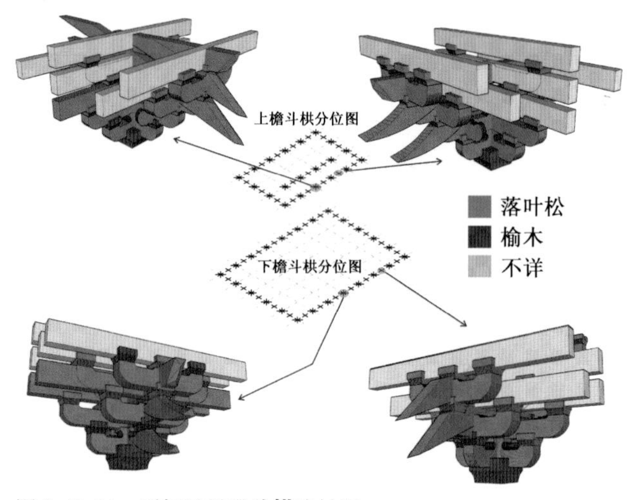

图 3-2-11　晋祠圣母殿斗栱选材图

稷王庙大殿主要结构构件使用松木，特别是栱使用与梁架材种一致的松木，这种情况在山西南部古建筑中还见于平顺龙门寺西配殿（五代 925）、平顺大云院大佛殿（五代 938）、高平崇明寺中佛殿（北宋 971）、长子崇庆寺千佛殿（北宋 1016）和陵川南吉祥寺大殿（北宋 1030），均为北宋中期以前的建筑。而北宋中期至元，由于松木资源日渐匮乏，山西南部建筑渐少用松木做主要的结构用材，而改用杨、槐、榆等乡土树种。因此，从大木作选材推断，稷王庙大殿可能创建于北宋中前期，与前文形制断代的结论一致。另一值得注意的问题是在北宋《天圣令》中即有乡间种乡土树种的规定，而自天圣后至北宋中后期乃至于金元，乡土树种的使用大量出现，当与宋前期的田制有所联系。

大殿更换构件制作粗糙，在形制上较易区别。从大殿的选材上也可明显判别，主要使用椿木、榆木更换了原来的松木。梁架改动较小，较大的改动在仔角梁和东山明间下平槫襻间枋，主要使用椿木进行更换。斗栱上改动较大，集中在前檐梢间里转，东、西两山和后檐里转及各襻间斗栱上，基本更换为榆木（图 3-2-12、图 3-2-13）。

图 3-2-12　东山下平襻间枋（椿木）打断原襻间枋（松木）

图 3-2-13　前檐补间铺作里转更换为榆木构件（左为更换情况，右为原始情况）

6. 材料加工工艺对构件形制的影响

在世界建筑发展史上，因建筑材料的改变而导致建筑造型改变的例子比比皆是。中国古代建筑的主流建材始终是木材，所以长期以来，人们忽略了中国建筑因材料改变而产生的形制变化。但是，木材之间也存在千差万别，不同的木材具有不同密度、尺度和强度等特性，在材料加工时会产生不同的效果，进而对建筑形制产生影响。在梳理了稷王庙等山西早期建筑用材情况后，我们即发现了一处材料加工工艺影响构件形制的实例，即稷王庙大殿上最具特色的下卷昂。

从这类昂的加工看，整个构件由一条与昂身断面相同的木料作成，其昂底上卷止好保证了昂前后段底部的平直，这样制作昂头部分就不至于浪费木料。若作成昂头下出的假昂形式，加工这类构件的造材将大约是加工后截面的 1.5 倍，加大了选材的难度并造成了斜出部分之后木料的浪费，尤其不适用于松木这类可做梁柱使用的大材。另外，松木木纹平直，若假昂斜出，其昂端部分与昂身没有直接的联系，很容易产生顺纹开裂、脱落(图 3-2-14）。

宋代以来，木构建筑使用假昂的实例渐多，从现存资料看，稷王庙大殿假昂的类似作法，其地域分布并不限于山西南部，木构实例如晋中见于晋祠圣母殿

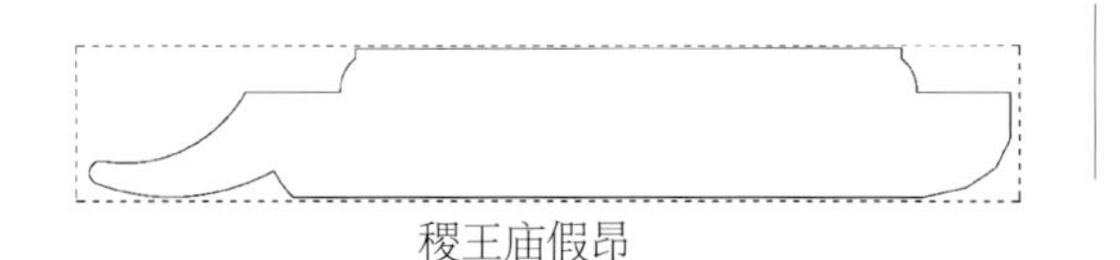

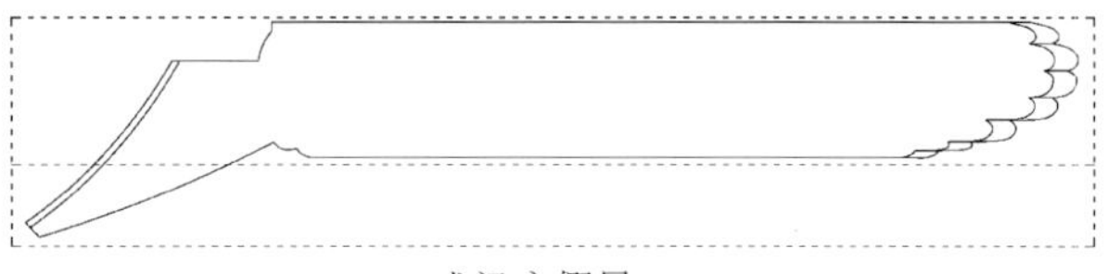

图 3-2-14　稷王庙假昂与长子西上坊成汤庙假昂加工面对比

大殿转角铺作、盂县大王庙后殿、陕西韩城的庆善寺大殿等，金代此类下卷昂头的形制变化主要在于昂嘴和琴面等处。

除上述假昂外，稷王庙大殿补间铺作还使用真昂，但无论真昂假昂，均保证了直材的充分利用。从加工方式上看，北宋前期的高平崇明寺中佛殿补间第二跳的作法也有相同的意趣（图 3-2-15）。

因此推测，这种上卷式假昂很可能与材料加工方式密切相关，而非单纯的造型处理。金元时期假昂下出开始流行，此时假昂的选材已改换为杨、榆、槐等常见乡土树种，宜于选取、断面较大，且其纹路较乱，利于下出的昂头与昂身的整合。

三、北宋天圣题记的发现

按研究计划，北京大学文物建筑专业在万荣稷王庙大殿木作和屋顶瓦作修缮完成后，对稷王庙开展了第三次测绘。在本次测绘中，于 2011 年 5 月 14 日中午，在大殿前檐明间下平榑襻间枋外皮上发现了一处极不明显的墨书痕迹（图 3-3-1），墨书自右而左、自上而下，竖排三行，最右一行字体最大，因木材年久，表面纹路扩大，现仅右侧的四个大字可辨识。经表面湿处理后，认读为“天聖元年”（1023）。天圣题记的位置与元、明重修时所留的题记木牌相近（图 3-3-2）。

题录天圣纪年的襻间枋，用料为松木，加工规整，其形制和尺度与大殿上其他相同用料、相同加工的枋木相同，从形制、尺度和用料方面分析，皆属稷王庙大殿的原构构件。

按前文形制研究的结论，稷王庙大殿原构形制的年

图 3-2-15　山西高平崇明寺中佛殿补间铺作

代下限为北宋熙宁年间。根据木作材料树种的研究结论，稷王庙大殿的原构时代符合北宋中前期建筑的特点。因而，课题组在测绘期间于原构构件上发现的北宋天圣纪年，可与前期所进行的形制和材料研究结论形成互证关系，为更精确地确认稷王庙大殿的年代提供了可靠而珍贵的史料依据。

依据此新发现的北宋纪年，稷王庙大殿原构形制的年代不晚于北宋天圣元年（1023），较北宋颁布《营造法式》的崇宁二年（1103）早 80 年。这一结论对研究中国宋元建筑的渊源流变具有极其重要的价值，因为稷王庙大殿上存在一些与《营造法式》相吻合或相近似的形制，如厅堂造、下昂挑斡、具有插昂意象的假昂、蚂蚱头形耍头等。而这些建筑形制正是某些持“北构南相”论者所认为的，产生于自江南地区，通过江南建筑（如保国寺大殿等）对《营造法式》的影响才得以传播至中原北方地区的建筑形制。稷王庙大殿早于法式 80 年得到确证后，此类论点即难成立。同时，稷王庙大殿上一

图 3-3-1　天圣纪年所处位置

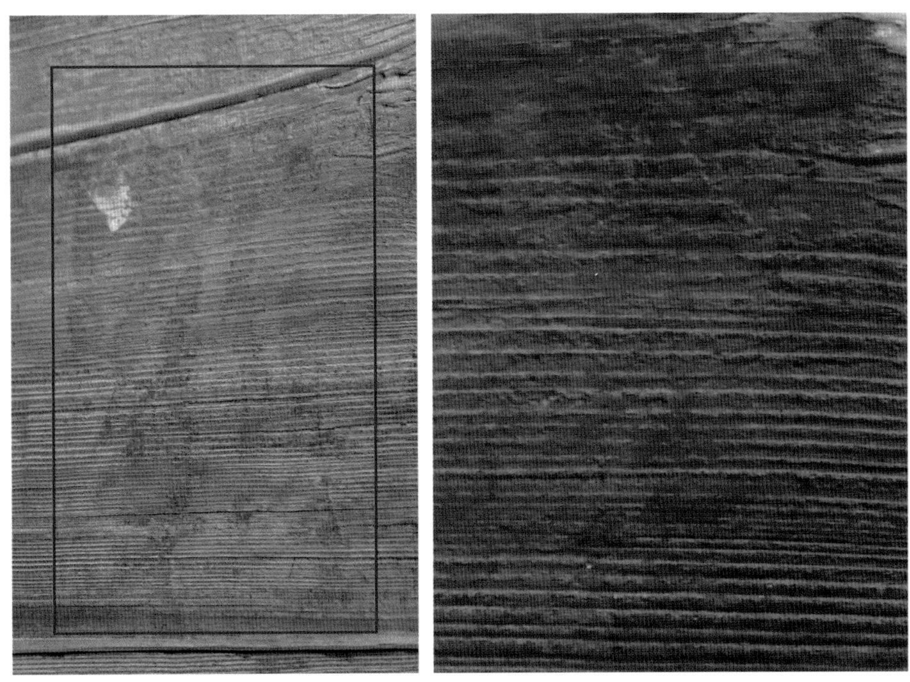

图 3-3-2　左图为题记未做湿处理时的全貌，右图为湿处理后清晰可鉴的"天圣"年号

些具有特色或极其罕见的形制，如上平下卷的昂头形制、续角梁与椽后尾的榫卯交接方式、承挑斡的靴楔栱、足材栱与散斗的交接方式暗栔等，也得到了绝对纪年支持。因此，稷王庙大殿年代问题的确认，为晋南和陕西东南部地区填补了空白，增加了一处北宋中前期的建筑形制年代标尺，极大地促进建筑形制区系类型研究，使我们有可能揭示唐宋时期中原文化最发达的陕西、河南等地区的建筑特色，及其对四川、甘肃等地区的深远影响，对我们认识宋元时期中国建筑的传播演变历程，探索地域间建筑文化的区别与联系，具有关键性作用。稷王庙大殿的文化遗产价值，也必将因其所具有的无与伦比的历史价值而被重新认识。

梁思成先生曾遗憾于国内未见北宋庑殿顶建筑遗存，天圣题记的发现适值梁先生诞辰 110 周年，北大文物建筑专业师生谨以此成果，纪念梁思成等营造学社先哲，和创办北大文物建筑专业教学体系的徐伯安先生以及宿白、徐苹芳、陈薇等不断教诲、鼓励我们前进的先生们。正是秉承着先哲们的研究精神，在前辈的基础上不断进取，探索建筑考古学理论和研究方法，常年坚持田野工作，才可取得今日之发现，才可验证往年之研究，从微观而宏观，由物而证史进而见人。

四、碳十四技术测年研究

通过对万荣稷王庙大殿建筑形制和木构材料的研究，我们可以判断出稷王庙大殿上的原构构件和后期更换构件[1]，以及它们可能的时代。在此基础上，课题组又运用碳十四测年技术，以达成对万荣稷王庙大殿年代问题的多重证据，加强结论的可靠性。

针对中国古代木构建筑的建构和遗存特点，结合北京大学文物建筑专业在山西平顺回龙寺大殿等年代鉴定案例中所取得的成功经验，课题组制定了如下取样标准：

1. 取样部位尽可能接近加工构件所用原木的外皮；

2. 取样应覆盖斗栱、梁架上不同尺度和位置的构件；

3. 取样应利用建筑形制年代学研究结论，重点选择原构构件并兼顾具有典型形制的更换构件。

根据以上取样标准，课题在万荣稷王庙大殿上获取了斗、栱、昂、梁栿、枋、柱等 21 个样本，采样时注意了采样部位，圆木取外皮、方木取角，使之尽可能接近原始木料的外皮，现场采样后，立刻进行封装签注，避免样品污染、混淆。所有样品由北京大学第四纪年代测定实验室（负责人吴小红教授，工程师潘岩）和北京大学加速器质谱实验室，分两批次进行测试，报告见表 3-4-1、3-4-2。

1 万荣稷王庙大殿原构构件和更换构件详见附录四。

表 3-4-1 北京大学加速器质谱（AMS）碳十四测试报告之一

送样单位 北京大学考古文博学院 送样人 徐怡涛 测量日期 2011-6

Lab 编号	序 号	采样位置	碳十四年代（BP）	树轮校正后年代（BC）	
				1 σ（68.2%）	2 σ（95.4%）
BA110069	1	东北角柱	1250±25	685AD（54.6%）755AD 760AD（13.6%）780AD	670AD（95.4%）870AD
BA110070	2	前檐东次梢间普拍枋	1295±35	665AD（44.8%）715AD 740AD（23.4%）770AD	650AD（95.4%）780AD
BA110071	3	3 组一层正心栱	1310±25	660AD（48.6%）710AD 740AD（19.6%）770AD	650AD（95.4%）780AD
BA110072	4	3 组一层昂	1290±30	670AD（42.8%）720AD 740AD（25.4%）770AD	660AD（95.4%）780AD
BA110073	5	27 组二层北向昂	1215±25	770AD（68.2%）870AD	700AD（11.4%）750AD 760AD（84.0%）890AD
BA110074	6	26 组里转靴楔栱	1210±30	775AD（68.2%）875AD	690AD（12.2%）750AD 760AD（83.2%）900AD
BA110075	7	25 组蚂蚱头（乳栿）	1210±25	775AD（68.2%）870AD	710AD（7.9%）750AD 760AD（87.5%）890AD
BA110076	8	东南角老角梁	1160±25	780AD（3.4%）790AD 810AD（49.9%）900AD 920AD（14.9%）950AD	770AD（95.4%）970AD
BA110077	9	后上金东 5 补间大斗	1290±30	670AD（42.8%）720AD 740AD（25.4%）770AD	660AD（95.4%）780AD
BA110078	10	明间东平梁	1120±25	890AD（9.4%）905AD 910AD（58.8%）970AD	870AD（95.4%）990AD
BA110079	11	明间东平梁下顺梁	1140±25	880AD（18.3%）905AD 915AD（49.9%）970AD	780AD（1.4%）790AD 810AD（94.0%）990AD
BA110080	12	脊东 2 前下叉手	1120±25	890AD（9.4%）905AD 910AD（58.8%）970AD	870AD（95.4%）990AD
BA110081	13	脊东 4 蚂蚱头	930±25	1040AD（12.5%）1060AD 1070AD（55.7%）1160AD	1030AD(95.4%）1160AD
BA110082	14	西山下金南一榑	1140±25	880AD（18.3%）905AD 915AD（49.9%）970AD	780AD（1.4%）790AD 810AD（94.0%）990AD
BA110083	15	西次间方脊榑	1225±30	710AD（12.3%）750AD 760AD（55.9%）870AD	680AD（25.5%）750AD 760AD（69.9%）890AD
BA110084	16	续角梁（上开椫置椽）	810±70	1160AD（68.2%）1280AD	1030AD(95.4%）1300AD
BA110085	17	椽（尾开椫口）	1205±25	775AD（42.4%）830AD 835AD（25.8%）870AD	720AD（4.6%）750AD 760AD（90.8%）890AD

表 3-4-2 北京大学加速器质谱（AMS）碳十四测试报告之二

送样单位 北京大学考古文博学院 送样人 徐怡涛 测量日期 2011-10

Lab 编号	序 号	采样位置	碳十四年代（BP）	树轮校正后年代（BC）	
				1 σ (68.2%)	2 σ (95.4%)
BA110774	18	前檐明间东金柱	1120±35	890AD (68.2%) 975AD	810AD (95.4%) 1020AD
BA110775	19	前檐明间西金柱	1270±30	685AD (36.9%) 730AD 735AD (31.3%) 775AD	660AD (94.4%) 820AD 840AD (1.0%) 860AD
BA110776	20	后檐明间西乳栿	710±30	1265AD (68.2%) 1295AD	1250AD (83.6%) 1310AD 1360AD (11.8%) 1390AD
BA110777	21	后檐明间东乳栿	750±35	1225AD (2.6%) 1235AD 1240AD (65.6%) 1285AD	1215AD (95.4%) 1295AD

在图 3-4-1 中，分别以黑、红、黄、绿代表与公元 1023 年偏差度不同的四组年代数据，测试报告和分析图中相同的构件序号，代表相同的构件。

2001 年，北京大学考古文博学院在测绘研究山西平顺回龙寺大殿时，在对建筑形制研究的基础上，分别选取不同时代和不同类型的构件样本，并注意到取样部位的影响，由此取得了一组可与形制研究相互印证的碳十四测年结论。在平顺回龙寺大殿上所取得的成果[1]是课题组在万荣稷王庙大殿上使用碳十四技术的基础，由于稷王庙大殿上发现了可与形制对应的精确纪年，因此我们可以更深入地探讨碳十四数据在古建测年中的应用问题。

课题组发现“天圣元年”题记时，尚未获得碳十四测试结论。该题记的发现使我们不仅仅局限于以碳十四测试结论佐证大殿的建造年代。在建筑形制、材料和史料构成互相印证的证据链时，该碳十四的测试结论，即可成为研究在中国古代木构建筑上如何运用碳十四测年的典型案例，并由此形成碳十四测年技术用于中国古建筑测年的理论和方法。

稷王庙大殿上所发现的天圣纪年，使 21 个碳十四测试结果形成了四组，其中，三组早于天圣元年，一组晚于天圣元年。从图 3-4-1 可知，由 8、10、11、12、14、18 构成的红色组距离 1023 年的偏差最小，其下限早于 1023 仅仅数年。由 1、5、6、7、15、17、19 构成的黄色组下限早于 1023 年约 130 年，由 2、3、4、9 构成的黑色组早于 1023 年约 240 年。由 13、16、20、21 构成的绿色组又可分为两部分，其中 13、16 号上限仅晚于 1023 年数年，下限不晚于金代，而 20、21 号晚于 1023 年两百多年，两个样本的时代很一致，其交集为 1250—1295 年，正处于元至元二十五年（1288）重修题记前后。

如果没有形制、材料和天圣题记相互印证的前期研究，仅凭碳十四测试结论，即便是想证明稷王庙大殿为唐、五代、宋代乃至金、元建筑，似乎皆可找到根据。由于古建筑建构和遗存的复杂性，例如，木料采伐后经历一段不等的时间后才使用、使用旧料盖新房、修缮中更换晚期构件、史料纪年材料多时代层叠、取样部位不同造成的测试误差，等等，所以，碳十四技术在古代建筑测年上的应用并不被重视，一些碳十四测年案例因为未有效过滤古建筑复杂因素带来的影响，往往得出研究者各取所需，莫衷一是的结论。

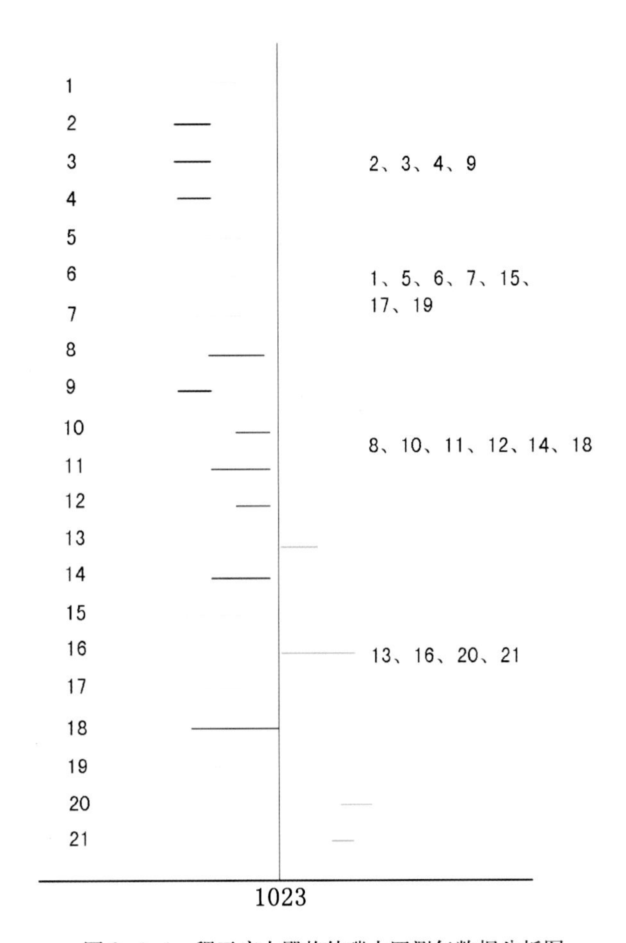

图 3-4-1　稷王庙大殿构件碳十四测年数据分析图

碳十四测试结果在公元 1023 年之后的 4 个样本——13、16、20 和 21 号构件，经形制比对均为后期更换构件。其中，13 号构件为脊槫西端推山部位的丁华抹颏栱，此类构件的形制为双向蚂蚱头，但 13 号构件仅在其南侧蚂蚱头下作刻槽，北侧不作刻槽，而脊槫推山东端及上平槫下的同类构件，在双向蚂蚱头下均作刻槽。另外，13 号上有咬合栌斗斗耳的榫口，而脊槫东端的同类构件无此榫口。13 号构件的形制与同类构件形制不符，其前后不对称的形制处理方式，在山西南部多见于宋末至金元时期，恰与 13 号构件的碳十四测年相符。16 号构件为延至脊槫西端的续角梁，梁身开承椽口，口内以铁钉钉椽尾，与 17 号原构构件尾部开榫的形制相排斥，且 16、17 号碳十四检测年无交集，16 号明显偏晚，所以 16 可判定为后期更换构件。20、21 是后檐明间东、西乳栿，其梁身呈椭圆形，与其他大殿上多数乳栿的矩形断面明显不同，乳栿延至铺作外跳均作耍头，但 20、21 号乳栿的耍头为足材、下部不作刻槽，这与其他矩形断面

1　详见徐怡涛执笔《山西平顺回龙寺大殿测绘调研报告》，《文物》2003 年第 4 期。

乳栿耍头的单材、下部刻槽的形制存在明显差异。

分析红、黄、黑三组构件的类型，可以发现一定的规律性，即，与1023年最为接近的红组，均为梁、柱、榑、叉手等容易取到接近圆木外皮样本的大料。黄组的年代区间与1023年的距离居中，组内混合了昂、栱、椽等小料，亦有柱、榑、乳栿等大料。黑组的年代区间距离1023年最远，均为昂、斗、栱枋、普拍枋等小料。由此可见，构件的尺度与天圣题记之间的距离呈现出一定的正比关系。这种碳十四测试结论与被测木构件料例尺度的规律性提示我们，在运用碳十四测年结论时，不能仅测试斗栱等小料，其结果可能偏早100～200年。要重视测试梁柱等大料，其结论更容易接近真实的营造年代。另外，在红黄两组、黄黑两组中，出现了构件类型的重合现象，这提示我们，要获得更准确的数据，每种类型的构件不能仅测一个样本，要多测一些数据。同时，对于具有重要形制意义的样本，例如稷王庙大殿的昂、与厅堂造作法相关的乳栿、金柱等，应重点予以测试，以便与形制研究成果形成互证。

在结合中国古建筑特点综合分析该组碳十四数据时，我们发现，无论古建筑上存在何种复杂因素，木构件在其进行营造加工时，其木料必然已经死亡。即：木料的死亡时间，必然早于木料的营造时间，但具体早多少年，却可能因各种复杂因素的影响而有所不同。

碳十四技术测试的是木材的死亡时间，所以，建筑构件的碳十四测年区间的上限，必然早于其营造时间。将同座建筑上更多构件的碳十四测年区间综合起来分析，则可知：一座建筑的原构建造年代，可以略晚于碳十四所测得的原构构件中最晚者的年代下限，但不能早于原构构件中最晚者的年代上限。即：原构建造纪年不早于任何原构构件碳十四测年区间的上限，略晚于最晚原构构件中最晚测年的年代下限。

如果没有发现稷王庙大殿上的北宋天圣题记，仅以形制研究结合碳十四测年判断，假设以民间建筑储料时间不超过20年计，则可得到稷王庙大殿的建造年代区间为公元870—1040年（图3-4-2）。

由于一座建筑可能存在一系列不同的重建、重修等史料记载，所以，我们可以运用“构件的建造纪年不早于其碳十四测年区间的上限”这一规律，运用碳十四测试数据验证纪年和构件的对应关系。稷王庙大殿的验证结果显示，在稷王庙大殿的21个碳十四测试数据中，天圣元年（1023），位于测样中全部16个经形制和构造及尺度、材料等综合判定为原构构件的碳十四年代所构成的年代区间内。而至元二十五年（1288）题记，也符合20、21号样品的碳十四年代区间。

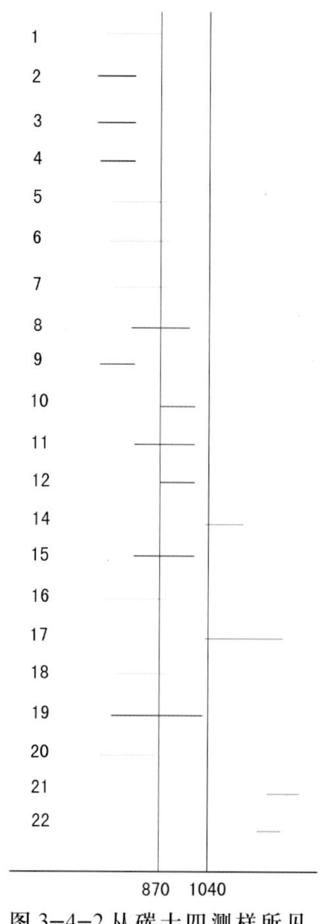

图3-4-2 从碳十四测样所见建筑年代建造区间分析图

综上所述，我们认为：碳十四测年技术可以用于中国古代建筑测年研究，但难以直接单独使用。必须结合古建筑的形制和材料研究，碳十四测年数据才能得到科学的解读。从本项研究可知，较大尺度构件的碳十四测年时代下限，更接近真实建造年代，值得特别注意。但是，大构件的形制断代往往不如小型构件精细，如果在构件形制上判断错误，将晚期构件作为原构测试，必然导致错误，所以，有效地结合建筑形制、构造、尺度和材料的研究方法和成果，充分解析建筑上不同尺度的原构构件，并选取恰当的部位予以检测，是决定碳十四技术能否成功应用于中国古建筑断代的关键。

五、大木作尺度研究

1. 数据获取

针对稷王庙大殿进行用材和用尺制度分析的大木作数据来源于“指南针中国古建筑精细测绘课题”对稷王庙大殿分别进行的修缮前、修缮中、修缮后的三次测绘成果。在选取原始数据时，本着获取尽量接近原构数据、获取可靠的手工测量数据以及获取尽量多的同种构件数据的原则，将原始数据整理为斗栱类构件数据，柱梁类构件数据以及平面及屋架数据三类（图3-5-1至3-5-4）。

每类构件的测量值可以被看作是相对于作为总体的

图 3-5-1　斗栱类构件位置示意图（转角铺作及柱头铺作）

图 3-5-2　柱梁类构件位置示意图（外廊及内殿）[1]

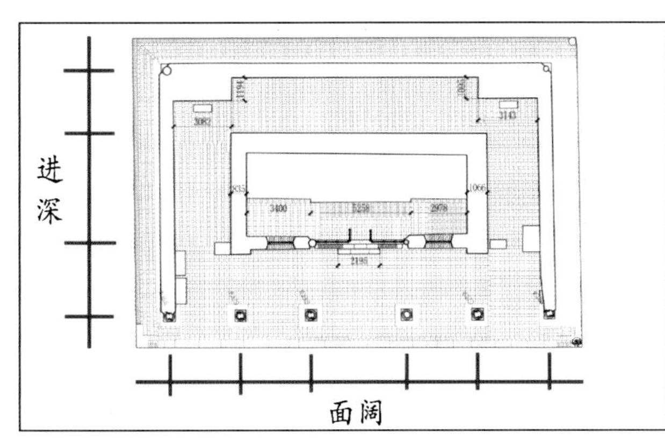

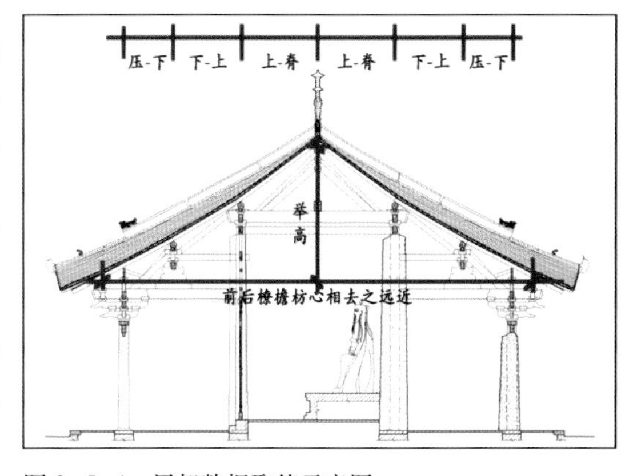

图 3-5-3　面阔进深数据取值示意图

图 3-5-4　屋架数据取值示意图

此类构件的样本，对于测量数据的处理即是通过样本测量数值对总体平均值进行估计的过程。

由于样本平均值存在如下性质：当样本容量 n 足够大时，不论样本中的个体原本服从什么类型的分布，样本平均值的分布都将趋向正态分布。正态分布曲线关于 $x=\mu$ 对称，且当 x 取值在（$\mu-\sigma$，$\mu+\sigma$）之间时，正态分布累积概率为 68.27%，x 取值在（$\mu-2\sigma$，$\mu+2\sigma$）之间时，正态分布的累积概率值为 95.45%，即在理想状态下，95.45% 的自变量取值在平均值上下两个标准差的范围内（图 3-5-5）。

1　注：稷王庙大殿之泥道慢栱均为柱头枋隐刻泥道慢栱，本文简称为泥道慢栱。

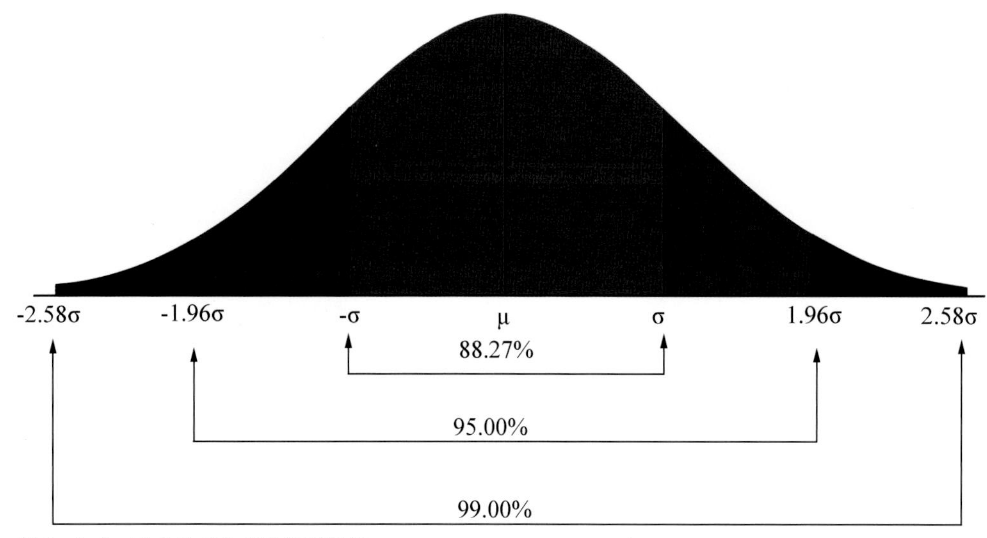

图 3–5–5　正态分布曲线及常用数值

我们以令栱长、宽、材高的数值为例：

表 3–5–1　令栱构栱件数据表　（单位：毫米）

编号	长	宽	高	数据来源
2	873	130	206	二散
3	878	128	206	二散
4	873	126	204	二散
5	873	127	204	二散
6	877	127	205	二散
8	873	128	210	二散
10	874	125	205	二散
12	872	128	206	二散
13	872	130	203	二散
14	883	127	215	三架
15	880	128	203	二散
16	878	130	204	二散
18	860	123	199	二散
19	870	128	200	二散
25	872	128	208	二散
26	872	128	210	二散
28	870	130	200	二散
29	867	127	202	二散
31	868	127	207	二散
32	867	126	210	二散
平均值	872.6	127.6	205.4	
标准差	5.00	1.72	3.84	
CV	0.005 735	0.013 46	0.018 688	
（μ-σ，μ+σ）	(867.6，877.6)	(125.8，129.3)	(201.6，209.2)	
	65%	70%	65%	
（μ-2σ，μ+2σ）	(862.6，882.6)	(124.1，131.0)	(197.7，213.0)	
	90%	95%	95%	
特异值	14，18	18	14	

根据表 3-5-1，所测令栱的 20 个样本数值基本符合正态分布的规律，且 14 和 18 号令栱分别有两项数值处于样本平均值 2 倍标准差之外，即可以被认为小于 5% 的小概率事件在这 20 个样本中发生了，因此判定 14、18 号斗栱为特异值。

表 3-5-2 为剔除了 14、18 号斗栱数据的令栱样本，可见标准差较表 3-5-1 小了很多，说明数据的稳定性高过表 3-5-1。在此基础上对这 18 个样本进行平均值计算，所得平均值样本平均值可被当作是令栱总体平均值的代表值。

2. 研究方法

我们可以从文献依据和数据分析的准确性来对研究方法进行考量。

首先，就文献依据来看，《营造法式》中对于建筑用材有着明确的规定。在《进新修〈营造法式〉序》中，就有“董役之官，才非兼技，不知以‘材’而定‘分’，乃或倍斗而取长”的说法。《营造法式》卷四《材》中，指出“凡构屋之制，皆以材为祖；材有八等，度屋之大小，因而用之”，并就不同材等的取值和不同等级的建筑所用材等做了明确的说明。在此之后，《营造法式》卷四《大木作制度一》和卷五《大木作制度二》对于主要斗栱及柱梁构件设计尺寸的材份值做了详细的规定。

其次，就数据的准确程度而言，从获取的原始数据来看，斗栱构件数据中单一类型构件的重复样本量最大，其次为柱梁构件数据。平面及屋架数据由于不存在重复的样本，所以数据最为单一。此外，原始数据本身包含了建筑变形误差、修缮误差和测量误差的三重叠加，因此，若同一尺寸规定的样本数量越大，在其上经过数据处理得到的结果剔除误差的能力越强、接近真实原始设计尺寸的可能性也就越大。 因此，从斗栱及柱梁构件入手进行尺度分析精确度明显高于从平面屋架尺寸入手的分析方法。

从细部构件数据入手，选择能够反映建筑用材的数据，首先用可能的营造尺数值复原出建筑材等，再以此为基础进行营造用尺数值的确定，在此基础上进行相关问题的讨论。

3. 用材及用尺分析

3-1. 《营造法式》的材份制度

材份制度为古代建筑设计和施工中所依据的模数制度，在《营造法式》中得到了详细的阐述和说明（表 3-5-3）。

表 3-5-2　令栱构件数据表（剔除特异值后）　　（单位：毫米）

编号	长	宽	高	数据来源
2	873	130	206	二散
3	878	128	206	二散
4	873	126	204	二散
5	873	127	204	二散
6	877	127	205	二散
8	873	128	210	二散
10	874	125	205	二散
12	872	128	206	二散
13	872	130	203	二散
15	880	128	203	二散
16	878	130	204	二散
19	870	128	200	二散
25	872	128	208	二散
26	872	128	210	二散
28	870	130	200	二散
29	867	127	202	二散
31	868	127	207	二散
32	867	126	210	二散
平均值	872.7	127.8	205.2	
标准差	2.72	1.09	2.41	
CV[1]	0.003 119	0.008 547	0.011 734	

1 CV 值为标准差同平均数之比，用于进行不同类型样本之间的稳定性比较。

表 3-5-3 《营造法式》材份规定值

	材	栔	厚	足材
份值	15	6	10	21

有关一些基本数值间的比例关系，《营造法式》卷四《材》中规定："栔广六分，厚四分。材上加栔者谓之足材……各以其材之广，分为十五分，以十分为其厚。"则可以得出，根据法式规定：

关于材份制的用途，《营造法式》卷四《材》中有明确的说明："凡构屋之制，皆以材为祖；材有八等，度屋之大小，因而用之……凡屋宇之高深，名物之短长，曲直举折之势，规矩绳墨之宜，皆所用材之份，以为制度焉。"

可见，材份制在《营造法式》中规定首先被用于"度屋之大小"，即根据不同房屋规模和等级的需要，进行不同的材等取值，其具体规定如表 3-5-4。

《营造法式》中还规定材份用于"名物之短长"，这主要体现在《营造法式》卷四、卷五对于建筑大木作各个部分和各种构件设计和施工尺寸的份数规定，包括斗栱构件中的斗、栱、昂、耍头、替木等构件尺寸，以及柱梁构件中柱、梁栿、叉手、阑额、槫、椽、蜀柱等构件尺寸。

根据上文，对大殿进行大木尺度分析从斗栱和柱梁构件中的细部数据入手，对大殿材等和营造用尺进行同时复原。据《营造法式》可知，材厚是通过材广定义的，在进行材等和营造尺复原过程中，应用材广数值作为计算和分析的自变量。因此，选取《营造法式》中规定高度为一材的构件数据作为复原的样本，具体见表 3-5-5。

结合稷王庙大殿实际情况，就稷王庙大殿外檐斗栱构件而言，高度为一材的构件有泥道栱、泥道慢栱(隐刻)、泥道第三层枋，泥道第四层栱、华栱、耍头、襻间枋等。以列为 9 个此类构件进行数据处理后所得的材高数值。

表 3-5-4 《营造法式》材等使用范围规定

材等	截面（寸）	份值（寸）	应用范围
一	9.00×6.00	0.60	殿身九间至十一间
二	8.25×5.50	0.55	殿身五间至七间
三	7.50×5.00	0.50	殿身三间至殿五间或堂七间
四	7.20×4.80	0.48	殿三间，厅堂五间
五	6.60×4.40	0.44	殿小三间，厅堂大三间
六	6.00×4.00	0.40	亭榭或小厅堂
七	5.25×3.50	0.35	小殿及亭榭
八	4.50×3.00	0.30	殿内藻井或小亭榭施铺作多者

表 3-5-5 《营造法式》规定广为一材的大木作构件表

材等	截面（寸）	份值（寸）	应用范围
华栱	十份	一足材（补间单材）	卷四《栱》："凡栱之广厚并如材……如用足材栱，则更加一栔，隐出心斗及栱眼。"
泥道栱	十份	一单材	
瓜子栱	十份	一单材	
令栱	十份	一单材	
慢栱	十份	一单材	
下昂	十份	一单材	卷四《飞昂》："凡昂之广厚并如材。"
耍头	十份	一足材（不出头用单材）	卷四《爵头》："用足材自斗心出……或有不出耍头者，皆于里外令栱之内，安到心股卯。只用单材。"
柱头枋	十份	一单材	卷四《总铺作次序》："凡铺作逐跳计心，每跳令栱上，只用素方一重，位置单栱……即每跳上安两材一栔。令栱、素方为两材，令栱上斗为一栔"
襻间枋	十份	一单材	卷五《侏儒柱》："斗上安随间襻间，襻间广厚并如材，长随间广……"

表 3-5-6 稷王庙大殿高为一材构件材高数值表　（单位：毫米）

构件名称	单材高	标准差	样本量
泥道栱	201.17	3.11	18
泥道第四层栱	209.6	3.74	17
泥道慢栱	201.2	4.41	16
泥道第三层枋	213.5	11.87	13
令栱	205.2	2.41	18
下平槫襻间枋	211.6	6.92	12
第一跳华栱	198.1	6.01	15
补间第二跳华栱	212.3	12.35	11
耍头	204.2	4.73	10

表 3-5-7 构件总体平均值一致性检验

构件名称	单材高	标准差	样本量
泥道栱	201.17	3.11	18
泥道第四层栱	209.6	3.74	17
泥道慢栱	201.2	4.41	16
令栱	205.2	2.41	18
下平槫襻间枋	211.6	6.92	12
第一跳华栱	198.1	6.01	15
耍头	204.2	4.73	10

由表 3-5-6 可见，根据《营造法式》规定所见稷王庙大殿外檐铺作高度为一材的这 9 类构件，其数据处理所得单材高平均值并非一致，因此需要对其总体平均值的一致性进行检验。由于这十类构件测量样本数均小于 30，属于互相独立的小样本，在对其平均值一致性检验时采用 t 检验的方法，即认为当两个统计量本身样本数据服从正态分布时，且其方差差别不大时，两个平均值的差值经标准化 $\frac{|\bar{x}_1-\bar{x}_2|}{s_{(\bar{x}_1-\bar{x}_2)}}$（$s_{(\bar{x}_1-\bar{x}_2)}=\frac{s_1^2}{n_1}+\frac{s_2^2}{n_1}$）后，服从自由度为（$n1+n2-2$）的 t 分布函数。

通过 t 函数表可以得到不同自由度的 t 函数的累积概率值。也就是说，给定显著性水平 α，可以查到不同自由度情况下的临界值 t_α，使得 $t \geq t_\alpha$ 的概率等于 α，即 $P\{t \geq t\alpha\}=\alpha$。[1]

观察上述 9 类构件，此 9 类构件的原始数据基本服从正态分布规律，但就标准差来看，泥道第三层枋和补间里转第二跳华栱的测量值标准差明显大于其他构件，因此不具备和其他构件进行 t 检验的条件，所以在进行总体平均值一致性检验时将这两类构件舍去。

表 3-5-7 为针对 7 类构件两两进行总体平均值 t 检验所得的累计概率值，本文以 0.01 作为判定标准认为两构件组合具有平均值的一致性。

如表 3-5-7 所示，在设定的概率判定标准下，每一类构件均同其他构件有在至少一组的情况下存在总体平均值一致的情况，因此不能贸然认为某一类构件的单材高度所用设计值同其他不同，因此，在进行材等和营造尺复原的过程中，采用大殿外檐铺作泥道栱（包括泥道第一层栱和泥道第四层栱）、泥道慢栱（第二层柱头枋）、令栱、华栱（第一跳华栱）、耍头以及下平槫襻间枋这 7 类构件作为样本。

4. 宋代尺制

4-1. 宋尺种类

史籍中所列宋代尺度种类繁多，根据郭正忠先生的《三至十四世纪中国的权衡度量》一书，宋尺可分为官尺，天文礼乐用尺以及某些地区行用或民间惯用的俗尺三大类[2]，其下又细分为若干小类。官尺和民间用尺分类具体见表 3-5-8、表 3-5-9。

1 详见陈铁梅、陈建立《简明考古统计学》，科学出版社 2013 年 6 月第 1 版，第 81 页。

2 详见郭正忠《三至十四世纪中国的权衡度量》，中国社会科学出版社，1993 年 8 月第 1 版，第 208-236 页。

表 3-5-8　宋代官尺分类表

名　称	说　明	备　注
太府尺	熙宁四年（公元 1071 年）太府寺制作发出的一切官尺，如营造官尺、太府布帛尺、官小尺等	宋人使用较多的通行官尺，称谓同制造发行机关有关。
三司尺	大中祥符二年（公元 1009 年）五月起至熙宁末间，因三司诸案之一的商税机构在市肆出卖而流通的官尺	
文思尺	A. 熙宁四年十二月至大观四年（公元 1109 年），按太府尺旧制而造的官尺 B. 大观四年至政和五年（公元 1115 年）所造大晟新尺 C. 南宋文思院依临安尺样和依浙尺样制造行用的南宋官尺	
官小尺	区别于三司布帛尺的太府尺或北宋文思尺，即沈括《梦溪笔谈》中所提“今尺”	营造官尺、官小尺、大晟尺都曾用作量地用尺
营造官尺	多制成矩形行用，也称“曲尺”，可兼测长度和角度，即司马光《书仪》卷二《深衣制度》中所提“省尺”	
布帛尺	用于丈量赋税征敛中的布帛绸绢等织物，有常用布帛官尺、特殊布帛官尺和民用及地方性布帛官尺三种	

表 3-5-9　宋代民间用尺分类表

名　称	说　明	备　注
浙尺	浙西、杭州及浙东部分地区所用地方尺，源于唐代的吴尺，至五代时期成为吴越王朝的主要用尺。南宋迁都后升为“省尺”	“淮尺《礼书》十寸尺也，浙尺八寸尺也”[1]
淮尺	原南唐用尺，江北淮南等地所用地方尺，北方某些地区，或以淮尺为营造尺	
京尺	一种地方或民间用尺，如汴京等北方地区用尺或金人占领下的汴京用尺	“多淮尺十二”[2]
闽乡尺	福建地区所用地方尺	

4-2. 宋尺实物资料

现有宋尺实物资料共 21 例，如表 3-5-10 所示[3]。

对上述 19 例宋尺实例进行平均值计算，得平均值为 30.9 厘米，标准差为 1.16 厘米。可以见得 18 ～ 19 号宋尺实例位于平均值的两倍标准差外，可以在统计学的观点上认为这两例宋尺同其他并非处于同一总体。而 17 号木尺所处地点位于福建，且数值较平均值差距也接近两倍标准差的数值，因此认为为 17 号木尺应为文献所记“闽乡尺”，并非官方用尺。

剔除 17 ～ 19 三例之后，计算所得 16 例宋尺实例长度平均值为 31.6 厘米，标准差为 0.47 厘米。

4-3. 宋尺复原研究

有关宋尺复原值的研究，不同的学者存在不同的观点，大致情况如表 3-5-11[4] 所示。

表 3-5-10　宋尺实物统计表

编　号	尺　名	尺长（厘米）	时　代	出土与发现情况	资料来源	收藏者
1	铁尺	32	不早于嘉佑年间	1957 年河南巩县北宋晚期墓出土，同时出土嘉佑四年钱币	《考古》1963.2 《历史研究》1964.3	
2	鎏金镂花铜尺	31.7			《图集》62 图 《古尺图录》46 图	中国历史博物馆
3	五子花卉木尺	31.7		1973 年苏州横塘出土，浮雕为北宋风格	《文物》1982.8 《图集》60 图	苏州市博物馆
4	星点铜尺	31.6			《古尺图录》45 图	
5	梅花云海木尺	31.8		江阴出土	著者考察	苏州市博物馆
6	牡丹花木尺	32	不早于宝元二年（公元 1039 年）		著者考察获知。另见《考古》1982 年第 4 期	无锡博物馆

1 方回 《续古今考》卷十九《近代尺斗秤》。

2 程大昌《演繁露》卷十六《度》。

3 表格摘自郭正忠《三至十四世纪中国的权衡度量》，中国社会科学出版社，1993 年 8 月第 1 版，第 237 页。

4 表格摘自丘光明、邱隆、杨平著《中国科学技术史 度量衡卷》，科学出版社 2001 年 6 月第 1 版，第 370 页。

续表

编　号	尺　名	尺长（厘米）	时　代	出土与发现情况	资料来源	收藏者
7	刻字木尺	31.8			著者考察	无锡博物馆
8	木尺	31.4	景德以后（公元1004-1007年）	1964年南京北宋墓出土	《文物》1982.8《图集》56图	南京文物保管委员会
9	曲阜孔藏铜尺	31.4			杨宽《尺度考》	原藏孔尚任家
10	九寸金错玉尺（九寸碧玉尺）	31．2（9寸长28.1）		据传河南古墓出土	《古尺图录》44图《图集》61图	南京大学
11	铜星刻字木尺	31.2	北宋大观以后（公元1107-1110年）	1965年武汉北宋墓出土，尺面刻“皇”“万”等字	《文物》1966.5《图集》55图	湖北省博物馆
12	木矩尺	30.9	崇宁三年以后（公元1104年）	1921年河北巨鹿北宋故城出土，同时掘出庆历、政和二碑	《文物参考资料》1957.3；《图集》57图	中国历史博物馆（原藏罗振玉家）
13	鎏金铜尺	30.9			《古尺图录》43图	中国历史博物馆（原藏罗振玉家）
14	铜星木尺	30.8		1975年湖北江陵北宋墓出土	《图集》58图	荆州地区博物馆
15	木矩尺	32.9	崇宁三年以后（公元1104年）	1921年巨鹿北宋故城出土	《古尺图录》47图	中国历史博物馆（原藏罗振玉家）
16	加二木尺	32.9（1尺3寸长42.81）	崇宁三年以后（公元1104年）	1921年巨鹿北宋故城出土	《文物参考资料》1957.3；《图集》59图	中国历史博物馆（原藏罗振玉家）
17	漆雕木尺	28.3	南宋淳佑三年（公元1243年）	1975年福州发掘南宋淳佑三年墓出土	《福州南宋黄昇墓》	福建省博物馆
18	海船残竹尺	27		1974年泉州湾宋代沉船内发现	《文物》1975.10；1978.4《图集》64图	泉州海外交通史博物馆
19	仿宋石尺	26.95		清代乾嘉朝内廷栱奉金殿扬仿制原刻“仿宋三司布帛尺”	《古尺图录》49图	

表3-5-11　宋尺复原值研究情况表　（单位：毫米）

构件名称	太府布帛尺（三司布帛尺等）	官小尺	省尺（北宋）	大晟新尺	淮尺	浙尺	福建乡尺
吴大澂	28						
王国维[1]	28						
吴承洛[2]	30.72[3]						
杨宽[4]	31.4			30	37	27.43	
罗福颐[5]	31.6					26.95	
曾武秀[6]	31			29.76	33~34.27	27.43~27.5	
闻人军[7]	31.1~31.6		30.91				
丘光明[8]	31.6						
郭正忠[9]	31.3	31.7	营造官尺 30.9	30	32.9	27.4	27
度量衡卷	31.4	31.7	30.8~31	30.1	32.9	27.4	27.3

1 参见王国维《宋钜鹿城所出三木尺拓本跋》。

2 参见吴承洛《中国度量衡史》，上海书店出版社 1984年5月第1版。

3 原表载此值为31.1，据吴承洛《中国度量衡史》，上海书店出版社 1984年5月第1版，第66页更正。

4 参见杨宽《中国历代尺度考》，商务印书馆1938年版，1955年重版。

5 参见罗福颐《中国历代古尺图录》，文物出版社 1957年版。

6 参见曾武秀《中国历代尺度概述》，《历史研究》 1964年第3期。

7 参见闻人军《中国古代里亩制度概述》，《杭州大学学报》 1989年第3期。

8 参见丘光明《中国历代度量衡考》，科学出版社 1992年。

9 参见郭正忠《三至十四世纪中国的权衡度量》，中国社会科学出版社 1993年8月第1版。

5. 营造用尺复原的数值选取

根据上文的论述，对于宋代营造用尺的种类和数值均没有定论。郭正忠先生明确提出了北宋“营造官尺”这一概念，并认为实物表中编号 12 ～ 14 三例为北宋营造官尺的实物，因此将其复原为 30.9 厘米。此外，他还指出大晟新尺和官小尺也用于量地，则 30.9 ～ 31.7 厘米的范围均可能用作营造尺。

此外，有关木工用尺，吴承洛先生在《中国度量衡史》中有特别的描述，他认为“盖由于木工为社会自由工业，而在中国，又系师傅徒受，代代相承，少受政治治乱之影响，木工尺之度，即其相传之制也。木工尺标准之变迁，自古以来盖只有一变”。约公元前 488 年前，营造尺长 24.88 厘米，之后由于鲁班“增二寸以为尺”，营造尺长 31.1 厘米，此后再无变化[1]。

杨宽先生在《中国历代尺度考》中指出，“宋三司布帛尺，钱塘《律吕古谊》谓即匠尺”，即认为营造尺并非独立于太府寺尺之外的一类尺[2]。

而《中国科学技术史 度量衡卷》[3]中认为：“从明代本身的材料来看，从历史上来看，营造尺用于营建工程，由师徒转相传授，与前代的营造工程关系密切，故与宋尺相差不大。上一章我们从元代的官印推测元代尺长在 34 厘米左右，但据我们分析元代的营造工程中恐怕还是保留使用宋尺，当时元代统治者营建宫城等建筑，使用的工匠大多是宋朝遗民，还有很多工匠干脆是从南方拉过来的。所以，虽然经过了元朝蒙古贵族 100 多年的统治，汉族的文化传统在手工业、建筑等方面仍得到了很好的继承。宋尺在营造工程中保留下来，直到清代末年。”因此推断明代延续了宋代 32 厘米的营造尺长度。

综上，课题组认为，宋代营造用尺由于没有明确的文献记载作为依据，万荣周边地区也未出土有宋尺实例。因此本文在尽量大的范围内考查营造用尺的取值，就本课题研究来看，由于今万荣地区在北宋时属永兴军路河中府管辖，同淮尺、浙尺和闽乡尺的流行区域均较远，因此这三种地方尺的尺度不放于复原的考虑范围之内。

根据宋尺实物和尺度复原研究，我们认为，对于稷王庙大殿的营造用尺复原，应在 30 ～ 32 厘米的范围内进行取值。在进行复原过程中，考虑实例尺寸，选用 30 厘米，30.1 厘米，30.2 厘米，30.5 厘米，30.8 厘米，30.9 厘米，31 厘米，31.2 厘米，31.4 厘米，31.7 厘米，31.8 厘米，32 厘米这 12 个数值进行复原计算。

6. 万荣稷王庙大殿用材制度分析

表 3-5-12 中 7 类构件校正后的广厚比在(1.55，1.69)的区间内，较《营造法式》规定的 3 ∶ 2 比例稍大，而栔高和材高之比分布于（0.41，0.46）的区间内，与《营造法式》规定的 5 ∶ 2 的比例相近。因此，在进行大殿材等的分析时，首先应确定其份值，以《营造法式》材份制度“各以其材之广，分为十五分”的规定，稷王庙大殿的份值 = 材广 ÷15÷ 营造尺长。

表 3-5-12 稷王庙大殿外檐铺作高为一材的构件尺度表 （单位：毫米）

构件名称	总长	单材高	足材高	宽	高宽比	栔高比	样本量
泥道栱	928.6	201.2	284.11	129.9	1.55	0.41	18
泥道第四层栱	878.2	209.6		124.1	1.69		17
泥道慢栱	1491.9	201.2	289.3	125.4	1.60	0.44	16
令栱	872.7	205.2		127.8	1.61		18
下平槫襻间枋		211.6		125.6	1.68		16
第一跳华栱	1350	198.1	289.6	126.4	1.57	0.46	15
耍头	403.6	204.2		125.6	1.63		10
平均值		206.6					
标准差		4.61					

1 引自吴承洛著 《中国度量衡史》上海书店出版社 1984 年 5 月第 1 版 第 60 页、66 页。

2 详见 杨宽《中古历代尺度考》 商务印书馆 1995 年 第 80 页

3 详见 丘光明、邱隆、杨平著《中国科学技术史 度量衡卷》科学出版社 2001 年 6 月第 1 版 第 407-408 页

表 3-5-12 中 7 类构件材广在（198，212）的区间内，表 3-5-13 以此区间为界，并以 1 毫米的间隔列出材广可能值，结合宋尺可能尺寸进行材等计算。由于《营造法式》对不同材等的份值规定精确到 0.01 寸，因此将材等计算结果保留至 0.001 寸。

在表 3-5-13 中计算得出的 180 个数值中，位于（0.44，0.45）区间内的数值有 54 个，平均值为 0.442 寸。

在《唐代木构建筑材份制度初探》[1]一文中，通过比对出土唐代筒瓦、瓦当与宋《营造法式》中的筒瓦制度，认为唐代筒瓦、瓦当等级序列与宋《营造法式》材份制度序列有明显的相似性，并通过与现存相关建筑的互证，认为《营造法式》份值序列中，0.5 ～ 0.4 寸间的递进关系与该文所推唐代材份递进关系一致。由此得出《营造法式》中四等材至六等材的规定承自唐代旧制。

因此，可以认为，早于《营造法式》的稷王庙大殿用材以四寸四厘为一份，即《营造法式》所规定的五等材。

7. 万荣稷王庙大殿营造用尺复原分析

大殿材广尚无法得出确定的毫米数值，因此无法直接复原出大殿营造用尺的长度，现在表 3-5-13 的基础上增加若干处于整数材广推定值，进行尺度的复原推算。

为了在这些材广和营造尺长的组合中找出最为符合大殿原构情况的一组，笔者选取了一部分斗栱构件数据，包括泥道第一层栱长、泥道慢栱长、泥道第四层栱长、令栱长、第一跳里外跳长、补间第二跳里跳长和耍头长等数值，通过推算其份值来进行验证。此外，选取大殿平面、屋架及柱高的数值，对其进行份值推算，其中，对大殿通面阔、当心间面阔、次间面阔、梢间面阔、通进深、进深心间、进深南次间、进深北次间、压槽枋－下平榑平长、下平榑－上平榑平长、上平榑－脊榑平长、心间柱高这 12 项数值进行尺长的推算。以下将以这 38 项作为比对项目，试图寻找出最为接近于大殿原始情况的材广值及营造尺长。

7-1. 精确度

由于《营造法式》中对于大木构件份值的规定精确到个位，因此在计算中将尺度份值的复原值精确度设定为 1 份；由于宋尺出土实物和复原的宋尺尺度数值大多精确到 1 毫米，因此在推算营造尺时将精确度设定为 1 毫米；对于平面屋架等尺度的用尺长度，《营造法式》中并未做出明确的规定，由于宋尺的实例中，尺的刻度最多精确至 1 分，因此将推算的尺长精确至 0.01 尺。

7-2. 判定标准

为了找出尽可能接近于大殿原始设计施工情况的营造尺长，需要对验证数据设定判定标准。

A. 尺长

根据傅熹年先生等学者对中国古代木构建筑采用整数尺度设计的论述，笔者认为，稷王庙大殿在进行平面

表 3-5-13　份值可能值计算表　（单位：寸）

厘米＼毫米	198	199	200	201	202	203	204	205	206	207	208	209	210	211	212
30	0.440	0.442	0.444	0.447	0.449	0.451	0.453	0.456	0.458	0.460	0.462	0.464	0.467	0.469	0.471
30.1	0.439	0.441	0.443	0.445	0.447	0.450	0.452	0.454	0.456	0.458	0.461	0.463	0.465	0.467	0.470
30.2	0.437	0.439	0.442	0.444	0.446	0.448	0.450	0.453	0.455	0.457	0.459	0.461	0.464	0.466	0.468
30.5	0.433	0.435	0.437	0.439	0.442	0.444	0.446	0.448	0.450	0.452	0.455	0.457	0.459	0.461	0.463
30.8	0.429	0.431	0.433	0.435	0.437	0.439	0.442	0.444	0.446	0.448	0.450	0.452	0.455	0.457	0.459
30.9	0.427	0.429	0.431	0.434	0.436	0.438	0.440	0.442	0.444	0.447	0.449	0.451	0.453	0.455	0.457
31	0.426	0.428	0.430	0.432	0.434	0.437	0.439	0.441	0.443	0.445	0.447	0.449	0.452	0.454	0.456
31.2	0.423	0.425	0.427	0.429	0.432	0.434	0.436	0.438	0.440	0.442	0.444	0.447	0.449	0.451	0.453
31.4	0.420	0.423	0.425	0.427	0.429	0.431	0.433	0.435	0.437	0.439	0.442	0.444	0.446	0.448	0.450
31.7	0.416	0.419	0.421	0.423	0.425	0.427	0.429	0.431	0.433	0.435	0.437	0.440	0.442	0.444	0.446
31.8	0.415	0.417	0.419	0.421	0.423	0.426	0.428	0.430	0.432	0.434	0.436	0.438	0.440	0.442	0.444
32	0.413	0.415	0.417	0.419	0.421	0.423	0.425	0.427	0.429	0.431	0.433	0.435	0.438	0.440	0.442

1 详见徐怡涛《唐代木构建筑材份制度初探》，《建筑史》第 1 辑，机械工业出版社 2003 年。

及屋架尺寸的设计时，采用了整数尺作为设计尺度。因此，判定平面及屋架数据推算尺值尽可能接近于整尺的材高和营造尺组合为接近于大殿原始情况的组合。本文此处规定将 1 寸作为判定整尺的精确度，在整尺 ±1 寸内的数值即认为是整尺。

B. 营造尺复原值

在确定用材份值为 0.44 寸的基础上用 198 ～ 212 毫米间的 14 个材广值反推出了一组营造尺复原值（见表 3-5-14），将其数值同宋尺出土实物及宋尺复原研究值中的尺长数值进行比对。判定若反推值能够同两表中的某一尺长数值吻合，则此营造尺长接近于大殿原始用尺长度。

C. 构件份值

不同营造尺复原值验证而得的斗栱构件数值份值数不一，现对每项斗栱构件验证所得份值进行算术平均值计算，得出一组构件份值（见表 3-5-15），判定接近于此组数值的材高和营造尺组合为接近于大殿原始情况的组合。

表 3-5-14　稷王庙大殿营造尺复原及验证表

	198	199	200	201	202	203	204	205	206	207	208	209	210	211	212
营造尺		30.0	30.3	30.4	30.6	**30.8**	**30.9**	**31.1**	**31.2**	**31.4**	**31.5**	31.7	**31.8**	**32.0**	32.1
泥道第一层栱长	928.6	70	70	69	69	69	68	68	68	67	67	67	66	66	66
泥道慢栱长	1491.9	113	112	111	111	110	110	109	109	108	108	107	107	106	106
泥道第四层栱长	878.2	67	66	66	65	65	65	64	64	64	63	63	63	62	62
令栱长	872.7	66	65	65	65	64	64	64	64	63	63	63	62	62	62
第一跳外跳	383.1	29	29	29	28	28	28	28	28	28	28	27	27	27	27
第一跳里跳	377	29	28	28	28	28	28	28	27	27	27	27	27	27	27
补间第二跳里跳	679.1	53	52	52	52	52	51	51	51	51	50	50	50	50	49
耍头长	403.6	31	30	30	30	30	30	30	29	29	29	29	29	29	29
总面阔	20130	67.10	66.43	66.10	65.77	65.45	65.13	64.81	64.49	64.18	63.87	63.57	63.27	62.97	62.67
当心间面阔	5050	16.83	16.67	16.58	16.50	16.42	16.34	16.26	16.18	16.10	16.02	15.95	15.87	15.80	15.72
次间面阔	3760	12.53	12.41	12.35	12.29	12.22	12.16	12.11	12.05	11.99	11.93	11.87	11.82	11.76	11.71
梢间面阔	3780	12.60	12.47	12.41	12.35	12.29	12.23	12.17	12.11	12.05	11.99	11.94	11.88	11.82	11.77
总进深	12620	42.07	41.65	41.44	41.23	41.03	40.83	40.63	40.43	40.24	40.04	39.85	39.66	39.47	39.29
进深心间	5000	16.67	16.50	16.42	16.34	16.26	16.18	16.10	16.02	15.94	15.87	15.79	15.71	15.64	15.57
进深南次间	3780	12.60	12.47	12.41	12.35	12.29	12.23	12.17	12.11	12.05	11.99	11.94	11.88	11.82	11.77
进深北次间	3840	12.80	12.67	12.61	12.55	12.48	12.42	12.36	12.30	12.24	12.18	12.13	12.07	12.01	11.95
压槽枋 - 下平槫	1600.00	5.33	5.28	5.25	5.23	5.20	5.18	5.15	5.13	5.10	5.08	5.05	5.03	5.00	4.98
下平槫 - 上平槫	2180.00	7.27	7.19	7.16	7.12	7.09	7.05	7.02	6.98	6.95	6.92	6.88	6.85	6.82	6.79
上平槫 - 脊槫	2500.00	8.33	8.25	8.21	8.17	8.13	8.09	8.05	8.01	7.97	7.93	7.89	7.86	7.82	7.78

注：表中营造尺复原值一栏中加粗的部分为能够同表 3-5-10 及表 3-5-11 的数值吻合的尺长数值；平面、屋架及柱高的尺长值，加□的为在 1% 误差范围内可判定为整尺的数值。

表 3-5-15　构件份值平均值表

构件名称	平均份值（份）
泥道第一层栱长	68
泥道慢栱长	109
泥道第四层栱长	64
令栱长	64
第一跳外跳长	28
第一跳里跳长	27
补间第二跳里跳长	51
耍头长	29

7-3. 判定结论

根据 A 项判定标准，在表 3-5-14 对大殿平面、屋架及柱高的尺长推算结果中，符合整数尺长最多的为 207 毫米和 208 毫米的材广数值对应的两组，各有 8 项尺长推算结果在整尺的误差范围内。

根据 B 项判定标准，14 例材广数值反推得出的营造尺长数值，有 9 例能够同宋尺出土实物及宋尺复原研究值所吻合，详见表 3-5-16。

结合 A、B 两项的判定结果，207 毫米、208 毫米两个材广数值对应的计算结果既有较多项整尺推算结果，其反推所得的营造尺数值也同出土宋尺实物或宋尺的复原研究成果符合。207 毫米材广反推出的尺值 31.4 厘米的长度同两例实物吻合，一例为南京出土的不早于宋景德年间的木尺，另一例为曲阜孔藏铜尺，值得注意的是，景德年间（公元 1004—1007 年）同稷王庙大殿的纪年年代“天圣元年”（公元 1023 年）相近。同时，杨宽先生和《中国科学技术史度量衡卷》中均将 31.4 厘米作为北宋官尺的复原推断值。208 毫米材广反推出的尺值 31.5 厘米在闻人军先生的宋尺复原范围内。

根据 C 项判定标准，将每例材广数值所得验证构件份值数列同算术平均值结果做比较，可以看出 205 至 209 五个材广数值所得份值组合同均值的吻合度较高，其具体情况如表 3-5-17。

根据上表可看出，在吻合程度较高的五组份值数据

表 3-5-16　同出土实物及复原研究值吻合的营造尺反推值表

	203	204	205	206	207	208	209	210	211
营造尺复原值	308	309	311	312	314	315	317	318	320
数值来源	实物	实物 + 研究	研究	实物	实物 + 研究	研究	实物 + 研究	实物	实物 + 研究

表 3-5-17　构件份值同均值吻合度比较表

	均值	205	206	207	208	209
营造尺复原值		31.1	31.2	31.4	31.5	31.6
泥道第一层栱	68	68	68	67	67	67
泥道慢栱	109	109	109	108	108	107
泥道第四层栱	64	64	64	64	63	63
令栱	64	64	64	63	63	63
第一跳外跳	28	28	28	28	28	27
第一跳里跳	27	28	27	27	27	27
补间第二跳里跳	51	51	51	51	50	50
耍头	29	30	29	29	29	29

注：加□的为和份值均值吻合的项目。

中，206mm 材广值对应的一组吻合度最高，其次为 205mm 材广值对应的一组，再次为 207mm 材广值对应的一组。

结合以上对于 A、B、C 三项判定标准的分析结果，可以看出，以 207mm 为材广值所对应的一组数值同时吻合 A、B、C 三项判定标准。

因此，推定 207mm 为最为接近大殿原始设计尺寸的材广设计尺度，其所对应的 31.4cm 为大殿所用营造尺长的最大可能值。

8. 小结

本章节以万荣稷王庙大殿精细测绘所获成果为基础，从较为标准、重复量大且具文献依据的栱枋类构件数据入手，通过数据的分析和处理获得了大殿大木构件和平

面、立面、剖面尺寸的校正数值，并与北宋可能的营造尺长值进行比对，最终确定大殿所用材等为《营造法式》所规定的五等材，即份值为 0.44 寸。

在确定材等的基础上，将材广的 14 个可能值反推出营造尺长，并计算所对应的大木构件份值及平面、椽长、柱高的份值及尺长，设定大木尺度接近整数尺长、营造尺复原值符合实物及研究数值、构件份值接近平均值为三个判定标准，通过比对，认为 207 毫米为最为接近大殿原始设计真实情况的材广值，其所对应的营造尺长复原值为 31.4 厘米[1]，与杨宽等先生论断的北宋官尺吻合。

六、大木作尺度比较研究

1．材份制度

1-1. 材等

根据前文对山西万荣稷王庙大殿大木结构用材与用尺的探讨，确定了大殿使用了《营造法式》所规定的五等材，以 0.44 寸为一份。

《营造法式》卷四开篇《材》中对八个材等的使用范围做出了明确的规定（表 3-6-1）。

由于稷王庙大殿为五开间厅堂造建筑，根据上表，应使用四等材。因此，稷王庙大殿的实际用材较《营造法式》规定偏小 1 等。

表 3-6-1　《营造法式》材等使用范围表

材等	截面（寸）	份值（寸）	应用范围
一	9.00×6.00	0.60	殿身九间至十一间
二	8.25×5.50	0.55	殿身五间至七间
三	7.50×5.00	0.50	殿身三间至殿五间或堂七间
四	7.20×4.80	0.48	殿三间，厅堂五间
五	6.60×4.40	0.44	殿小三间，厅堂大三间
六	6.00×4.00	0.40	亭榭或小厅堂
七	5.25×3.50	0.35	小殿及亭榭
八	4.50×3.00	0.30	殿内藻井或小亭榭施铺作多者

注：本文选取 30 处年代得到学界认同或本课题组前期研究的早期木构建筑作为标尺案例。

通过表 3-6-2，在 30 个实例中，用材大于《营造法式》规定的有 12 例，其中唐构 2 例，五代 2 例，宋构 1 例，辽构 5 例，金构 2 例。华严寺大殿和奉国寺大殿为九开间厅堂造建筑，用材制度不见于《营造法式》规定。小于《营造法式》规定的有 4 例，北宋建筑 3 例，金代建筑 1 例，其余 14 例建筑用材符合《营造法式》的规定。

可以看出，从用材大小来看，唐代、五代建筑用材明显偏大，辽代似延续了唐制，并延续至金代。北宋建筑用材则似较唐、五代及辽金偏小，在表 3-6-2 的 6 例北宋建筑中，时代较早的永寿寺雨华宫用材大于《营造法式》规定，其次为宁波保国寺大殿，用材符合《营造法式》规定。晋祠圣母殿和隆兴寺摩尼殿作为五开间殿堂建筑，应使用二或三等材，现用材偏小二至三等。而晚于《营造法式》的少林寺初祖庵大殿，用六等材，符合《营造法式》厅堂小三间的规定。

万荣稷王庙作为北宋中前期的五开间厅堂造建筑，用材小于《营造法式》一等，和晋祠圣母殿和隆兴寺摩尼殿两处相近时代建筑同用五等材，虽三者地域上相距较远，但用材偏小或可是这一时期整体特征的一种反映。同时也可说明，在实际建造施工过程中，建筑用材应较《营造法式》规定的范围更加宽泛。

1-2. 广厚比

前文研究得出的最为接近大殿原始设计尺度的材广值 207 毫米为表 3-6-3 内构件的断面广值的加权平均值，因此，在比较广厚比时将其厚值也进行加权平均，得 126.00 毫米，约合 9.1 份。

得出大殿广厚比的推测值为 207 ∶ 126 ≈ 15 ∶ 9.1

《营造法式》规定：“各以其材之广，分为十五分，以十分为其厚”，则材广比的规定值为 3 ∶ 2。因此，稷王庙大殿的材厚值较《营造法式》规定偏小，广厚比值较规定值大。

1 由于并未获得有关万荣稷王庙大殿所用营造尺的直接物证，因此，本文对营造尺长的推断同大殿真实尺长仍可能存在一定偏差。

表 3-6-2　早期木构建筑实例用材制度表

时代	名称	年代	类型	外观	屋顶	材等	与《营造法式》规定比较
唐	五台山南禅寺大殿	782	厅堂	3×3（四椽）	歇山	二	大
	五台山佛光寺大殿	857	殿阁	7×4（八椽）	庑殿	一	大
五代	平顺龙门寺西配殿	925	厅堂	3×3（四椽）	悬山	六	符合
	平顺大云院弥陀殿	940	厅堂	3×3（六椽）	歇山	五	符合
	平遥镇国寺大殿	963	厅堂	3×3（六椽）	歇山	四	大
	福州华林寺大殿	964	厅堂	3×4（八椽）	歇山	一	大
辽	蓟县独乐寺山门	984	殿阁	3×2（四椽）	庑殿	三	符合
北宋	榆次永寿寺雨华宫	1008	殿阁	3×3（六椽）	歇山	二、三	大
	宁波保国寺大殿	1013	厅堂	3×3（八椽）	歇山	四、五	符合
辽	义县奉国寺大殿	1020	厅堂	9×5（十椽）	庑殿	一	未规定
北宋	太原晋祠圣母殿殿身	1023-1031	殿阁	5×4（八椽）	歇山	五	小
	万荣稷王庙大殿	1023	厅堂	5×6（六椽）	庑殿	五	小
辽	宝坻广济寺三大士殿	1024	厅堂	5×4（八椽）	庑殿	三	大
	新城开善寺大殿	1033	厅堂	5×3（六椽）	庑殿	三	大
	大同华严寺薄伽教藏殿	1038	殿阁	5×4（八椽）	歇山	三	符合
北宋	正定隆兴寺摩尼殿殿身	1052	殿阁	5×4（八椽）	歇山	五	小
	平顺龙门寺大雄宝殿	1098	厅堂	3×3（六椽）	歇山	五	符合
辽	涞源阁院寺文殊殿	11 世纪中 - 12 世纪前[1]	厅堂	3×3（六椽）	歇山	二	大
	大同善化寺大殿	11 世纪	厅堂	7×5（十椽）	庑殿	二	大
	大同华严寺海会殿	11 世纪	厅堂	5×4（八椽）	悬山	三	大
	易县开元寺观音殿	1105	厅堂	3×3（四椽）	歇山	四、五	符合
	易县开元寺毗卢殿	1105	厅堂	3×4（四椽）	歇山	四、五	符合
	易县开元寺药师殿	1105	厅堂	3×5（四椽）	庑殿	五	符合
北宋	登封少林寺初祖庵	1125	厅堂	3×3（六椽）	歇山	六	符合
金	五台山佛光寺文殊殿	1137	厅堂	7×4（八椽）	悬山	三	符合
	大同华严寺大殿	1140	厅堂	9×5（十椽）	庑殿	一	未规定
	朔州崇福寺弥陀殿	1143	厅堂	7×4（八椽）	歇山	二	大
	大同善化寺三圣殿	1128-1143	厅堂	5×4（八椽）	庑殿	二	大
	大同善化寺山门	1128-1143	殿阁	5×2（四椽）	庑殿	三	符合
	长子西上坊村成汤庙大殿	1141-1150	厅堂	5×4（八椽）	歇山	五	小

表 3-6-3　稷王庙大殿部分构件广厚尺度数据表

构件名称	材广（毫米）	材厚（毫米）	样本量
泥道栱	201.2	129.9	18
泥道慢栱	201.2	125.4	16
泥道第四层栱	209.6	124.1	17
令栱	205.2	127.8	18
第一跳华栱	202.2	126.5	15
外檐铺作耍头	204.2	125.6	10
泥道第三层枋	213.5	121.5	13
下平槫襻间枋	211.6	125.6	12

1 阁院寺年代结论来源于徐怡涛《河北涞源阁院寺文殊殿建筑年代鉴别研究》《建筑史论文集》第 16 辑。

表 3-6-4 早期木构建筑实例材栔尺度表[1]

时代	名称	年代	类型		
			广 × 厚（厘米 / 份）	份值（厘米）	栔高（厘米 / 份）
唐	五台山南禅寺大殿	782	26×17/15×9.8	1.73	11~12/6.4~6.9
	五台山佛光寺大殿	857	30×20.5/15×10.25	2.00	13/6.5
五代	平顺龙门寺西配殿	925	18×12.5/15×10.4	1.20	8~11/6.7~9.2
	平顺大云院弥陀殿	940	20×13.5/15×10.1	1.33	10/8
	平遥镇国寺大殿	963	22×16/15×10.9	1.47	10/6.8
	福州华林寺大殿	964	30×16/15×8	2.00	11~17/5.5~8.5
辽	蓟县独乐寺山门	984	24×16.5/15×9.4	1.60	11.5/7.2
北宋	榆次永寿寺雨华宫	1008	25×16.8/15×9.8	1.67	7~12/4.2~7.2
	宁波保国寺大殿	1013	21.75×14.5/15×10	1.45	9/6.2
辽	义县奉国寺大殿	1020	28×20/15×10.7	1.86	13/7.0
北宋	太原晋祠圣母殿殿身	1023-1031	21.5×15/15×11.2	1.43	10.5/7.3
	万荣稷王庙大殿	1023	20.7×12.7/15×9.2	1.38	6.2~8.9/4.5~6.5
辽	宝坻广济寺三大士殿	1024	24×16/15×10	1.60	10~14/6.25~8.7
	新城开善寺大殿	1033	23×16.5/15×10.5	1.53	11~13/7.2~8.5
	大同华严寺薄伽教藏殿	1038	23.5×17/15×10.9	1.57	10~11/6.4~7
北宋	正定隆兴寺摩尼殿殿身	1052	21×15/15×10.7	1.40	10/7
	平顺龙门寺大雄宝殿	1098	20×15/15×11.3	1.33	11/8.3
辽	涞源阁院寺文殊殿	11 世纪中 - 12 世纪前	26×17/15 ： 9.8	1.73	14/8.07
	大同善化寺大殿	11 世纪	26×17/15×9.8	1.73	11~12/6.5~6.9
	大同华严寺海会殿	11 世纪	23.5×16.5/15×10.5	1.57	11/7
	易县开元寺观音殿	1105	22×16/15×10.9	1.47	10/6.8
	易县开元寺毗卢殿	1105	22×16/15×10.9	1.47	12~10.5/8~7.3
	易县开元寺药师殿	1105	21.5×16/15×11.6	1.43	7/5.7
北宋	登封少林寺初祖庵	1125	18.5×11.5/15×9.3	1.23	7/5.7
金	五台山佛光寺文殊殿	1137	23.5×15.5/15×9.9	1.57	14/7
	大同华严寺大殿	1140	30×20/15×10	2.00	13/6.5
	朔州崇福寺弥陀殿	1143	26×18/15×10.4	1.73	10.5/6.1
	大同善化寺三圣殿	1128-1143	26×16.5/15×9.5	17.3	11/6.9
	大同善化寺山门	1128-1143	24×16/15×10	1.60	9.5/6.8
	长子西上坊村成汤庙大殿	1141-1150	21×14/15×10	1.40	8.5/6.1

根据表 3-6-4，30 个实例广厚比虽不一致，却都接近于《营造法式》所规定的 15 ：10 的断面比例，其中，断面比在 15 ：9.5 ～ 15 ：10.5 之间的有 17 例，在 15 ：10.5 以下的有 9 例，在 15 ：9.5 以上的有 4 例。

稷王庙大殿的用材广厚比为 15 ：9.1，在这 30 个实例中广厚比仅此于福州华林寺大殿的 15 ：8，即稷王庙大殿栱枋断面用材较为细长，同其接近的有登封少林寺初祖庵大殿，为 15 ：9.3。

1-3. 栔高

稷王庙大殿的足材构件有泥道第一层栱，泥道慢栱（第二层枋）、内转第一跳华栱、柱头内转第二跳华栱、补间内转第二跳华栱及补间内转第三跳华栱 6 类。

从表 3-6-5 显示的情况来看，泥道栱、泥道慢栱、第一跳华栱和柱头第二跳华栱四类构件的栔高值相对接近，而补间里转第二及第三跳华栱的栔高数值明显小于前四类，将前四类构件栔高进行加权平均，得栔高值为 85.5 毫米，合 6.2 份。

1 数据来源：贺业钜等著《建筑历史研究》，中国建筑工业出版社 1992 年 4 月第 1 版，第 244-245 页。

表 3-6-5　稷王庙大殿部分构件材高尺度数据表

构件名称	高（毫米）			样本量
	单材广（毫米）	栔高（毫米 / 份值）	足材高（毫米）	
泥道栱	201.2	82.9/6.0	284.1	18
泥道慢栱	201.2	88.1/6.4	289.3	17
第一跳华栱	198.1	86.2/6.2	284.1	15
柱头第二跳华栱	194.2	84.4/6.1	278.6	5
补间内转第二跳华栱	212.3	71.5/5.2	283.8	11
补间内转第三条华栱	234.5	62.1/4.5	296.6	8

《营造法式》规定："栔广六分，厚四分。材上加栔者谓之足材。"栔高比为 15 ∶ 6。上述加权平均所得栔高份值接近于《营造法式》规定值。

就表 3-6-4 而言，30 个实例的栔高尺度差异程度较大，但总体特征是栔高尺度大于《营造法式》规定的 6 份，其中位于 6 ～ 7.5 份之间的有 24 例。7.5 份以上，即栔高大于或等于材广一半的有 8 例。有 5 例建筑所用栔高小于 6 份。在这 30 个实例中，有 10 例建筑未采用唯一的栔高数值，即在建筑的不同部位所用栔高数值不同。

稷王庙大殿栔高数据并非统一，位于 4.5 ～ 6.5 份之间（表 3-6-5）。通过同其他 29 个实例比较可以看出，早期建筑栔高大于《营造法式》规定为一普遍的现象，此外，稷王庙大殿这种栔高不统一的做法，在其相近时代的建筑中也有体现，因此推测这一时期栔高数值并未形成定制，栔高数值有用来调节施工误差的作用。

2．平面及屋架尺度

2-1．间广

《营造法式》中对于房屋的间广没有明确的规定，陈明达先生认为，由于《营造法式》编撰的目的为"关防工料"，编者只着重编制预算、核算工料的需要，忽视了设计的需要。又由于《营造法式》"以材为祖"的编撰思想，陈先生通过《营造法式》中的一些间接规定，补充了对于建筑间广尺度的规定。

陈明达先生根据《营造法式》卷四《总铺作次序》："凡于阑额上坐栌斗安铺作者，谓之补间铺作。今俗谓之'步间'者非。当心间须用补间铺作两朵，次间及梢间各用一朵。其铺作分布，令远近皆匀。若逐间皆用双补间，则每间之广，丈尺皆同。如只心间用双补间者，假如心间用一丈五尺，则次间用一丈之类。或间广不匀，及每间补间铺作一朵，不得过一尺。"认为其中所提一丈五尺是以六等材作为基础的，还原成份值则每铺作一朵占间广 125 份，单补间间广 250 份，双补间间广 375 份。又由于"或间广不匀，及每间补间铺作一朵，不得过一尺"，则每朵铺作中距允许增或减一尺，折合六等材为 25 份，因此，使用单补间间广在 200 ～ 300 份之间，双补间间广在 300 ～ 450 份之间。[1]

大殿逐间用补间铺作一朵，其当心间面阔为 365 份，大于 300 份，接近于双补间铺作情况下的面阔份值规定。次间和梢间面阔尺度相近，其份值符合单补间情况下的间广份数（表 3-6-6）。

大殿当心间铺作中距 182.5 份，次间和梢间分别为 136 份和 136.5 份，属于"间广不匀"的情况，次梢间和当心间铺作中距相差 46 份，大于规定的 25 份。

课题组获取了 9 例五开间早期建筑的间广数值，将其换算成份值并计算了心间—次间，次间—梢间的开间递减份值，具体如表 3-6-7。

表 3-6-7 显示，这 10 例宋辽金五开间建筑均存在开间数值递减的情况。其中，晋祠圣母殿殿身、稷王庙大殿、隆兴寺摩尼殿殿身、西上坊村成汤庙大殿 4 例心间至次间开间递减份值大于次间至梢间开间递减份值。广济寺三大士殿、开善寺大殿、华严寺海会殿、善化

表 3-6-6　稷王庙大殿部分构件广厚尺度数据表

项目	数值	份值	与《营造法式》
通面阔	20 130	1459	符合
当心间面阔	5050	365	符合
次间面阔	3760	272	符合
梢间面阔	3780	273	符合

1 引自陈明达著 《营造法式大木作制度》，文物出版社 1981 年 10 月第一版，第 15 页。

表 3-6-7　五开间早期建筑间广数值及递减率表

时代	名称	年代	间数	间广（厘米 / 份）			递减份值
				心间	次间	梢间	
北宋	太原晋祠圣母殿殿身	1023-1031	5	498/348	408/285	374/262	63，13
	万荣稷王庙大殿	1023	5	505/365	376/272	378/273	93，1
辽	宝坻广济寺三大士殿	1024	5	548/343	543/339	455/284	4，55
	新城开善寺大殿	1033	5	579/378	547/358	453.5/296	20，62
	大同华严寺薄伽教藏殿	1038	5	585/373	535/341	457/291	50，50
	大同华严寺海会殿	11 世纪	5	613/390	580/369	491/313	21，56
北宋	正定隆兴寺摩尼殿殿身	1052	5	572/409	502/359	440/314	70，62
金	大同善化寺三圣殿	1128-1143	5	768/444	734/424	516/298	20，26
	大同善化寺山门	1128-1143	5	618/386	578/361	520/325	25，36
	长子西上坊村成汤庙大殿	1141-1150	5	382/273	346/247	317/226	26，21

寺三圣殿、善化寺山门 5 例心间至次间开间递减份值小于次间至梢间开间递减份值。仅华严寺薄伽教藏殿 1 例心间至次间开间递减份值等于次间至梢间开间递减份值。

万荣稷王庙大殿心间至次间递减份值为 93 份，是 10 例五开间建筑中的开间递减最大值。其次间至梢间几乎无递减，在其他 9 例建筑中仅广济寺三大士殿存在类似情况，此例心间至梢间几无递减情况。

对于间广尺度的探讨，还可从建筑间广的尺长角度进行，表 3-6-8 为课题组所统计的进行过营造尺复原的 17 个实例的间广尺长。

张十庆先生在《中日古代建筑的尺度构成》[1] 一文中

表 3-6-8　早期木构建筑实例间广尺长表

时代	名称	年代	营造尺[1]（厘米）	间广（厘米 / 份）					
				总计	心间	次间	次间	次间	梢间
唐	五台山南禅寺大殿	782	29.5	39	17				11
	五台山佛光寺大殿	857	29.6	115	17	17	17		15
五代	平顺大云院弥陀殿	940	29.8	39	14				12.5
辽	蓟县独乐寺山门	984	29.7	54	20				17
北宋	榆次永寿寺雨华宫	1008	31	43	16				13.5
	太原晋祠圣母殿殿身	1023-1031	31.2	66	16	13			12
	万荣稷王庙大殿	1023	31.4	64	16	12			12
辽	宝坻广济寺三大士殿	1024	29.4	86.5	18.5	18.5			15.5
	新城开善寺大殿	1033	31.3	82	19	17.5			14
北宋	正定隆兴寺摩尼殿殿身	1052	31.3	78	18	16			14
辽	大同善化寺大殿	11 世纪	29.7	136	24	21	18.5		16.5
北宋	登封少林寺初祖庵大殿	1125	31.12	35.5	13.5				11
金	五台山佛光寺文殊殿	1137	31.4	99	15	15	14		13
	大同华严寺大殿	1140	31.5	170	22	21	19	18	16
	朔州崇福寺弥陀殿	1143	31.4	130	20	20	17.5		17.5
	大同善化寺三圣殿	1128-1143	31.5	104	24	23			17
	大同善化寺山门	1128-1143	31.5	89	20	18			16.5

1 营造尺的复原数值中，南禅寺大殿、佛光寺大殿、晋祠圣母殿、广济寺三大士殿、隆兴寺摩尼殿、善化寺大殿、少林寺初祖庵大殿的复原结果取自张十庆《中日古代建筑大木技术的源流与变迁》，天津大学出版社 2004 年 5 月第①版，第 84 页；大云院弥陀殿、独乐寺山门、永寿寺雨华宫、开善寺大殿、佛光寺文殊殿、华严寺大殿、崇福寺弥陀殿、善化寺三圣殿及善化寺山门的复原结果取自肖旻《唐宋古建筑尺度规律研究》，东南大学出版社 2006 年 2 月第 1 版，附录：古建筑实例的数据分析报告。

通过对日本奈良时期及中国唐辽宋建筑平面开间尺长的分析，认为“整数尺制”是这时期建筑平面开间尺度构成的最基本原则。结合《营造法式》总释《定平条》中“其真尺长一丈八尺”的规定，认为间广最大值应不超过18尺[2]，仅辽代建筑尺度构成略显自由，开间尺度有大型化的倾向。

就表3-6-8中的17例建筑来看，唐、五代和北宋的8例开间均在18尺以内，辽金建筑普遍开间超过18尺。值得注意的是，三例北宋早中期的建筑，永寿寺雨华宫、晋祠圣母殿以及稷王庙大殿，心间开间均为16尺，且心间至次、梢间的递减规律相似，似是用了相似的营造手法。

2-2. 椽架平长

建筑的进深尺寸由椽架平长所控制，对于这一平面尺度，《营造法式》也未做出明确的规定。陈明达先生根据卷五《椽》中“每架平长不过六尺，若殿阁，或加五寸至一尺五寸”的论述，认为此项规定是以六等材为基础，因此椽每架平长不超过150份，殿阁可增至187.5份。

稷王庙大殿椽架平长份值计算如下：

由于大殿为厅堂作法，因此，根据《营造法式》规定，厅堂类椽架平长不得过六尺，以六等材计，为150份。稷王庙大殿的压槽枋—下平槫份值116份，在《营造法式》规定范围内，下平槫—上平槫和上平槫—脊槫的份值均在150份之上，上平槫—脊槫的平长值181份接近于对殿阁类椽架平长规定的最大值（表3-6-9）。此外，大殿各架椽份值不同的状况，符合《营造法式》卷五《举折》中“架道不匀”这一说法。

就椽架平长而言，在表3-6-10的30个实例中，采用等距椽长的有5例，而和稷王庙大殿一样采用“架道不匀”做法的有25例，可见椽长不等应是早期木构建筑中的一个普遍做法。就23例厅堂建筑来看，大多数椽长符合“不超过150份”规定，大云院弥陀殿、稷王庙大殿、开善寺大殿、阁院寺文殊殿、华严寺海会殿、开元寺药师殿、崇福寺弥陀殿、善化寺三圣殿8例存在椽长超过150份的情况。稷王庙大殿上平槫—脊槫平长181份，为所有30例中最大值。就“架道不匀”的建筑实例而言，

表3-6-9　稷王庙大殿椽架尺度数据表

项目	数值（毫米）	份值/尺值	与《营造法式》比较	30.9对比值
压槽枋—下平槫	1 600.00	116/5.1	符合	118/5.2
下平槫—上平槫	2 180.00	158/6.9	大	160/7.1
上平槫—脊槫	2 500.00	181/8.0	大	184/8.1

表3-6-10　早期木构建筑实例用材制度表

时代	名称	年代	类型	椽架数	椽长		椽长极差（份）
					厘米	份	
唐	五台山南禅寺大殿	782	厅堂	4	247.5	143	0
	五台山佛光寺大殿	857	殿堂	8	222.5~215	111~108	3
五代	平顺龙门寺西配殿	925	厅堂	4	176~171.5	147~143	4
	平顺大云院弥陀殿	940	厅堂	6	232~124	174~95	79
	平遥镇国寺大殿	963	厅堂	6	188~143	128~97	31
	福州华林寺大殿	964	厅堂	8	192.5~175	96~87.5	8.5
辽	蓟县独乐寺山门	984	殿堂	4	242~186	149~114	35
北宋	榆次永寿寺雨华宫	1008	殿堂	6	237~210	142~126	14
	宁波保国寺大殿	1013	厅堂	8	216~148	149~102	47
辽	义县奉国寺大殿	1020	厅堂	10	274~224	147~120	27
北宋	太原晋祠圣母殿殿身	1023-1031	殿堂	8	215~185	150~129	21
	万荣稷王庙大殿	1023	厅堂	6	250~160	181~116	65

1 张十庆著 《中日古代建筑大木技术的源流与变迁》，天津大学出版社 2004年5月第1版，第64-94页。

2《营造法式》中一丈八尺的真尺或为六等材对应的真尺，则最大间广并非18尺，参见徐怡涛《营造法式大木作控制性尺度规律研究》《故宫博物院院刊》2015年第6期。

续表

时代	名称	年代	类型	椽架数	椽长		椽长极差（份）
					厘米	份	
辽	宝坻广济寺三大士殿	1024	厅堂	8	227~223	142~139	3
	新城开善寺大殿	1033	厅堂	6	240.5~231	157~151	6
	大同华严寺薄伽教藏殿	1038	殿堂	8	234	146	0
北宋	正定隆兴寺摩尼殿殿身	1052	殿堂	8	252.5~182	180~130	50
	平顺龙门寺大雄宝殿	1098	厅堂	6	168~135	126~102	24
辽	涞源阁院寺文殊殿	辽末	厅堂	6	288~203	166~117	49
	大同善化寺大殿	11 世纪	厅堂	10	223~191	131~112	19
	大同华严寺海会殿	11 世纪	厅堂	8	246~232	157~148	9
	易县开元寺观音殿	1105	厅堂	4	210	143	0
	易县开元寺毗卢殿	1105	厅堂	4	210~132	143~90	53
	易县开元寺药师殿	1105	厅堂	4	230~202	160~140	20
北宋	登封少林寺初祖庵	1125	厅堂	6	184~141	150~122	28
金	五台山佛光寺文殊殿	1137	厅堂	8	217	138	0
	大同华严寺大殿	1140	厅堂	10	296~265	148~132.5	15.5
	朔州崇福寺弥陀殿	1143	厅堂	8	279	161	0
	大同善化寺三圣殿	1128-1143	厅堂	8	271~216	157~125	32
	大同善化寺山门	1128-1143	殿堂	4	264~235	165~147	18
	长子西上坊村成汤庙大殿	1141-1150	厅堂	8	193~133	138~95	43

椽长极差数值没有时代或地域上的明显规律，其中，平顺大云院弥陀殿椽长极差数最大，为 79 份，其次即为万荣稷王庙大殿，为 65 份。

3. 立面及剖面比例

3-3. 柱高及间广比例

《营造法式》就柱高的尺度也未做详细规定，仅在卷五《柱》中提及：“*若副阶廊柱，下檐柱虽长，不越间之广。*”陈先生根据 27 例早期木结构建筑实例的柱高尺寸，发现在早期木构实例中，单檐建筑的柱高绝大部分不越心间之广，少部分不越梢间之广。因此，认为“柱高不越间之广”也适用于单檐建筑。1 厅堂建筑间广范围在 200 ～ 300 份，因此其檐柱高也应在 200 ～ 300 份之间。

稷王庙大殿前檐檐柱在 230 ～ 233 份之间，小于建筑梢间面阔的 273 份，符合“柱高不越间之广”的规定（表 3-6-11）。

表 3-6-11　稷王庙大殿部分构件广厚尺度数据表

项目	数值（毫米）	份值	与《营造法式》比较
心间檐柱	3 177	230	符合
次间檐柱	3 208	232	符合
梢间檐柱	3 217	233	符合

1 详见陈明达著 《营造法式大木作制度》，文物出版社 1981 年 10 月第 1 版，第 17 页。

表 3-6-12　早期木构建筑实例用材制度表

时代	名称	年代	间广（厘米 / 份）			平柱高厘米 / 份值	柱高间广比	柱高心间比
			总计	心间	梢间			
唐	五台山南禅寺大殿	782	1175/679	499/288	338/195	384/222	不越心间	0.77
	五台山佛光寺大殿	857	3400/1700	504/252	440/220	499/250	不越心间	0.99
五代	平顺龙门寺西配殿	925	975/812.5	339/282.5	318/265	304/253	不越梢间	0.90
	平顺大云院弥陀殿	940	1180/887	409/308	385.5/290	279/210	不越梢间	0.68
	平遥镇国寺大殿	963	1157/787	455/310	351/239	342/233	不越梢间	0.75
	福州华林寺大殿	964	1587/793.5	651/325.5	468/234	478/239	不越心间	0.73
辽	蓟县独乐寺山门	984	1653/1033	613/383	520/325	434/266	不越梢间	0.71
北宋	榆次永寿寺雨华宫	1008	1331/797	484/290	423/253	409/245	不越梢间	0.85
	宁波保国寺大殿	1013	1190/821	580/400	305/210	424/292	不越心间	0.73
辽	义县奉国寺大殿	1020	4820/2591	590/317	501/269	593/319	接近心间	1.01
北宋	万荣稷王庙大殿	1023	2013/1455	505/365	378/273	318/230	不越梢间	0.63
辽	宝坻广济寺三大士殿	1024	2543/1589	613/383	491/307	438/273	不越梢间	0.71
	新城开善寺大殿	1033	2580/1686	579/378	453.5/296	482/315	不越心间	0.83
	大同华严寺薄伽教藏殿	1038	2565/1634	585/373	457/291	499/318	不越梢间	0.85
北宋	平顺龙门寺大雄宝殿	1098	897/674	375/282	261/196	338/254	不越心间	0.90
辽	涞源阁院寺文殊殿	11 世纪中—12 世纪前	1600/925	610/353	495/286	455/263	不越梢间	0.75
	大同善化寺大殿	11 世纪	4054/2343	710/410	492/284	626/362	不越心间	0.88
	大同华严寺海会殿	11 世纪	2765/1761	613/390	491/313	435/277	不越心间	0.71
	易县开元寺观音殿	1105	830/566	420/286		343/234	不越心间	0.82
	易县开元寺毗卢殿	1105	950/645	420/285		410/280	不越心间	0.98
	易县开元寺药师殿	1105	1395/970	535/372		379/265	不越梢间	0.71
北宋	登封少林寺初祖庵	1125	1114/909	420/343	347/283	341/277	不越梢间	0.81
金	五台山佛光寺文殊殿	1137	3156/2010	478/304	426/271	448/285	不越心间	0.94
	大同华严寺大殿	1140	5335/2668	700/350	513.5/257	700/350	等于心间	1.00
	朔州崇福寺弥陀殿	1143	4132/2388	620/358	576/333	607/351	不越心间	0.98
	大同善化寺三圣殿	1128—1143	3268/1889	768/444	516/298	618/357	不越心间	0.80
	大同善化寺山门	1128—1143	2814/1759	618/386	520/325	586/366	不越心间	0.95
	长子西上坊村成汤庙大殿	1141—1150	1707/1219	382/273	317/226	394/281	大越心间	1.03

在表 3-6-12 所示的 28 例中，除长子西上坊村成汤庙大殿之外，建筑外檐平柱高均符合不越心间之广的特征，其中有 11 例柱高不越梢间之广，除稷王庙大殿、广济寺三大士殿、华严寺薄伽教藏殿为五开间建筑之外，其余 8 例均为三开间建筑，由此可见，柱高不越心间广和柱高不越梢间广这两种做法在早期建筑中同时存在。

就柱高与心间比的时代趋势来看，虽然这 28 例建筑柱高与心间之比浮动程度较大，其整体体现出随时代增大的趋势（图 3-6-1）。

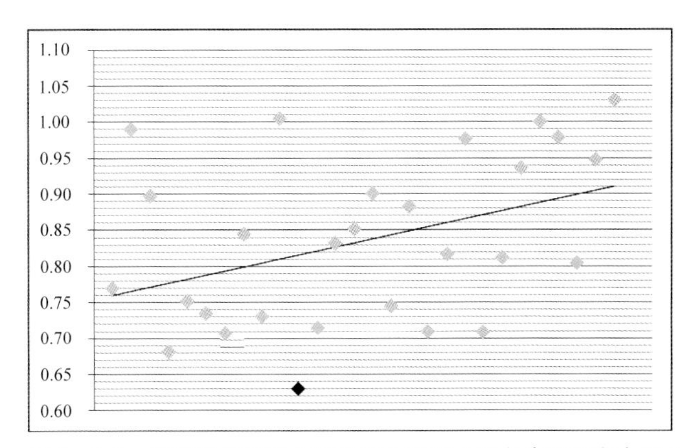

图 3-6-1　早期建筑柱高心间比值分布图（黑色为稷王庙大殿）

就柱高与心间之比同建筑开间数量的关系来看，三开间和五开间建筑柱高与心间比值浮动范围较大，七开间和九开间建筑较小。就平均值来看，柱高与心间之比随建筑开间数量的增多而增大（表 3-6-13）。稷王庙大殿在这 28 例建筑中则为柱高心间比最小的一例。

3-2. 举高比

《营造法式》卷五《举折》规定："如殿阁楼台先量前后橑檐枋心相去之远近分为三分……如筒瓦厅堂即四分中举起一分又通以四分所得丈尺每尺加八分，若筒瓦廊屋及板瓦厅堂每一尺加五分或板瓦廊屋之类每一尺加三分（若两椽屋不加其副阶或缠腰并两分中举一分）。"

因此，不同类型房屋的举高尺度如表 3-6-14 所示。

稷王庙大殿为五开间六椽筒瓦厅堂，根据《营造法式》规定，举高应为前后橑檐枋心距离的 27%。现举高比值为 29.6%，略大于《营造法式》规定，处于筒瓦厅堂和殿阁楼台规定值之间。

稷王庙大殿举高比计算如表 3-6-15 所示。

表 3-6-13　不同开间早期建筑柱高心间比值统计表

	范围	标准差	算术平均值	样本量
三开间	0.68—0.98	0.09	0.79	14
五开间	0.63—1.03	0.13	0.82	8
七开间	0.88—0.99	0.05	0.95	4
九开间	1.00—1.01	0.00	1.00	2

表 3-6-14　《营造法式》举高与前后橑檐枋心距离之比规定表

项目	殿阁楼台	筒瓦厅堂	筒瓦廊屋 / 板瓦厅堂	板瓦廊屋	两椽屋
举高比	33.3%	27%	26.75%	25.75%	50%

表 3-6-15　稷王庙大殿举高比数值表　（单位：毫米）

项目	橑一压	压一下	下一上	上一脊	总计	比值
水平距离	680	1600	2180	2500	13 920	29.6%
垂直高差	315	840	1215	1755	4125	

以下就 29 例早期建筑建筑的举高比同《营造法式》规定进行比较（表 3-6-16），由于实例中所有的厅堂造建筑均为筒瓦厅堂，因此其举高的《营造法式》规定值为 27%，此外，实例举高比同在《营造法式》规定值的 ±1% 内的，认为接近于《营造法式》规定值。

从举高比数值表来看，6 例殿堂造建筑举高值均小于法式规定的"三分举一分"，但此 6 例建筑的举高比随时代有递增的趋势（图 3-6-2）。

在 23 例厅堂建筑中，仅有镇国寺大殿、开元寺观音殿、华严寺大雄宝殿和崇福寺弥陀殿 4 例接近于 27% 的规定值。而大云院弥陀殿、保国寺大殿、稷王庙大殿、龙门寺大雄宝殿、开元寺毗卢殿、开元寺药师殿、少林寺初祖庵大殿、善化寺三圣殿和长子西上坊村成汤庙大殿 9 例大于 27% 的规定值。南禅寺大殿、龙门寺西配殿、华林寺大殿、广济寺三大士殿、奉国寺大殿、开善寺大殿、阁院寺文殊殿、华严寺海会殿、善化寺大殿和佛光寺文殊殿 10 例小于 27% 的规定值。厅堂建筑举高比也存在着随时代而递增的总体趋势（图 3-6-3）。

表 3-6-16　早期木构建筑实例用材制度表

时代	名称	年代	类型	前后橑檐枋心长（厘米）	举高（厘米）	举高比	与《营造法式》规定比较
唐	五台山南禅寺大殿	782	厅堂	1152	223.5	19.4%	小
	五台山佛光寺大殿	857	殿堂	2160	441	20.4%	小
五代	平顺龙门寺西配殿	925	厅堂	792	184	23.2%	小
	平顺大云院弥陀殿	940	厅堂	1157	329	28.4%	大
	平遥镇国寺大殿	963	厅堂	1363	360	26.4%	接近
	福州华林寺大殿	964	厅堂	1884	451	23.9%	小
辽	蓟县独乐寺山门	984	殿堂	1030	256	24.9%	小
北宋	榆次永寿寺雨华宫	1008	殿堂	1474	380	25.8%	小
	宁波保国寺大殿	1013	厅堂	1669	550	33.0%	大
辽	义县奉国寺大殿	1020	厅堂	2872	728	25.3%	小
北宋	太原晋祠圣母殿殿身	1023—1031	殿堂	1692	470	27.8%	小
	万荣稷王庙大殿	1023	厅堂	1392	413	29.7%	大
辽	宝坻广济寺三大士殿	1024	厅堂	1960	485	24.7%	小
	新城开善寺大殿	1033	厅堂	1593	407.5	25.6%	小
北宋	正定隆兴寺摩尼殿殿身	1052	殿堂	1992	595	29.9%	小
	平顺龙门寺大雄宝殿	1098	厅堂	1045	358	34.3%	大
辽	涞源阁院寺文殊殿	11 世纪中—12 世纪前	厅堂	1747	418	23.9%	小
	大同善化寺大殿	11 世纪	厅堂	2671	691	25.9%	小
	大同华严寺海会殿	11 世纪	厅堂	2048	470	22.9%	小
	易县开元寺观音殿	1105	厅堂	956	250	26.2%	接近
	易县开元寺毗卢殿	1105	厅堂	1110	322	29.0%	大
	易县开元寺药师殿	1105	厅堂	1030	356	34.6%	大
北宋	登封少林寺初祖庵	1125	厅堂	1196	375	31.4%	大
金	五台山佛光寺文殊殿	1137	厅堂	1950	425	21.8%	小
	大同华严寺大殿	1140	厅堂	2894	767	26.5%	接近
	朔州崇福寺弥陀殿	1143	厅堂	2580	686.5	26.6%	接近
	大同善化寺三圣殿	1128—1143	厅堂	2242	720	32.1%	大
	大同善化寺山门	1128—1143	殿堂	1184	364	30.7%	小
	长子西上坊村成汤庙大殿	1141—1150	厅堂	1486	472	31.8%	大

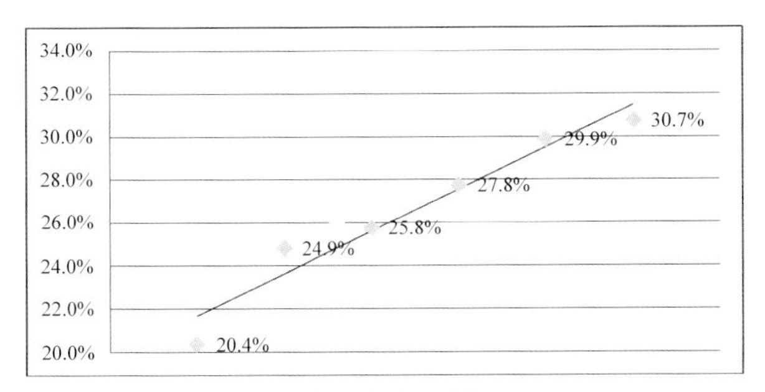

图 3-6-2　殿堂建筑举高比数值分布图

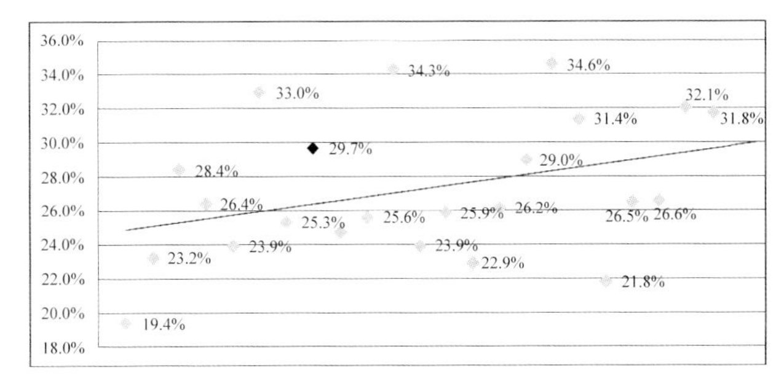

图 3-6-3　厅堂建筑举高比数值分布图（黑色为稷王庙大殿）

4．斗栱构件尺度

4–1．出跳长度

207 毫米材高所对应的跳长份值如表 3–6–17。

由于柱头铺作和补间铺作第二跳外跳长理应一致，表 3–6–17 中不一致的情况推测是测量误差所致，所以将外檐铺作第二跳外跳长取 52 份。

《营造法式》卷四《栱》对于华栱出跳规定："每跳之长，心不过三十分；传跳虽多，不过一百五十分。"又有："七铺作以上，即第二里外跳各减四分，六铺作以下不减。若八铺作下两跳偷心，则减第三跳，令上下跳上交互斗畔相对。"

对于下昂的出跳，《营造法式》卷四《飞昂》规定："凡昂安斗处，高下及远近皆准一跳。"

根据《营造法式》原文，《梁思成全集第七卷》中《大木作图样》重绘斗栱部分，将各类铺作出跳长度整理如表 3–6–18。

表 3–6–17　稷王庙大殿外檐铺作出跳长度尺度数据表

项目	跳长（毫米）	份值
第一跳外跳	379.6	28
第一跳里跳	383.1	28
柱头第二跳里跳	602.3	44
柱头第二跳外跳	698.4	51
补间第二跳外跳	717.4	52
补间第二跳里跳	679.1	49
补间第三跳里跳	996.4	72

表 3–6–18　《营造法式》各类铺作出跳长度数值表

铺作次序	跳数	横栱	位置	出跳长（份值）					总出跳
五铺作重栱单杪单下昂里转五铺作重栱出双杪	2	并计心	外	30	30				60
			里	30	30				60
五铺作重栱双杪里转五铺作重栱出双杪	2	并计心	外	30	30				60
			里	30	30				60
六铺作重栱出单杪双下昂里转五铺作重栱出两杪	3	并计心	外	30	30	30			90
			里	30	30				60
六铺作重栱出双杪单下昂里转五铺作重栱出两杪	3	并计心	外	30	30	30			90
			里	30	30				60
七铺作重栱出双杪双下昂里转六铺作重栱出三杪	4	并计心	外	30	26	26	26		108
			里	28	26	26			80
八铺作重栱出双杪三下昂里转六铺作重栱出三杪	5	并计心	外	30	26	26	26	26	134
			里	28	26	26			80
八铺作重栱出双杪三下昂里转六铺作重栱出三杪	5	外下两跳（偷心）	外	30	30	16	30	30	136
			里	28	26	26			80

将稷王庙大殿外檐铺作的各跳的出跳份值整理如下，并同法式进行比较。

表 3–6–19　稷王庙大殿外檐铺作出跳尺度与《营造法式》制度对比表

位置	出跳份值	与《营造法式》比较
第一跳外跳	28	小
第一跳里转	28	小
第二跳外跳	24	小
柱头第二跳里转	16	小
补间第二跳里转	21	小
补间第三跳里转	23	小
外檐总出跳：52 份	柱头里转总出跳：44 份	补间里转总出跳：72 份

根据表 3-6-19，可知稷王庙大殿外檐铺作的各跳出跳份数值均不见于《营造法式》的规定。就第一跳而言，里外均出 28 份，里外跳长相同的现象同《营造法式》中五铺作斗栱的规定相同，但小于规定值的 30 份。由于大殿铺作采用偷心造，而《营造法式》中仅对八铺作斗栱做了偷心造的说明，其余均规定为计心作法，但通过八铺作外檐第三跳出跳份值缩短的规定可知，采用偷心作法时，由于缺少上部的横向构件，斗栱稳定性弱于计心造斗栱，将出跳份数缩短以获得更高的稳定性。因此将跳长减去 2 份较为合理。

就第二跳而言，外檐出跳 24 份，柱头里转出跳 16 份，补间里转出跳 21 份，里外跳长不同的现象同《营造法式》规定相异。由于是偷心造作法，外檐第二跳出跳较小是合理的，而里转的递减份数较外檐较大。里转柱头铺作出跳份数小于补间铺作的现象不见于《营造法式》，推测应是由于补间内转出三杪承托下昂后尾，补间第二、三跳的跳长出于调节与上部挑斡关系的考虑。

就总出跳长度而言，稷王庙大殿外檐总出跳，柱头里转总出跳和补间里转总出跳份值均小于《营造法式》中的相关规定。

表 3-6-20　早期木构建筑实例外檐铺作外跳尺度表

时代	名称	年代	铺作形式	外檐外跳（份）			一二跳递减率
				一跳	二跳	总计	
唐	五台山南禅寺大殿	782	双杪偷心	28	19	47	32%
五代	平顺大云院弥陀殿	940	双杪偷心	33	26	59	21%
辽	蓟县独乐寺山门	984	双杪偷心	31	24	55	23%
北宋	榆次永寿寺雨华宫	1008	单杪单昂偷心	31	16	47	48%
	宁波保国寺大殿	1023	双昂偷心	28	24	52	14%
辽	宝坻广济寺三大士殿	1024	双杪计心重栱	31	18	49	42%
	新城开善寺大殿	1033	双杪计心重栱	31	22	53	29%
北宋	平顺龙门寺大雄宝殿	1098	单杪单昂计心重栱	33	32	65	3%
辽	涞源阁院寺文殊殿	11 世纪中—12 世纪	双杪偷心	29	23	52	21%
	大同善化寺大殿	11 世纪	双杪计心重栱	33	24	57	27%
	大同华严寺海会殿	11 世纪	斗口跳加替木	19	18	37	5%
	易县开元寺毗卢殿	1105	双杪计心重栱	31.5	23.5	55	25%
	易县开元寺药师殿	1105	双杪无令栱	31	22	53	29%
北宋	登封少林寺初祖庵	1125	单杪单昂计心重栱	30	28.5	58.5	5%
金	五台山佛光寺文殊殿	1137	单杪单昂偷心	29	32	61	-10%
	大同华严寺大殿	1140	双杪计心重栱	24.5	24	48.5	2%
	大同善化寺山门	1128—1143	单杪单昂计心重栱	31	27	58	13%
	长子西上坊村成汤庙大殿	1141—1150	单杪单昂计心重栱	31	27	58	13%

在如表 3-6-20 所示的早期建筑实例中，外檐采用五铺作的有 18 例，稷王庙大殿包括在内。就外跳出跳份值而言，除华严寺海会殿五铺作出跳仅 37 份外，其余 17 例出跳份值离散程度较小，且仅有佛光寺文殊殿一例跳长大于《营造法式》规定的 60 份，这 17 例跳长平均值为 52.7 份，接近稷王庙大殿外檐出跳长的 52 份。

《营造法式》规定五铺作斗栱外跳一、二跳跳长相等，而以上 18 例早期建筑除龙门寺大雄宝殿、少林寺初祖庵、华严寺海会殿及华严寺大雄宝殿 4 例一、二跳跳长接近之外，其余 14 例建筑，外檐铺作无论为偷心还是计心作法，均存在一、二跳跳长不等的情况。其中，除佛光寺文殊殿存在第二跳跳长大于第一跳的情况外，余下 13 例外檐五铺作建筑第一跳跳长均长于第二跳。可见，就采用五铺作的早期建筑而言，第二跳跳长小于第一跳应是一种普遍的作法。

4-2. 栱类构件尺寸

《营造法式》卷四《栱》中有对于栱类构件尺寸的规定，除华栱外，其余四类横栱，泥道栱、慢栱、瓜子栱、令栱均有对其长度的份值规定，具体如表 3-6-21 所示。

表 3-6-21 《营造法式》横栱长度规定值表

构件名称	栱长（份）
泥道栱	62
瓜子栱	62
令栱	72
慢栱	92

表 3-6-22 稷王庙大殿横栱长度与《营造法式》制度对比表

构件名称	栱长（毫米）	份数	与《营造法式》比较
泥道第一层栱	928.6	67	大
泥道慢栱	1491.9	108	大
泥道第四层栱	878.2	64	接近
令栱	872.7	63	小

稷王庙大殿外檐铺作横栱有四类，由于跳头为偷心造作法，无瓜子栱一类。栱长份数同《营造法式》规定值对比如表 3-6-22 所示。

由表 3-6-22 可知，泥道第一层栱份数大于《营造法式》规定 5 份，泥道慢栱份数大于法式规定 16 份，泥道第四层栱份数接近于《营造法式》对泥道栱长的规定，令栱份数小于《营造法式》规定 9 份。

就各类横栱栱长的相对尺度来看，《营造法式》规定泥道栱长小于令栱长度，而稷王庙大殿外檐铺作泥道第一层栱长于令栱，泥道第四层栱长和令栱几乎等长。

课题组获取了 18 例早期建筑的横栱栱长数值（表 3-6-23），就栱长份数同《营造法式》规定的比较来看，泥道栱长除华严寺大殿小于《营造法式》规定，其余 16 例均长于《营造法式》的规定值。慢栱长除初祖庵大殿

表 3-6-23 早期建筑横栱栱长数值表

时代	名称	年代	横栱长（厘米 / 份）				泥道栱令栱长度比
			泥道栱	瓜子栱	慢栱	令栱	
唐	五台山南禅寺大殿	782	114/66			118/68	泥＞令
	五台山佛光寺大殿	857	64.6	60	110	64.6	泥＝令
五代	平顺大云院弥陀殿	940	106/80			85/64	泥＞令
	平遥镇国寺大殿	963	99.5~102/	90/61	162~165/110~112	90~95/61~65	泥＞令
	福州华林寺大殿	964	68~69	116/58	204/102	116/58	泥＞令
辽	蓟县独乐寺山门	984	144/72			108/68	泥＞令
北宋	榆次永寿寺雨华宫	1008	108\110\112/65\66\67			106\108/63\65	泥＞令
	宁波保国寺大殿	1013	113/78	106/73		106/73	泥＞令
辽	义县奉国寺大殿	1020	136/73	121/65	196/105	116/62	泥＞令
北宋	太原晋祠圣母殿殿身	1023—1031	109.5/78	89.5/64		89.5/64	泥＞令
	万荣稷王庙大殿	1023	929/67			873/63	泥＞令
辽	新城开善寺大殿	1033	76	65	106	66	泥＞令
北宋	正定隆兴寺摩尼殿殿身	1052	108/77			85/61	泥＞令
	平顺龙门寺大雄宝殿	1098	104/78	90/68	165/124	88/66	泥＞令
	登封少林寺初祖庵	1152	77/63	76.3/62	114.7/93	90.3/73	泥＜令
金	大同华严寺大殿	1140	120/60	121/60.5	200/100	120/60	泥＝令
	朔州崇福寺弥陀殿	1143	126/73	103\120/64\69	190/110	94/54	泥＞令
	长子西上坊村成汤庙大殿	1141—1150	96/69	96/69	144/103	111.5/80	泥＜令
均值			71	64	106	65	

接近于《营造法式》规定的 92 份之外，其余 17 例均大于 100 份，远大于《营造法式》的规定。令栱长除登封少林寺初祖庵大殿接近《营造法式》规定，西上坊村成汤庙大殿大于《营造法式》规定之外，其余 16 例均小于《营造法式》规定的 72 份。可见在早期建筑实例中，泥道栱、慢栱栱长大于《营造法式》规定、令栱栱长小于《营造法式》规定，应是普遍的做法。

就各类栱长的相对尺度而言，首先，《营造法式》规定泥道栱栱长小于令栱栱长，而在上述 18 例早期建筑实例中，除初祖庵大殿和西上坊村成汤庙大殿泥道栱长小于令栱长、佛光寺大殿和华严寺海会殿泥道栱长等于令栱长之外，其余 14 例建筑泥道栱长均大于令栱长。可见泥道栱栱长大于令栱栱长是早期建筑中的一种普遍做法。

5．柱梁构件尺度——梁栿断面

《营造法式》卷五《梁》对五种类型梁栿的使用范围和尺寸份值进行了规定。结合《营造法式大木作制度》中的归纳[1]，整理如表 3-6-24。

大殿有四类梁栿构件，为外廊柱头铺作后尾乳栿，外廊乳栿上劄牵（不出跳），内殿平梁以及内殿平梁上丁栿（跨度一椽）。其份值计算如表 3-6-25。

外廊的乳栿和劄牵的断面广数值均小于《营造法式》对厅堂梁栿的相关规定，平梁断面广小于《营造法式》规定，而断面厚值则相同。《营造法式》中没有对于丁栿尺度的规定，推测应与横向梁栿规定一致，则将大殿丁栿比对《营造法式》"劄牵不出跳"一项，其广厚份值均与之接近。

表 3-6-24　《营造法式》梁栿使用范围和尺度规定表

房屋类型	应用范围	直梁份值规定（份）
殿堂 （一至五材）	六至八椽以上明栿	60×40
	六至八椽以上草栿	
	四椽、五椽草栿	45×30
	六铺作以上草乳栿、三椽草栿	42×28
	六铺作以上明乳栿、三椽明栿，四椽、五椽明栿	
	六铺作以上平梁	36×24
	四铺作五铺作明乳栿、三椽明栿	
	四铺作五铺作草乳栿、三椽草栿，四铺作、五铺作平梁	30×20
	草劄牵	21×14
	明劄牵	
厅堂 （三至六材）	劄牵不出跳	21×14
	劄牵出跳（乳栿）三椽栿	30×20
	五椽、四椽	36×24
	六椽、八椽以上栿	（45×30）
余屋 （三至七材）	量椽数准厅堂法加减	

表 3-6-25　稷王庙大殿梁栿尺度与《营造法式》制度对比表

位置				栱长（份）			广厚比
	数值（毫米）	份值	与《营造法式》比较	数值（毫米）	份值	与《营造法式》比较	
乳栿	265.2	19	小	155.3	11	小	3 ∶ 1.8
劄牵	209.9	15	小	141.8	10	小	3 ∶ 2
平梁	364	26	小	270	20	相同	3 ∶ 2.3
丁栿	305	22	接近	205	15	接近	3 ∶ 2

1 陈明达著 《营造法式大木作制度》，文物出版社 1981 年 10 月第一版，第 41 页。

《营造法式》卷五《梁》规定："凡梁之大小，各随其广分为三分，以二分为其厚。"因此其所规定的梁栿构件断面广厚比为 3 ∶ 2。稷王庙大殿的四类梁栿构件断面比不统一，其中乳栿为 3 ∶ 1.8，略大于法式规定，平梁为 3 ∶ 2.3，略小于《营造法式》规定，劄牵和丁栿的断面比例和《营造法式》相同。

就表 3-6-26 来看，在早期建筑中，梁栿断面的所用份值及断面高宽比值不可见明显的时间或地区上的规律性。就梁栿断面的高宽比而言，表 3-6-26 中所见早期建筑的梁栿断面比值除存在符合《营造法式》规定的 3 ∶ 2 之外，还普遍存在 2 ∶ 1，1 ∶ 1 等比值。由于梁栿构件多用整根木料直接加工而成，且木工的惯例是大料不可小用，所以其断面数值同木料的选用关系较大，其断面高度数值体现不出单纯的规律性也是可以理解的。

6．小结

本节首先从材份制度、平面屋架尺度、立面及剖面比例、斗栱构件尺度、柱梁构件尺度四个方面将北宋天圣元年（公元 1023 年）建万荣稷王庙大殿同北宋崇宁二年（公元 1103 年）刊行的《营造法式》制度进行比对。比较内容有材等、材的广厚比、栔高比、间广、椽架平长、柱高间广比例、举高、铺作出跳长度、栱长、梁栿断面尺度 10 项。表 3-6-27 将对这 10 项内容的比较结果进行了总结。

表 3-6-26　早期木构建筑实例用材制度表

时代	名称	年代	梁栿断面（份值 / 高宽比）			
			劄牵	乳栿	三椽栿	四椽栿
唐	五台山南禅寺大殿	782				24×18.5/3:2.3
	五台山佛光寺大殿	857		21.5×14/3:2		27×22/3:2.4
五代	平顺龙门寺西配殿	925				27×22.5/3:2.5
	平顺大云院弥陀殿	940		23×18/3:2.4		35×23/3:2.6
	福州华林寺大殿	964		27×27/3:3		26×32.5/3:3.8
辽	蓟县独乐寺山门	984		35×19/3:1.6 32×18/3:1.7		
北宋	宁波保国寺大殿	1013		38×17/3:1.4	25×14/3:1.6 52×25/3:1.4	
辽	义县奉国寺大殿	1020		29.4×20.3/3:2		34.2×22/3:1.9 33×24./3:2.2
北宋	太原晋祠圣母殿殿身	1023—1031	19×10/3:1.6	28×20/3:2 22×17/3:2.3 16×10/3:1.9	24.5×18/3:2.2	31.5×18/3:1.7 37×28/3:2.3
	万荣稷王庙大殿	1023	15×10/3:2	20×11/3:1.8		
辽	宝坻广济寺三大士殿	1024	缺	28×16/3:1.7	33×22/3:1.9	33×22/3:2
	新城开善寺大殿	1033		37×25/3:2		46×25/3:1.6 39×20/3:1.5
	大同华严寺薄伽教藏殿	1038		27×15/3:1.7		
	易县开元寺观音殿	1105				
	易县开元寺毗卢殿	1105				
	易县开元寺药师殿	1105				
北宋	登封少林寺初祖庵	1125	21×10/3:1.4	20×19/3:2.8	28×19/3:2 21×22/3:3.2	
金	五台山佛光寺文殊殿	1137		28×16/3:1.7		38×25/3:2
	大同华严寺大殿	1140			35×31.5/3:1.8	34.5×26/3:2.3
	朔州崇福寺弥陀殿	1143	15×10/3:2.1 15×13/3:2.7	27×21/3:2.4 23×21/3:2.7		65×50/38×29
	长子西上坊村成汤庙大殿	1141—1150	36×21/3:1.7	21×21/3:3		45.5×39/32.5×28

（续表）

时代	名称	年代	梁栿断面（份值 / 高宽比）			
			劄牵	乳栿	三椽栿	四椽栿
唐	五台山南禅寺大殿	782			20×14.5/3:2.1	16×12/3:2.1
	五台山佛光寺大殿	857			23×17/3:2.2	
五代	平顺龙门寺西配殿	925			25×12.5/3:1.5	
	平顺大云院弥陀殿	940			23×18/3:2.4	缺
	福州华林寺大殿	964			26×24/3:2.8	
辽	蓟县独乐寺山门	984			31×17/3:1.6	
北宋	宁波保国寺大殿	1013			38×17/3:1.4	
辽	义县奉国寺大殿	1020		37.4×24.6/3:2	25×20.8/3:2.5	29.4×20.3/3:2
北宋	太原晋祠圣母殿殿身	1023—1031	37×28/3:2.3	41×24.5/3:1.8	22×17/3:2.3	
	万荣稷王庙大殿	1023			26×20/3:2.3	22×15/3:2
辽	新城开善寺大殿	1033		40.5×26/3:1.9	31×18/3:1.7	
	易县开元寺观音殿	1105			31×12/3:1.2	
	易县开元寺毗卢殿	1105		47×26/3:1.7	31×14/3:1.3	24×11/3:1.4
	易县开元寺药师殿	1105		36×21/3:1.7	30×15/3:1.5	31×16/3:1.5
北宋	登封少林寺初祖庵	1125			21×19/3:2.7	19×19/3:3
金	五台山佛光寺文殊殿	1137			28×16/3:1.7	
	大同华严寺大殿	1140		37.5×26/3:2	30×20/3:2	30×18/3:1.8
	朔州崇福寺弥陀殿	1143			24×20/3:2.4	23×21/3:2.7
	长子西上坊村成汤庙大殿	1141—1150		45×36/3:2.4	24×19/3:2.5	

通过表 3-6-27，在进行比较的 19 个大木作尺度项目中，稷王庙大殿有 7 项同《营造法式》规定相符，有 12 项同《营造法式》规定不相同。由于稷王庙大殿在时代和地域上同《营造法式》均有不同，因此其大木作尺度同《营造法式》规定不符应是时代和地域导致营造方式不同的体现。而稷王庙大殿中体现出的同《营造法式》规定相符的大木作尺度，是探讨《营造法式》制度源流问题的重要材料，应值得特别注意。

在与《营造法式》规定制度进行比对的基础上，从材份制度、平面屋架尺度、立面及剖面比例、斗栱构件尺度、柱梁构件尺度几个方面将稷王庙大殿同早期木构建筑实例进行大木作制度的比较。

在对材份制度的比较中，稷王庙大殿在早期建筑中用材偏小，与之类似的还有隆兴寺摩尼殿和晋祠圣母殿；就材的广厚比而言，早期建筑广厚比均接近于《营造法式》规定的 15 ∶ 10 的比例，稷王庙大殿的广厚比在 30 个早期建筑实例中偏大；实例中栔高份值差异较大，总体大于《营造法式》规定的 6 份，稷王庙大殿中反映出的栔高不统一的情况，在相近时代的建筑中也有体现。

在对平面及屋架尺度的比较中，五开间建筑普遍存在开间递减的情况，心间至次间、次间至梢间的递减情况不统一。就间广尺长来看，唐、五代和北宋建筑开间在 18 尺以内，辽金建筑开间普遍偏大，稷王庙大殿同晋祠圣母殿和永寿寺雨华宫一致，心间开间均用 16 尺。就椽架平长而言，24 个实例中大多采用了“架道不匀”的椽架构造方式，其中，厅堂建筑大多数椽长不超过 150 份的规定，稷王庙大殿为椽长份值最大一例，且也是椽长极差较大的一例。

在对立面、剖面比例的比较中，就柱高和间广的比较而言，柱高不越心间之广和不越梢间之广的作法同时存在，稷王庙大殿是所有早期建筑实例中柱高心间比最小的 1 例。就举高比而言，23 例厅堂建筑举高大多小于《营造法式》规定，且随时代变化举高数值有增大的趋势，稷王庙大殿是其中举高大于《营造法式》规定较早的一例。

就铺作出跳份数而言，实例中有大部分建筑外檐使用了五铺作，稷王庙大殿外檐五铺作出跳长度 52 份，接近五铺作出跳份值的均值。外檐五铺作实例中大部分存在一二跳跳长不等的作法，稷王庙大殿外檐铺作在一二跳跳长不等的实例中属于跳长递减率较小的一例。

早期建筑实例横栱栱长普遍存在泥道栱、慢栱栱长

表 3-6-27　稷王庙大殿大木作尺度与《营造法式》制度对比总结表

分类	项目	子项目	同《营造法式》规定比较	
			相符	相异
材份制	材等			√
	材的广厚比			√
	材的絜高比			√
平面及屋架尺度	间广	明间间广	√	
		次梢间间广	√	
	椽架平长	压槽枋 - 下平槫	√	
		下平槫 - 上平槫		√
		上平槫 - 脊槫		√
立面剖面比例	柱高间广比		√	
	举高			√
斗栱构件尺度	出跳长度			√
	栱长	泥道第一层栱		√
		泥道慢栱		√
		泥道第四层栱	√	
		令栱		√
柱梁构件尺度	梁栿断面	乳栿		√
		劄牵	√	
		平梁		√
			√	

大于《营造法式》规定，令栱栱长小于《营造法式》规定的现象，稷王庙大殿符合这种情况。就横栱栱长的相对尺度来看，早期建筑中普遍存在泥道栱长于令栱的现象，同《营造法式》规定不符。就梁栿尺度而言，早期建筑梁栿的高宽数值和断面比例则不存在时间和地域上的规律性。

七、研究总结

课题组运用建筑形制考古类型学、营造尺复原、树种材料鉴定分析、碳十四测年技术和历史文献梳理等多学科的研究方法，从不同的角度得出了可以构成证据链的结论，即，万荣稷王庙大殿建于北宋而非金代，是国内仅存的北宋庑殿顶木构建筑，具有特别重要的历史、文物和科学研究价值。

从稷王庙建筑历史问题的研究成果中，我们可以得出以下几点结论：

（1）结合历史文献梳理和原构构件解析，运用历史时期考古学的类型学方法，研究一定区域内的建筑形制演变，我们就可以大幅提高古建筑断代的准确性。稷王庙大殿通过建筑形制断代为北宋中前期，不晚于熙宁，此判断与天圣元年之间的差距小于碳十四测年的最小误差。由此可见，科学的形制断代目前仍然是准确性最高的方法。

（2）本课题探讨了碳十四技术在古建筑测年中的理论与方法，指出了测年数据的分析原则，及其与样本尺度类型之间的关系。明确地提出，碳十四技术不能单独运用于断代，必须和建筑形制年代等研究成果相结合，系统地采样，科学地分析，方可有效运用所得数据。

（3）通过树种材料的研究，进一步明确了树种在建筑构建中的意义，现代修缮时，不仅仅是形制需要保留，材料的历史真实性也必须得到重视。北宋《天圣令》的田令中规定[1]，丁户必须种植一定数量的桑树、枣树等各

1《天一阁藏明钞本天圣令校证 附唐令复原研究》，天一阁博物馆，中国社会科学院历史研究所天圣令整理课题组校证 ，中华书局出版社，2006 年出版，第 253—254 页。 宋行之令第 2 条："诸每年课种桑枣树木，以五等分户，第一等一百根，第二等八十根，第三等六十根，第四等四十根，第五等二十根。各以桑枣杂木相半。乡土不宜者，任以所宜树充。"。

地方其他适宜生长的乡土树种，而宋末以来，随着山西一些地区的松木在生产生活中消耗殆尽，那些百多年来种成的杨树等乡土树种成了建筑大木作的主材，并由此带来了建筑形制的改变。由此可见，建筑材料与社会历史的关联，及其对建筑发展的影响。这一研究领域，应引起学者和文物保护、管理者更多的关注。

（4）本课题通过对稷王庙大殿大量数据的数理分析，得出了合今 31.4 厘米的宋尺，与相关文物和学者的研究映证，也与万荣稷王庙的历史背景吻合。进而在与北方地区其他早期建筑和《营造法式》的大木作尺度比较中，加深了我们对整个时代以及稷王庙大殿自身尺度规律和特点的认识，尤其值得注意的是，稷王庙大殿所显现出来的与晋中地区的榆次雨花宫、晋祠圣母殿的相近性，显示晋中与晋南建筑形制在北宋所具有的亲缘关系。在与《营造法式》的比较中，稷王庙大殿与《营造法式》的异同，特别是其与《营造法式》记载相同的如“厅堂造”等建筑形制，对研究《营造法式》、中国南北方建筑交流等重要历史问题，具有无可替代的史料价值和科学价值。

总之，在万荣稷王庙大殿的年代被重新认定后，我们相信，这座历经近千年的北宋庑殿顶建筑所蕴含的历史、文化、科学和艺术价值，将被越来越多的研究者所重视，得到不断发掘。

数据来源说明：

本文早期建筑大木作数据以贺业钜《建筑历史研究》一书中所载早期建筑大木数据表为基础，并根据其他文献及报告材料进行数据的校对和修正。在此基础上，添加了平顺大云院弥陀殿、平顺龙门寺西配殿、平顺龙门寺大雄宝殿、长子西上坊村成汤庙大殿三例早期建筑实例数据。

其中，南禅寺大殿根据《南禅寺大殿的修复》（祁英涛、柴泽俊，《文物》 1980 年第 11 期）一文进行数据校对和修正；佛光寺大殿根据《记五台山佛光寺的建筑》（梁思成，《中国营造学社汇刊》第三卷第 4 期）一文进行数据校对和修正；平顺大云院弥陀殿根据《山西平顺古建筑勘察记》（杨烈，《文物》1962 第 2 期）一文进行数据补充；平遥镇国寺大殿根据《两年来山西省新发现的古建筑》（祁英涛，《文物参考资料》1954 年第十一期）进行数据补充和校对。福州华林寺大殿根据《福建福州华林寺大殿》（王贵祥，《中国古代木构建筑比例与尺度研究》，中国建筑工业出版社 2011 年 4 月）一文进行数据补充和校对；蓟县独乐寺山门根据《蓟县独乐寺》（中国文物研究所、天津市文物管理中心、天津市蓟县文物保管所、杨新编著，文物出版社 2007 年 11 月）进行数据修正和补充；义县奉国寺大殿根据《义县奉国寺》（辽宁省文物保护中心、义县文物保管所，文物出版社 2011 年 8 月）进行数据修正和补充；晋祠圣母殿根据《晋祠圣母殿研究》（祁英涛，《文物季刊》 1992 年第一期）及《太原晋祠圣母殿修缮工程报告》（柴泽俊等编著，文物出版社 2000 年）进行数据修正和补充；新城开善寺大殿根据《河北省新城县开善寺大殿》（祁英涛，《文物参考资料》1957 年第十期）进行数据补充和修正；华严寺薄伽教藏殿、华严寺海会殿、善化寺山门、善化寺三圣殿及善化寺大雄宝殿根据《大同古建筑调查报告》（梁思成、刘敦桢，《中国营造学社汇刊》第四卷第三期）进行数据补充和修正；初祖庵大殿根据《对少林寺初祖庵大殿的初步分析》（祁英涛，《科学史文集》第二辑）进行数据补充和修正；华严寺大雄宝殿根据《大同华严寺（上寺）》（大同市上华严寺修缮工程指挥部，大同市上华严寺修缮工程资料编辑委员会，齐平、柴泽俊、张武安、任毅敏编著，文物出版社 2008 年 12 月）进行数据补充和校对；崇福寺弥陀殿根据《朔州崇福寺》（山西省古建筑保护研究所、柴泽俊编著，文物出版社 1996 年 5 月）进行数据补充和修正。

此外，平顺龙门寺西配殿、平顺龙门寺大雄宝殿及长子西上坊村成汤庙的各类大木数据，源自北京大学考古文博学院文物建筑专业历年教学测绘实习成果。

第四章　稷王庙寺庙格局研究

一、稷王庙历史格局研究意义与研究方法

万荣稷王庙大殿是迄今为止发现的唯一一座北宋时期庑殿顶建筑，这一重要身份充分彰显了稷王庙在中国古建筑研究史上重要的历史价值。万荣稷王庙历史格局的研究，是稷王庙历史研究的一个重要组成部分。通过对稷王庙在宋金元时期、明清时期及民国时期建筑格局的研究，我们对稷王庙所包含的历史信息有了更为深刻的认识。

除此之外，万荣稷王庙历史格局的研究，也是历代祠祀建筑格局研究的一个重要组成部分。众所周知，祠祀建筑一直在我国古代建筑史上占据重要篇幅，在各个时代，其建筑格局有着相当的继承性，但又必然兼具本时代的特点。我国现存古建筑中宋代建筑非常有限，而万荣稷王庙大殿更是迄今为止发现的唯一一座北宋庑殿顶建筑，那么，对稷王庙在宋金时期的建筑格局及其后期发展演变的研究就显得极为重要了，其丰富了北宋以来祠祀建筑格局的研究资料，进而为了解祠祀建筑格局在各个时代的发展演变提供了实证依据。

本文选取万荣稷王庙为研究对象，以对稷王庙的现状测绘、考古勘探及对太赵村村民的访谈资料为基础，结合相关历史文献和已有研究成果，通过对稷王庙内单体建筑的年代及位置的研究来探讨稷王庙的历史格局问题。

对稷王庙内单体建筑的年代及位置的研究主要为：

（1）对万荣稷王庙内现存、曾经存在过的单体建筑的创建年代以及沿革进行研究。

（2）对万荣稷王庙内各单体建筑的位置及其相互之间的位置关系进行研究。

二、稷王庙历史格局主要研究依据

在对万荣稷王庙历史格局进行研究时，所用资料主要为北京大学考古文博学院对稷王庙进行测绘、考古勘探所得的资料及对太赵村村民进行访谈所得的资料，再辅以相关历史文献和前人的研究成果。其研究的主要依据有稷王庙总平面现状测绘资料、稷王庙考古勘探资料、碑文、题记、相关历史文献及访谈记录等。

在所整理的稷王庙内现存的碑文、钟铭及题记的信息中，与稷王庙历代修缮情况及历史格局相关的信息见表4-2-1。课题组检阅了《山右石刻丛编》，其中未见与稷王庙相关的碑文信息[1]。

根据上表中所述碑文及题记信息，知稷王庙历史沿革大致如下：稷王庙始建年代应不晚于北宋天圣元年（1023），元至元八年（1271）殿宇犹存，并在原有舞基之上建舞厅。元至元二十五年（1288）重修大殿，明万历三十九年（1611）、天启六年（1626）再次重修。清同治二年（1863）至三年（1864）重修稷王庙，在稷王庙大殿两侧原有东西廊及左右阁的基础之上，于大殿内加建暖阁，在西廊前加建香亭，在庙内加建马房，开便门。民国十年（1921），将庙内原有戏楼迁建到午门北部，合并作“歌舞楼”一座。1986年在“歌舞楼”北部进行加建。1999年重修大殿，在大殿前檐斗栱外跳上施彩绘，在庙内两侧种植植被。

除此之外，通过阅读《山西通志》《平阳府志》《蒲州府志》《万泉县志》《荣河县志》《明一统志》及《大清一统志》等地方志书籍，整理了其中与稷王庙相关的信息。其中，所涉及的后稷庙有二：一为位于稷王山巅的后稷庙，此庙非本文中的万荣稷王庙；二为位于西薛

1 胡聘之，《山右石刻丛编》，清光绪二十七年刻本，其中十一卷录有《后稷庙碑》一篇，据其碑文所述，此后稷庙非本文中万荣稷王庙。

表 4-2-1 与稷王庙历史格局相关的碑文及题记信息

时代	名称	重要内容摘录（粗体所标示的为重要建筑物）[1]	纪年年代
北宋	大殿前檐明间下平槫襻间枋外皮题记	天聖元年……	北宋天圣元年（1023）
元	《舞厅石》	今有本廟自建修年深雖經兵革**殿宇**而存既有**舞基**自來不曾興盖……创建修盖**舞厅**一座刻立斯石矣旹大朝至元八年三月初三日创建	元至元八年（1271）
	大殿前檐明间下平槫下题记	旹大元國至元貳拾伍年歲次戊子□賔月望日重修**主殿** 功德主……謹記	元至元二十五年（1288）
	大殿前檐西侧乳栿下题记	……至元二十五年歲次戊子仲夏望日 謹記	元至元二十五年（1288）
明	《重修后稷廟跡》	……后稷廟宇**正殿**五門……天順八年	明天顺八年（1464）
	大殿前檐明间下平槫底部题记	时大明万历三十九年三月□日天启六年正月吉日……	明万历、天启年间（1573—1627）
清	《重修后稷廟碑記》	……后稷廟一所**正殿**周圍共十八間纂頂挑角四檐齊飛功程甚浩大焉居中者后稷邊有坤像下有羅漢雖不詳其神號總之不離德配后稷功崇廟宇者近是**左閣**祖師諸尊**右閣**關帝数聖**東廊**法药马牛王**西廊**坤后城隍**午門**將軍累次重修傾圮至今如故……不特修裝**正殿**廟內房宇莫不整新以張大……**正殿**內加煖閣而觀瞻肅**西廊**前建**香亭**而神靈妥至於建**馬房**以衛牲口開**便門**以别女路……補葺於二年七月告竣……同治四年六月初二日	清同治四年（1865）
	《重修瘟神廟碑》	……后稷廟之功竣……大清同治八年暑月穀旦	清同治八年（1869）
民国	戏台南部硬山顶脊檩下题记	旹中華民國拾年歲次辛酉癸己月甲午日庚午時□村創建**歌舞樓**一座告竣之后永保吉祥如意……謹記	中华民国十年（1921）
	《重建稷王廟戲樓碑記》	……况余邑興稷山接壤東山之遗迹如昨興平之古踪猶存邑內文村高村建大庙不一孰有此村之**殿宇**輝煌廟貌巍峨者乎故代遠年湮疊加增補而**戲樓**仍属故舊棟折欀崩磚頹瓦解村中父老咸歎曰此廟可以修矣此**樓**可以葺矣乃工程浩巨無力壽辨於是議為募疏行商人員皆為歡從共得大洋貳千圓將**戲樓**移建與**午門**接連**正殿**重修四簷齊飛……中華民國十三年暑月下浣吉旦	中华民国十三年（1924）
当代	戏台北部拆除部分桁架结构脊檩下题记	旹公元一九八六年五月十四日太赵……吉祥如意	1986
	《美化無樑殿碑記》	……历代屢经重修但由于年深久遠風雨侵蝕斗拱蒙尘失去原有之辉煌……除美化**殿宇**外两旁種植树木花草……公元一九九九年农历九月九日	1999

里的后稷庙，通过考证，知在清顺治年间，大赵里与西薛里合并为赵薛里[2]，此前大赵里包括大赵村和薛赵村，西薛里包括薛村、高村、庄利村、王李村及郭村[3]，因此，此处所指西薛里的后稷庙可能亦非现太赵村内稷王庙。但是，由于历代所包含的村落有所变动以及村落本身的区域范围也会有所变动，故现太赵村稷王庙也有可能在某一时期内属于西薛里，但未找到具体文献支持。

对万荣太赵村村民关于稷王庙的访谈，经过比对分析，确定了其中与民国时期稷王庙历史格局相关的有效访谈信息：大殿及戏台至今基本没有变化。大殿正前原有三开间小殿一座，当心间为过厅，次间用作管理用房，其台基与大殿之间距离很近但并未相连，其屋顶与大殿屋顶基本接连。大殿前左右两侧原各有三开间小殿一座，东为药王殿，西为娘娘殿，东西两殿台基前沿基本与大殿台基东西两沿相齐。在东侧药王殿之前原有八卦亭一座，具体大小、形状不详。戏台前原有山门，所在位置基本与现有稷王庙大门位置相同。大殿正前的小殿、左右配殿及八卦亭均于解放前拆除，山门于解放后拆除。大殿两侧原还加建有临时性的简易房屋，于解放后拆除。院墙原为土墙，近十年内损毁，新建院墙位置与原有院墙位置不符，东西墙比现存院墙稍宽。

三、稷王庙历史格局复原研究

1. 对稷王庙现存格局的认识

关于稷王庙大殿，确定为北宋建筑。

关于戏台，首先，根据对太赵村村民的访谈，知稷王庙内戏台于民国时期已存在，其位置与形制均未有

1 为真实还原相关内容，对其中的繁体字予以保留。后文中如有关于此类资料引用，均保留繁体。

2 见于民国版《万泉县志》：“清顺治二年因乱后人亡也地荒里多绝甲又并为十一今为十三里……赵薛里。”

3 见于清乾隆版《万泉县志》：“大赵里村、二大赵村、薛赵村、西薛里村、五薛村、高村、庄利村、王李村、郭村。”

大的改变，与现今情况基本相同。其次，根据中华民国十三年的《重建稷王庙戏楼碑记》上记载的“……而戲樓仍属故舊棟折榱崩磚頹瓦解村中父老成歎曰此廟可以修矣此樓可以葺矣……將戲樓移建與午門接連……”知在民国时期，庙内已存有戏楼一座，但由于年久损毁，村民决定集资修葺，后将戏楼移建于午门处，且与午门接连。再次，在戏台南部硬山顶脊檩下用墨笔写有题记“旹中華民國拾年歲次辛酉癸己月甲午日庚午時□村創建歌舞樓一座告竣之后永保吉祥如意……謹記”，可佐证该戏台北边部分为民国十年移建于此的。“明清之际，许多戏台直接与山门连接，或者甚至与山门结合成为一栋建筑（称为“山门戏台”）”[1]，而在本例中，戏台则是在民国时期移建后与午门相连的。最后，在此次修缮过程中戏台北部拆除部分桁架结构脊檩下有题记“旹公元一九八六年五月十四日太赵……吉祥如意”，知该部分是在1986年加建的。故根据以上四点，可确定现存戏台修建年代应不晚于民国时期，且其北边部分为中华民国十年从庙内其他位置移建至此的，与午门接连后并为如今的整座戏台，1986年在戏台北部有所加建，此次南部工程重修时已予以拆除，基本恢复民国时期原貌。

综上所述，稷王庙内大殿为北宋时期建筑，从建造之时起一直延续至今；戏台建造年代不晚于民国；管理室及厨房为当代所建临时性简易房屋（图4-3-1）。由于大殿是从北宋时期一直延续至今的，在时间上具有贯通性，在空间上具有确定性，故在下文研究单体建筑位置关系时，以大殿为基准，确定其它单体建筑与大殿的位置关系，进而进行位置关系的叠加，得出稷王庙历代建筑格局推测图。

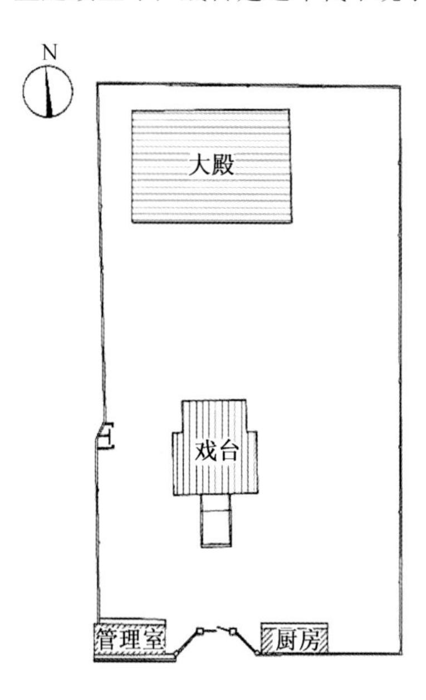

图4-3-1　稷王庙现状分析图

2. 民国时期稷王庙建筑格局研究

对于民国时期稷王庙建筑格局的研究，主要基于稷王庙现存格局，再根据访谈资料及民国时期碑文、题记资料，整理出单体建筑修缮情况、存在年代及所在位置等信息，进而推断民国时期稷王庙建筑格局。

2-1. 民国时期稷王庙内单体建筑研究

根据访谈与碑文等信息，民国时期稷王庙内存有单体建筑：大殿、戏台、山门、大殿正前小殿、左右配殿、八卦亭。

根据访谈，民国时期大殿与戏台的形制基本与今同，在后期修缮过程中更换过部分构件。根据民国十三年《重建稷王庙戏楼碑记》中“正殿重修”，知在此期间曾对稷王庙大殿进行了修缮。根据上文对戏台的分析，知于民国十年迁建旧有戏楼，形成了现存戏台，即“歌舞楼”[2]。

（1）山门

根据访谈，民国时期戏台前建有山门，解放后拆除，其所在位置基本与现有大门所在位置相同。且在中国传统祠祀建筑群中，山门通常处于建筑群中轴线上，故根据稷王庙大殿及戏台的位置，知山门还应在与其同一轴线上（图4-3-2）。在访谈中，我们并未得到有关原山门大小的明确信息，根据中国传统建筑群特点，山门的等级一般不高于大殿，故推测稷王庙山门的面阔、进深皆应不大于大殿。

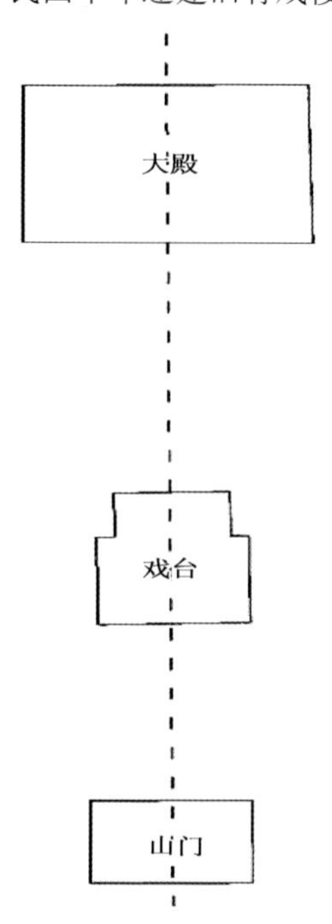

图4-3-2　民国时期稷王庙山门位置推测图

1 罗德胤，《中国古戏台建筑》，东南大学出版社，2009年10月第1版。

2 “歌舞楼”引自戏台南部硬山顶脊檩下题记“旹中華民國拾年歲次辛酉癸己月甲午日庚午時□村創建歌舞樓一座告竣之后永保吉祥如意……謹記”。

（2）大殿正前小殿

根据访谈，民国时期大殿正前有三开间小殿一座，当心间为过厅，次间用作管理用房，其台基与大殿之间相距很近但并未相连，屋顶与大殿屋顶基本相接（图 4-3-3）。

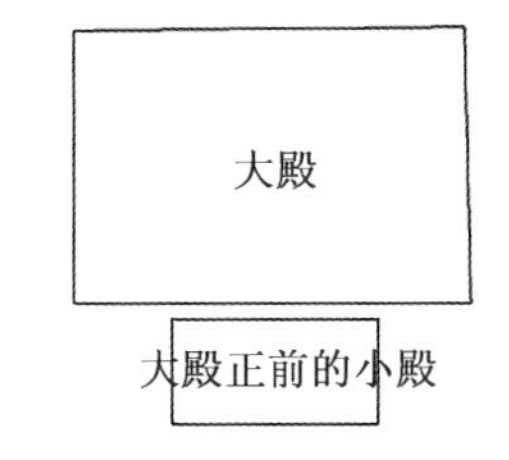

图 4-3-3　民国时期稷王庙内大殿正前小殿位置推测图

（3）左右配殿

根据访谈，民国时期大殿前左右两侧各有三开间小殿一座，东为药王殿，西为娘娘殿，东西两殿的台基前沿基本与大殿台基东西两沿相齐（图 4-3-4）。

（4）八卦亭

根据访谈，民国时期东侧药王殿前有八卦亭一座，又根据上文推测的大殿正前小殿及左右配殿的位置，推测八卦亭还应位于大殿正前小殿之前（图 4-3-5）。根据访谈和文献信息，关于该八卦亭的大小及形状信息不详。参考各地八卦亭，其形状不一，有方形、六边形及八边形，图中所示八卦亭形状仅为示意。

2-2. 民国时期稷王庙平面格局推测

综上所述，以大殿为基准，将以上各单体建筑位置关系进行叠加。又根据访谈，知民国时期院墙为土墙，且与现存院墙位置不同，原东西院墙稍宽，推测东西院墙可能以稷王庙中轴线为轴对称，得民国时期（戏楼移建后）稷王庙建筑格局推测图如（图 4-3-6）。

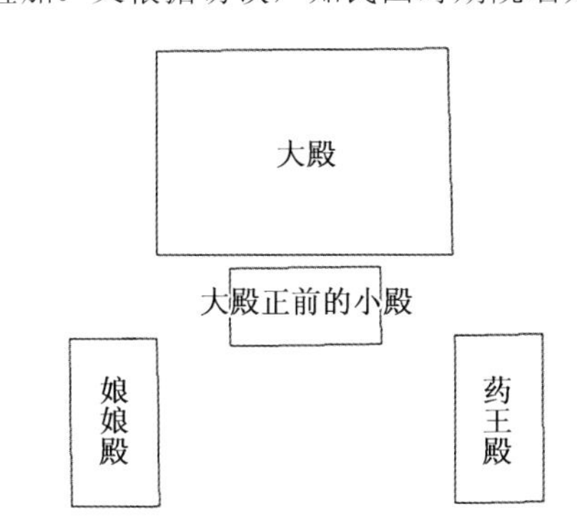

图 4-3-4　民国时期稷王庙内左右配殿位置推测图

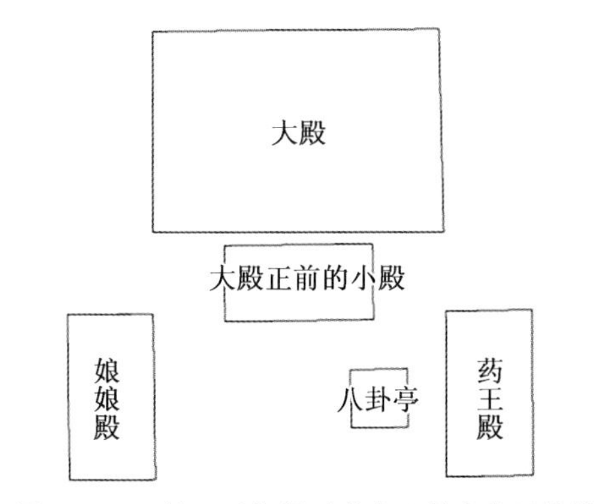

图 4-3-5　民国时期稷王庙内八卦亭位置推测图

3. 明清时期稷王庙建筑格局研究

对于明清时期稷王庙建筑格局的研究，基于上文所推测的民国时期稷王庙建筑格局，再根据上文第三章中明清时期碑文资料，整理出单体建筑修缮情况、存在年代及所在位置等信息，进而推断明清时期稷王庙建筑格局。

3-1. 明清时期稷王庙内单体建筑研究

根据明天顺八年《重修后稷庙迹》所载“……后稷廟宇正殿五門……”，知稷王庙大殿五开间，与现状同。又根据大殿前檐明间下平榑底部木牌题记“时大明万历三十九年三月□日天启六年正月吉日……”，知在明万历三十九年（1611）、天启六年（1626）时曾对稷王庙大殿进行过修缮。

根据同治四年的《重修后稷庙碑记》所载“……后稷廟一所正殿周圍共十八間纂頂挑角四檐齊飛功程甚浩大焉居中者后稷邊有坤像下有羅漢雖不詳其神號總之不離德配后稷功崇廟宇者近是左閣祖師諸尊右閣關帝数聖

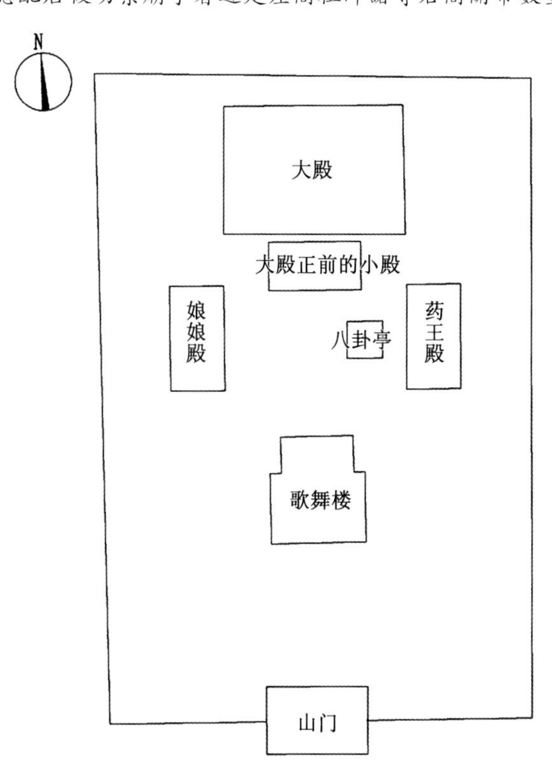

图 4-3-6　民国时期稷王庙建筑格局推测图
（图中建筑尺寸除大殿和歌舞楼外仅为示意）

東廊法药马牛王西廊坤后城隍午門將軍累次重修傾圮至今如故……不特修裝正殿廟内房宇莫不整新以張大……正殿内加煖閣而觀瞻肅西廊前建香亭而神靈妥至於建馬房以衛牲口開便門以別女路……補葺於二年七月告竣……”及同治八年《重修瘟神庙碑》所载“……后稷廟之功竣……”，知在此时期稷王庙有大殿、大殿前三间小殿[1]、左右阁、东西廊以及午门。且于同治二年开始对稷王庙进行修葺，于第二年竣工，期间对稷王庙的修缮包括：殿宇进行整修；大殿内加设暖阁；西廊前加建香亭；建马房；开便门。

（1）午门

根据《重修后稷庙碑记》知清代稷王庙内有午门一座。另根据中华民国十三年的《重建稷王庙戏楼碑记》上记载的“……而戲樓仍属故舊……將戲樓移建與午門接连……”，知午门创建年代不晚于民国，其位置是现存戏台的南部位置（图 4-3-7），故推测该午门有可能就是明清时期遗留下的午门。

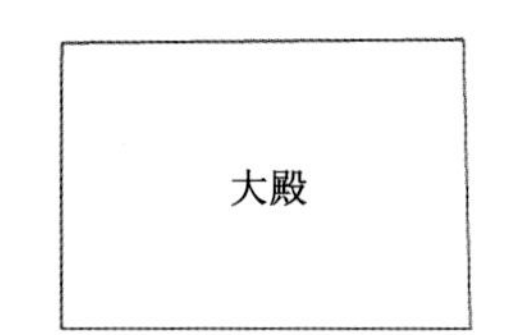

图 4-3-7　明清时期稷王庙午门位置推测图

（2）东西廊、左右阁及香亭

关于东西廊，根据碑文，此时期稷王庙内东廊供奉“法药马牛王”、西廊供奉“坤后城隍”，与访谈中所指民国时期大殿前东配殿为药王殿供奉药王爷、西配殿为娘娘殿供奉送子娘娘的这一说法相符合[2]。那么，推测东西廊的位置很有可能与民国时期东西配殿的位置相近，并非大殿两侧所出的左右廊。其具体位置很有可能就是宋金元时期东西厢所在位置[3]。

关于左右阁，根据“功崇廟宇者近是左閣祖師諸尊右閣關帝数聖”，其中“近是”一词，说明左右阁所供神像距大殿更近。若左右阁不同于东西廊，为独立建筑，那么其应距离大殿比东西廊更近。若左右阁位于东西廊之中，则左右阁的位置应在东西廊所供神像之北，距大殿更近。左阁所供“祖师诸尊”与现庙内神像东侧所供祖师相符，右阁所供“关帝数圣”与现庙内神像西侧所供关帝相符，故推测左阁位于大殿东侧，右阁位于大殿西侧。

关于香亭，根据“西廊前建香亭而神靈妥”，知于西廊前加建香亭来安置神灵，又根据访谈，知民国时期东配殿前有八卦亭一座，故推测同治时期西廊前加建香亭之前，东廊前就已存有香亭一座，有可能就是访谈中所提到的八卦亭，但后来西廊前加建的香亭损毁了，则在民国时期仅遗留下东廊前八卦亭一座。根据中国古建筑群中轴对称的一般规律，推测西廊前所加建香亭应是与东廊前八卦亭相对称的。

综合以上信息，推测东西廊、左右阁及香亭位置主要有二：

a. 大殿两侧有东西廊，东廊前建有八卦亭，西廊前建有香亭，且左右阁位于东西廊之中（图 4-3-8），由

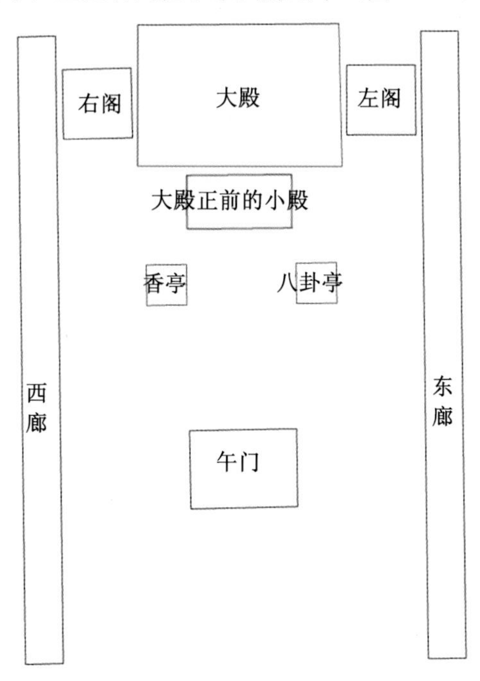

图 4-3-8　明清时期稷王庙内左右阁、东西廊及香亭位置推测分析图一

1　同治四年《重修后稷庙碑记》中“正殿周围共十八间纂顶挑角四檐齐飞”所指明显为庑殿顶大殿，但大殿面阔五间，进深三间，共十五间，碑文中十八间应为大殿与大殿前三间小殿合计而得之数。

2　在文献中未查到“坤后”这一神灵，但由于“坤”字的释义有二：一代表土地；二代表女性，且“坤”与“后”相连，故推测“坤后”可能指后土娘娘，其与碑文中所指“城隍”，即城隍爷，也是相匹配的。在民间，后土娘娘与送子娘娘通常为同一神的两种名称。

3　有关宋金元时期东西厢位置的论述详见下文“宋金元时期稷王庙建筑格局研究”部分。

于阁为多层建筑，其屋顶应比东西廊屋顶更高。这种布局方式可参考山西大同善化寺的建筑格局：大雄宝殿前东西两侧原建有文殊阁与普贤阁，两座建筑东西对峙，分别位于东西廊之中，现文殊阁及东西廊已毁[1]。若明清时期稷王庙也是这种布局方式，限于稷王庙大殿与午门之间的距离，若在此进院落的东西廊中既要设阁，又要在东西廊其他开间中供奉神灵，则布局似显局促。

b. 大殿两侧有东西廊，东廊前建有八卦亭，西廊前建有香亭，且左右阁位于大殿旁边左右两侧（图 4-3-9）。

比较分析以上两种布局方式，笔者认为第一种可能性更大，但尚待进一步考古工作验证。

（3）戏楼

明清时期碑文虽没有关于戏楼的任何记载，但根据稷王庙相关碑文、题记及访谈信息等，推测明清时期戏楼有可能就是元代所建舞厅。下文将从民国时期开始，对该戏楼的历史沿革进行详细论述。

根据上文对现存戏台的分析，知其是民国时期移建后与午门接连所形成的，戏台北部是旧有戏楼从庙内某处迁建过去的，戏台南部是碑文所指午门。在明清时期的相关记载中并未查到与“戏楼”相关的信息，而在元至元八年《舞厅石》中记载“……既有舞基自来不曾與盖今有本村等謹發虔心施其宝钞二佰貫文创建修盖舞厅一座刻立斯石矣……”，知在元至元八年以前，稷王庙内已有舞基一座，元代在此舞基上建造了舞厅。由于现存戏台的某些构件具有元代特征，如斗栱、大额等，故推测这些构件很有可能是迁建时从原有戏楼上拆卸下来的，后在修建新戏台时被再次使用。那么，移建前的戏楼有可能就是元代时所建的舞厅。元代舞厅是在“既有舞基”上所建造的，而“既有舞基”之上是否曾建有建筑物，后损毁，亦未可知。根据近期学者们对北方地区、尤其是山西境内现存大量庙宇碑刻的考察，表明“露台”已广泛分布于宋金时期的神庙之中，在《大金承安重修中岳庙图》《蒲州荣河县创立承天效法原德光大后土皇地氏庙像图》及“宋阙里庙制图”[2]中就展示了宋金时期庙内大殿前的露台。那么，稷王庙在元代前没有建房的“既有舞基”，很可能是宋金时期所建造的露台。

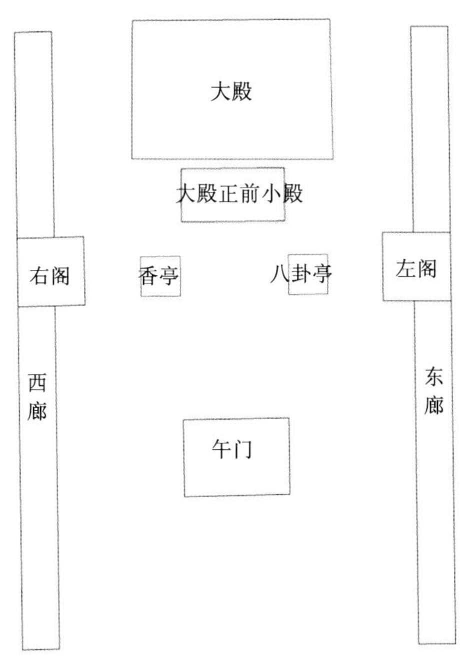

图 4-3-9　明清时期稷王庙内左右阁、东西廊及香亭位置推测分析图二

故综合以上信息，推测关于戏楼的历史沿革如下：宋金时期在大殿前建舞基，元至元二十五年在旧有舞基上建舞厅，明清时期一直存在，直至民国十年左右，舞厅（民国时期又名“戏楼”）迁建至午门北部，与其接连合并为现存之戏台（民国时期又名“歌舞楼”）。

关于移建前戏楼的位置，首先，在古代建筑群中戏台一般“位于庙宇所形成的院落内，且坐落在中轴线上，面朝正殿”[3]，故推测民国时期移建前戏楼也应位于稷王庙的中轴线上，且位于大殿和午门之间。其次，按照山西祠庙建筑群的布局规律，明代以前的戏台、舞厅、献殿等同类建筑，应与主殿保持一定距离，明清时期，献殿等改为紧邻主殿[4]，故稷王庙原有舞基（舞厅）应与大殿和午门均保持一定距离。再次，受明清时期所推测的稷王庙内八卦亭及香亭位置的限制，戏楼所在区域进一步缩小。综合以上信息，推测得出宋金 “舞基”、元至民国移建前“舞厅”（民国时期又名“戏楼”）所在区域（图 4-3-10）。

根据考古勘探资料，在舞基、舞厅所推测的区域内，探到一方形坑 K6，位于庙内中轴线上，四边较为整齐，其有可能为一处建筑基址所在。又根据下文运用模数对

1 员海瑞、唐云俊，《全国重点文物保护单位：善化寺》，《文物》，1979 年 11 期。

2 见本书 74 页图 4-3-18。

3 罗德胤《中国古戏台建筑》，东南大学出版社，2009 年 10 月第 1 版。

4 徐怡涛《长治晋城地区的五代宋金寺庙建筑》，北京大学 2003 年博士论文，导师宿白。

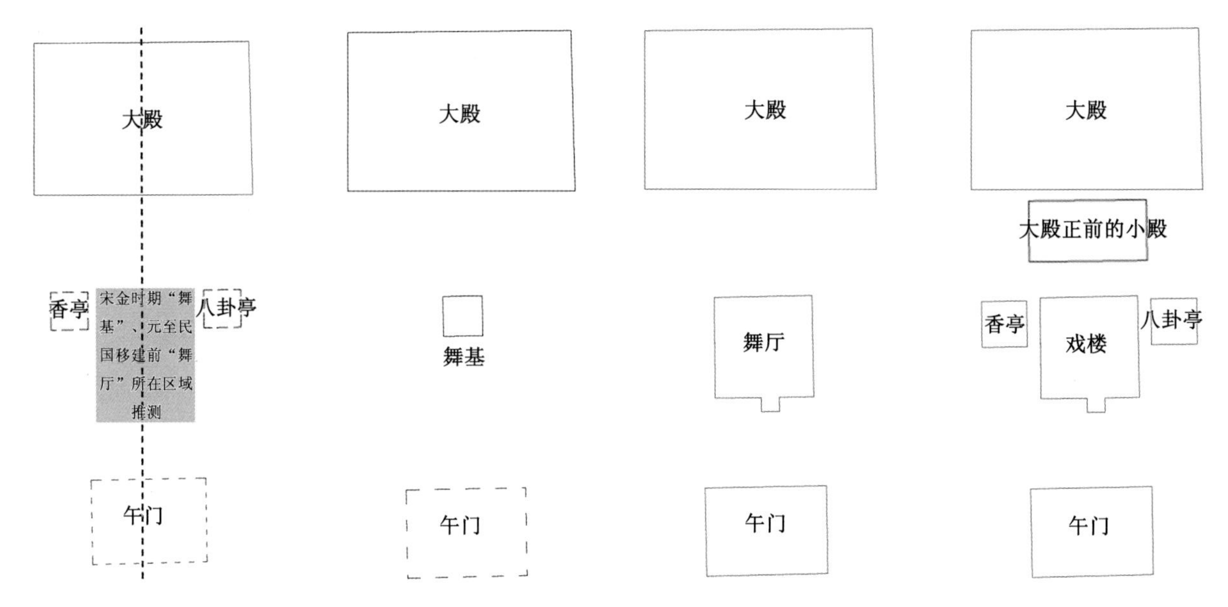

图 4-3-10　宋金“舞基”、元至民国移建前“舞厅”（民国又名“戏楼”）所在区域推测分析图

图 4-3-11　宋金时期稷王庙内舞基位置推测分析图

图 4-3-12　元时期稷王庙内舞厅位置推测分析图

图 4-3-13　明清时期稷王庙内戏楼位置推测分析图

考古勘探图进行的分析[1]，知 K6 的位置应与大殿的位置具有一定比例规律，其很有可能是在稷王庙始建时建造的。综合以上两点，推测 K6 可能就是宋金时期舞基所在。但由于对稷王庙没有经过全面的考古发掘，对于方形坑 K6 是否为一处建筑基址所在仍待进一步考古确认。

除此之外，在舞基、舞厅所推测的区域内，还探测有一长方形夯土墩——夯 8。夯 8 长约为 1.8 米，宽约为 1.4 米，其位于稷王庙中轴线上稍偏东侧。根据夯 8 的位置及大小尺寸，推测夯 8 有可能为舞厅的南部台阶所在，但在夯 8 北部的区域并未发现夯土层，那么，对此情况也是存有一定疑议的。

根据现有资料，笔者认为宋金时期的舞基很有可能是建于方形坑 K6 之上的（图 4-3-11）[2]，平面为边长 4 米左右的方形。又根据现存的金元时期所遗留下的舞厅“台基平面大多为长、宽各 10 米左右的方形，或接近于方形”，推测有可能元代时将该舞基扩建为边长 10 米左右的方形，其南部边沿扩建至夯 8 北部边沿处，夯 8 为其台阶所在，之后依照碑文所述，在舞基上加建了舞厅（图 4-3-12），明清时延续（图 4-3-13），直至民国时期移建于午门处。

按照此推测，该舞厅与山西临汾牛王庙戏台是具有一定可比性的。临汾牛王庙戏台为元代建筑，平面近方形，边长约 10 米，开间、进深均为一间[3]，那么，推测稷王庙舞厅也有可能开间、进深均为一间，其斗栱布置可能与牛王庙戏台相似，即四个柱子上有四朵柱头斗栱，每面补间斗栱各两朵。稷王庙内现存戏台所含斗栱中具有元代斗栱形制的有两朵柱头斗栱及六朵补间斗栱，少于推测的舞厅所用斗栱数量，可符合栱从元代舞厅拆卸下来移建于现存戏台之上的推测。

（4）马房

马房一般是养马或者马休息的地方，且其在建筑群中的位置一般不会处于主院落内。由于对明清时期稷王庙的院落构成并未从相关文献中获得具体信息，根据碑文中所提的单体建筑的信息，也只能推测出大殿所在的主院落，故关于马房具体位置的推测，只将其限定为旁院落，在明清时期稷王庙平面格局的推测图中将不予表示。

（5）便门

碑文中记载“开便门以别女路”，推测便门有可能位于山门旁边，成为稷王庙整个大门的一部分，也有可能位于其他位置，不属于大门的一部分。且该便门有可

1 详见下文关于运用模数对稷王庙现存平面及考古勘探平面进行分析的论述。

2 图中午门为虚线所绘，在下文中将对宋金时期稷王庙内是否有午门进行详细分析。

3 柴泽俊，《山西临汾魏村牛王庙元代舞台》，《建筑历史与理论》第 5 辑。

能仅是开在院墙上的一扇门而已，并非类似于山门那种具有建筑形式的门。由于其位置及具体形式均不确定，故在明清时期稷王庙平面格局的推测图中将不予表示。

3-2．明清时期稷王庙平面格局推测

综上所述，以大殿为基准，将以上各单体建筑位置关系进行叠加。由于明清时期相关碑文及文献中并未有关于山门及院墙的信息，故假设山门的位置及大殿所在院落的范围均与民国时期相同，得明清时期稷王庙建筑格局推测图如图 4-3-14。

4．宋金元时期稷王庙建筑格局研究

对于宋金元时期稷王庙建筑格局的研究，主要根据考古勘探资料及宋金元时期碑文、题记资料，整理出单体建筑修缮情况、存在年代及所在位置等信息，进而推断宋金元时期稷王庙建筑格局。

4-1．宋金元时期稷王庙内单体建筑研究

综合碑文、题记、文献及考古勘探等信息，仅确认宋金时期稷王庙内存有单体建筑：大殿；元时期稷王庙内存有单体建筑：大殿、舞厅；推测宋金时期稷王庙内还存有单体建筑：山门、东西厢房、午门、舞基；元时期稷王庙内还存有单体建筑：山门、东西厢房、午门。其中，大殿为北宋时期建筑，一直延续至今，根据大殿内两处题记[1]，知在元代至元二十五年（1288）时曾对大殿进行过修葺。而关于宋金时期舞基、元时期舞厅位置的推测，在上文已予以论述[2]。

（1）东西厢房

关于东西厢房，主要根据稷王庙考古勘探资料及宋金时期祠祀建筑格局的文献资料推测稷王庙内应存有东西厢房。

首先，根据考古勘探资料[3]，知夯 1 ～夯 7 构成了稷王庙内一处重要建筑基址的部分残基，又根据中国古建筑一般规律，推测为东厢（图 4-3-15）。该建筑建于夯

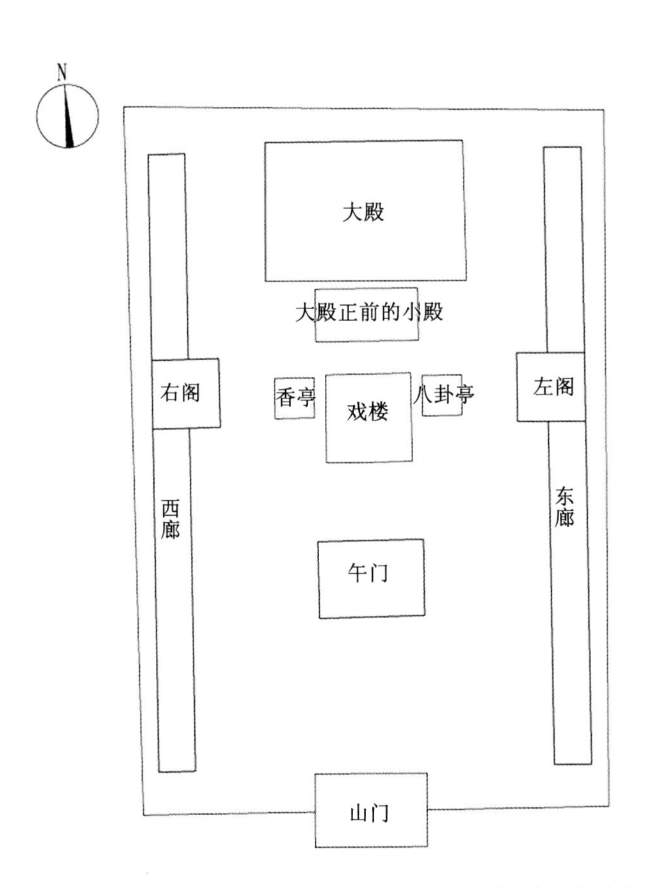

图 4-3-14　明清时期稷王庙建筑格局推测图（图中建筑除大殿外尺度仅为示意）

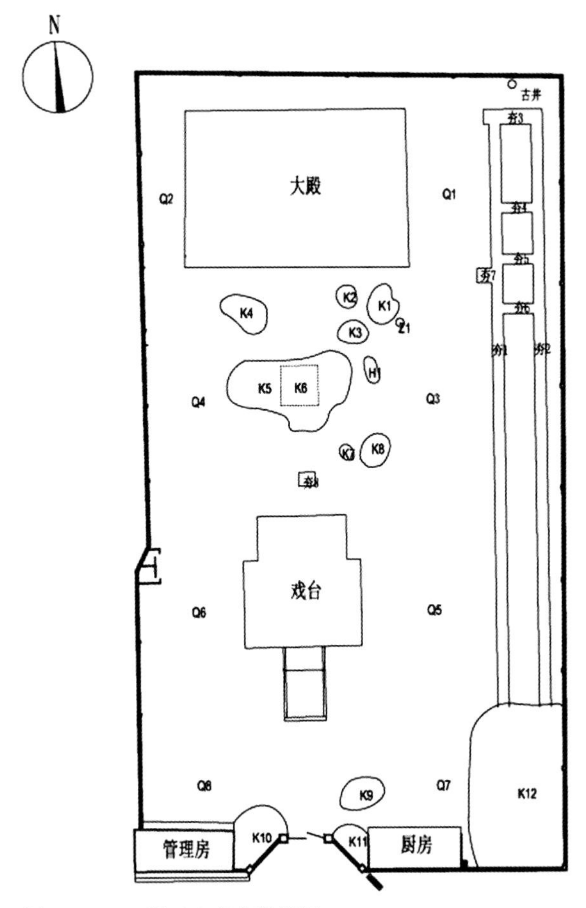

图 4-3-15　稷王庙考古勘探图

1 大殿前檐明间下平榑下题记“旹大元國至元貳拾伍年歲次戊子□寘月望日重修主殿 功德主……謹記”及大殿前檐西侧乳栿下题记“……至元二十五年歲次戊子仲夏望日 謹記”。

2 详见上文关于明清时期稷王庙内戏楼的论述。

3 考古勘探详见附录三。

1 至夯 7 的夯土带之上，但由于在院内东南角发现破坏坑 K12，破坏了夯 1 和夯 2，故无法推断夯土带夯 1 与夯 2 南侧延伸所至的位置。且由于稷王庙院内，夯 6 南侧绿植密集，不宜探测，故在此区域内未探测出东西向夯土带，但根据从北向南的东西向夯土带，即夯 3、夯 4、夯 5 及夯 6，推测夯 6 南侧，夯 1 与夯 2 间应有东西向夯土带。另根据考古勘探，夯 3 的北部边线与稷王庙大殿台基北部边线基本处于同一水平线上，且夯 7 凸出的部分推断为该建筑的台阶部分，与大殿台阶前沿相对（图 4-3-15 中虚线部分）。此两点说明，该建筑的位置与大殿位置存在对应关系，推测该建筑建造时考虑了与大殿位置的相关性，其应与大殿同处过一段时期。

其次，关于宋金时代祠祀建筑群的基本格局，可主要参考《大金承安重修中岳庙图》《蒲州荣河县创立承天效法原德光大后土皇地氏庙像图》以及《孔氏祖庭广记》所载“宋阙里庙制图”。

《大金承安重修中岳庙图》（图 4-3-16）[1] 是金章宗颜璟承安五年（1200）刻立的，其以写实的手法刻绘出了金代时嵩山中岳庙大型建筑群的宏伟面貌。此图对各单体建筑刻画得相当精准，各殿宇的形制以及尺寸比例，都一一加以表现，具有重要的参考价值。图中中岳庙正殿的两侧有八字形的斜廊各 8 间，且其分别与东西长廊（各约 22 间）相连，形成回廊式院落，在靠近院门的位置有造型简单的方形露台。根据张家泰先生的《〈大金承安重修中岳庙图〉碑试析》[2] 这篇文章，知金代时对中岳庙的修建工程性质是“重修”而非“重建”，此图不仅仅反映了金承安年间的中岳庙庙貌，且还主要表现了北宋时期的建筑规模特点。那么，据此推断，此图所反映的金代正殿两侧建东西廊房的格局，很有可能是继承于北宋时期的建筑格局。

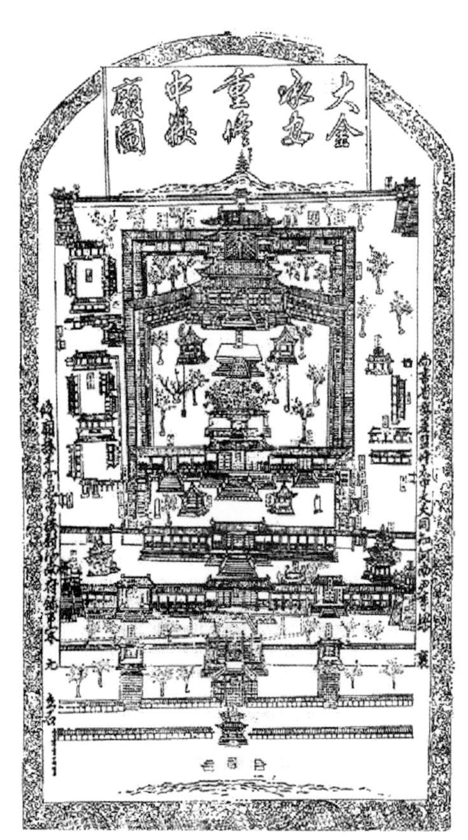

图 4-3-16 《大金承安重修中岳庙图》

《蒲州荣河县创立承天效法原德光大后土皇地氏庙像图》（图 4-3-17）[3] 是金天会十五年（1137）荣河县知县张维等所刻的，以写实的手法刻绘出了金代汾阴后土祠的宏伟面貌。此图虽是绘制于北宋灭亡后十年的金天会十五年，但仍被学者们视为研究北宋建筑的重要资料，反映了北宋后土祠的庙貌。图中庙内后半部分为庙的主体部分，其是由回廊围成的接近于方形的殿庭，庭

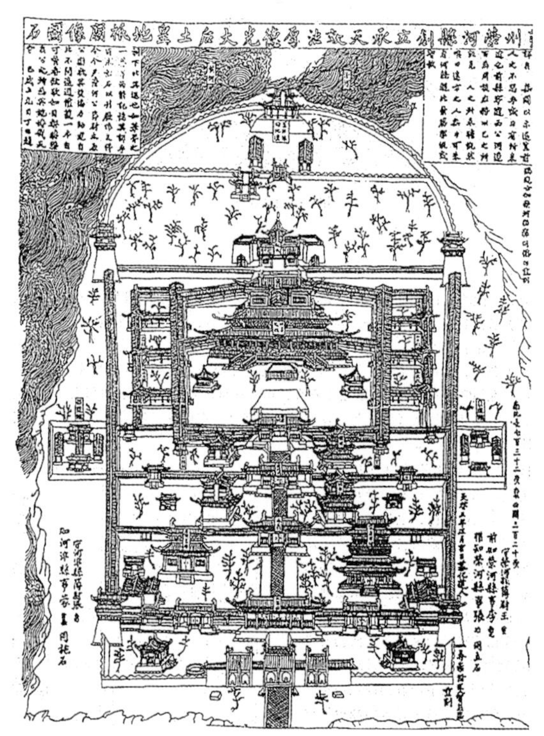

图 4-3-17 《蒲州荣河县创立承天效法原德光大后土皇地氏庙像图》

1 引自 张家泰，《〈大金承安重修中岳庙图〉碑试析》，《中原文物》1983 年第 1 期。

2 张家泰，《〈大金承安重修中岳庙图〉碑试析》，《中原文物》1983 年第 1 期。

3 傅熹年，《中国古代城市规划建筑群布局及建筑设计方法研究》，中国建筑工业出版社，2001 年 9 月。

内中心有正殿一座，前有一露台。正殿两侧有八字形斜廊，分别与东西廊房相连。

《孔氏祖庭广记》中所载的“宋阙里庙制图”（图4-3-18）[1]，较详细地记录了曲阜孔庙的基本礼制，反映了宋时期曲阜孔庙的基本建筑格局，其中所绘制的主体建筑也构成了现今曲阜孔庙的基本格局。图中每座主要楼殿两侧皆出有廊庑，且与东西廊庑相连，合成多进方形庭院，在正殿所在院落当中有露台一座。

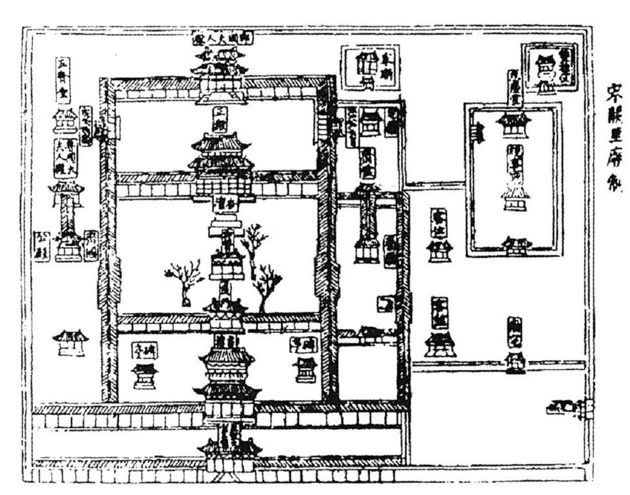

图 4–3–18　《孔氏祖庭广记》所载：宋阙里庙制图

根据以上三幅图所示信息，知庙内主殿院为廊院式，即在主要殿堂周边建造有廊房构成的大型回廊，环绕主体建筑形成封闭式方形庭院，正殿居廊院之中北部，推测这种格局形式在宋金时期就已基本形成。那么，推测在宋金元时期稷王庙的格局有可能与上述三图中所示格局有相似之处。

综合以上信息，我们推测位于大殿东侧夯 1 ～夯 7 上的建筑即为庙内东厢，且在宋金元时期很可能就已存在。

另根据中国传统建筑中轴对称的这一特点，推测以大殿中轴线为对称轴，与东厢房相对应建有西厢房，且综合以上对宋金时代祠祀建筑格局研究的信息，从更大程度上推断稷王庙内应有西厢，与东厢相对应。后根据中轴线，确定西厢的位置应位于今稷王庙院墙之外（图4-3-19），但由于院墙为民居，未进行考古勘探，所以西厢位置尚待考古确认。

（2）山门

中国古建筑群均有山门，虽然在考古勘探资料及文献资料中，并未得到关于宋金元时期稷王庙山门的信息，故假设宋金元时期山门所在位置为民国时期山门所在位置（图 4-3-20）。又根据上文中所分析的宋金时代祠祀建筑格局特点，有可能山门两侧出廊庑与东西厢相连，但由于大门两侧建有简易房及堆放有大量建筑构件，故在考古勘探时未能探明，资料不足，难以证明山门与东西厢的具体连接关系。

（3）午门

在上文所提到《大金承安重修中岳庙图》《蒲州荣河县创立承天效法原德光大后土皇地氏庙像图》“宋阙里庙制图”以及现存万荣东岳庙[2]（图 4-3-21）中，可以看到在宋金元时期祠祀建筑群中，在中轴线上山门与大殿之间，一般是有午门存在的，故推测宋金元时期稷王庙内，在山门与大殿之间，可能还有殿宇坐

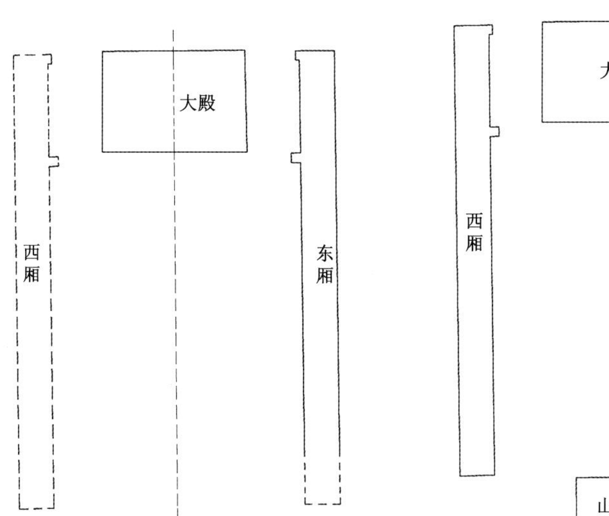

图 4–3–19　宋金元时期稷王庙内东西厢位置推测分析图（虚线为考古勘探未探明部分）

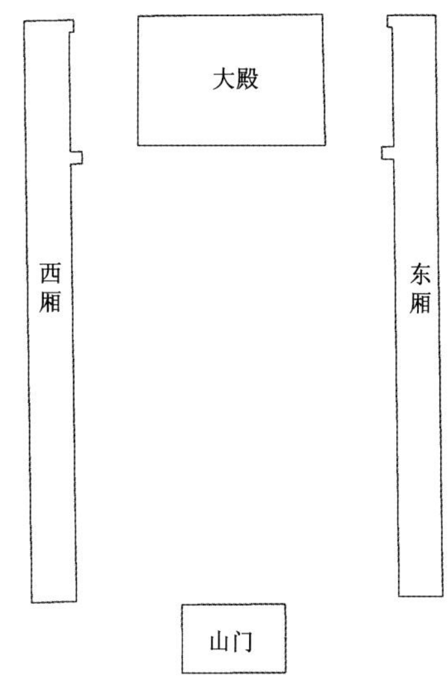

图 4–3–20　宋金元时期稷王庙山门位置推测分析图

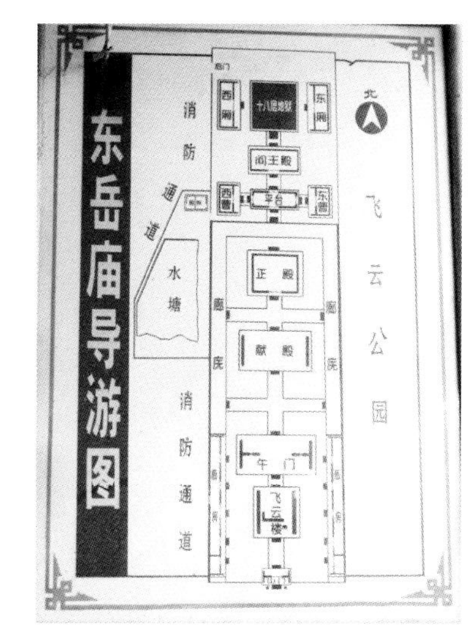

图 4–3–21　万荣东岳庙平面示意图

1 潘谷西，《曲阜孔庙建筑》，中国建筑工业出版社，1987 年 12 月。

2 万荣东岳庙位于山西省万荣县城内，其始建年代不详，于元至元二十八年（1291）至大德元年（1297）重建，后经多次修葺。

落在中轴线上，该殿宇有可能就是清同治碑文中所提到的“午门”，其在宋金元时期就已存在，一直延续到明清时期（图 4-3-22）。

除以上运用碑文、题记、文献及考古勘探资料等信息对宋金元时期稷王庙内各单体建筑的研究，参考傅熹年先生对建筑群平面布局模数研究，课题组推测稷王庙建筑群的布局有可能也遵循了一定模数控制规律，以特定尺度作为模数，控制院落内各单体建筑的相对位置和尺度关系。

我们假设以稷王庙大殿明间面阔为模数，绘制网格，横向网格线以大殿台基前沿为基准（b1）向南北两方向延展，竖向网格线以大殿台基东、西两边沿（a6，a1）为基准分别向东西两方向延展（图 4-3-23）。图中，网格线 a5、a2 分别压在大殿内槽东、西两侧墙的外边沿上，网格线 a4、a3 分别压在方形坑 K6 的东、西两边沿及现存戏台坡道的东、西两边沿上；网格线 b2 压在方形坑 K6 的北部边沿上，网格线 b3 压在戏台主台基北部边沿上[1]，若根据上文对午门的推测，则网格线 b3 压在宋金元时期午门台基北部边沿上。据此，推测如图所示的网格，对大殿与方形坑 K6、戏台的位置关系存在一定控制作用。

又假设以稷王庙大殿明间面阔为模数，绘制网格，横、竖向网格线分别以大殿纵、横中轴线为基准，相外延展（图 4-3-24）。图中，网格线 c2 为大殿及戏台的中轴线，

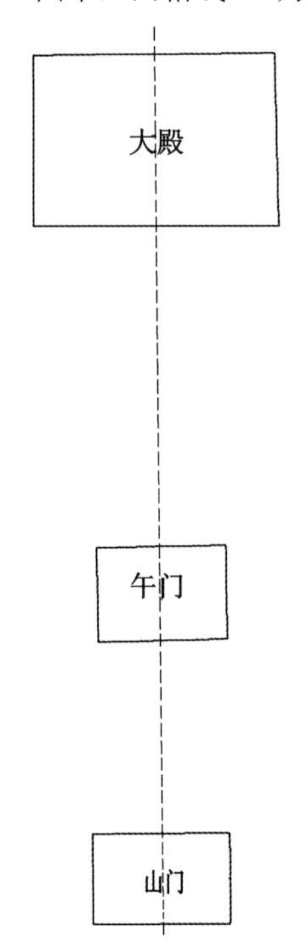

图 4-3-22　宋金元时期稷王庙午门位置推测分析图

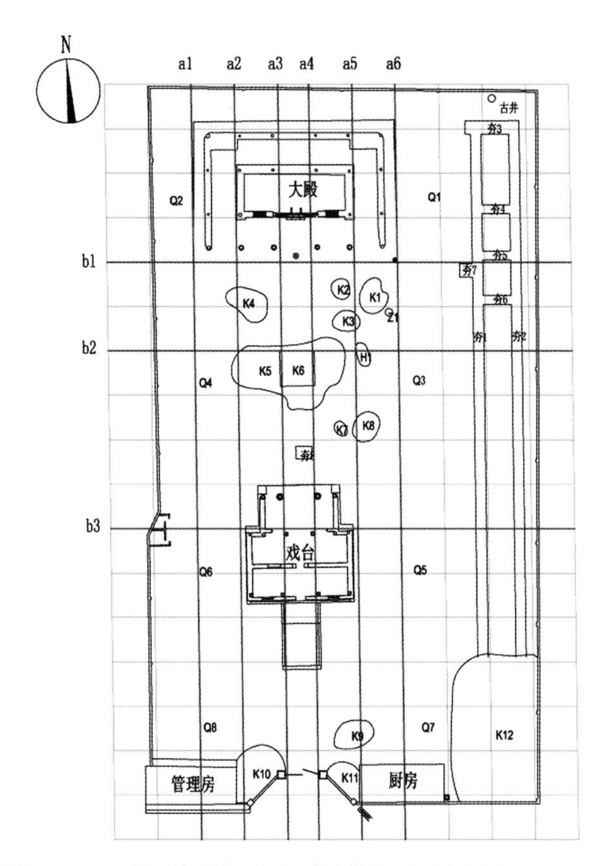

图 4-3-23　稷王庙现状平面及考古勘探平面分析图一

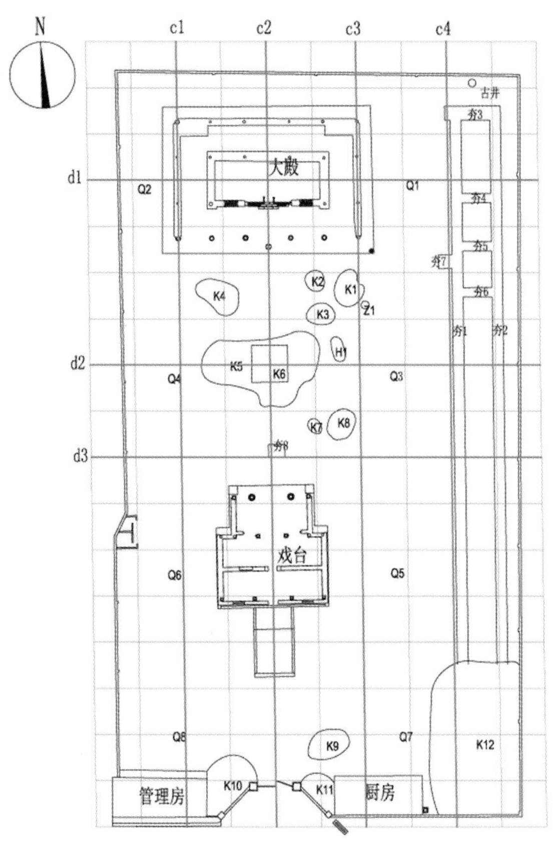

图 4-3-24　稷王庙现状平面及考古勘探平面分析图二

1　现存戏台主台基包有早期的砖，可能是后代台基包砌了前代的台基，那么，网格线 b3 位置比现存台基边沿位置稍偏南一些有其合理性。

网格线 c1、c3 分别压在大殿山面柱状上，网格线 c4 压在夯 1 的西侧边沿上，若根据上文对夯 1 ～夯 7 的推测，则网格线 c4 压在了东厢台基前沿上；网格线 d1 为大殿横向中心线，网格线 d2 压在方形坑 K6 的横向中轴线上，网格线 d3 压在夯 8 南部边沿上，若根据上文对夯 8 的推测，则网格线 d3 压在了舞基台阶南部边沿上。据此，推测如图所示的网格，对大殿与方形坑 K6、夯 8 及夯 1 ～夯 7 的位置关系存在明显的控制作用。

综合以上以大殿明间面阔尺寸为单位对稷王庙现存平面及考古勘探平面的分析，推测大殿明间面阔尺寸有可能就是稷王庙在始建时控制院内建筑布局的基本模数，以此为依据绘制网格，可吻合一些稷王庙现存状况及考古勘探所得遗迹的状况。且根据中国古建筑的建造特点，建筑的开间尺度对其平面尺度及构架尺度等都是有一定影响，因此，以大殿明间面阔尺寸为模数控制建筑格局是有其可能性的。以上对稷王庙现状平面及考古勘探平面的分析，加大了方形坑 K6、夯 8、戏台及夯 1 ～夯 7 与大殿之间存在对位关系的可能性，进而说明方形坑 K6、夯 8 及夯 1 ～夯 7，有可能是在稷王庙始建时建造的，且戏台所在位置在稷王庙始建时也应存在建筑，那么，为上文中所推测的宋金元时期稷王庙内舞基、舞厅、午门及东厢所在位置提供了研究的依据，是对其推测的佐证。

4-2．宋金元时期稷王庙平面格局推测

综上所述，以大殿为基准，将以上各单体建筑位置关系进行叠加。又由于宋金元时期相关碑文及文献中并未有有关院墙的信息，故假设大殿所在院落的范围与民国时期相同，得宋金时期稷王庙建筑格局推测图（图 4-3-25）。

得元时期稷王庙建筑格局推测图（图 4-3-26）。

四、小结

通过上述研究，对稷王庙在宋金元时期、明清时期及民国时期的建筑格局及其演变情况有了大致的了解，并在此基础上绘制了稷王庙各时期建筑格局推测图。所得关于稷王庙历史格局研究的结论如下：

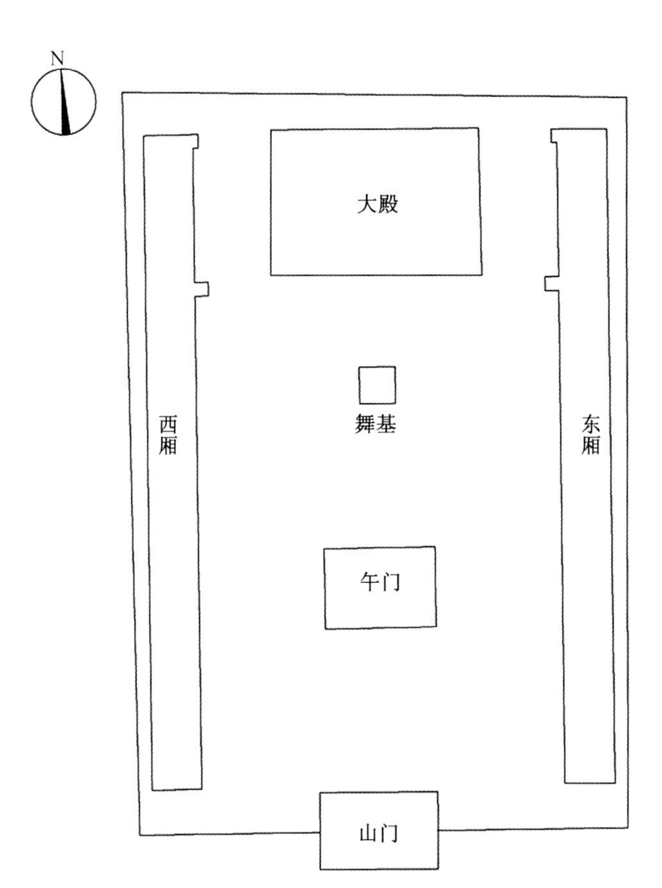

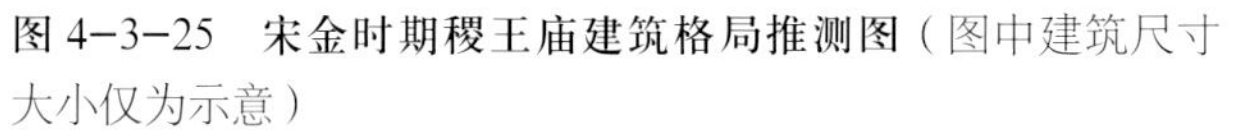
图 4-3-25　宋金时期稷王庙建筑格局推测图（图中建筑尺寸大小仅为示意）

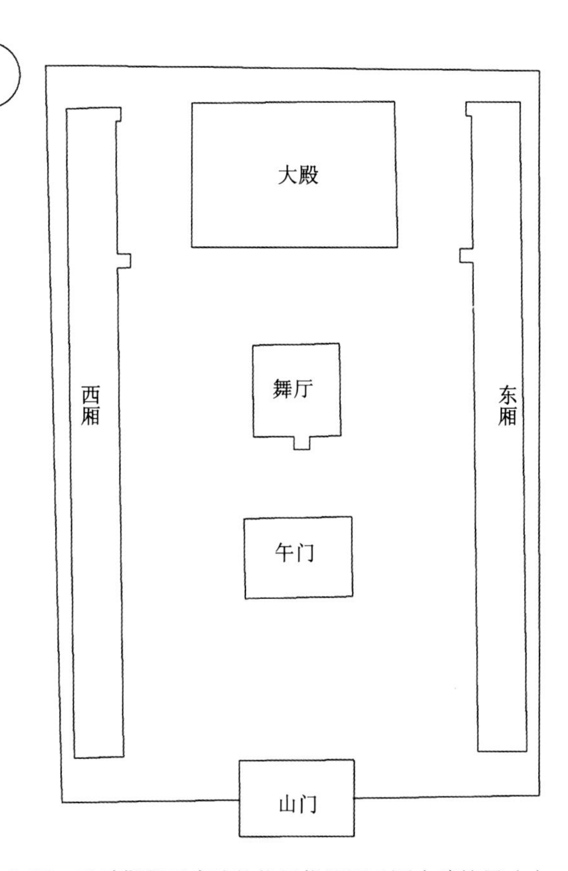

图 4-3-26　元时期稷王庙建筑格局推测图（图中建筑尺寸大小仅为示意）

稷王庙创建于北宋时期，其大殿从创建时起一直延续至今，未有较大变动。宋金时期，稷王庙内除大殿外，推测于中轴线上从南至北依次有山门、午门及舞基，两侧建有东西厢房。元时期，推测稷王庙建筑格局与宋金时期基本相同，元至元八年，于舞基之上加建了舞厅，且推测加建时对舞基是有所扩建的。明清时期，稷王庙内建筑格局有了一定的变化，推测中轴线上从南至北依次存有山门、午门、戏楼（即元时期“舞厅”）及大殿，戏楼东西两侧分别建有八卦亭及香亭，东西廊大致位于前代东西厢的位置，且东西廊中建有左右阁。除此之外，庙内还加建了马房，开了便门。至民国十年，戏楼移建至午门处与其接连合并为歌舞楼一座，此时期，稷王庙中轴线上从南至北依次存有山门、歌舞楼、大殿正前小殿及大殿，大殿前东西两侧有药王殿与娘娘殿，药王殿前有八卦亭，而明清时期的香亭、东西廊、左右阁均已损毁。至于当代，除大殿与戏台（即民国时期“歌舞楼”）遗存下来以外，庙内其余建筑均已损毁无存。

通过对稷王庙历史格局的研究，加深了我们对稷王庙的认识，有助于后期更科学地对中国古代建筑遗产进行保护。例如，之前所公布的万荣稷王庙保护范围并未完全涵盖所探出的东厢遗址区域及所推测的西厢所在区域。显然，对稷王庙历史格局的研究，有助于更科学地制定其保护范围。

在本文的研究中，由于材料所限，仍存在一些有待完善的地方：

（1）文中在推测宋金元时期稷王庙建筑格局时运用了稷王庙考古勘探资料，但是，由于考古勘探本身存在一定局限性，其仅能根据探测点的信息推测地下的遗迹分布状况，并不能像考古发掘那样准确、全面地获取遗迹的信息，故文中基于考古勘探所做出的复原，具有一定不确定性。

（2）文中在推测稷王庙历史格局时所用到的碑文，主要来源于稷王庙内所现存碑刻，但是，由于稷王庙历经多年，可能存在部分相关碑刻已损毁或遗失他处的情况，故文中所用到的碑文信息可能不够全面。

（3）文中在推测民国时期稷王庙建筑格局时主要运用了对太赵村村民的访谈信息，但是，由于被访谈人人数有限，且由于被访谈人年事已高，对稷王庙在民国时期的一些具体细节有不清楚、不确定的地方，故访谈所得信息是不够完整、全面的，比如山门的大小、左右配殿与大殿的南北间距离、八卦亭大小及形状等信息均不确定。

（4）文中在对稷王庙历史格局进行复原时，借助了同一时期、相近地域的祠祀建筑群格局形式作为参考，但未对所复原的稷王庙历史格局进行验证。

未来在对稷王庙历史格局的深入研究中，应以考古工作和补充相关历史材料为核心，完善以上不足，相信必然会对稷王庙历史格局有更深层次的认识，为稷王庙历史研究及祠祀建筑格局研究提供更为详实的史料。

测绘图集

为更全面、真实地记录万荣稷王庙大殿的历史信息，课题组结合2010—2011年万荣稷王庙“南部工程”的修缮进度，对万荣稷王庙大殿进行了三次测绘记录，图集中，三次测绘的成果分别以“修缮前测绘”“修缮中测绘”和“修缮后测绘”标识。

修缮前测绘：由北京大学和北京科达诚业空间技术有限公司合作完成，参与测绘并完成测绘成果的主要人员有：徐怡涛、席玮、梁孟华、李英成、陈曦、周俊臣、吴星亮、王子奇、彭明浩。修缮前测绘运用三维扫描和摄影测量技术，记录了修缮工程开始之前，万荣稷王庙大殿的历史信息。图集中，以摄影测量技术所获得的稷王庙大殿南立面正摄影像图，表现稷王庙大殿2010年“南部工程”修缮前的面貌。

修缮中测绘：由北京大学和北方工业大学建筑学院合作完成，参与测绘并完成测绘成果的主要人员有：徐怡涛、张勃、李媛、陆金霞、天妮、王颖超、王勇、孙婧、谢杉、刘占蛟、王书林、王敏。修缮中测绘主要是在大殿落架阶段，对大殿拆解构件进行了手工测绘和三维扫描记录。图集中，以与现状对照的构件分件图，表达了万荣稷王庙大殿部分大木作构件的详细信息。

修缮后测绘：由北京大学和北京科达诚业空间技术有限公司合作完成，参与测绘并完成测绘成果的主要人员有：徐怡涛、崔金泽、吕经武、张洁、俞莉娜、张梦遥、谭镭、吉富遥树、冯乃希、朱静华、佟可、赵静雯、房佳、李倩茹、席玮、吴星亮、孙长文。修缮后测绘是在大殿和戏台的修缮工作基本完成后（大殿铺地尚未完工）进行的全面手工测绘和三维扫描测绘。图集中，以大殿平面、剖面的三维点云切片和整套测绘图纸，包括稷王庙总平面图、大殿平面、立面、剖面图、大殿各组斗栱详图、瓦件详图等，全面表达了稷王庙格局和大殿的总体及细部信息。

图C1-1　修缮前测绘：大殿南立面正射影像

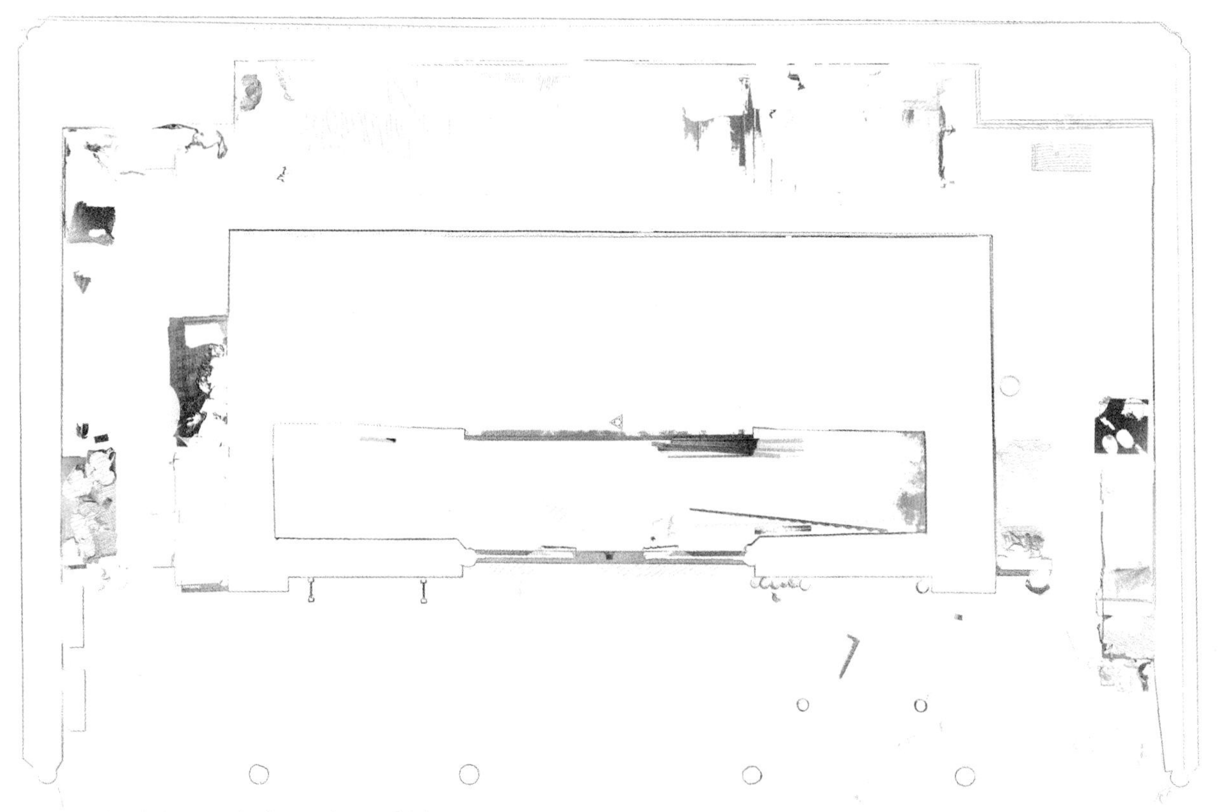

图C1-2　修缮后测绘：柱底平面点云切片图

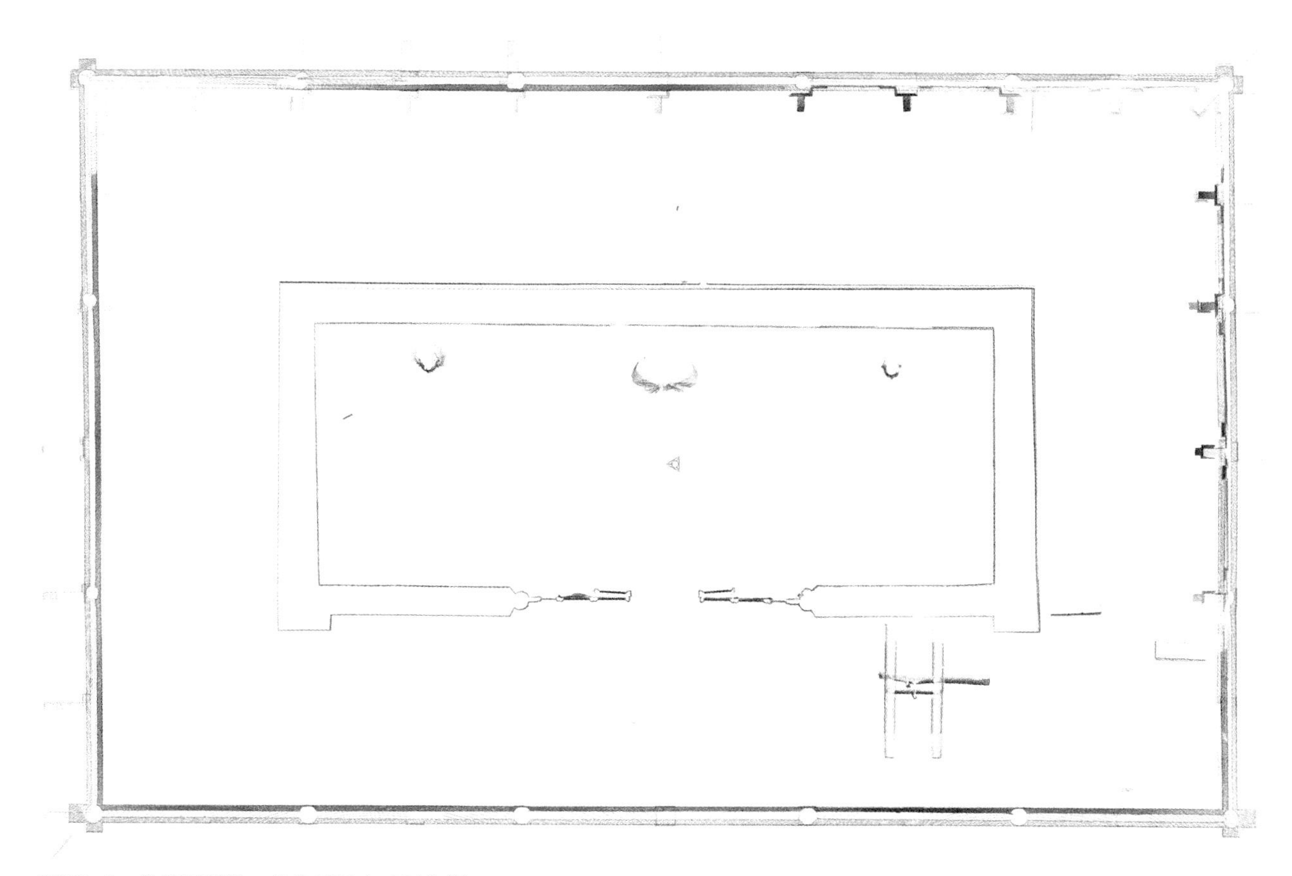

图C1-3　修缮后测绘：柱头平面点云切片图

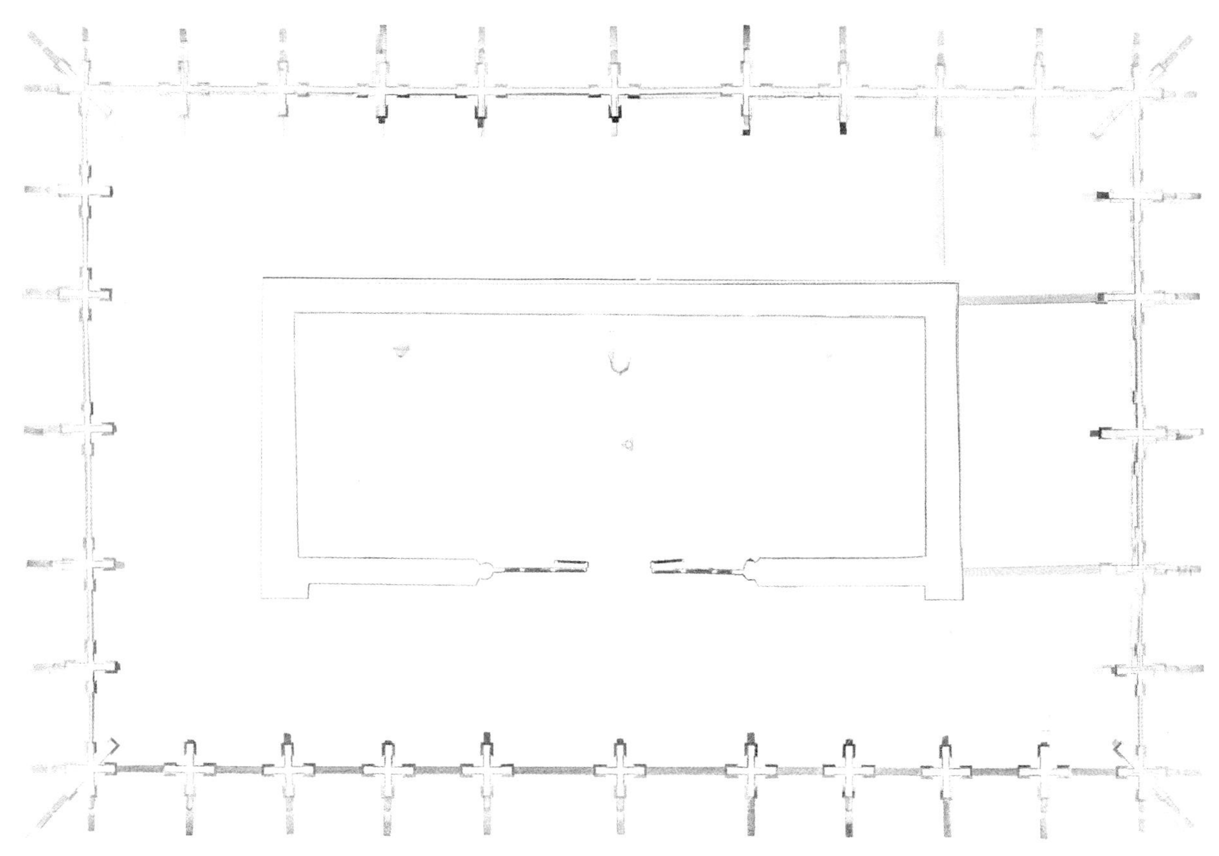

图C1-4　修缮后测绘：铺作层平面点云切片图

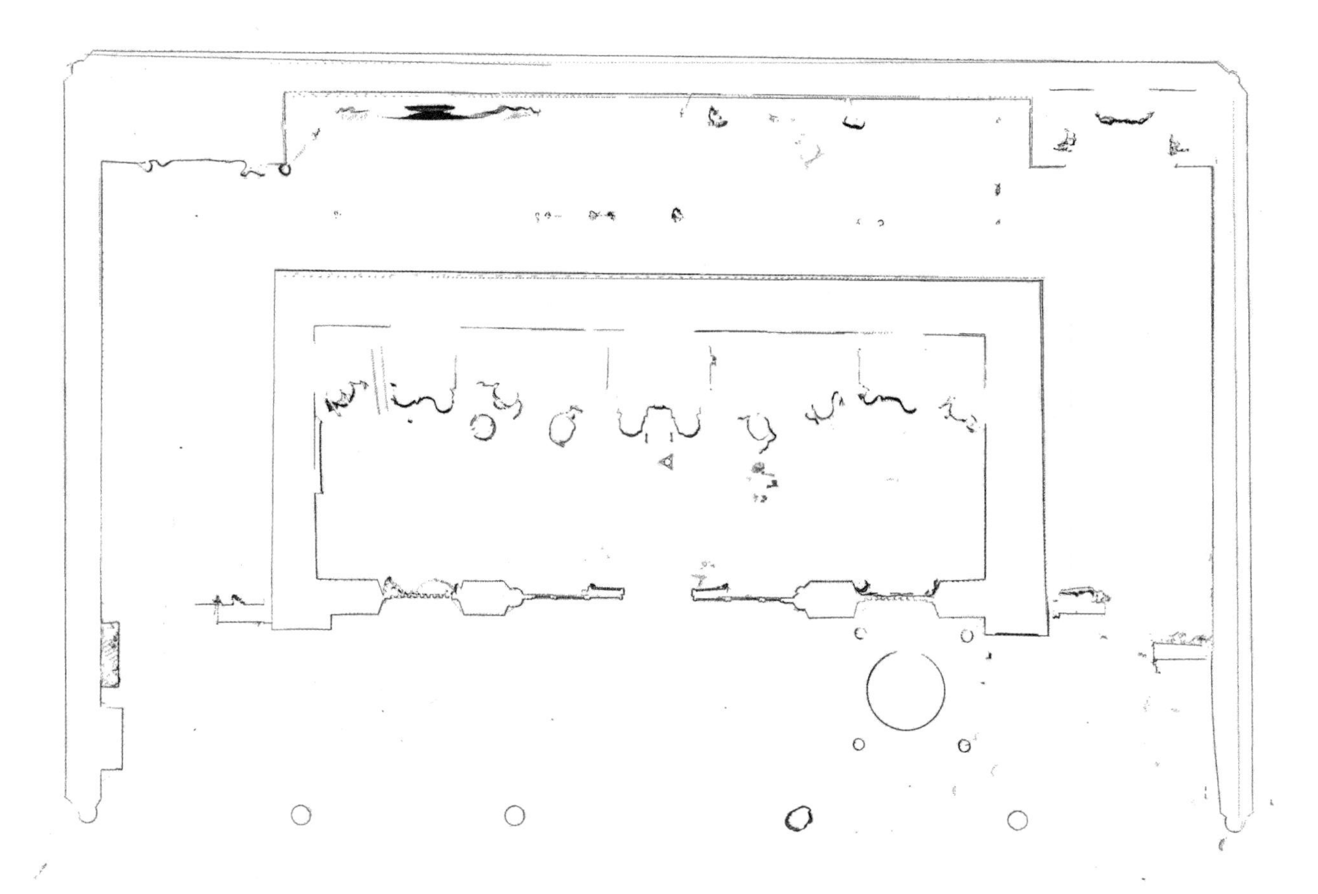

图C1-5　修缮后测绘：柱身平面点云切片图

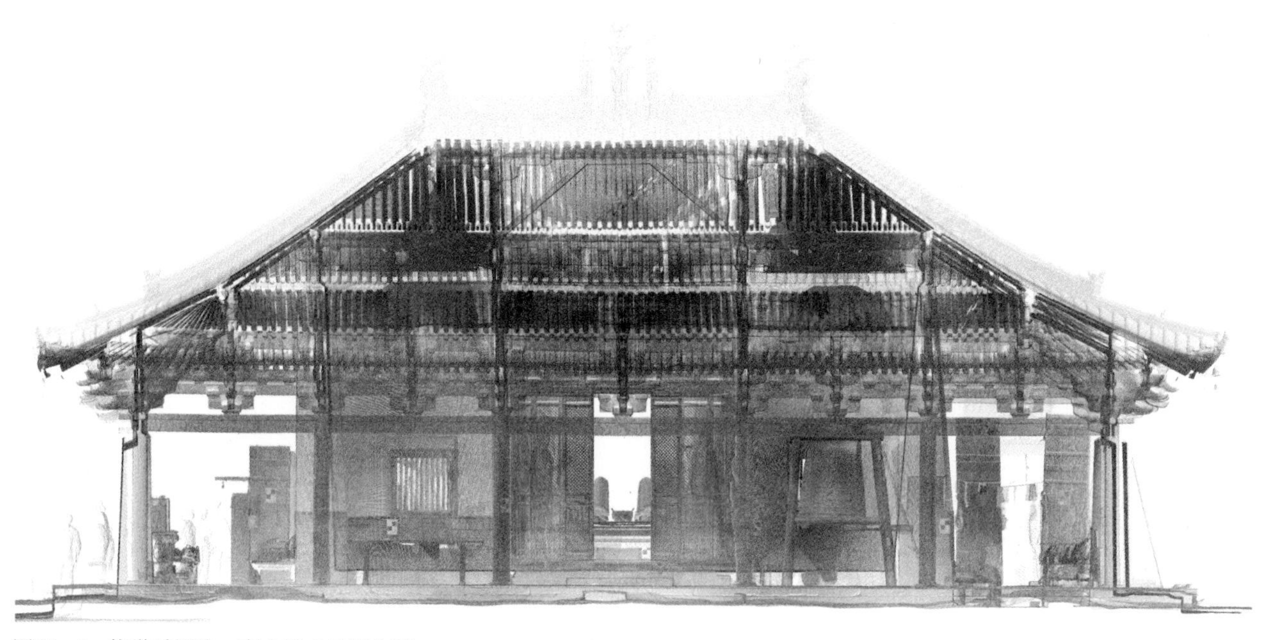

图C1-6　修缮后测绘：南立面点云切片图

图C1-7　修缮后测绘：北立面点云切片图

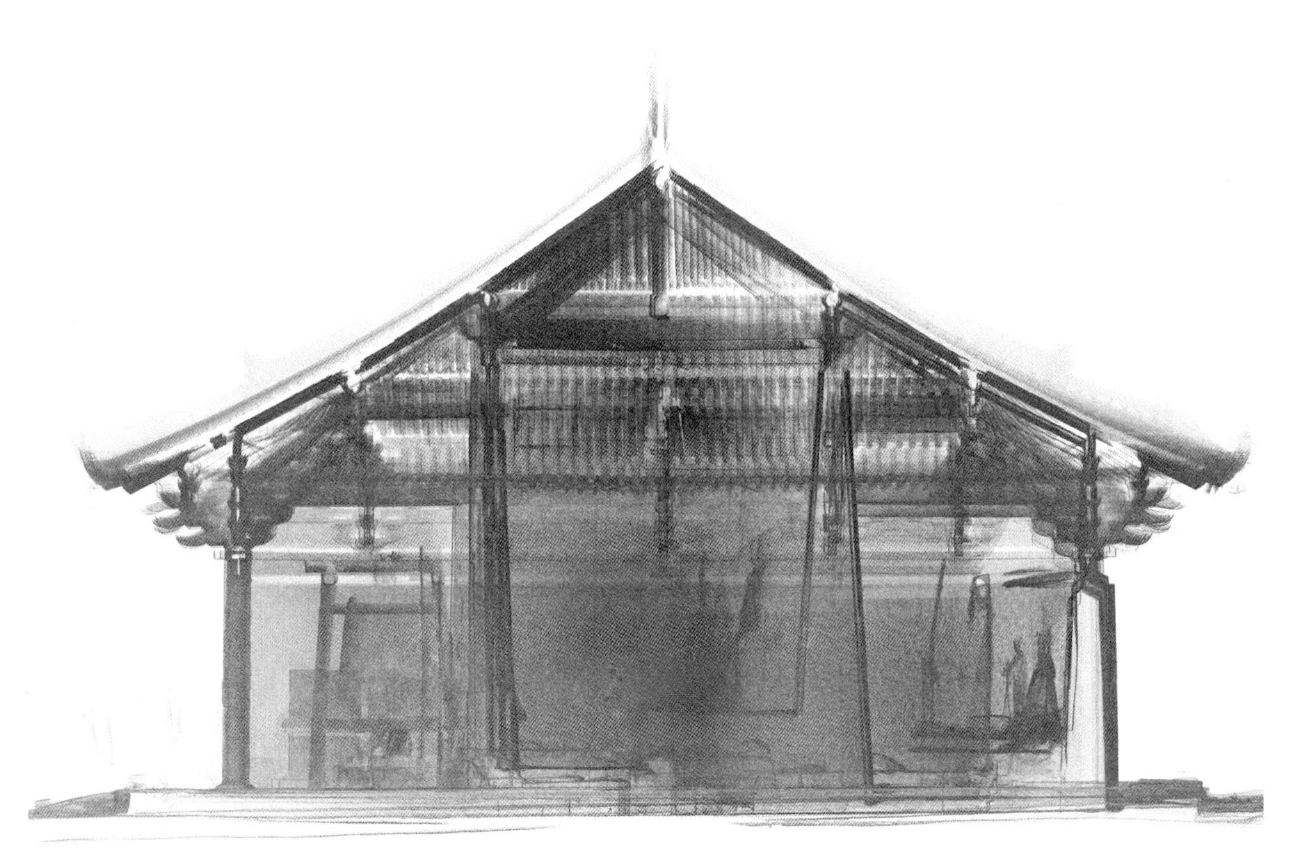

图C1-8　修缮后测绘：东立面点云切片图

图C1-9　修缮后测绘：西立面点云切片图

图C1-10　修缮后测绘：明间横剖面点云切片图

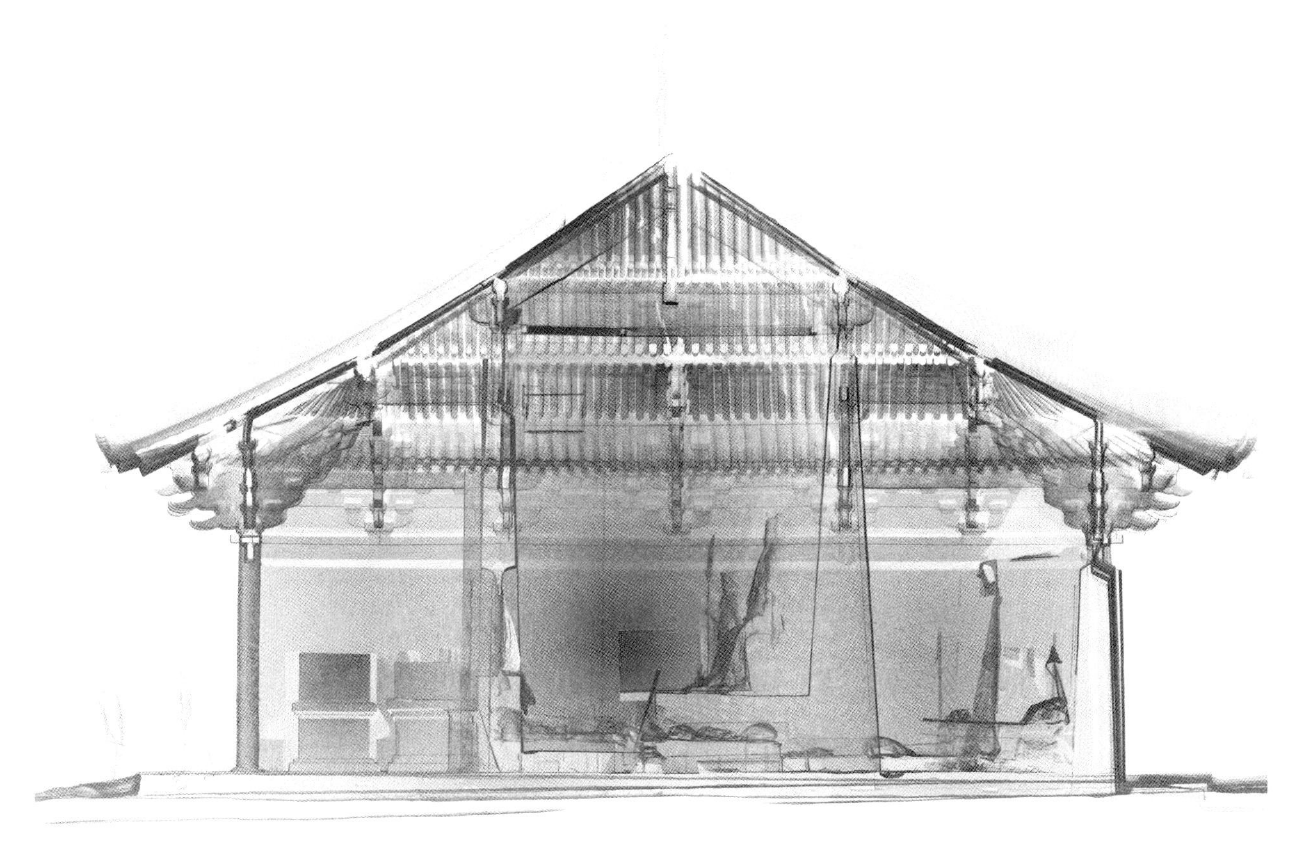

图C1-11　修缮后测绘：次间横剖面点云切片图

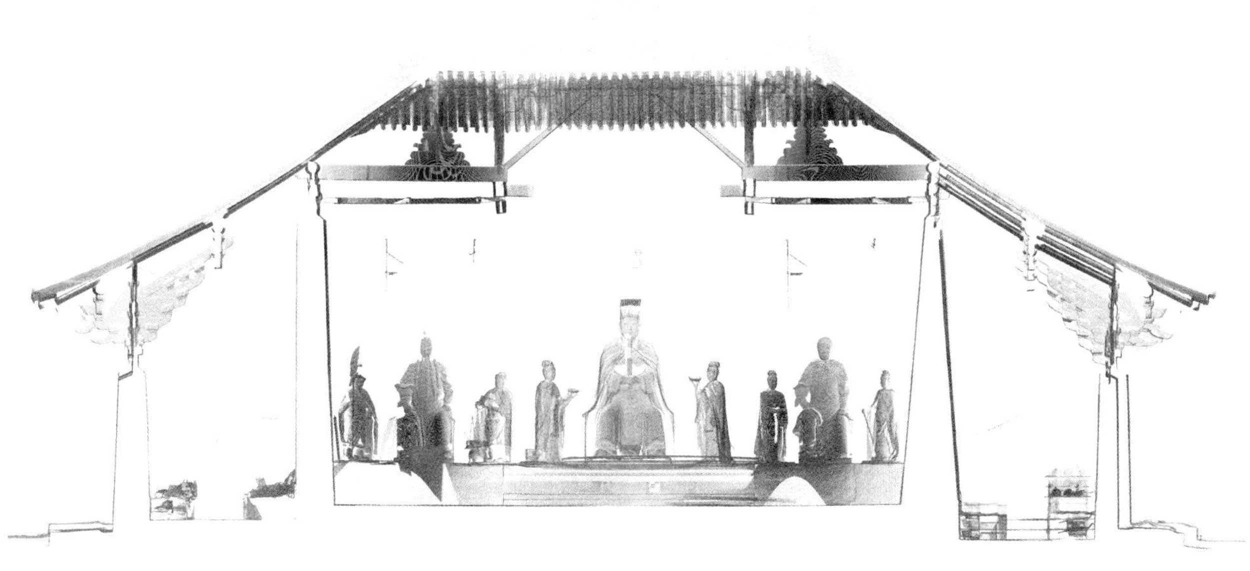

图C1-12　修缮后测绘：纵剖面点云切片图

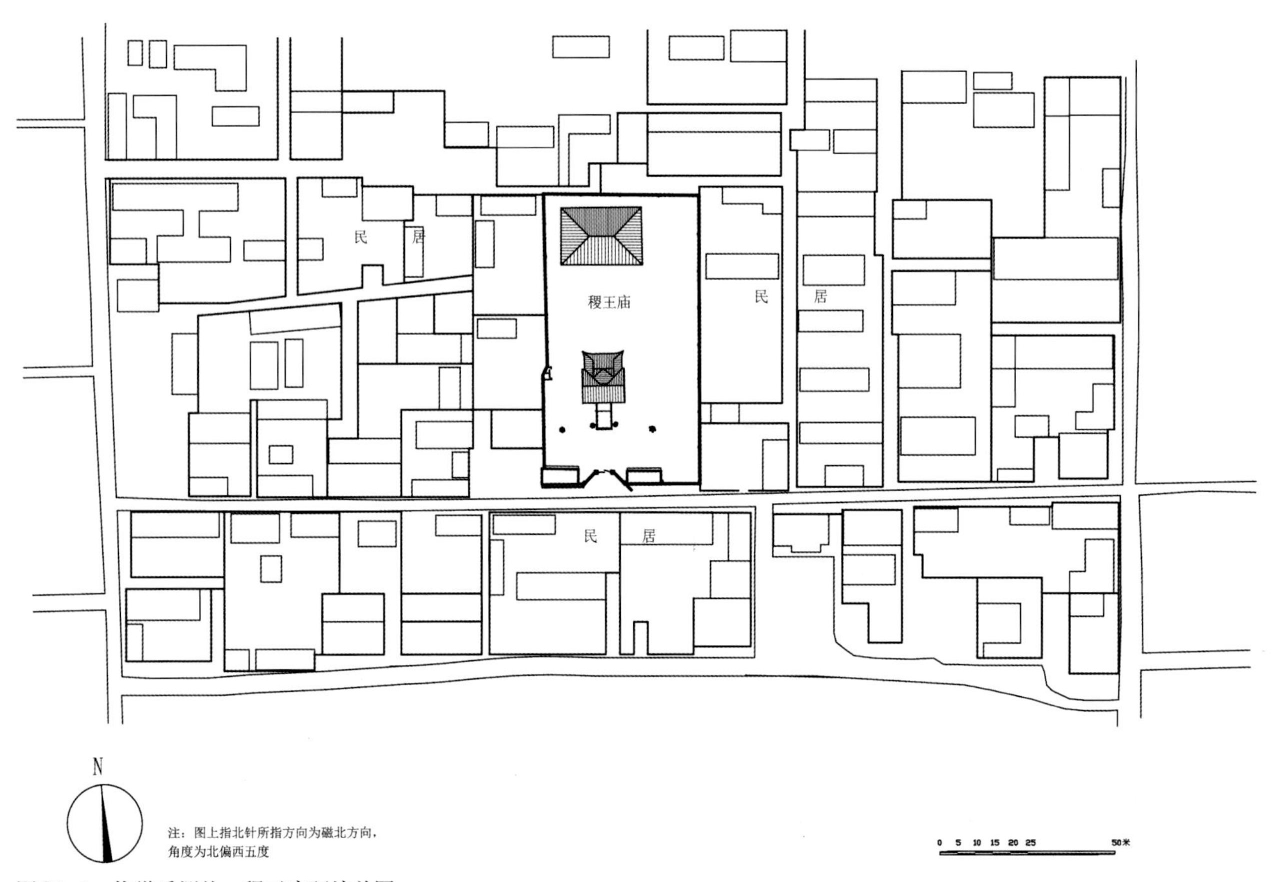

图C2-1　修缮后测绘：稷王庙环境总图

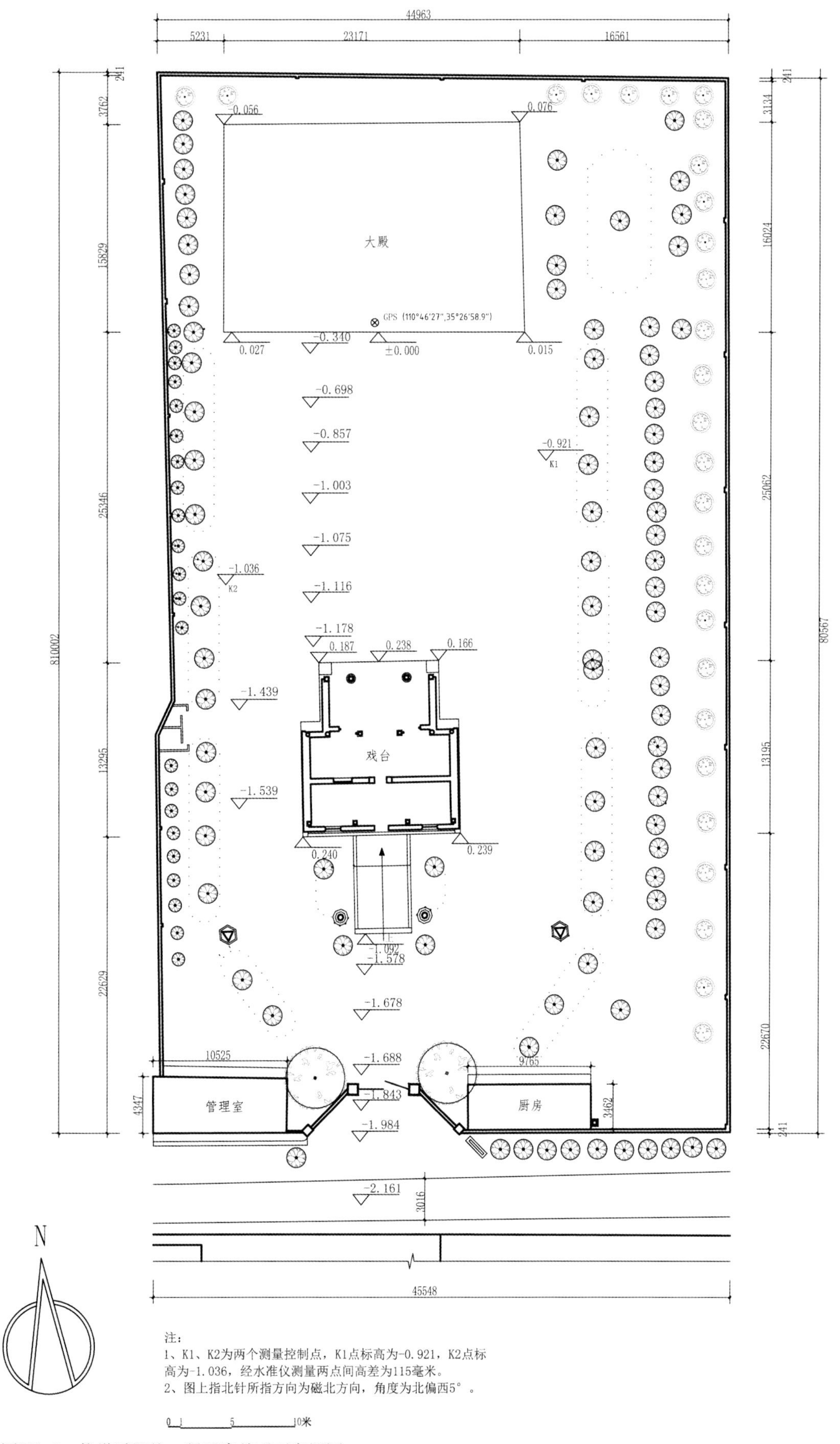

图C2-2　修缮后测绘：稷王庙总平面实测图

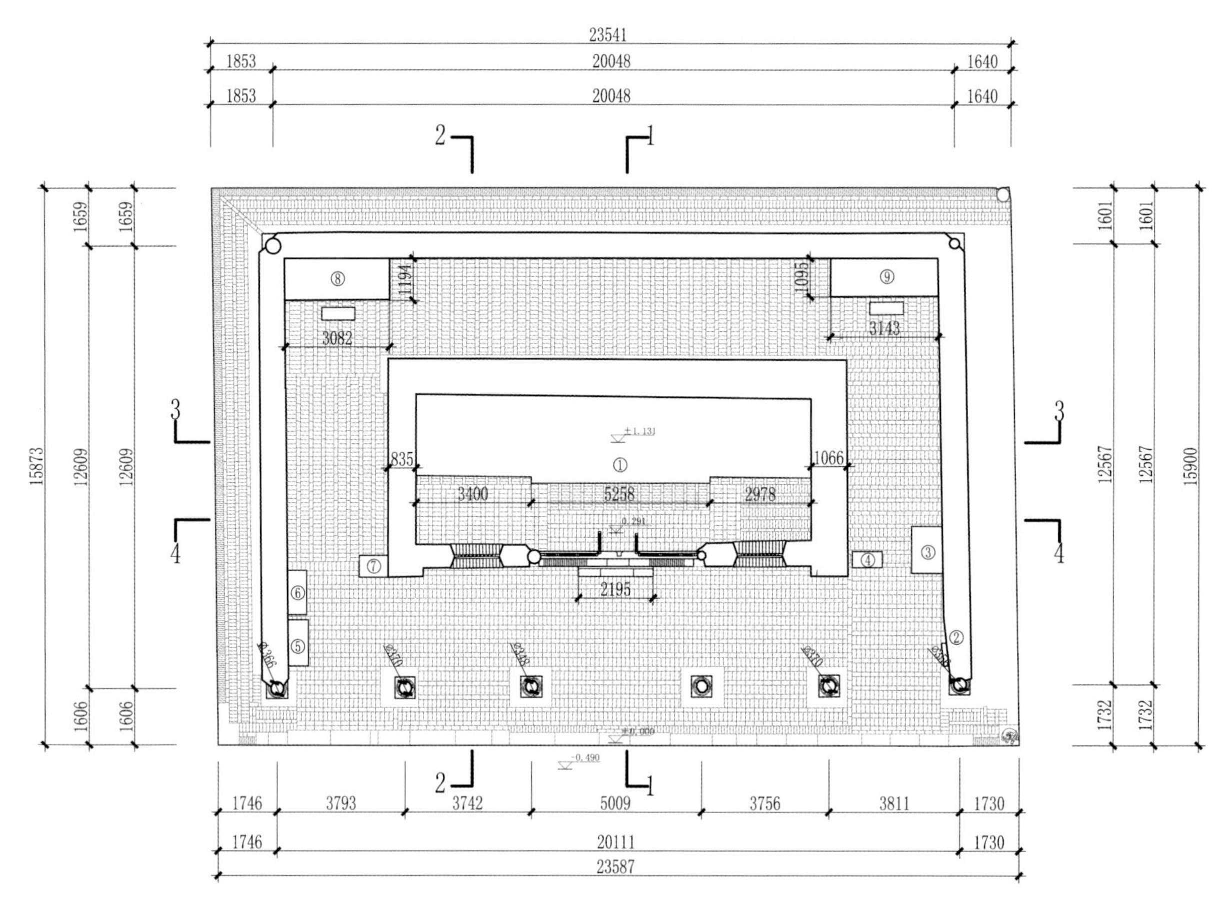

图C2–3　修缮后测绘：柱底平面实测图

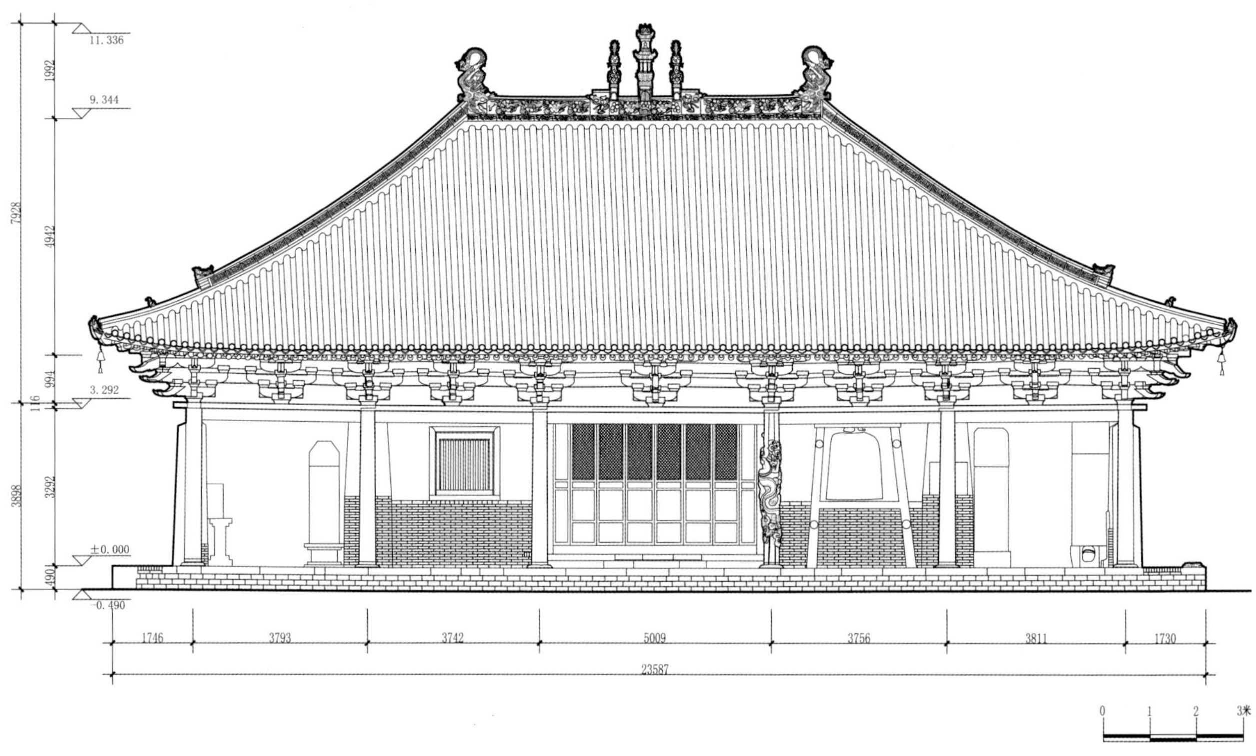

图C2–4　修缮后测绘：南立面实测图

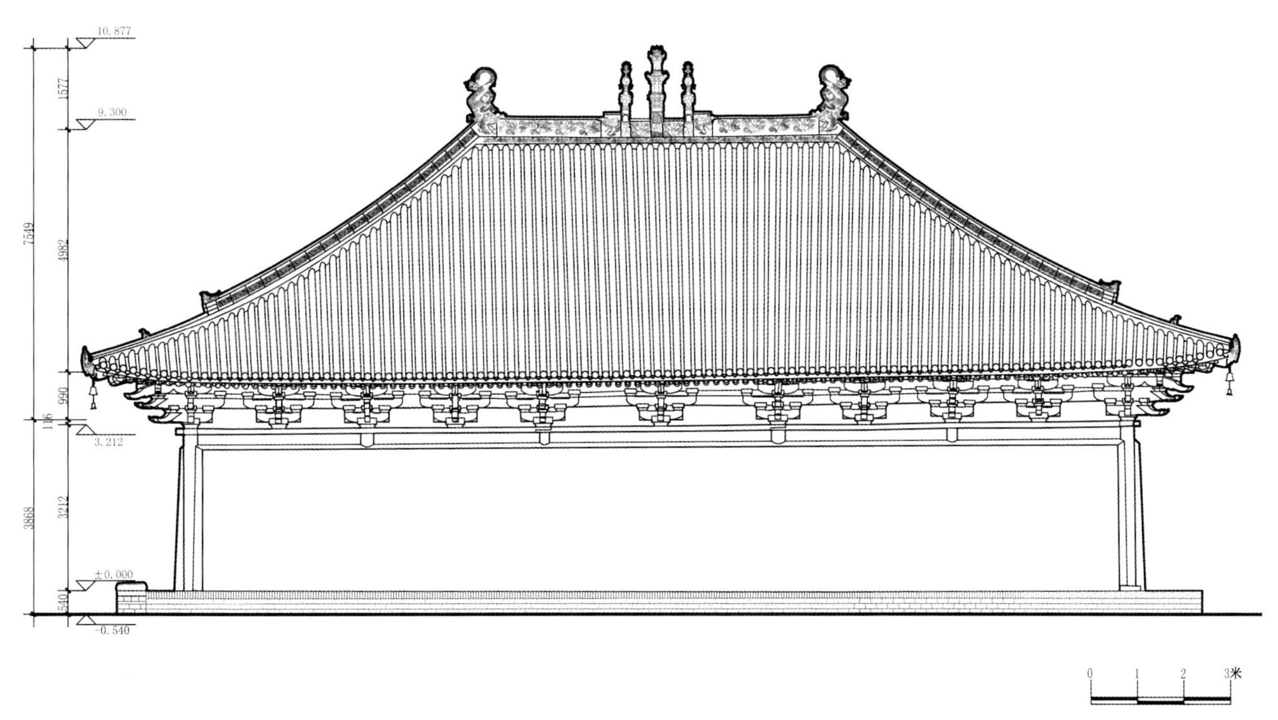

图C2-5　修缮后测绘：北立面实测图

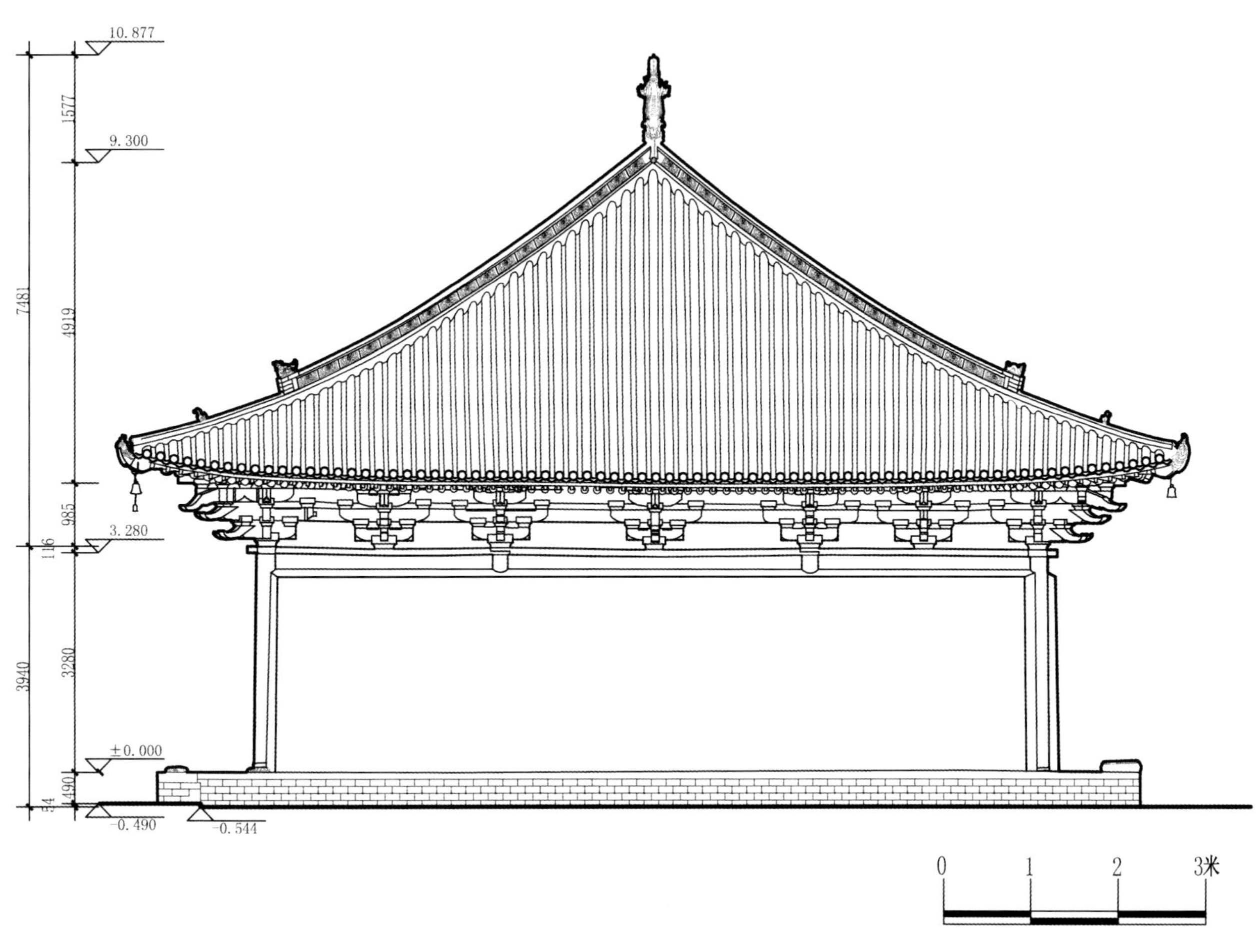

图C2-6　修缮后测绘：东立面实测图

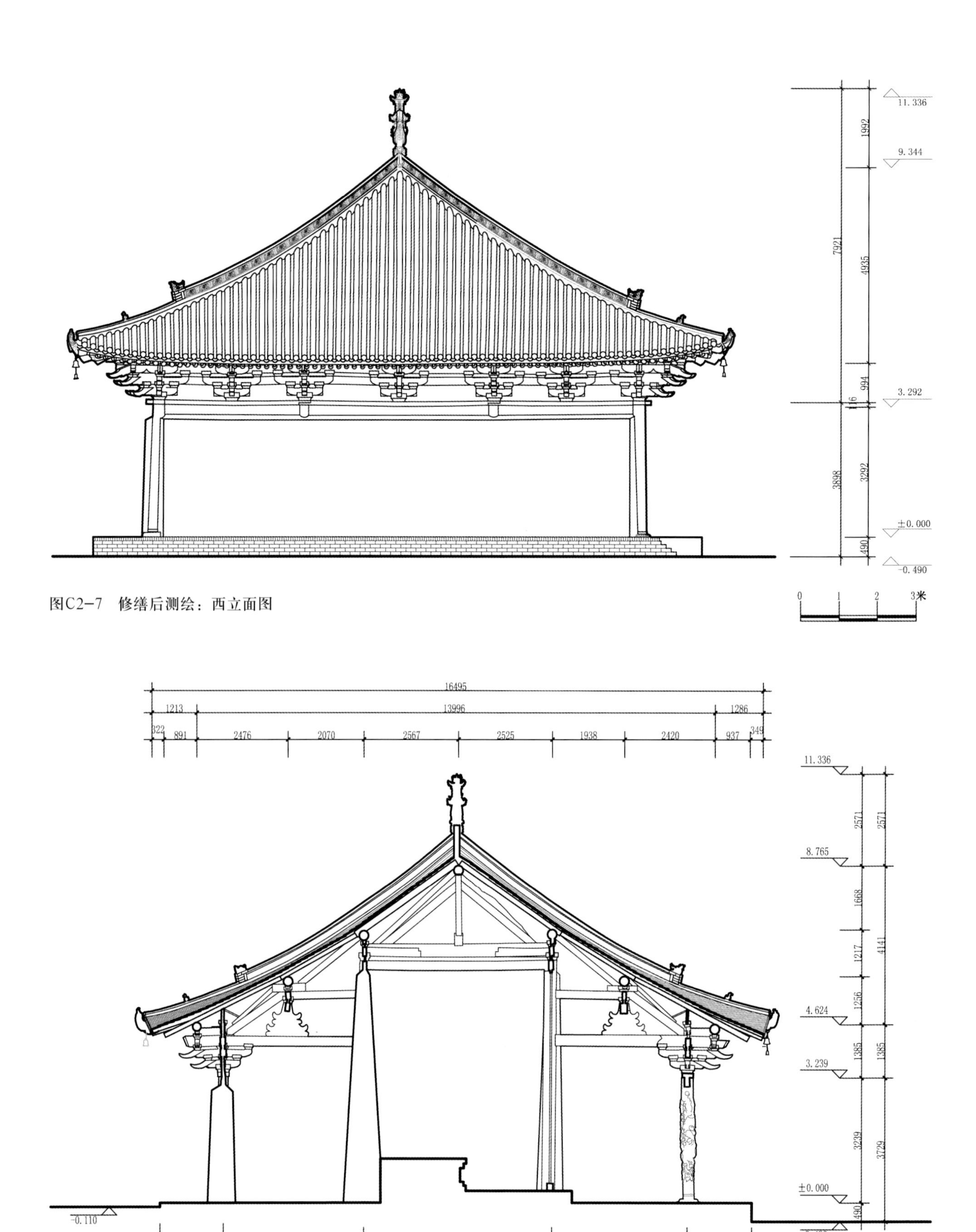

图C2-7　修缮后测绘：西立面图

图C2-8　修缮后测绘：1-1剖面图

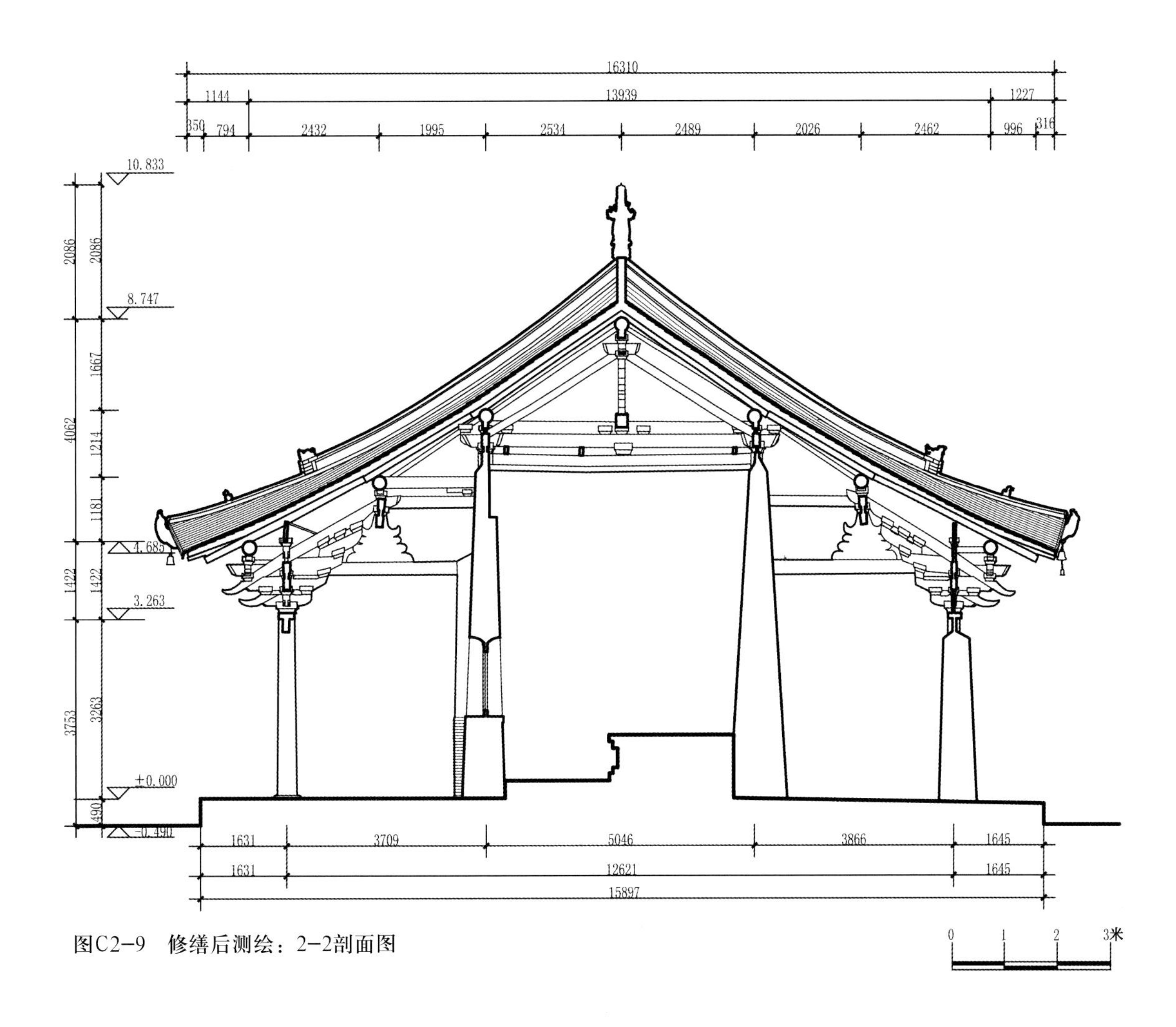

图C2-9　修缮后测绘：2-2剖面图

0 1 2 3米

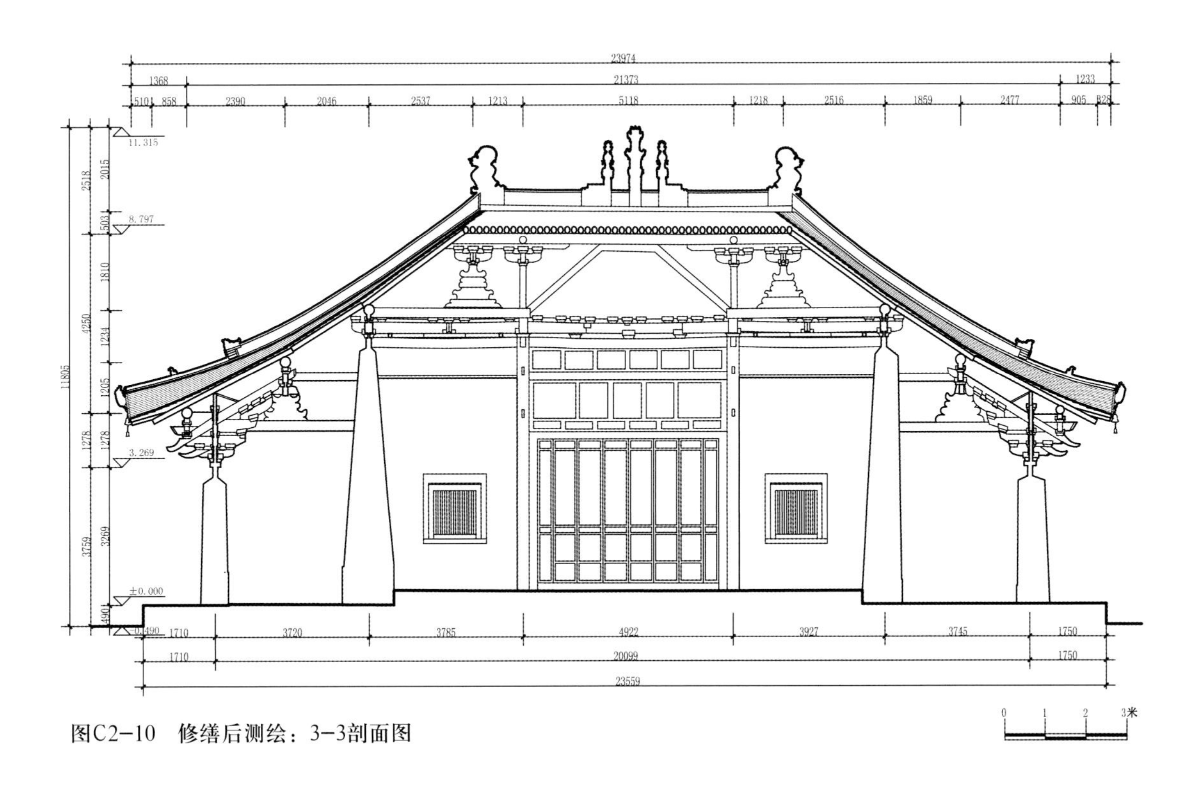

图C2-10　修缮后测绘：3-3剖面图

0 1 2 3米

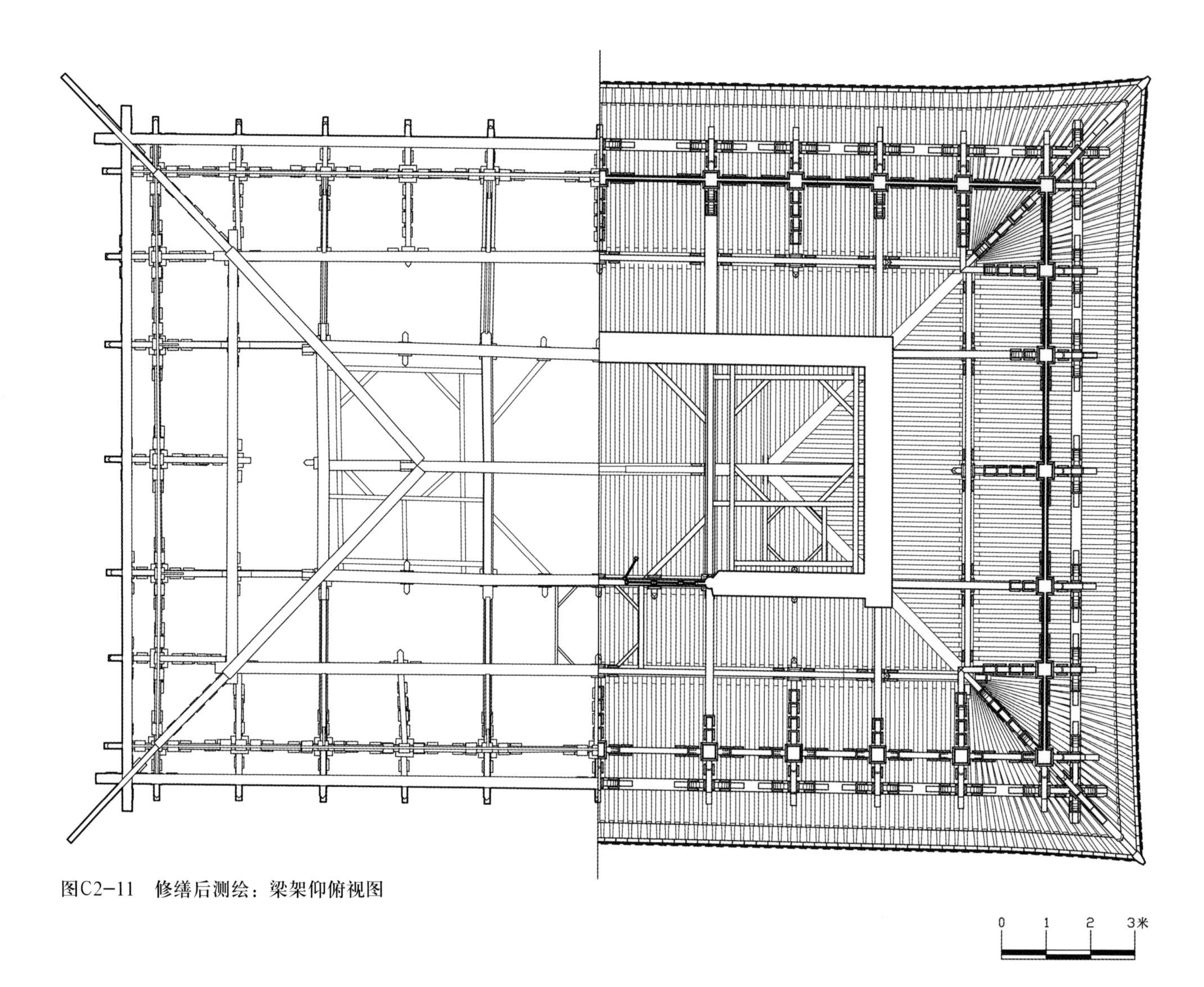

图C2-11　修缮后测绘：梁架仰俯视图

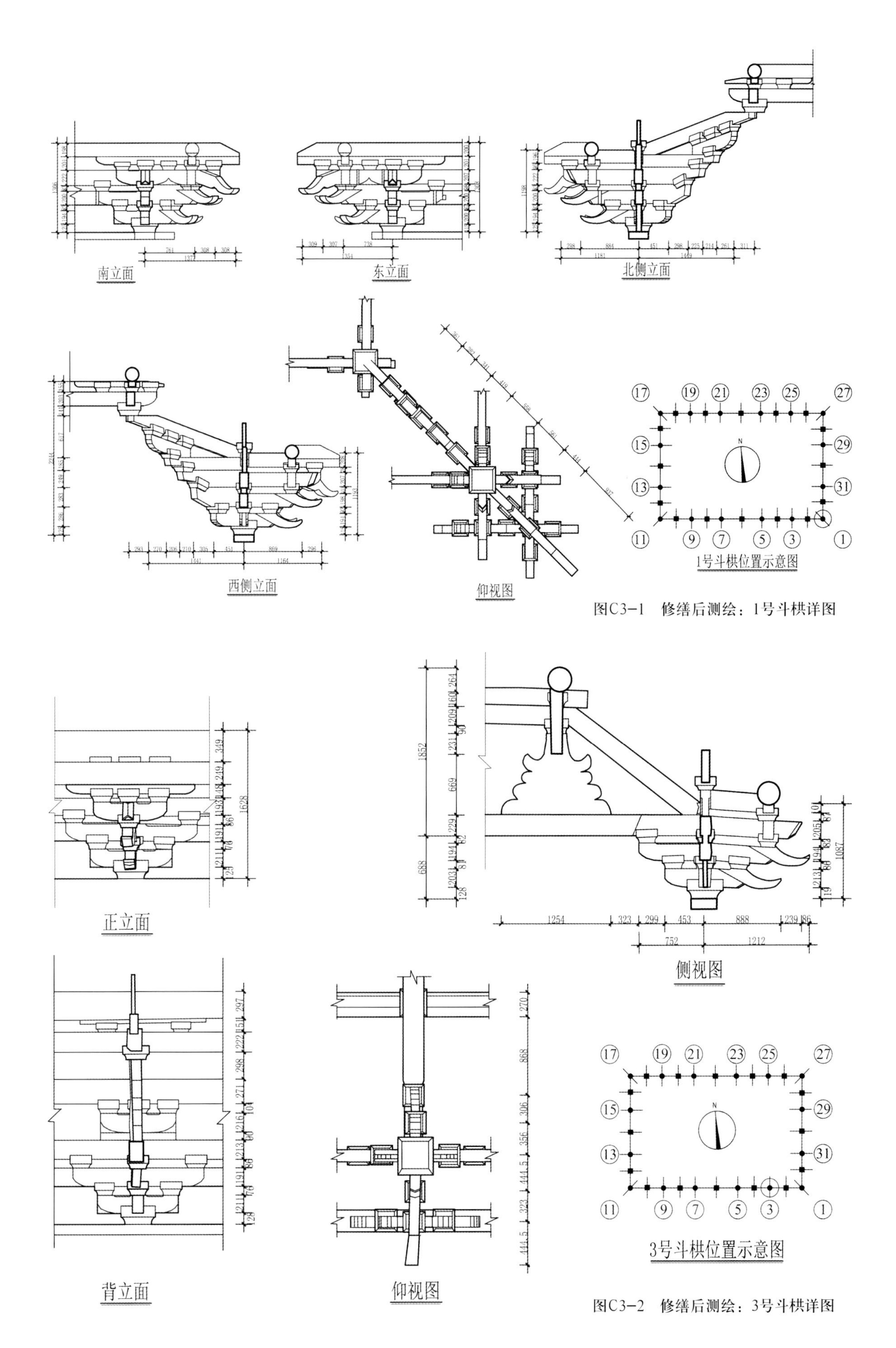

图C3-1　修缮后测绘：1号斗栱详图

图C3-2　修缮后测绘：3号斗栱详图

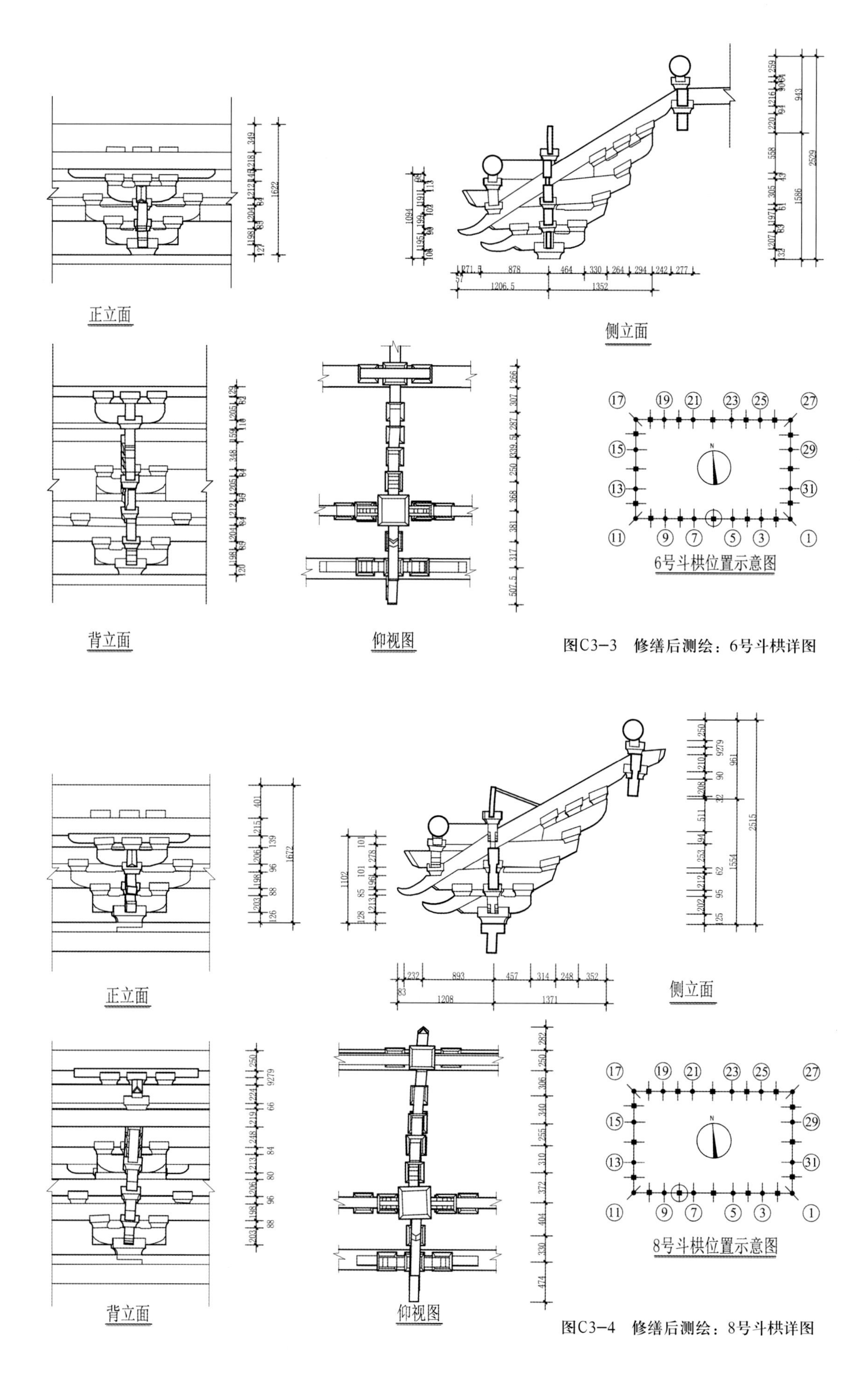

图C3-3　修缮后测绘：6号斗栱详图

图C3-4　修缮后测绘：8号斗栱详图

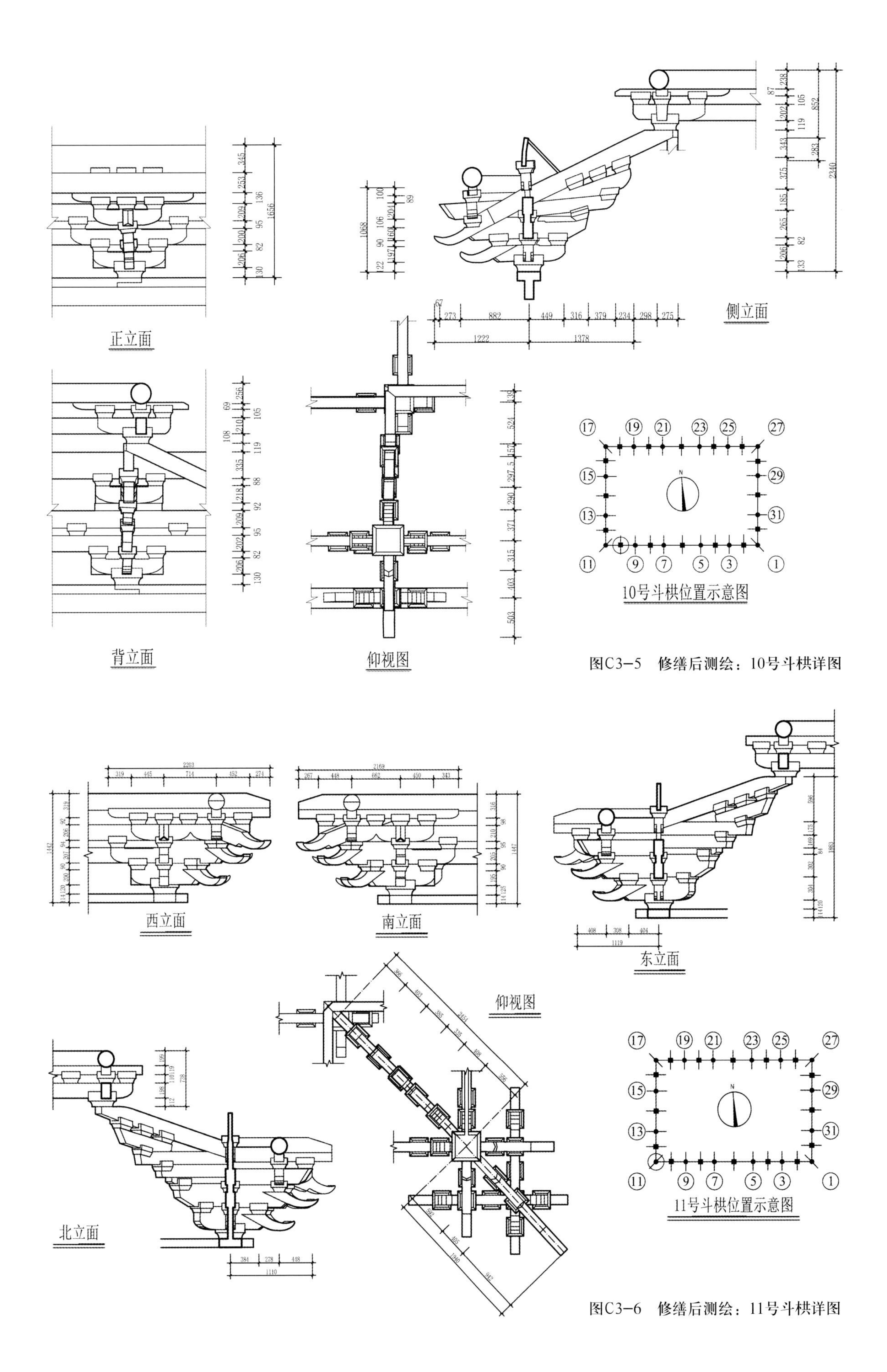

图C3-5　修缮后测绘：10号斗栱详图

图C3-6　修缮后测绘：11号斗栱详图

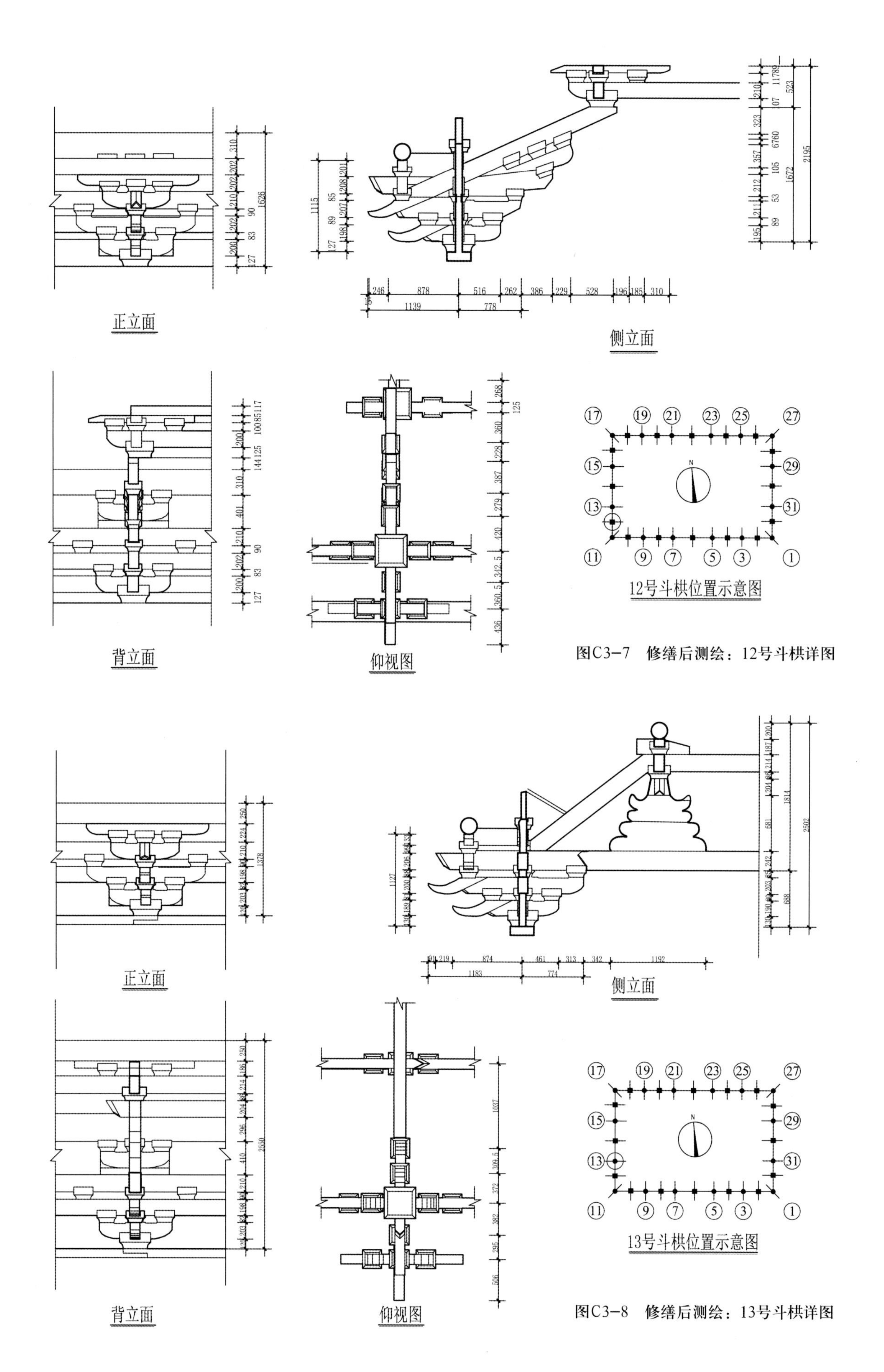

图C3-7　修缮后测绘：12号斗栱详图

图C3-8　修缮后测绘：13号斗栱详图

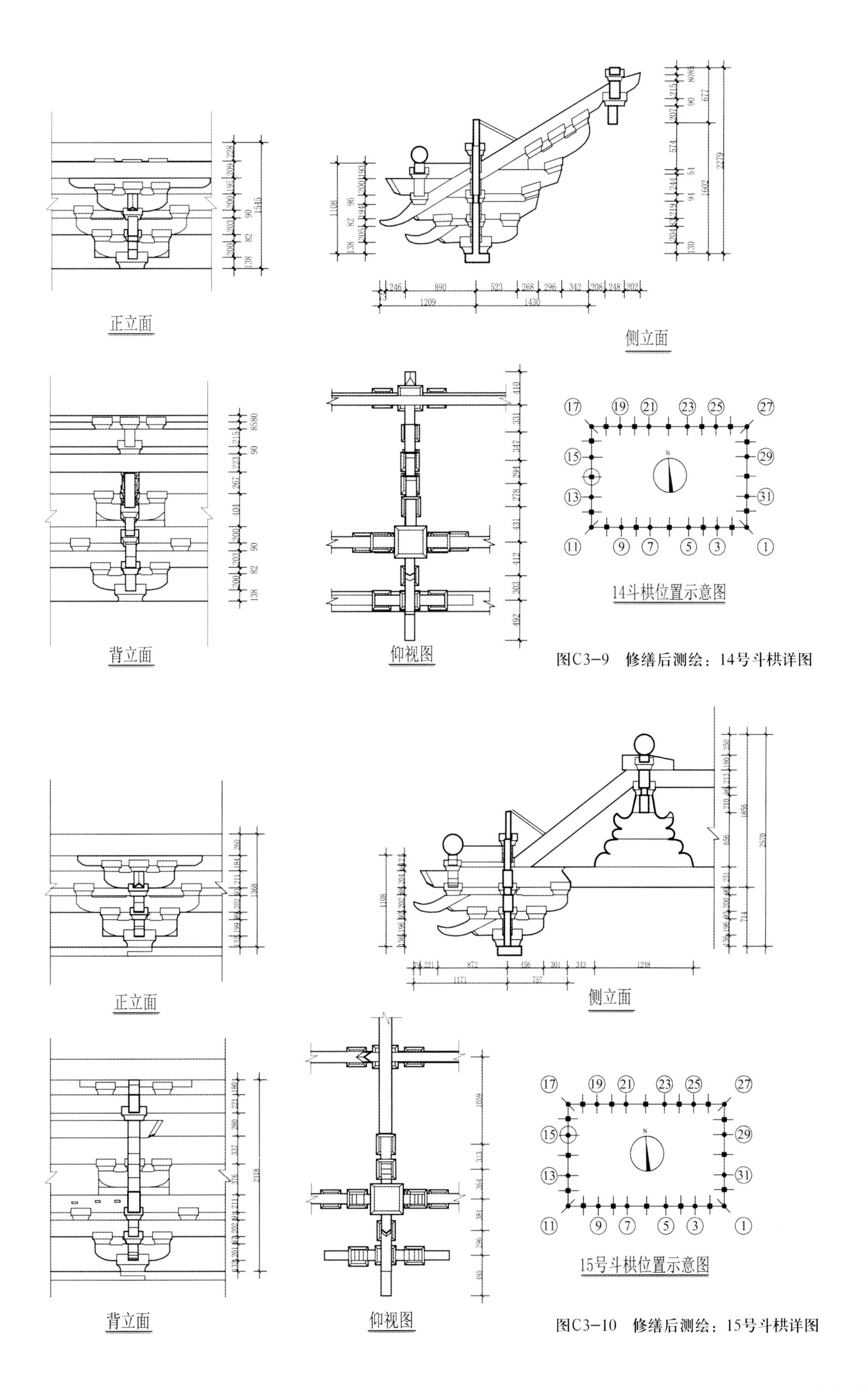

图C3-9　修缮后测绘：14号斗栱详图

图C3-10　修缮后测绘：15号斗栱详图

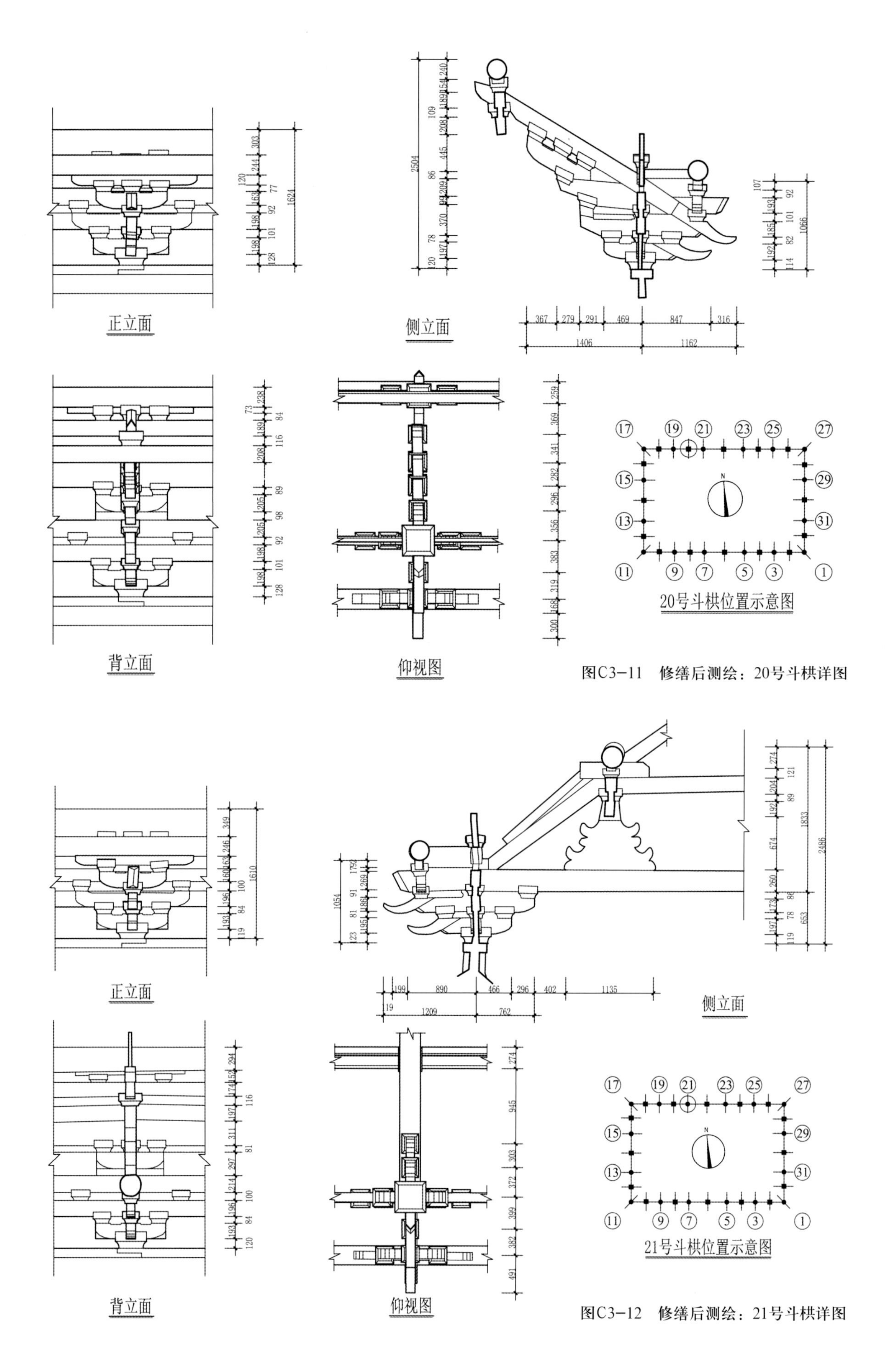

图C3-11　修缮后测绘：20号斗栱详图

图C3-12　修缮后测绘：21号斗栱详图

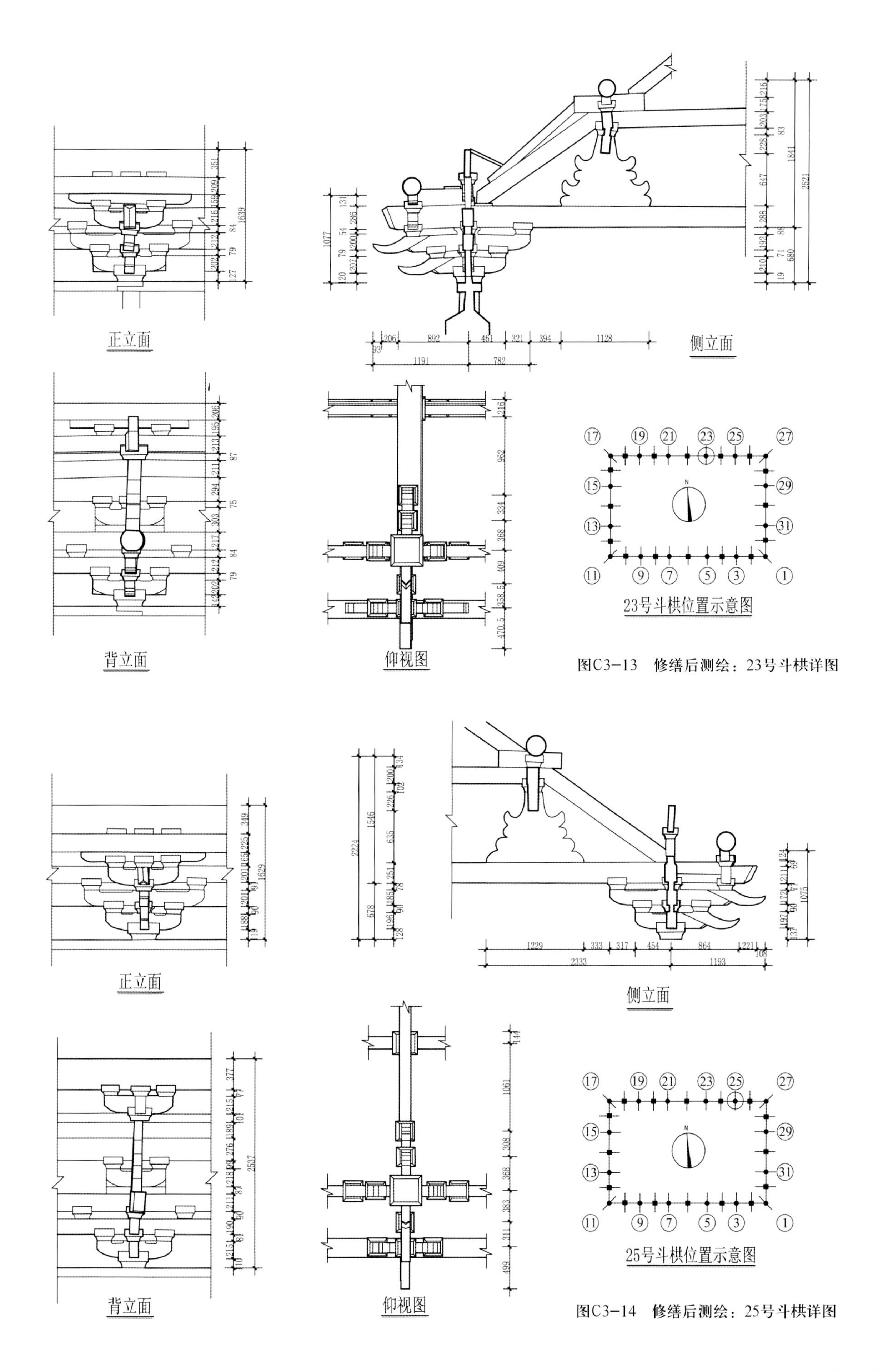

图C3-13　修缮后测绘：23号斗栱详图

图C3-14　修缮后测绘：25号斗栱详图

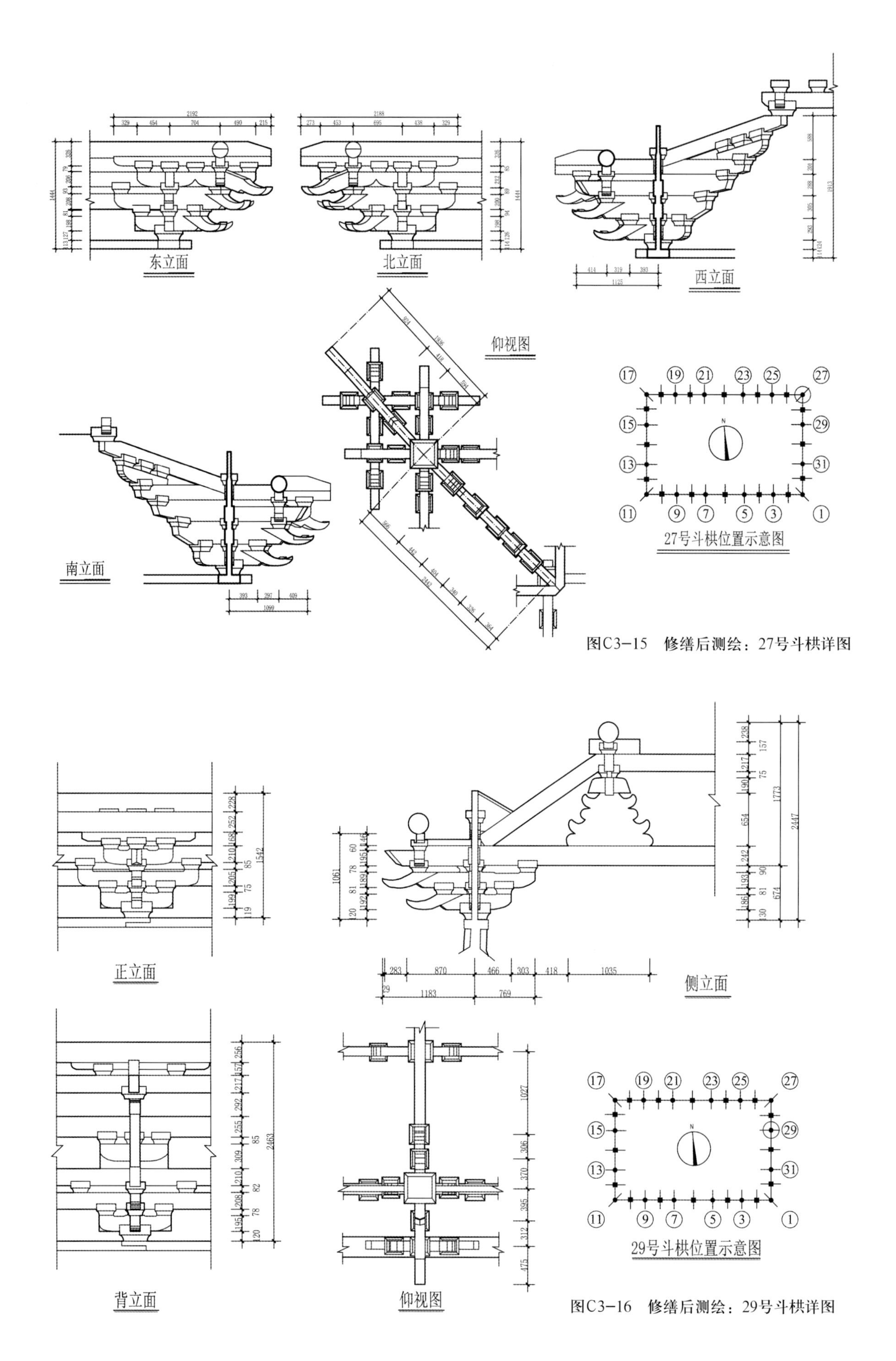

图C3-15　修缮后测绘：27号斗栱详图

图C3-16　修缮后测绘：29号斗栱详图

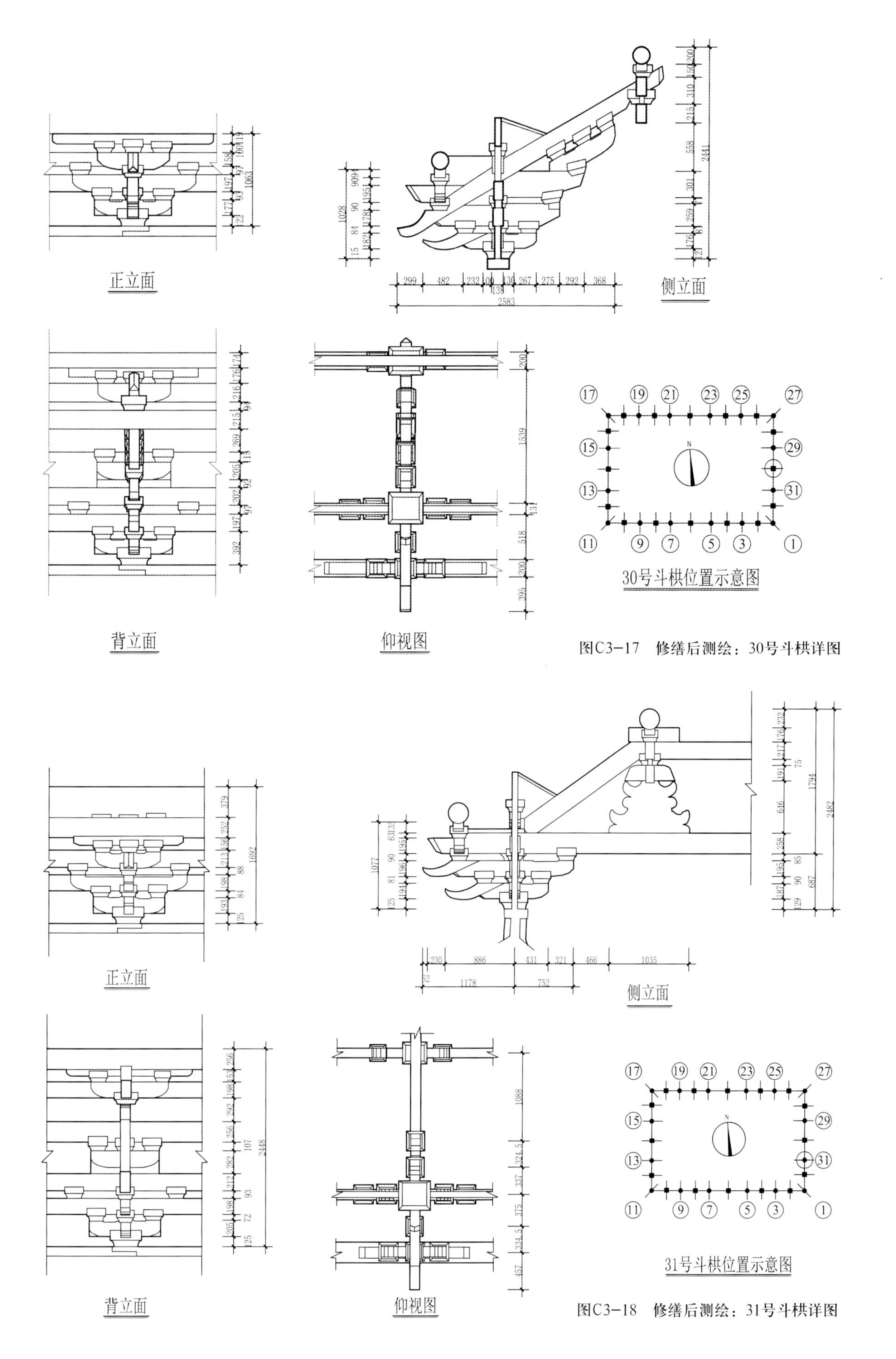

图C3-17　修缮后测绘：30号斗栱详图

图C3-18　修缮后测绘：31号斗栱详图

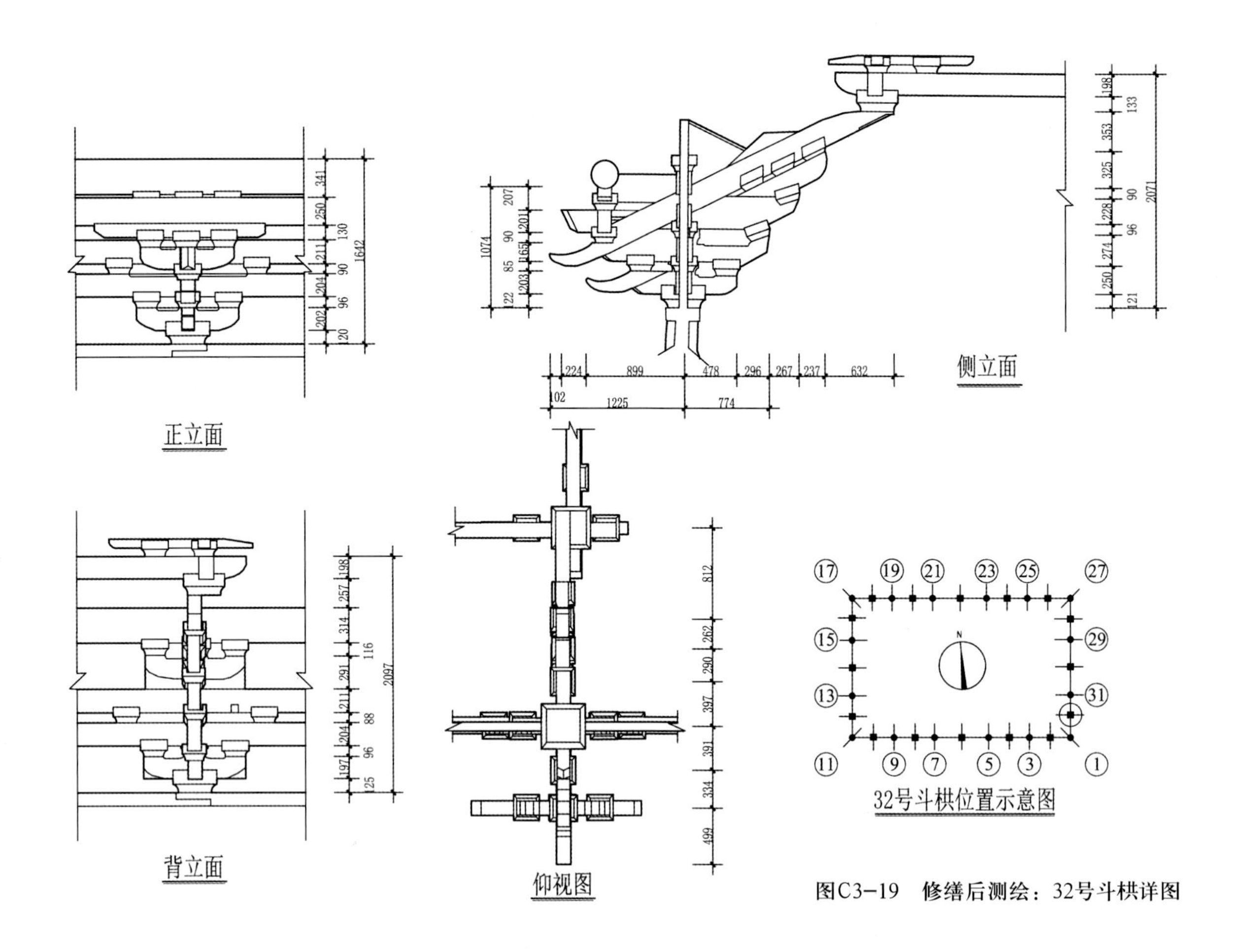

图C3-19　修缮后测绘：32号斗栱详图

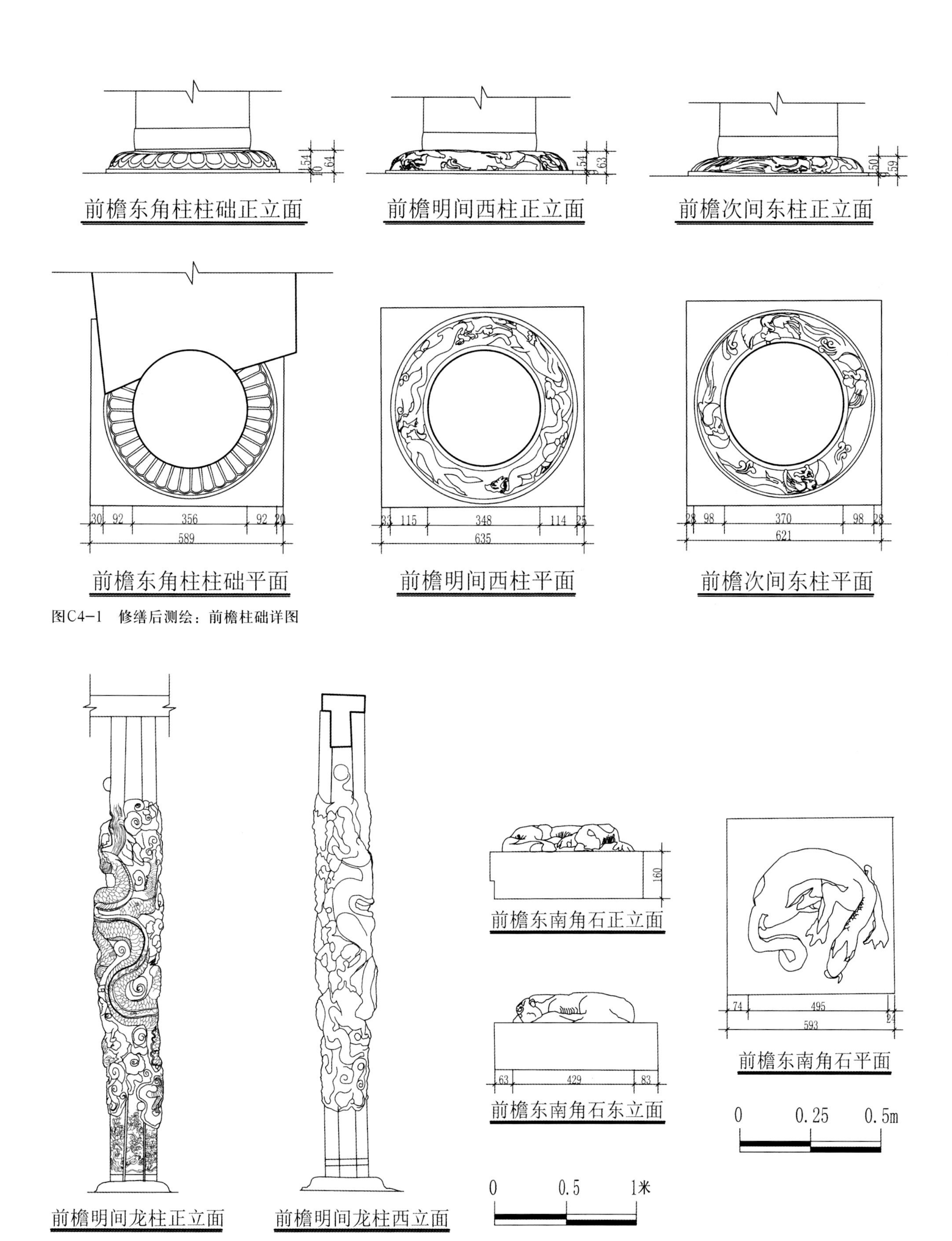

图C4-1　修缮后测绘：前檐柱础详图

图C4-2　修缮后测绘：前檐龙柱及角石详图

前檐瓦当I式

前檐瓦当II式

前檐瓦当III式

前檐瓦当IV式

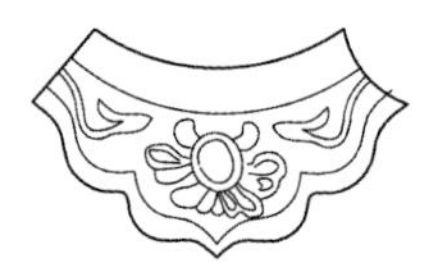

前檐滴水I式

前檐滴水II式

前檐滴水III式

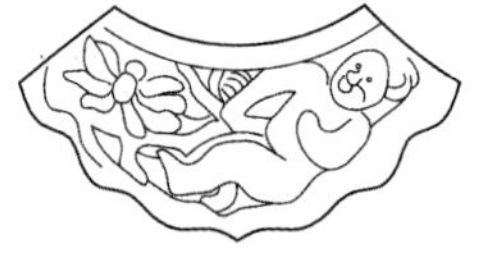

前檐滴水IV式

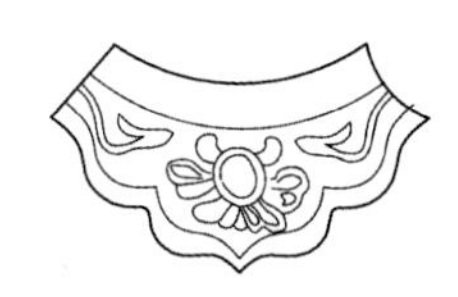

前檐滴水V式

图C4-3　修缮后测绘：前檐瓦当滴水详图

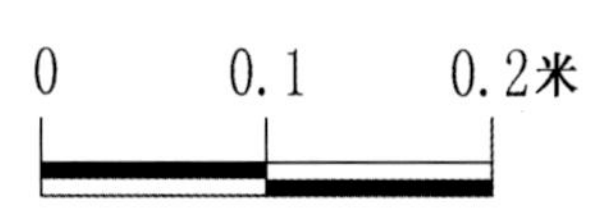

图C4-4　修缮后测绘：正脊脊饰详图

0　0.25　0.5米

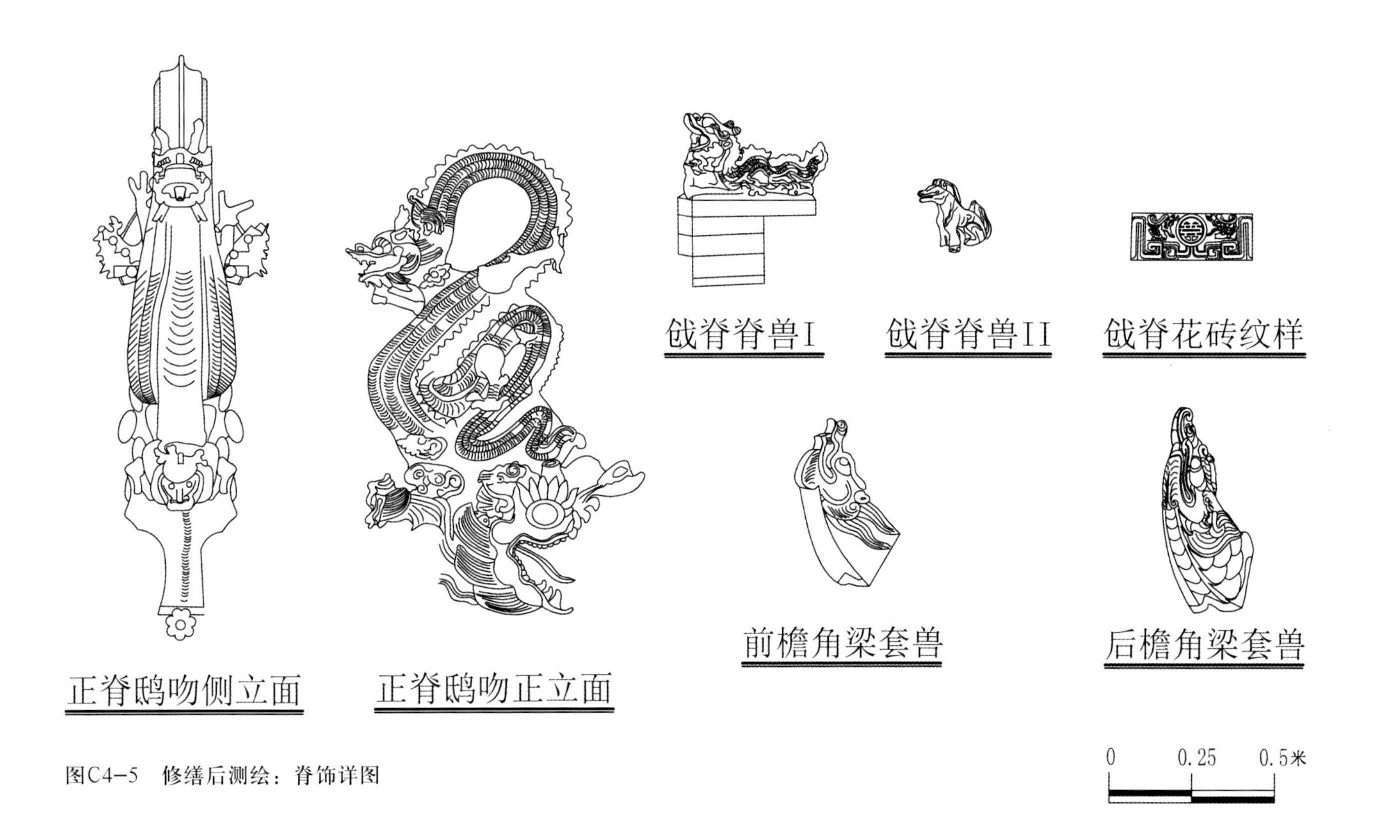

图C4-5　修缮后测绘：脊饰详图

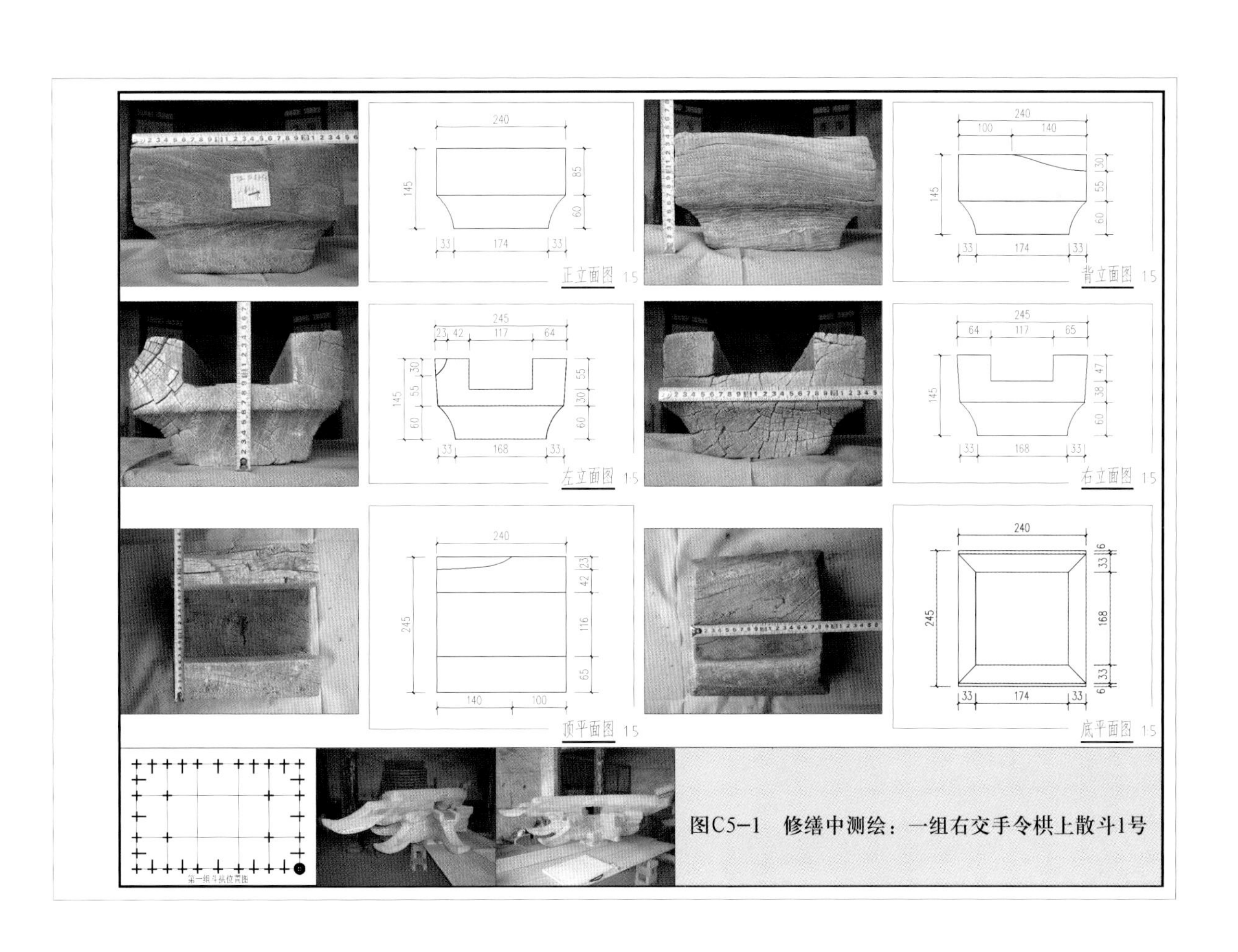

图C5-1　修缮中测绘：一组右交手令栱上散斗1号

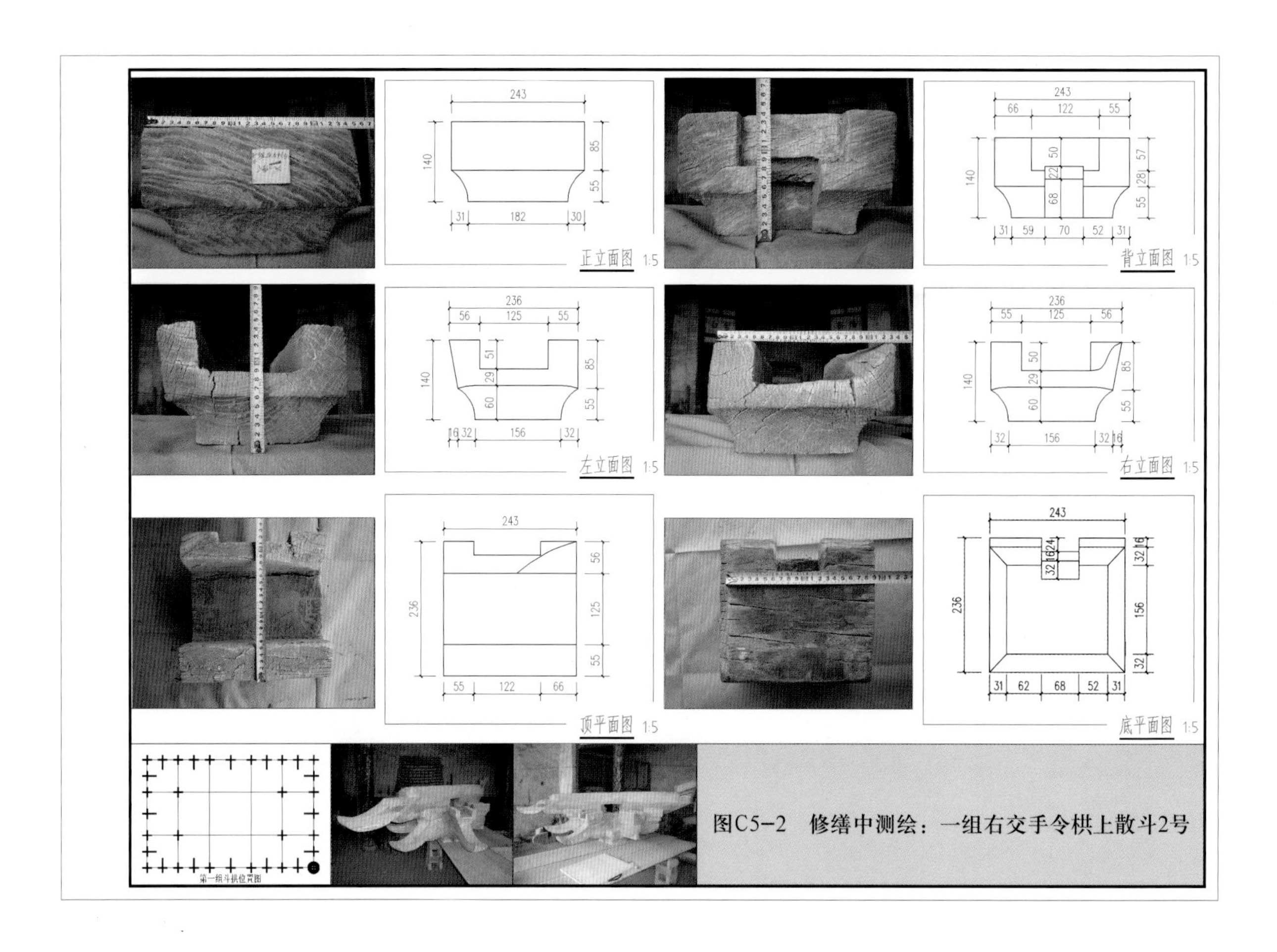

图C5-2　修缮中测绘：一组右交手令栱上散斗2号

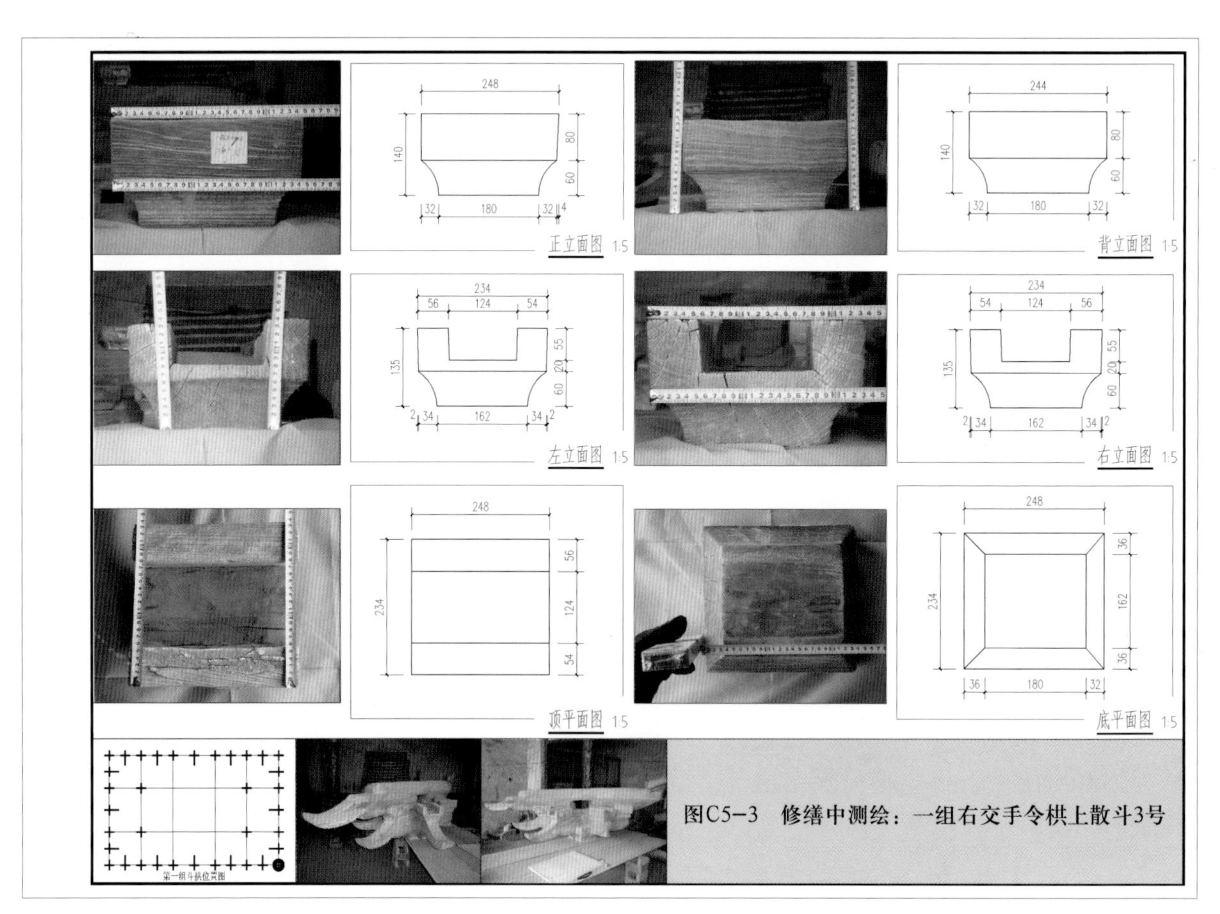

图C5-3　修缮中测绘：一组右交手令栱上散斗3号

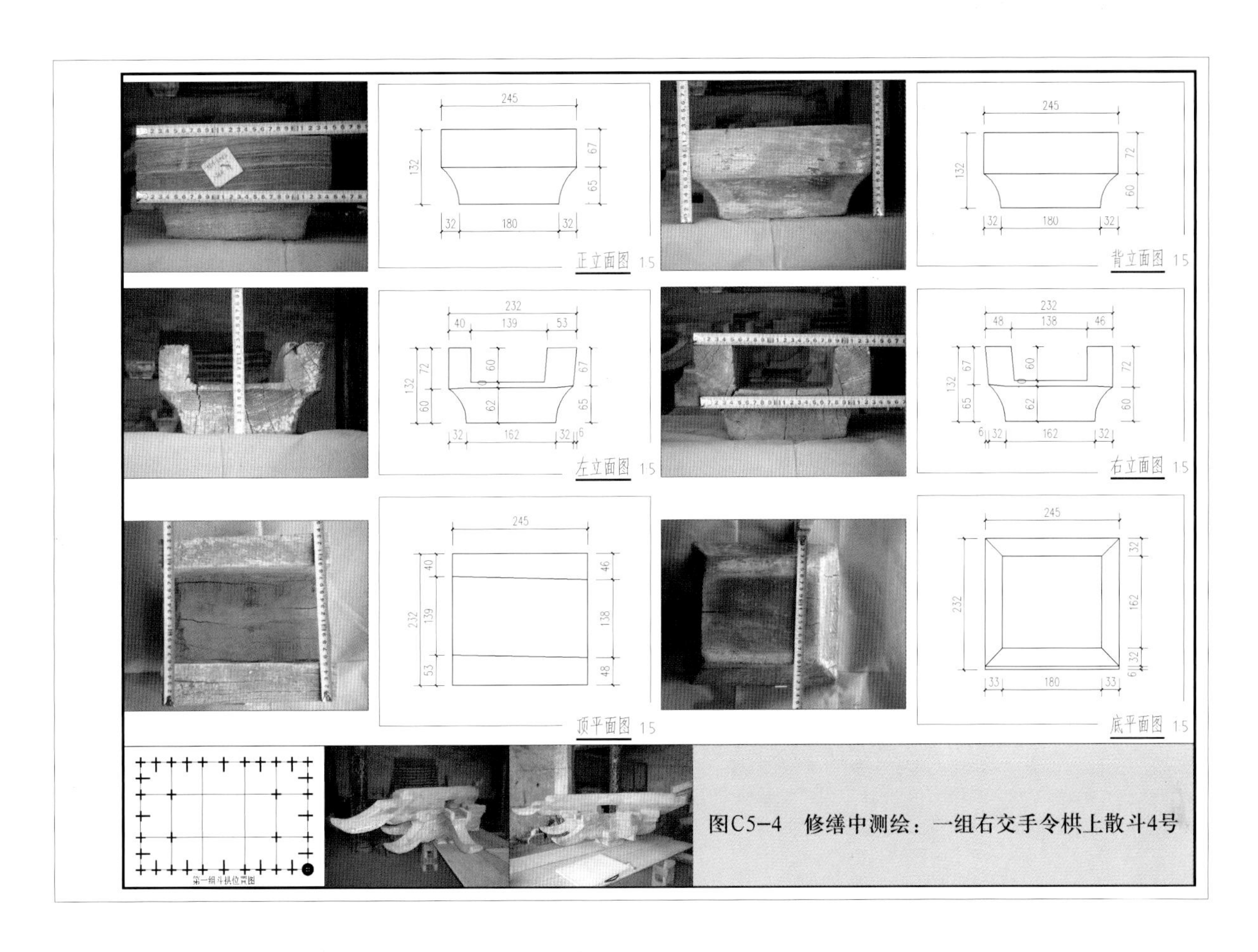

图C5-4 修缮中测绘：一组右交手令栱上散斗4号

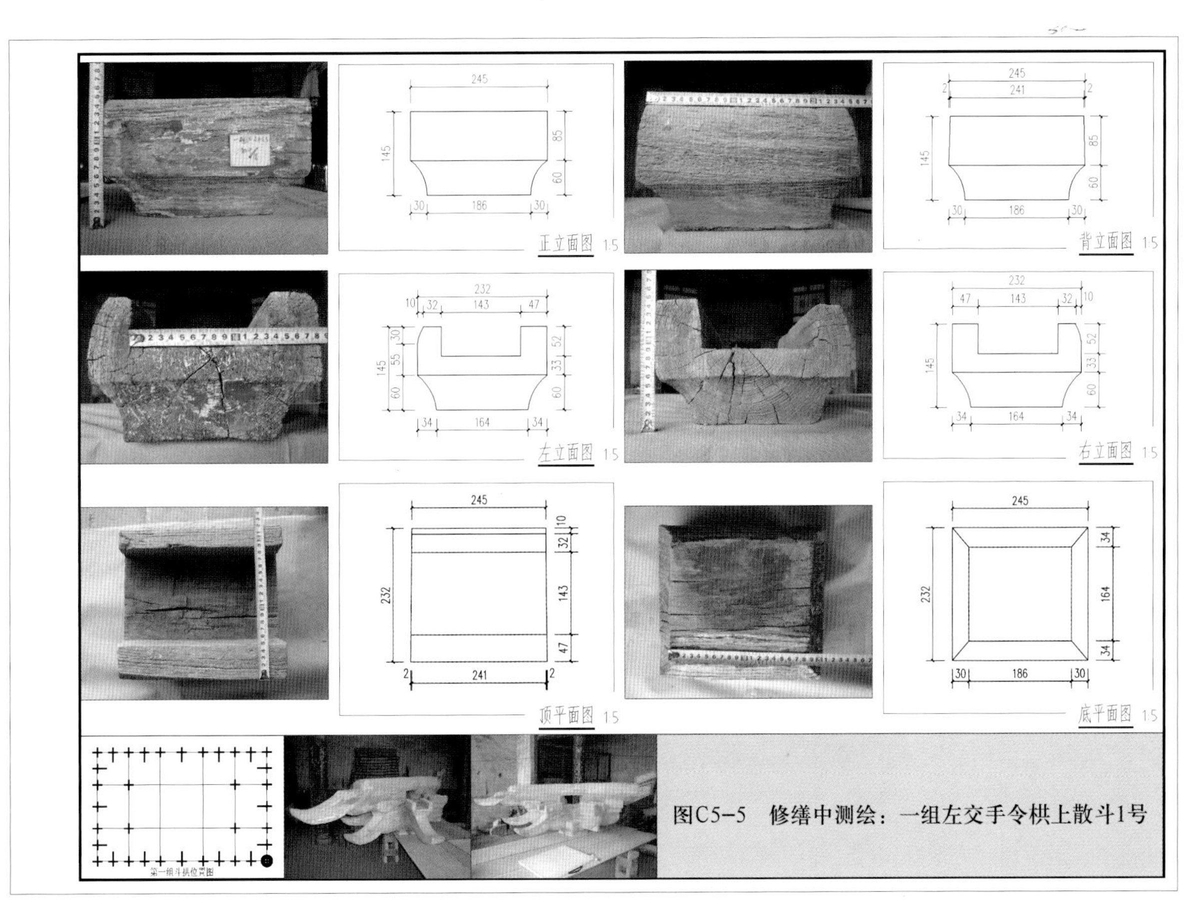

图C5-5 修缮中测绘：一组左交手令栱上散斗1号

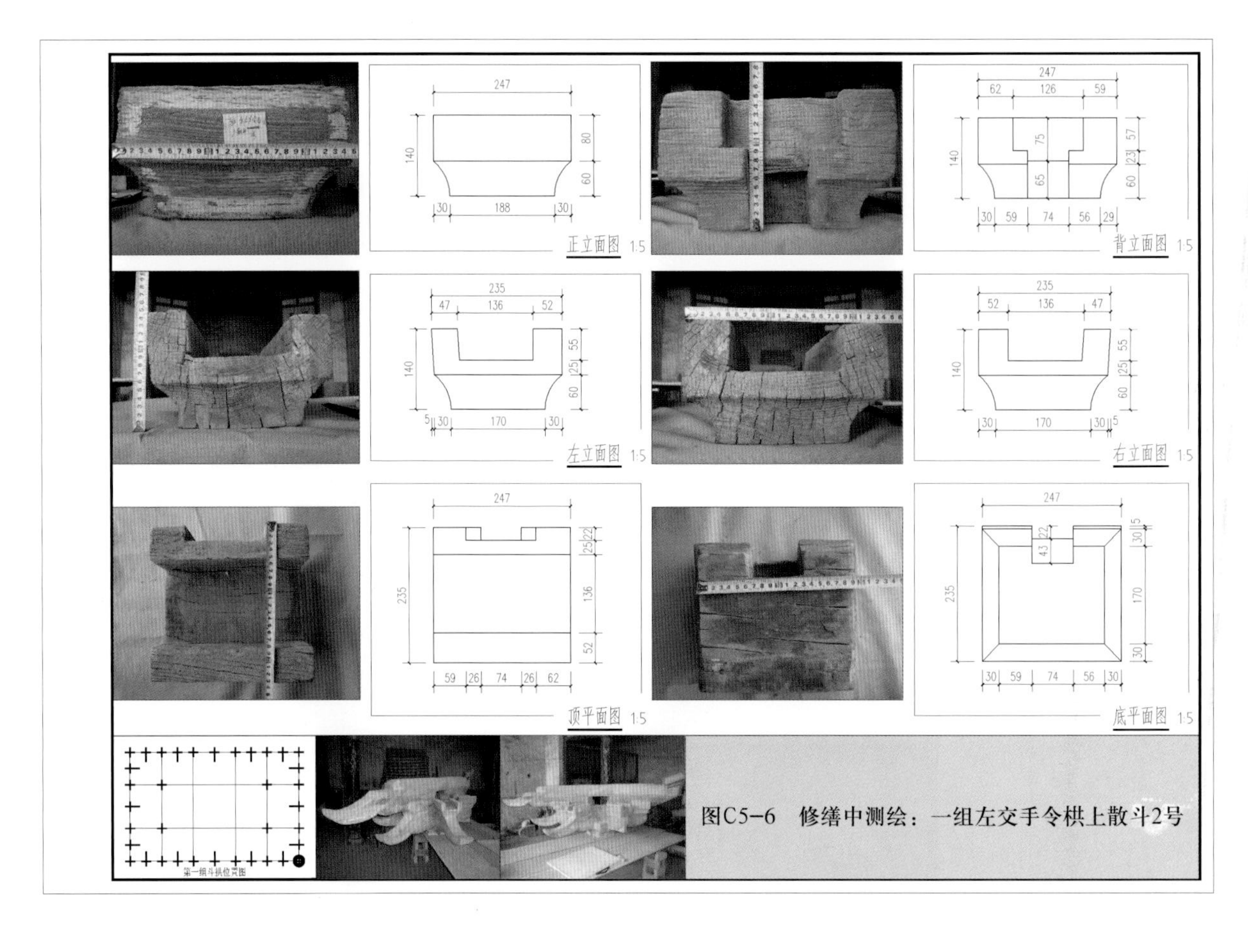

图C5-6　修缮中测绘：一组左交手令栱上散斗2号

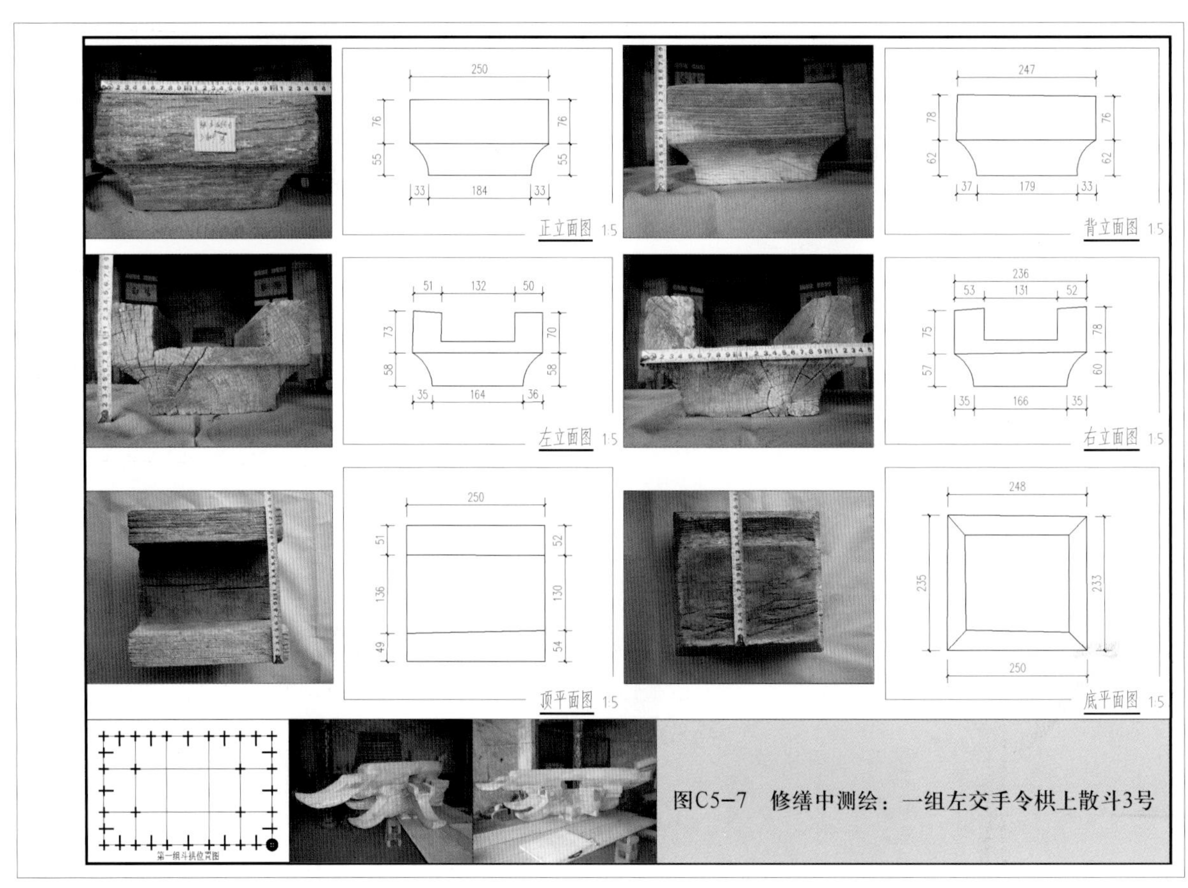

图C5-7　修缮中测绘：一组左交手令栱上散斗3号

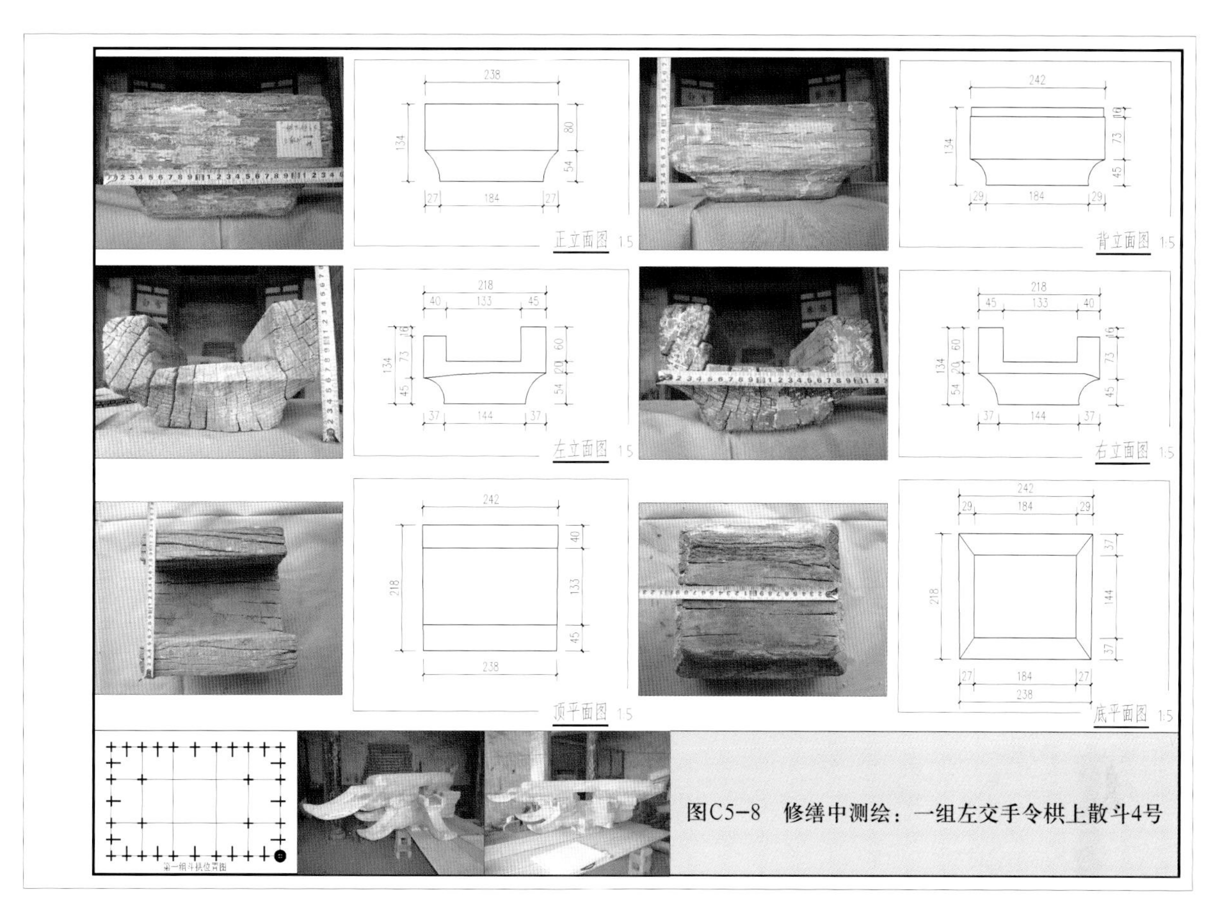

图C5-8 修缮中测绘：一组左交手令栱上散斗4号

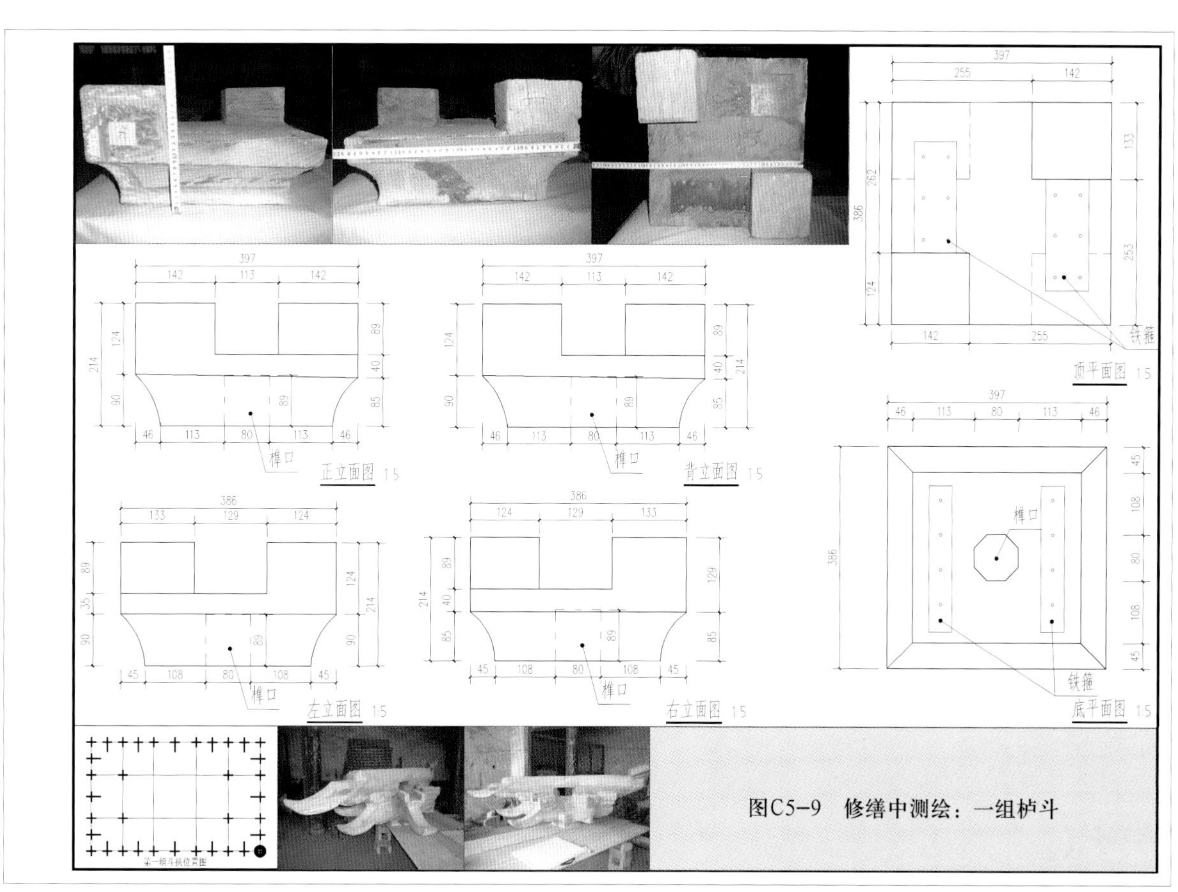

图C5-9 修缮中测绘：一组栌斗

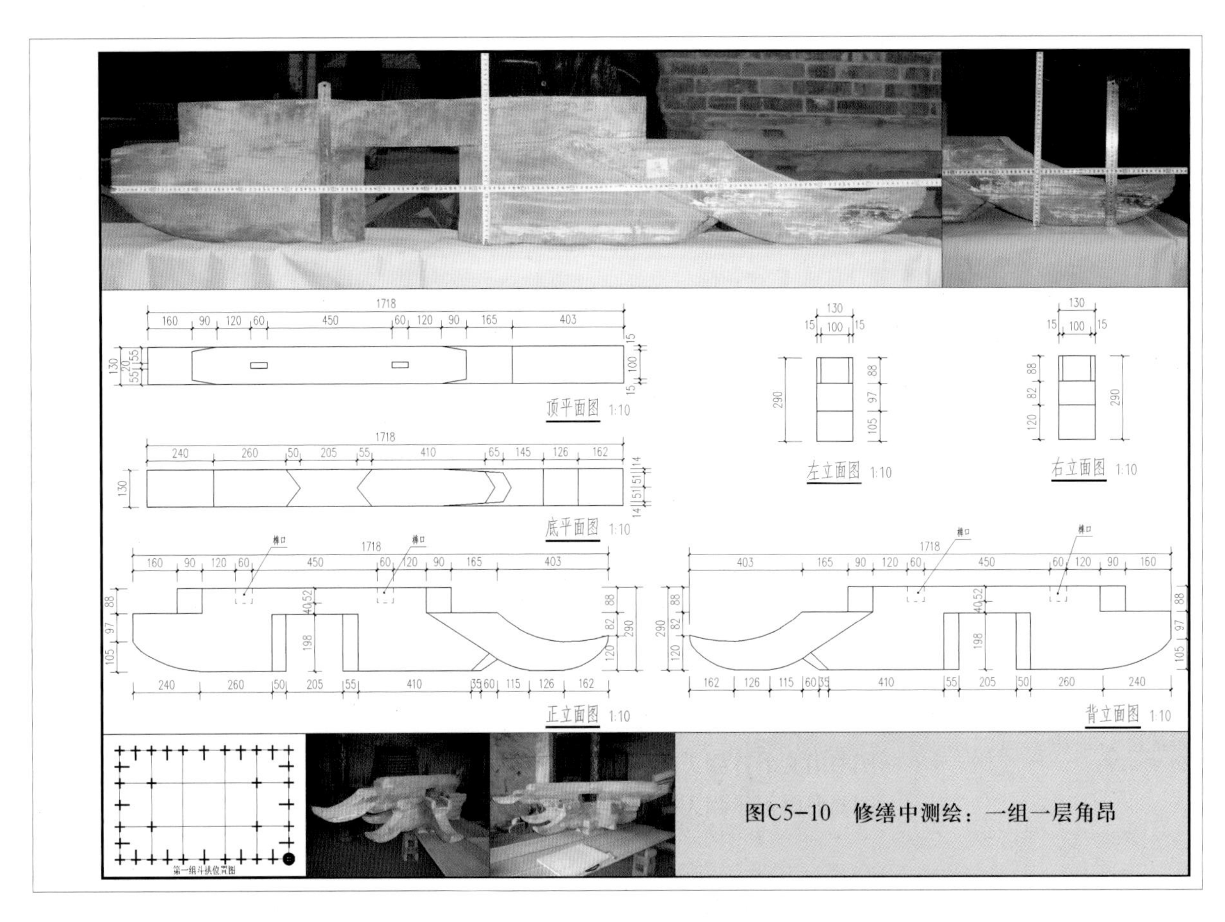

图C5-10　修缮中测绘：一组一层角昂

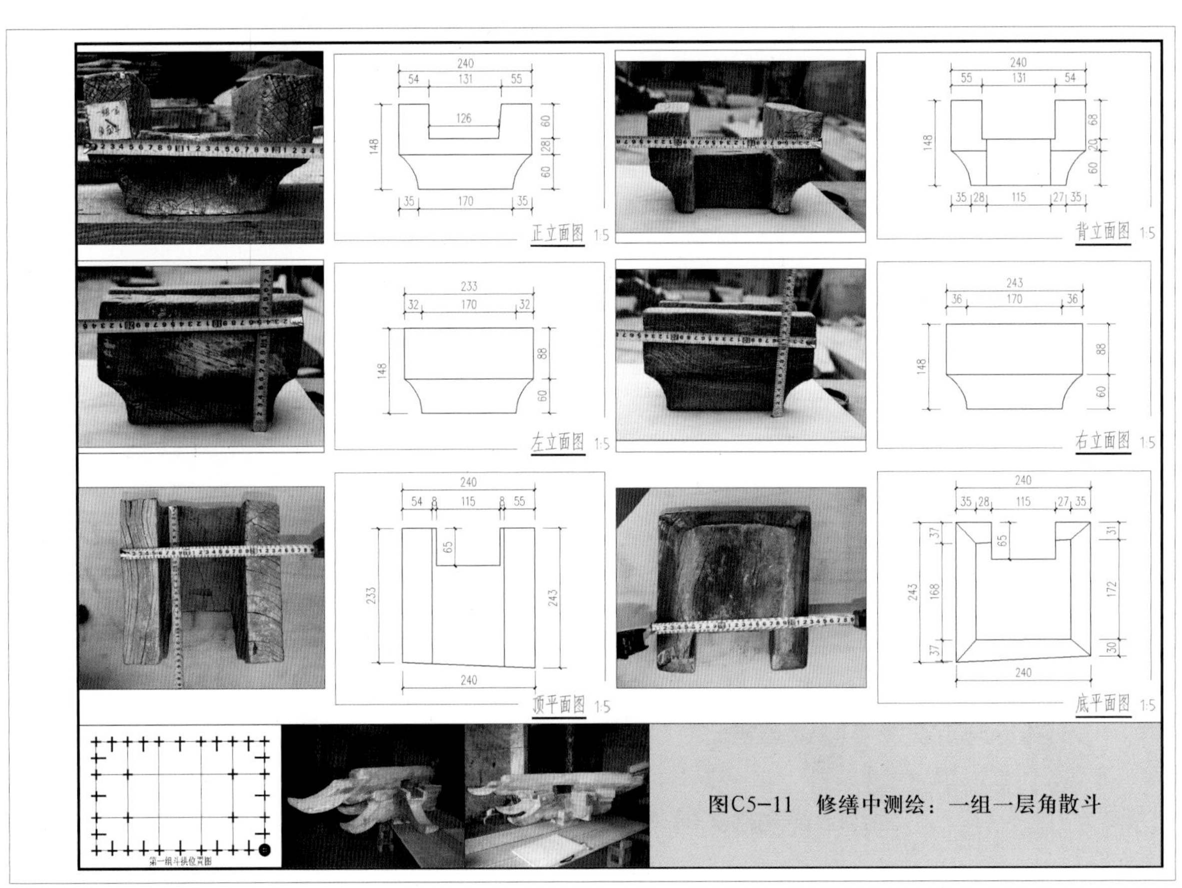

图C5-11　修缮中测绘：一组一层角散斗

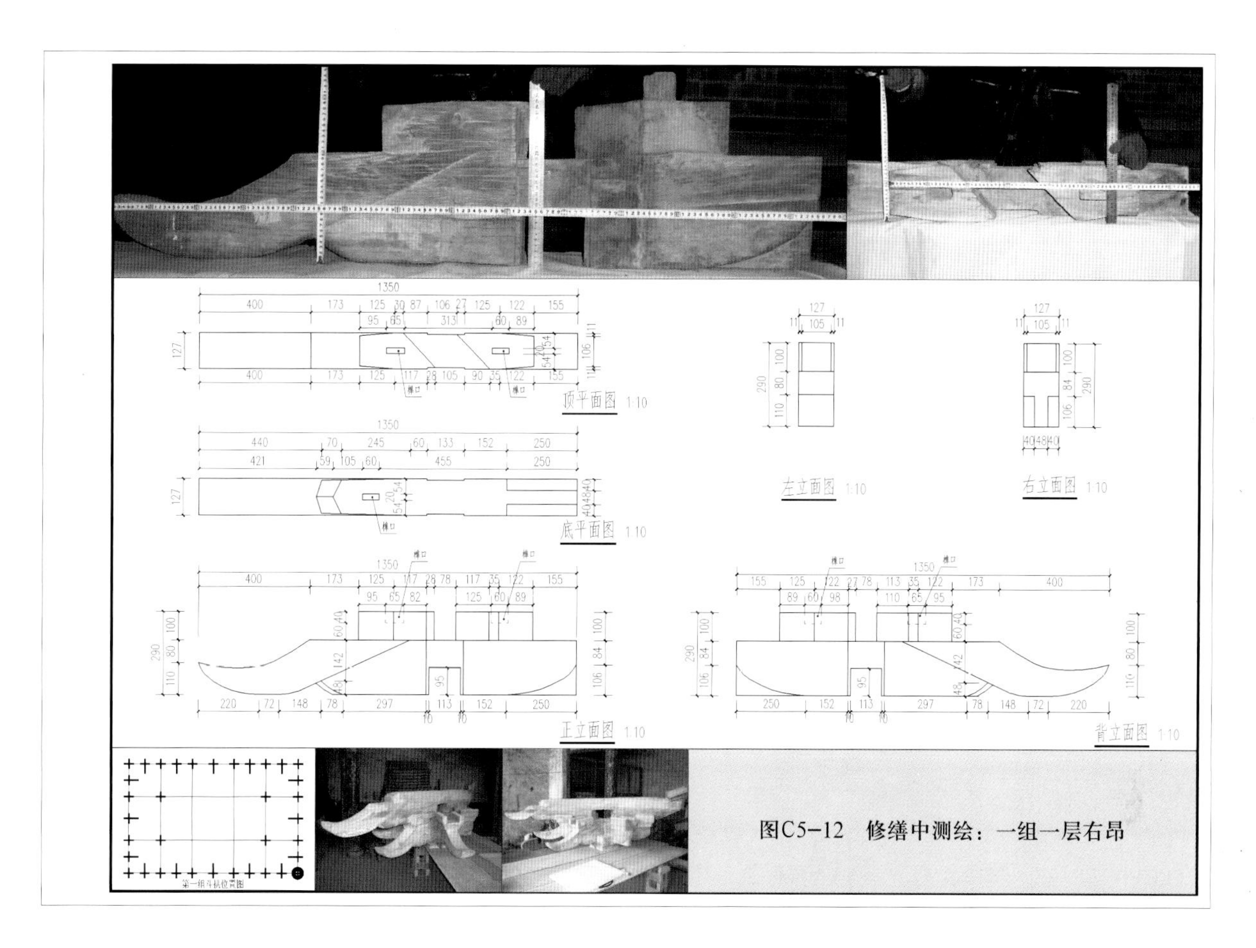

图C5-12 修缮中测绘：一组一层右昂

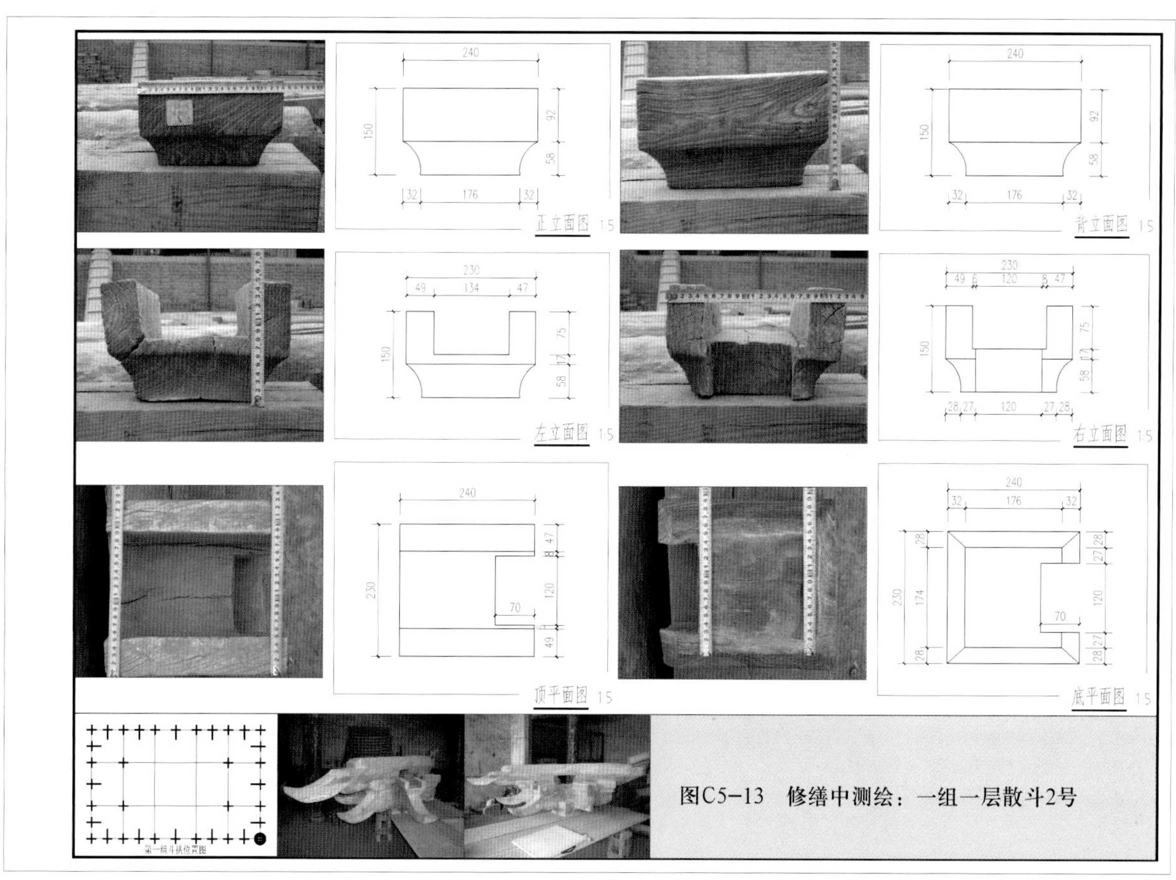

图C5-13 修缮中测绘：一组一层散斗2号

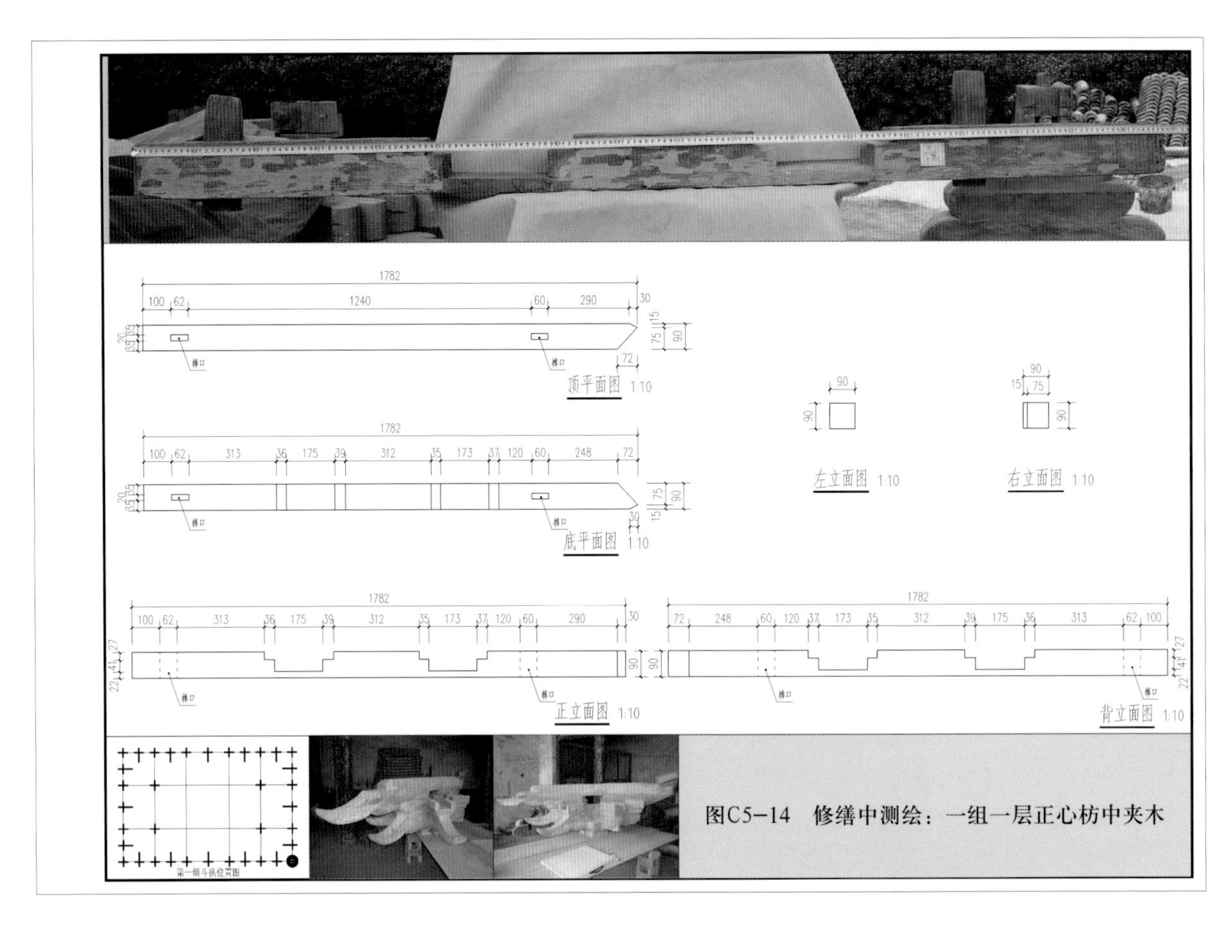

图C5-14 修缮中测绘：一组一层正心枋中夹木

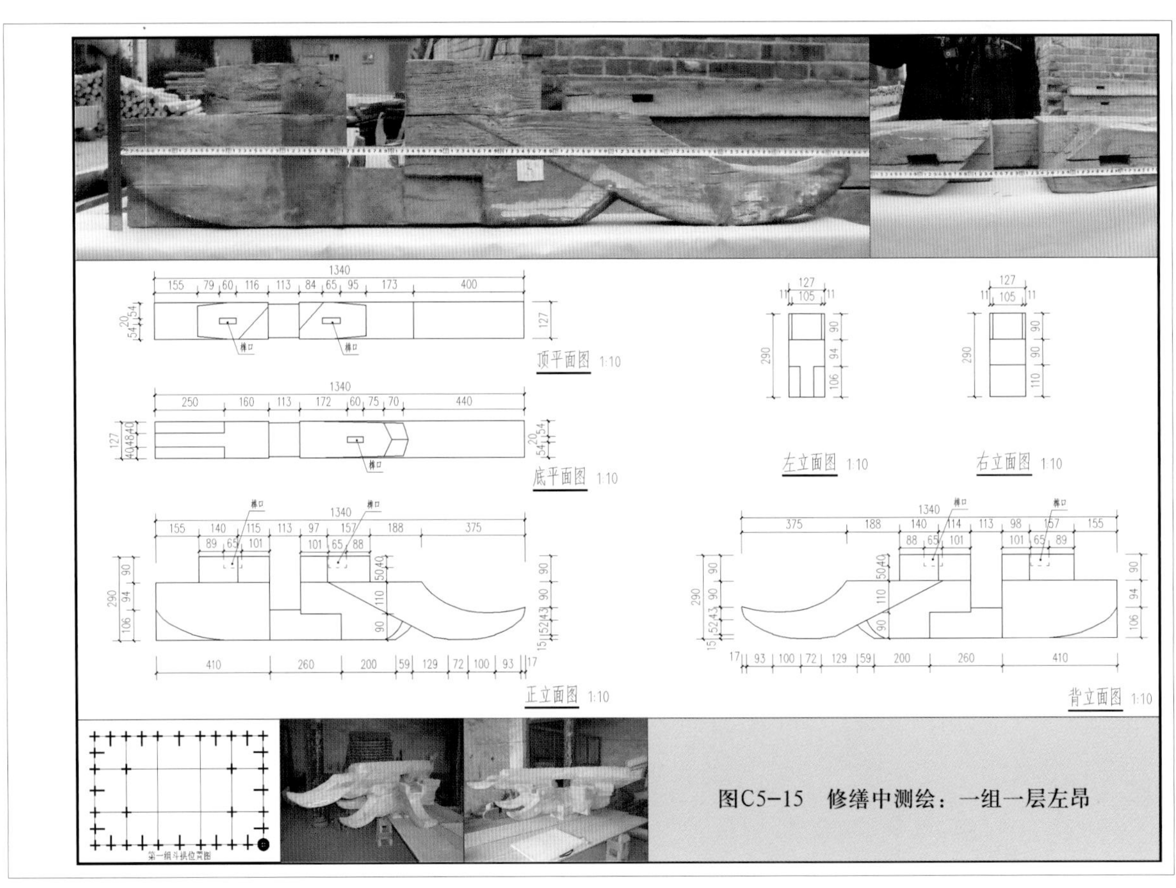

图C5-15 修缮中测绘：一组一层左昂

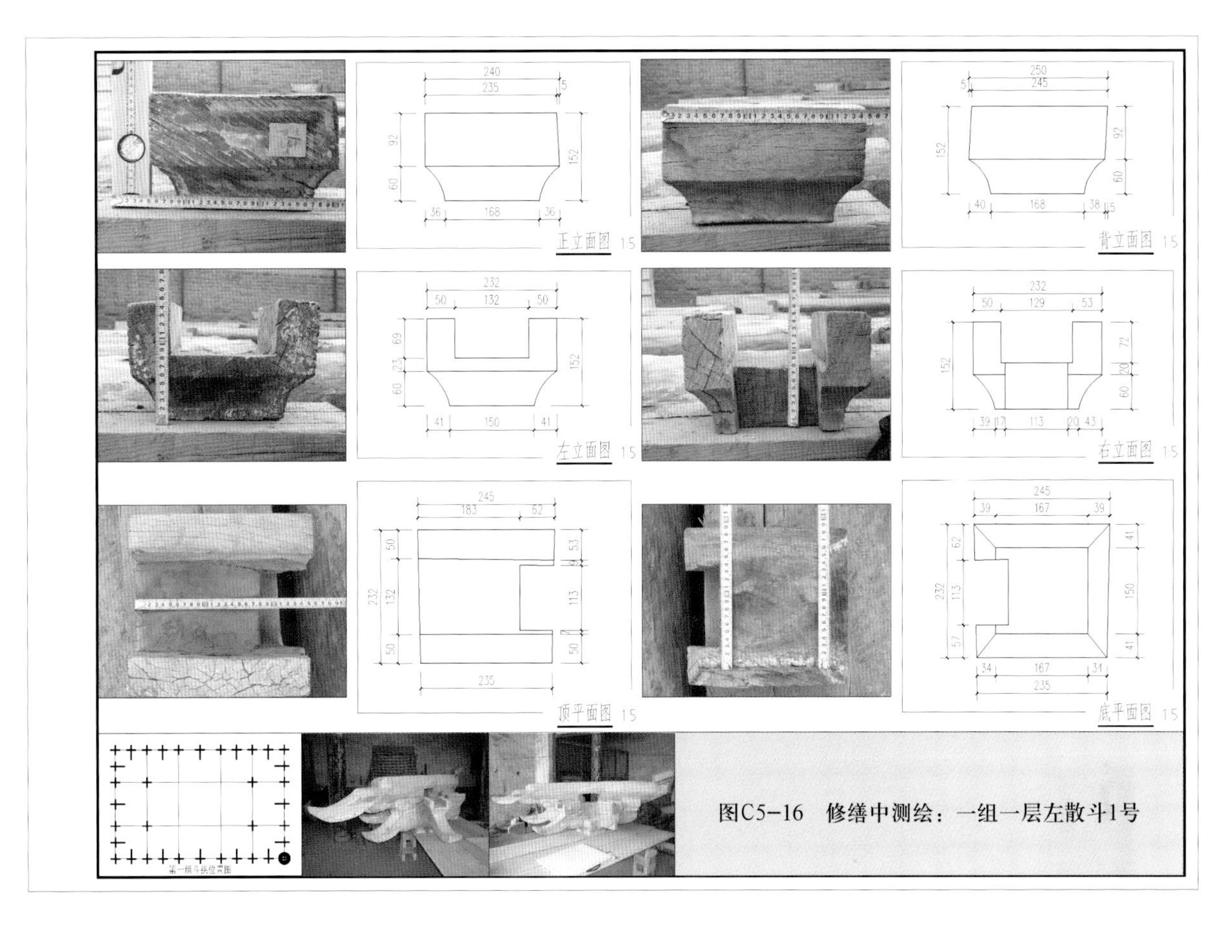

图C5-16 修缮中测绘：一组一层左散斗1号

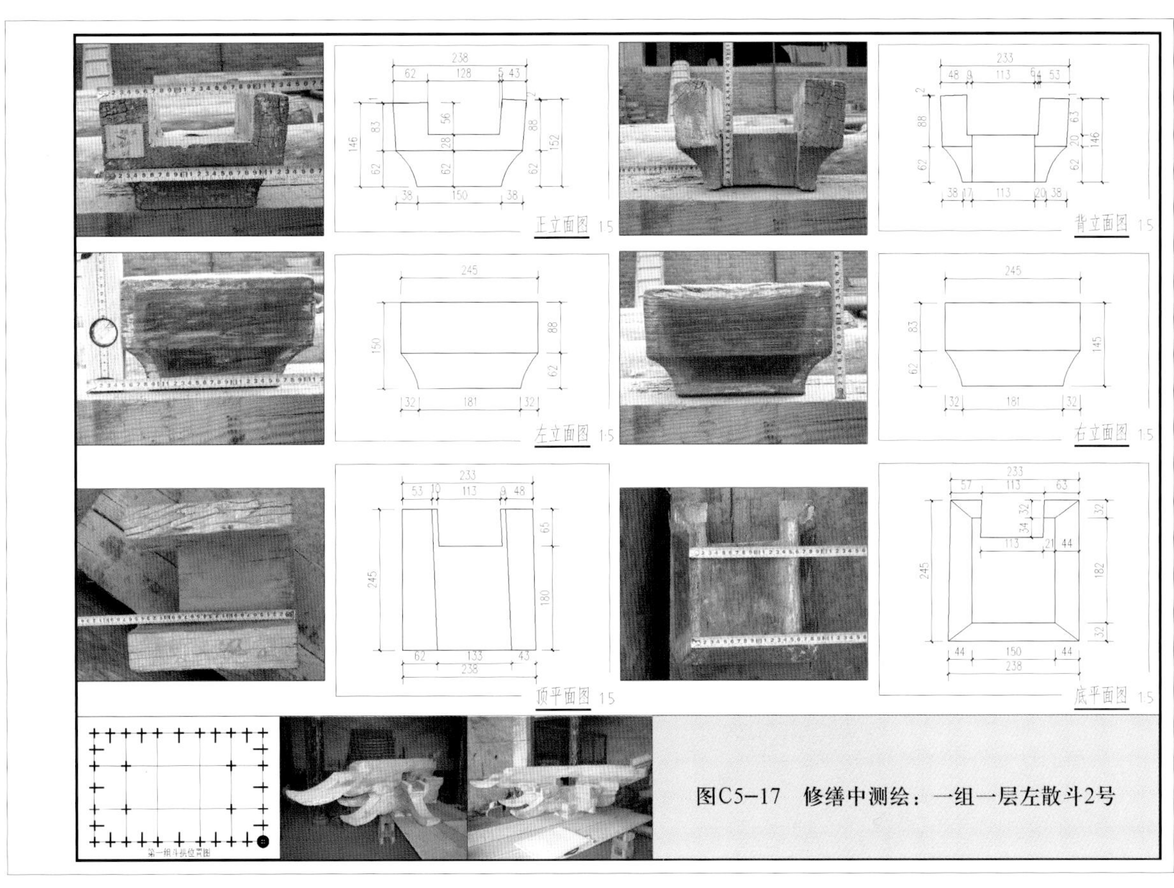

图C5-17 修缮中测绘：一组一层左散斗2号

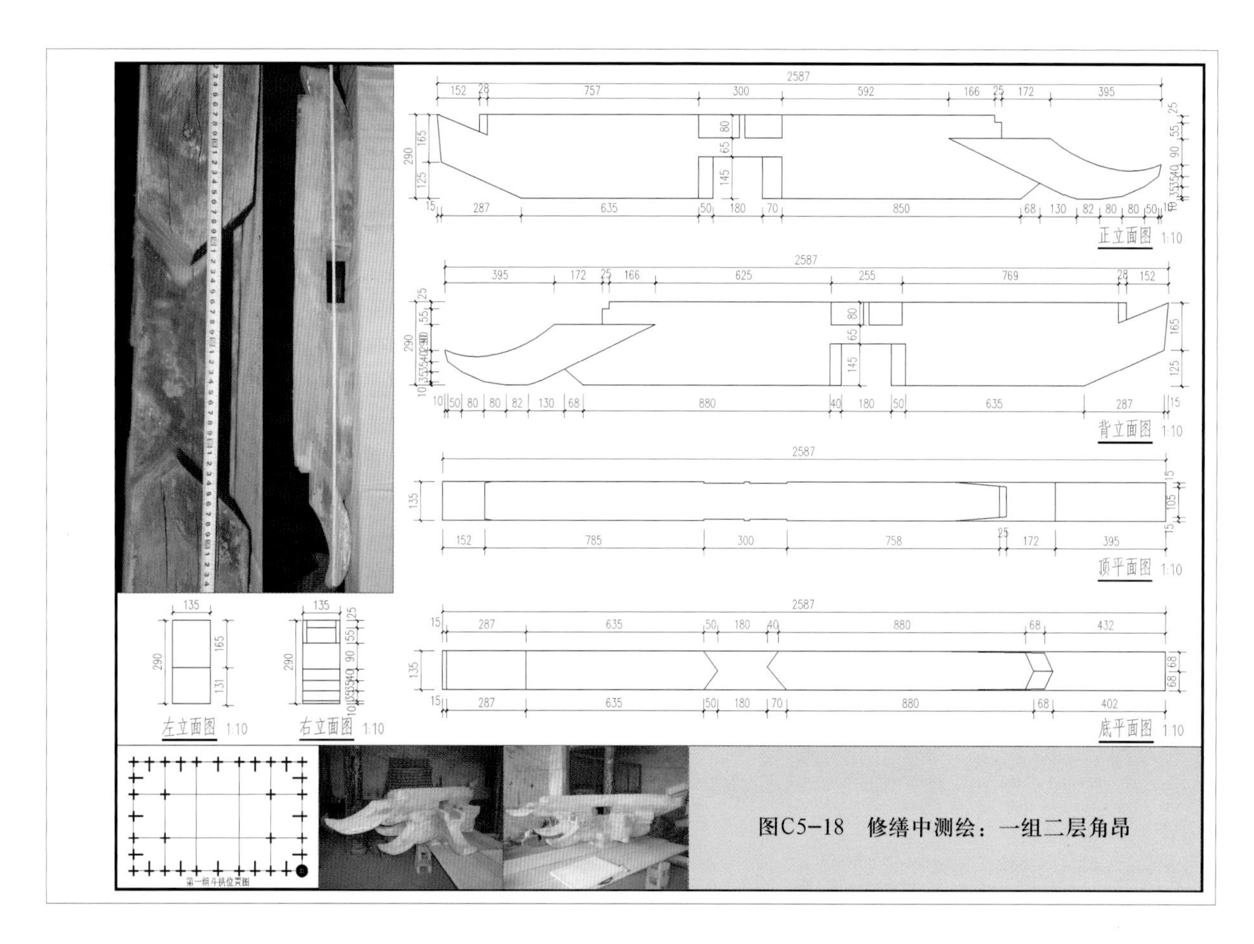

图C5-18 修缮中测绘：一组二层角昂

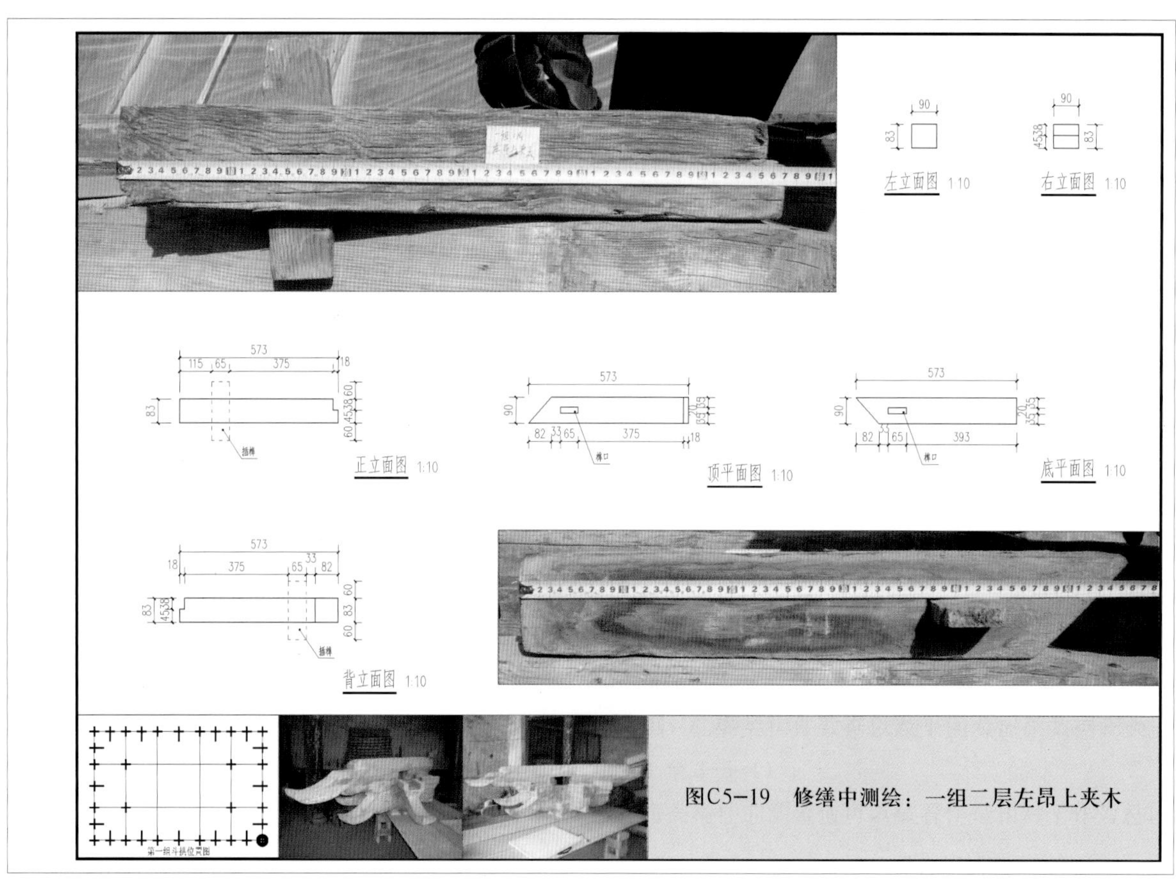

图C5-19 修缮中测绘：一组二层左昂上夹木

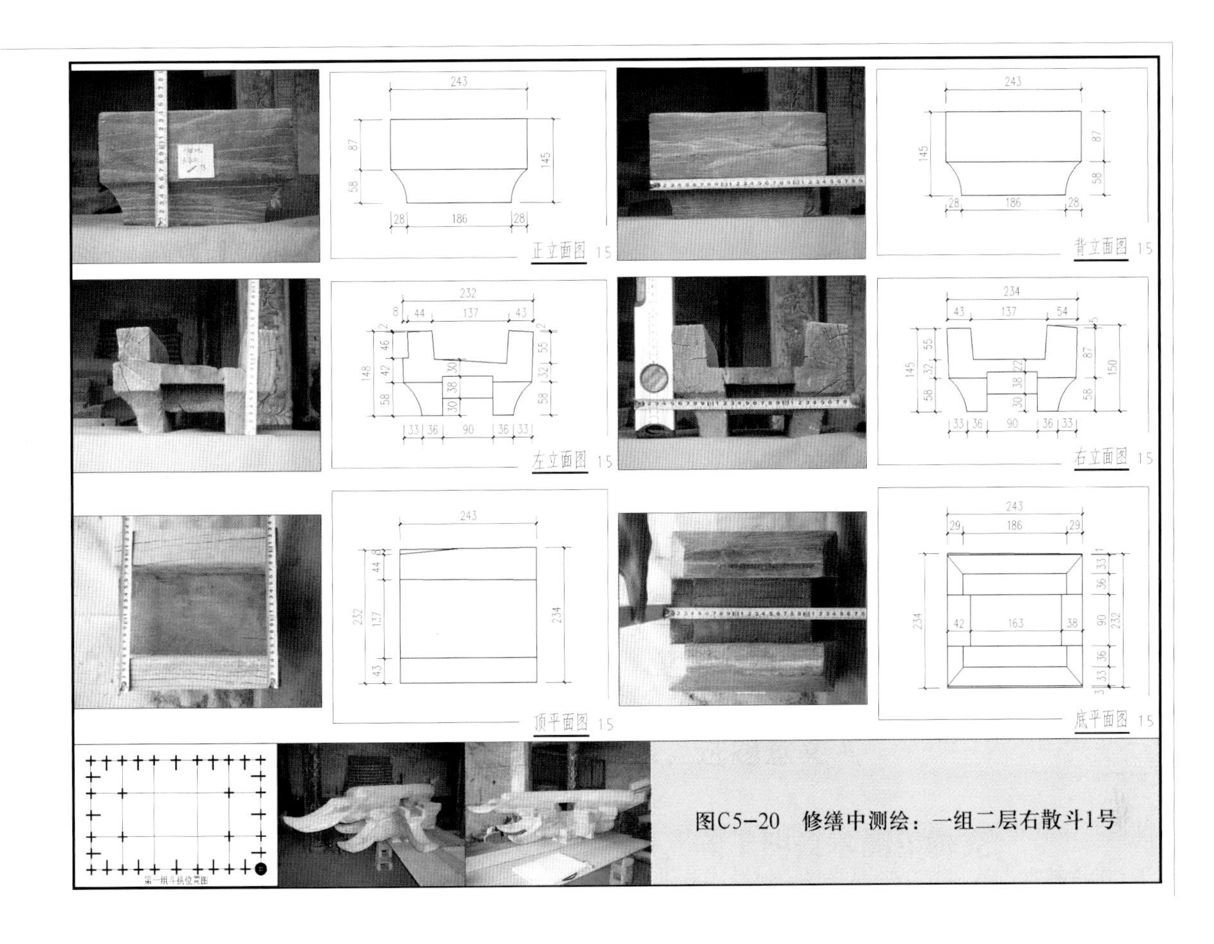

图C5-20　修缮中测绘：一组二层右散斗1号

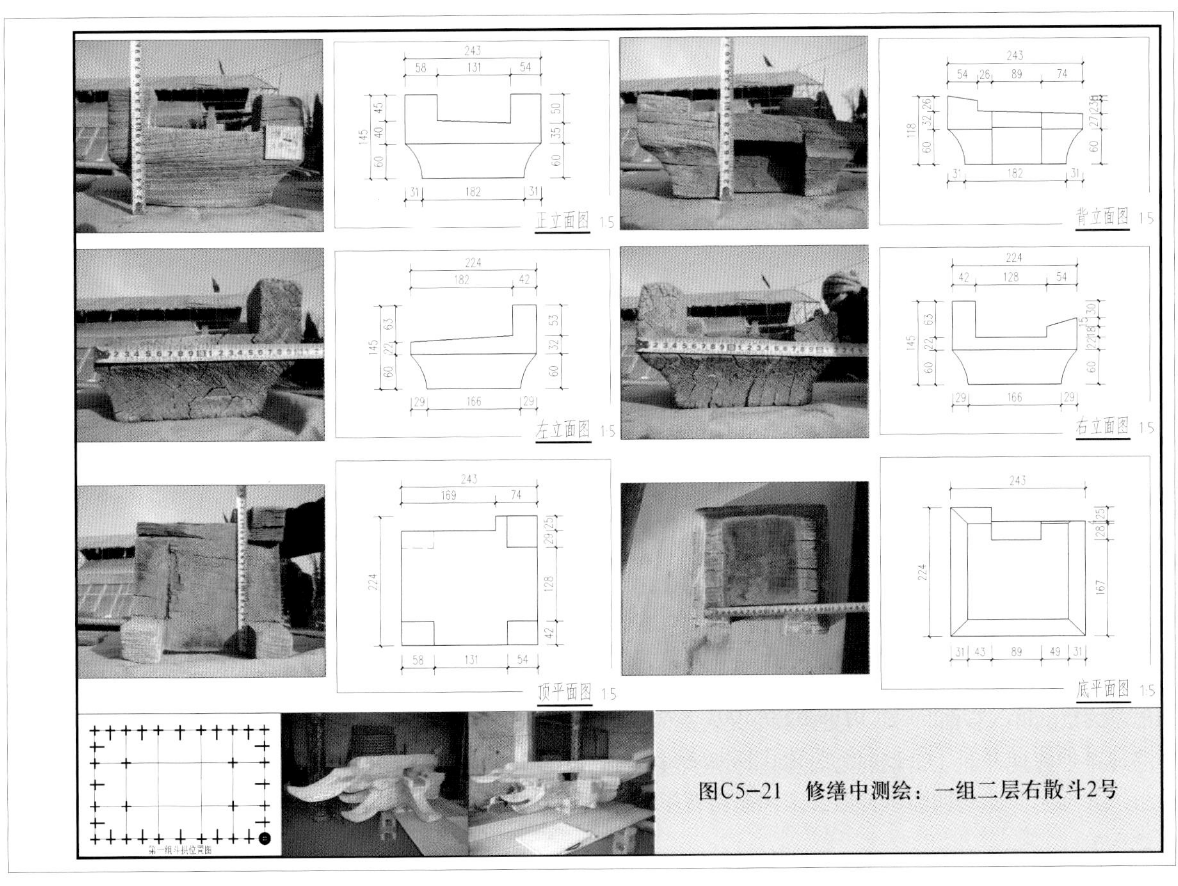

图C5-21　修缮中测绘：一组二层右散斗2号

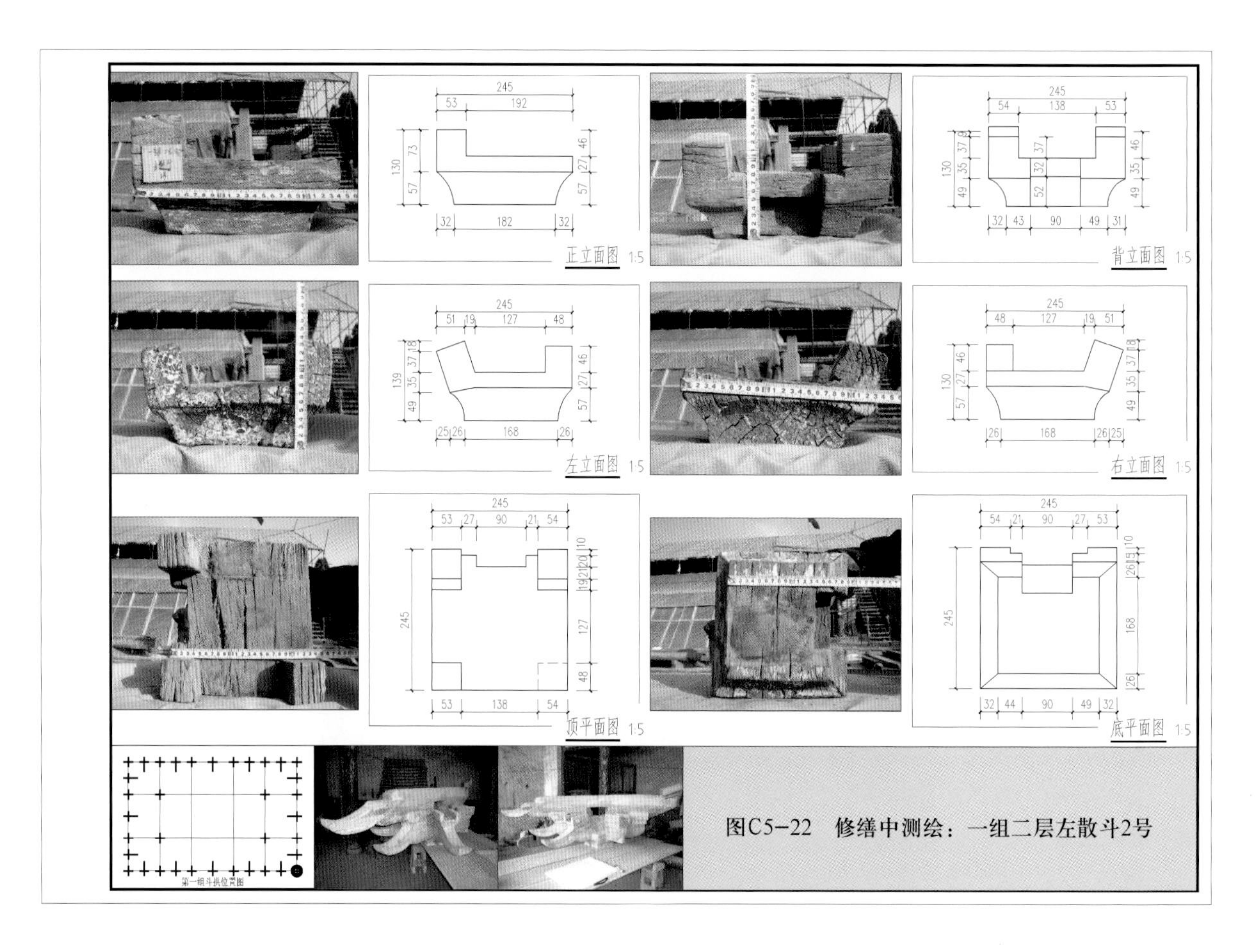

图C5-22　修缮中测绘：一组二层左散斗2号

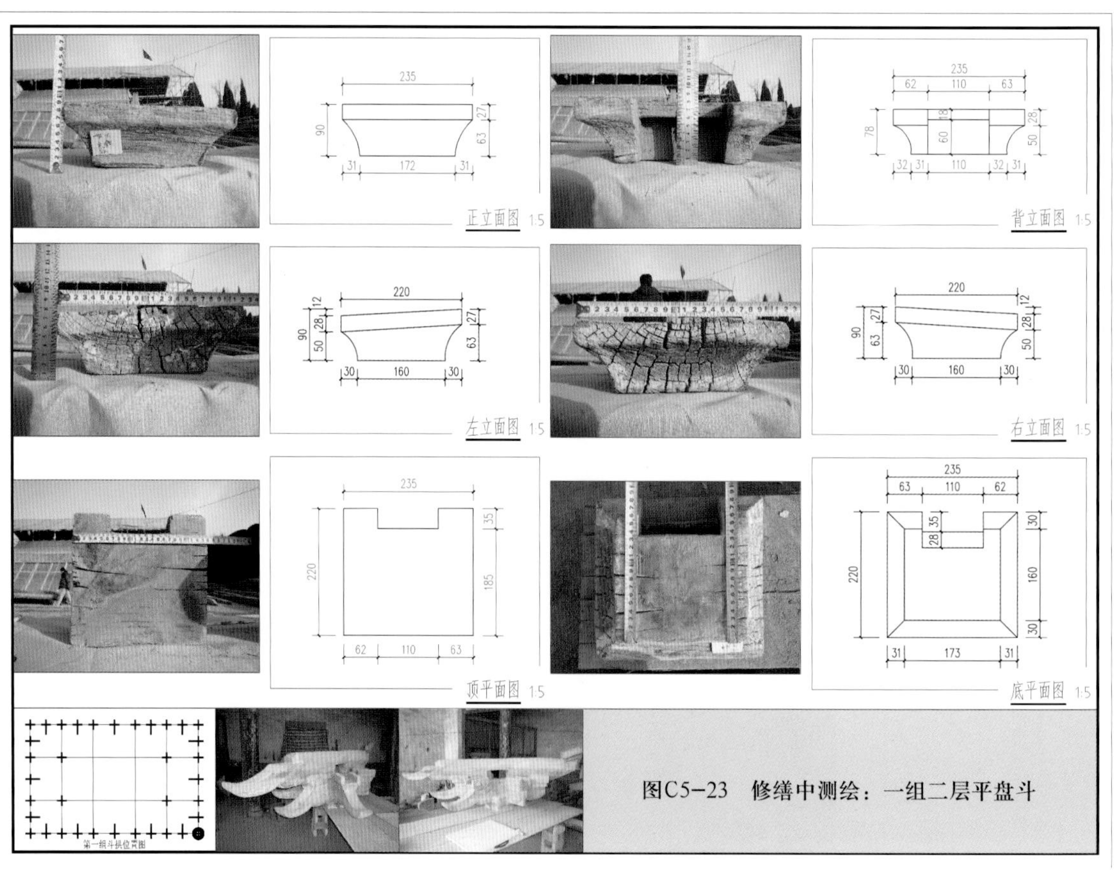

图C5-23　修缮中测绘：一组二层平盘斗

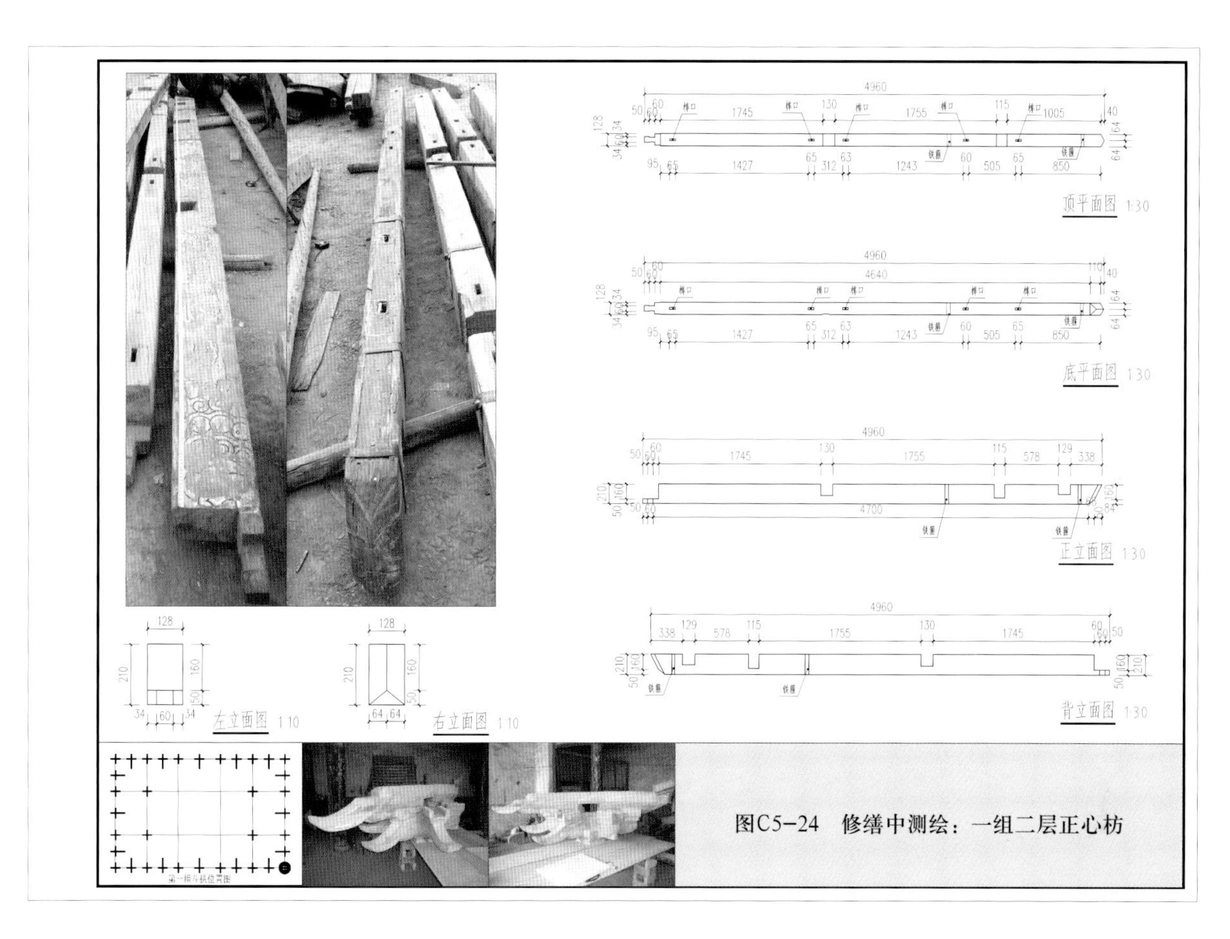

图C5-24 修缮中测绘：一组二层正心枋

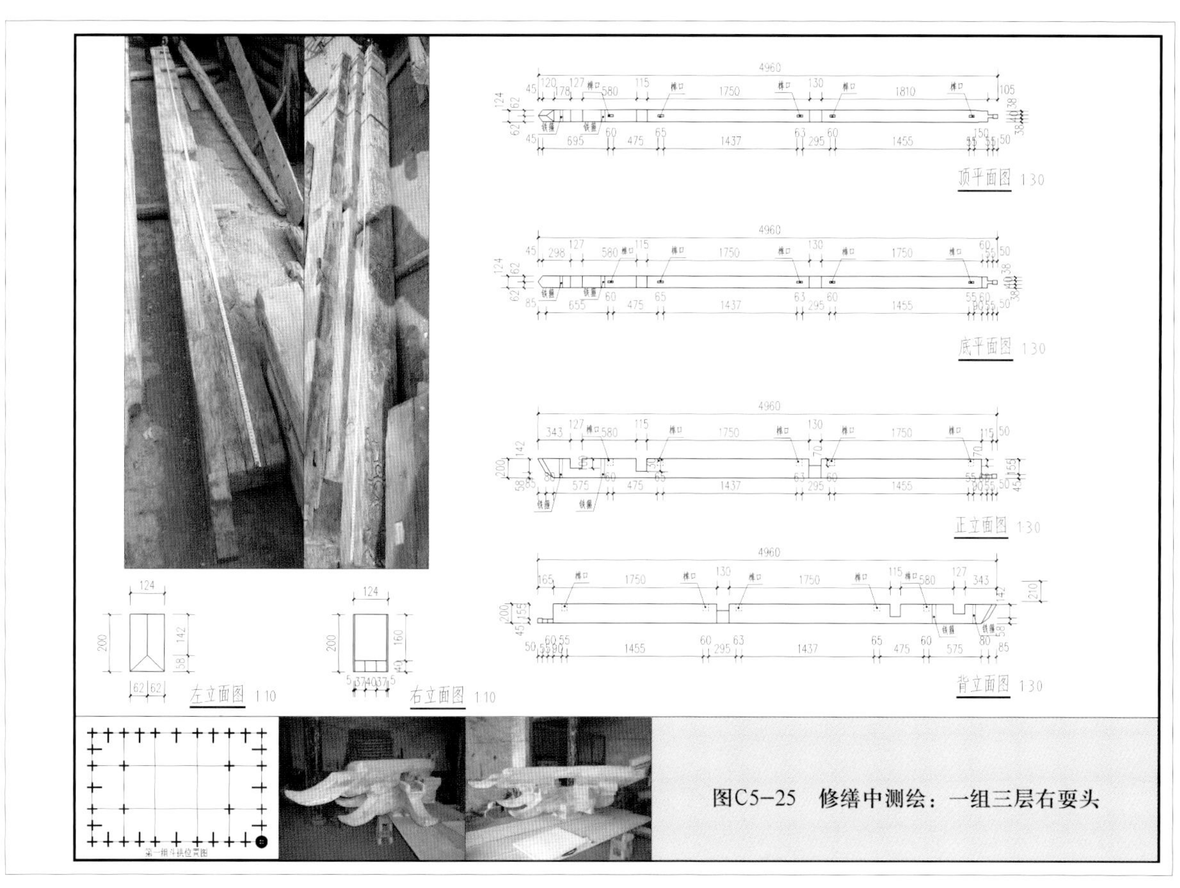

图C5-25 修缮中测绘：一组三层右耍头

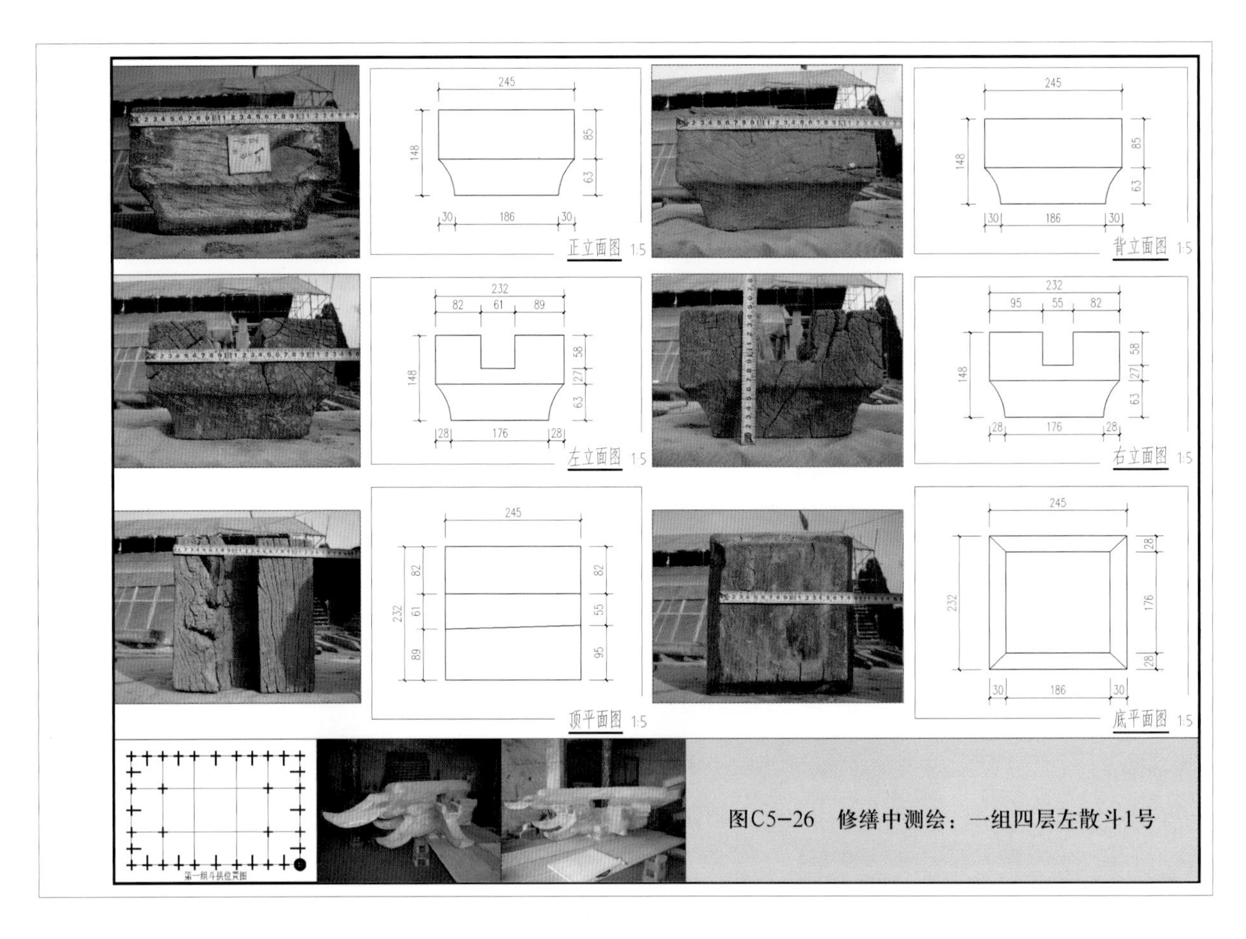

图C5-26　修缮中测绘：一组四层左散斗1号

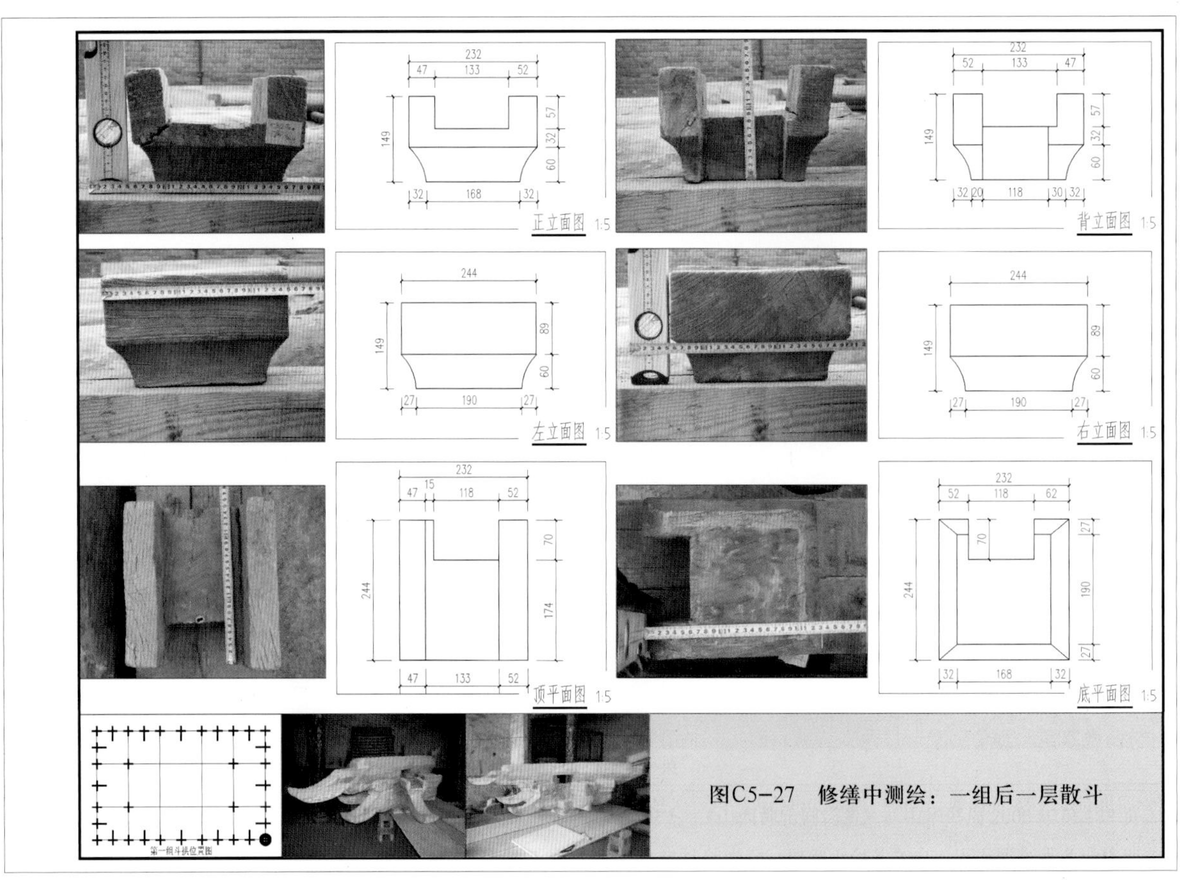

图C5-27　修缮中测绘：一组后一层散斗

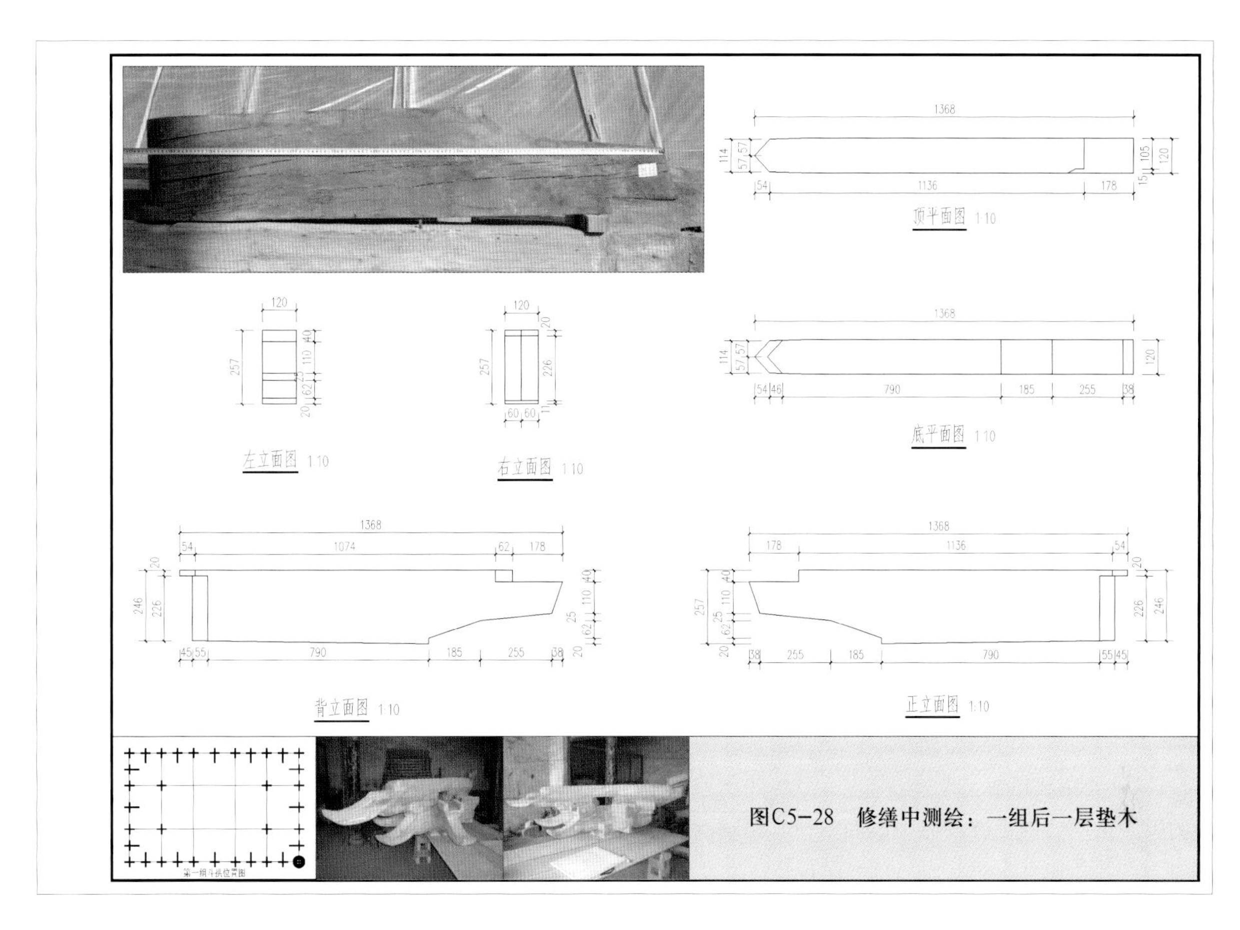

图C5-28 修缮中测绘：一组后一层垫木

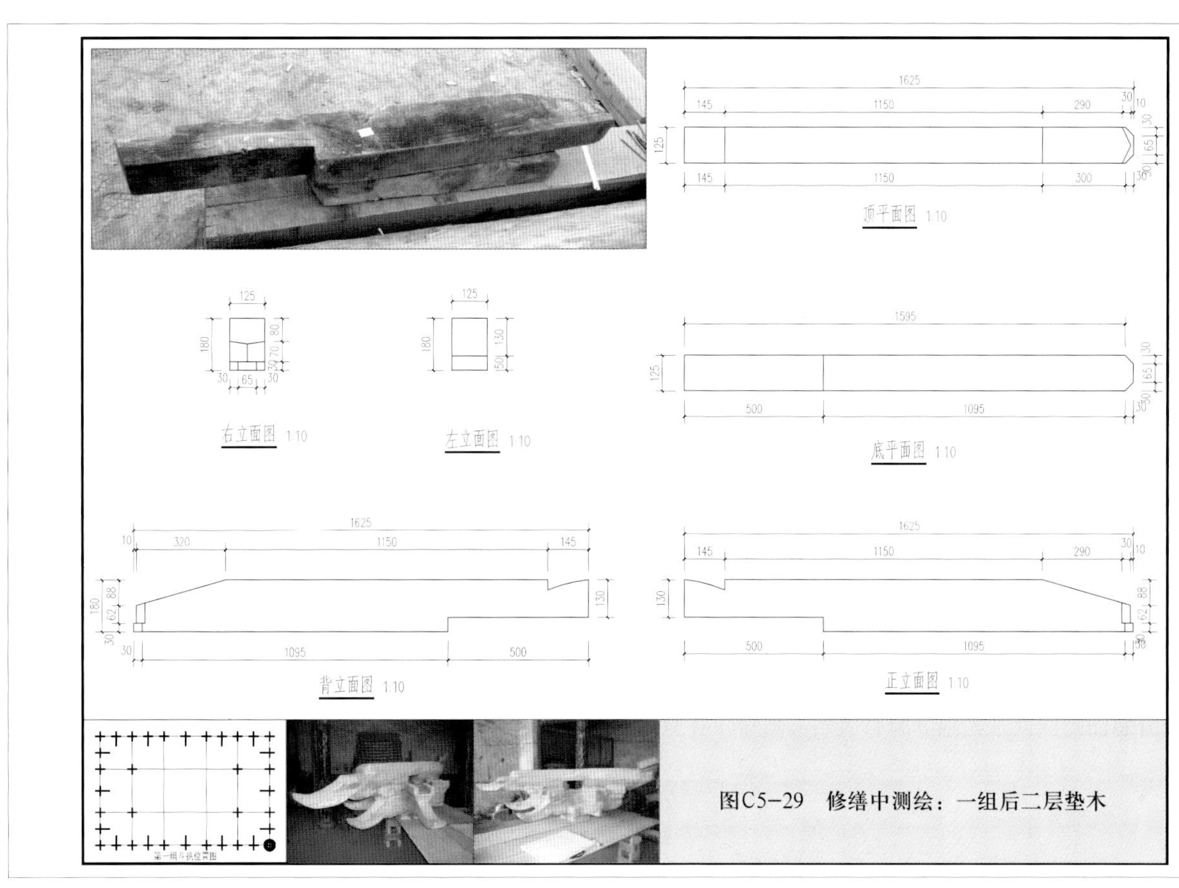

图C5-29 修缮中测绘：一组后二层垫木

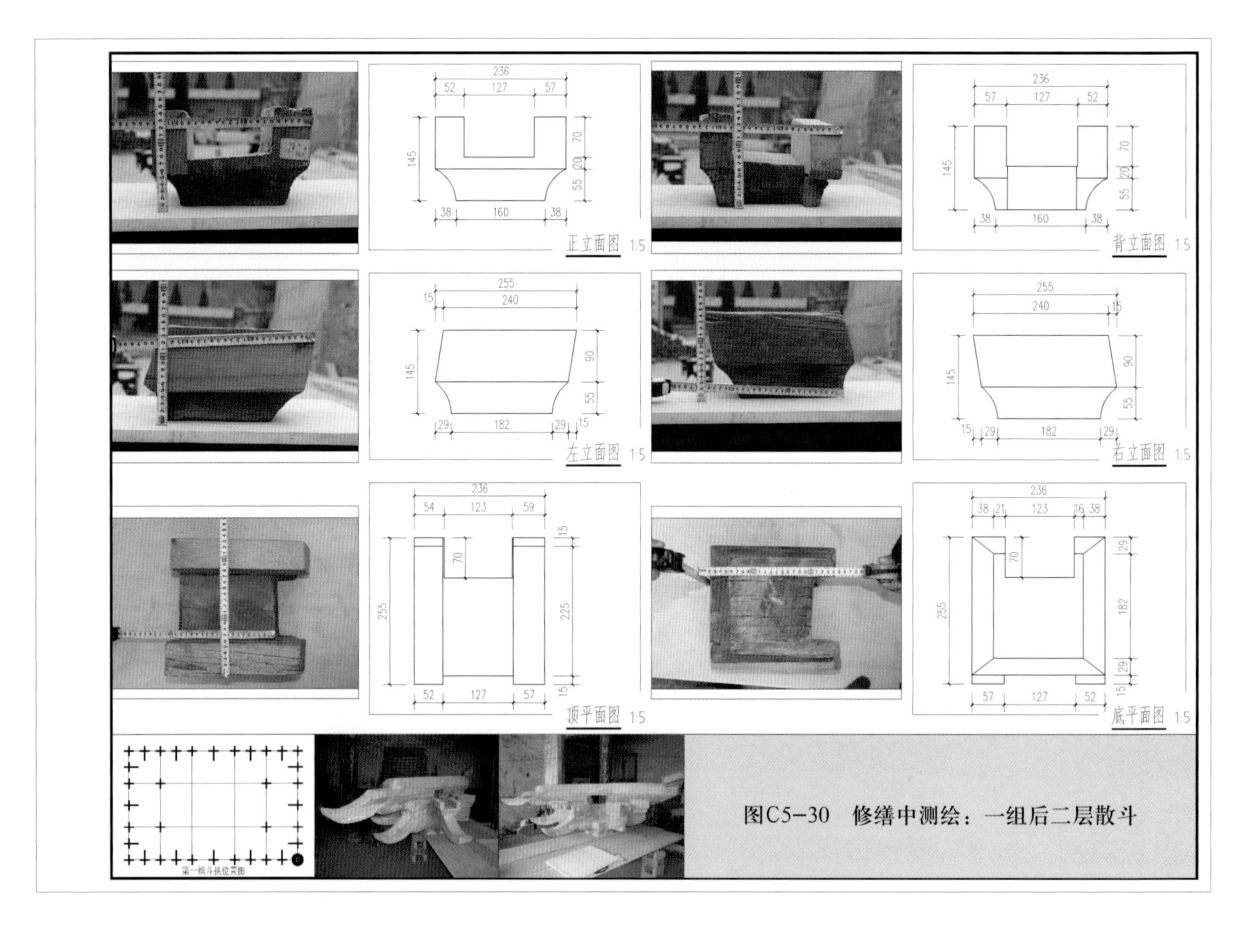

图C5-30　修缮中测绘：一组后二层散斗

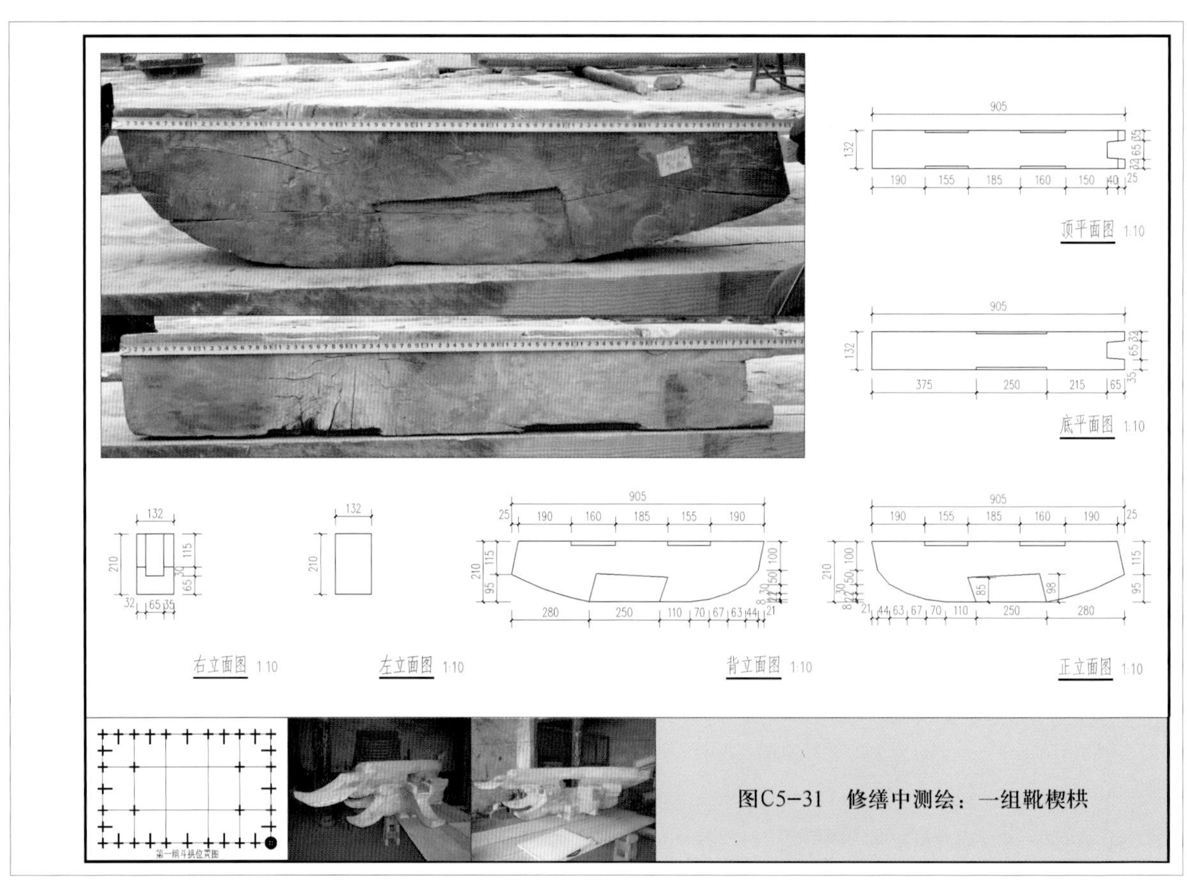

图C5-31　修缮中测绘：一组靴楔栱

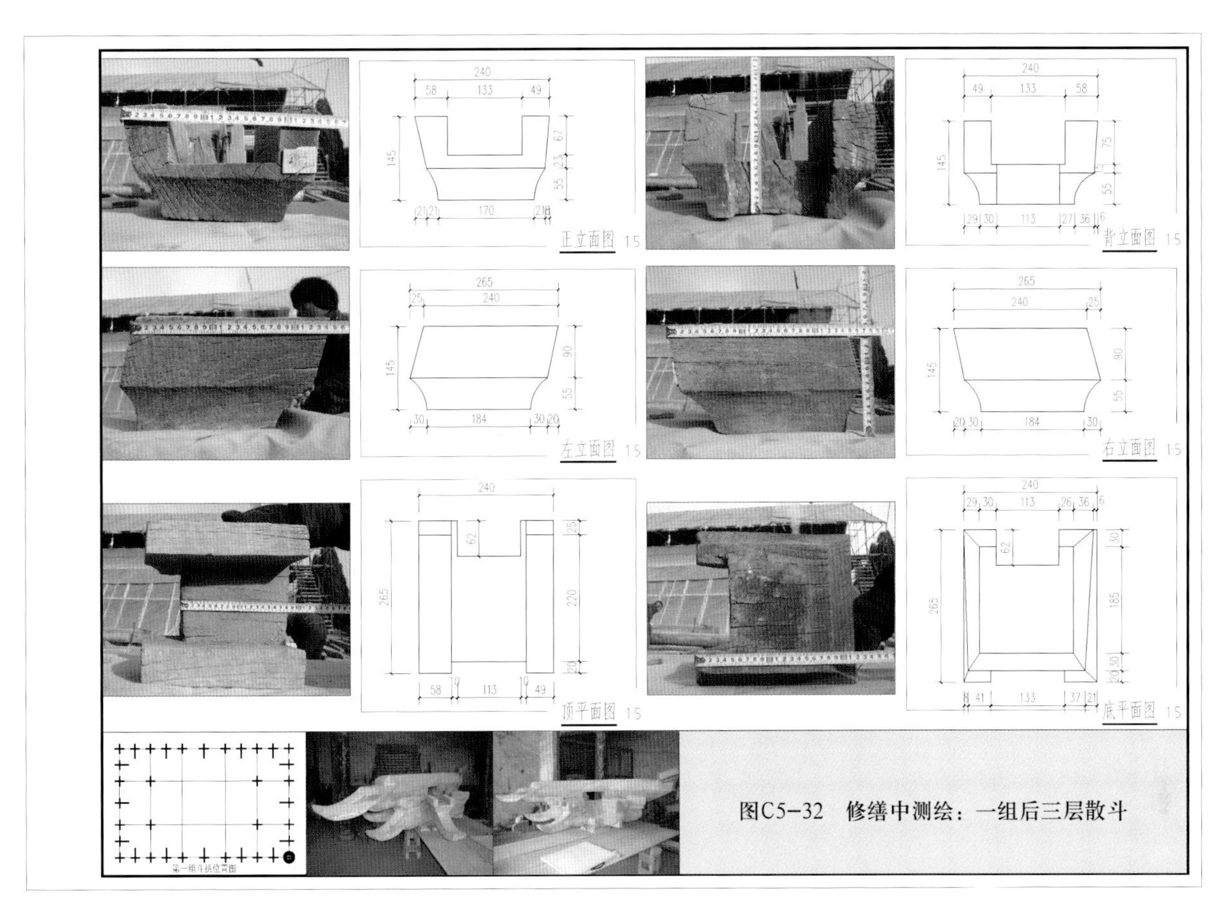

图C5-32　修缮中测绘：一组后三层散斗

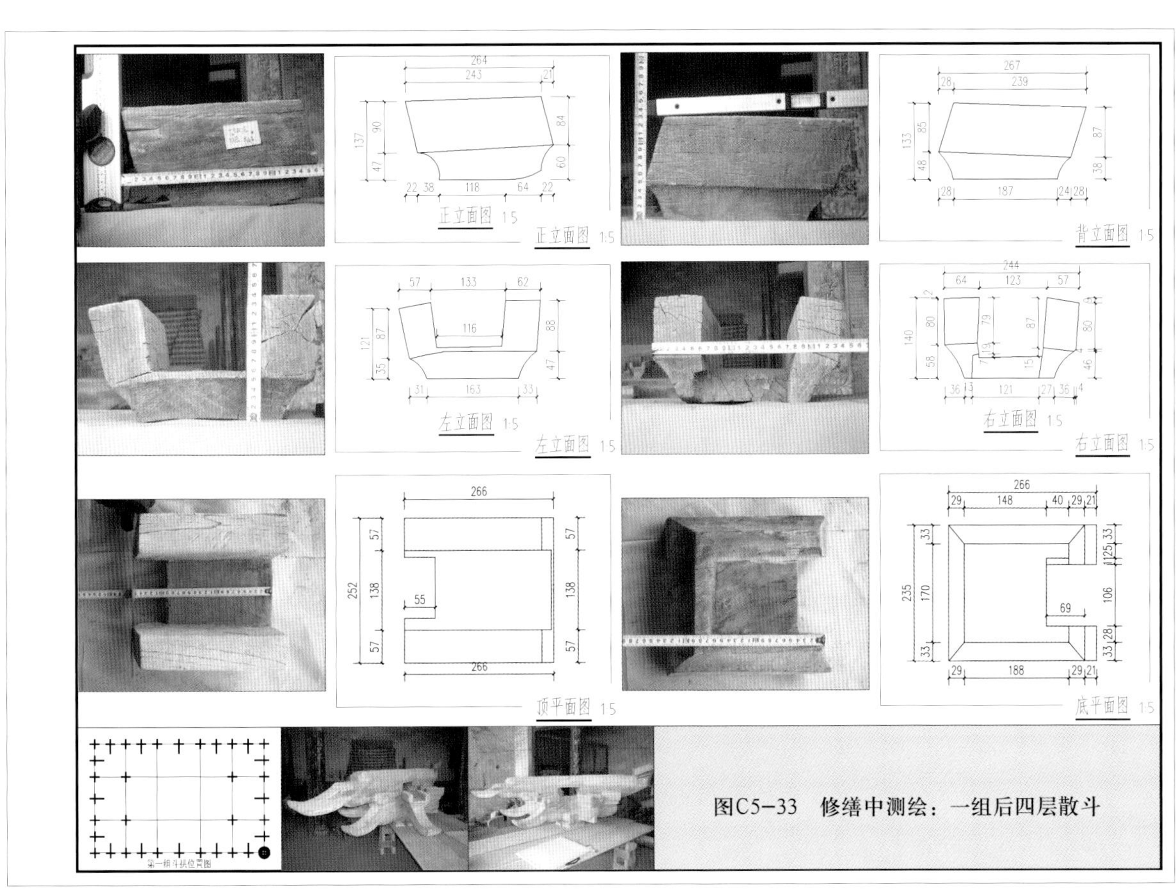

图C5-33　修缮中测绘：一组后四层散斗

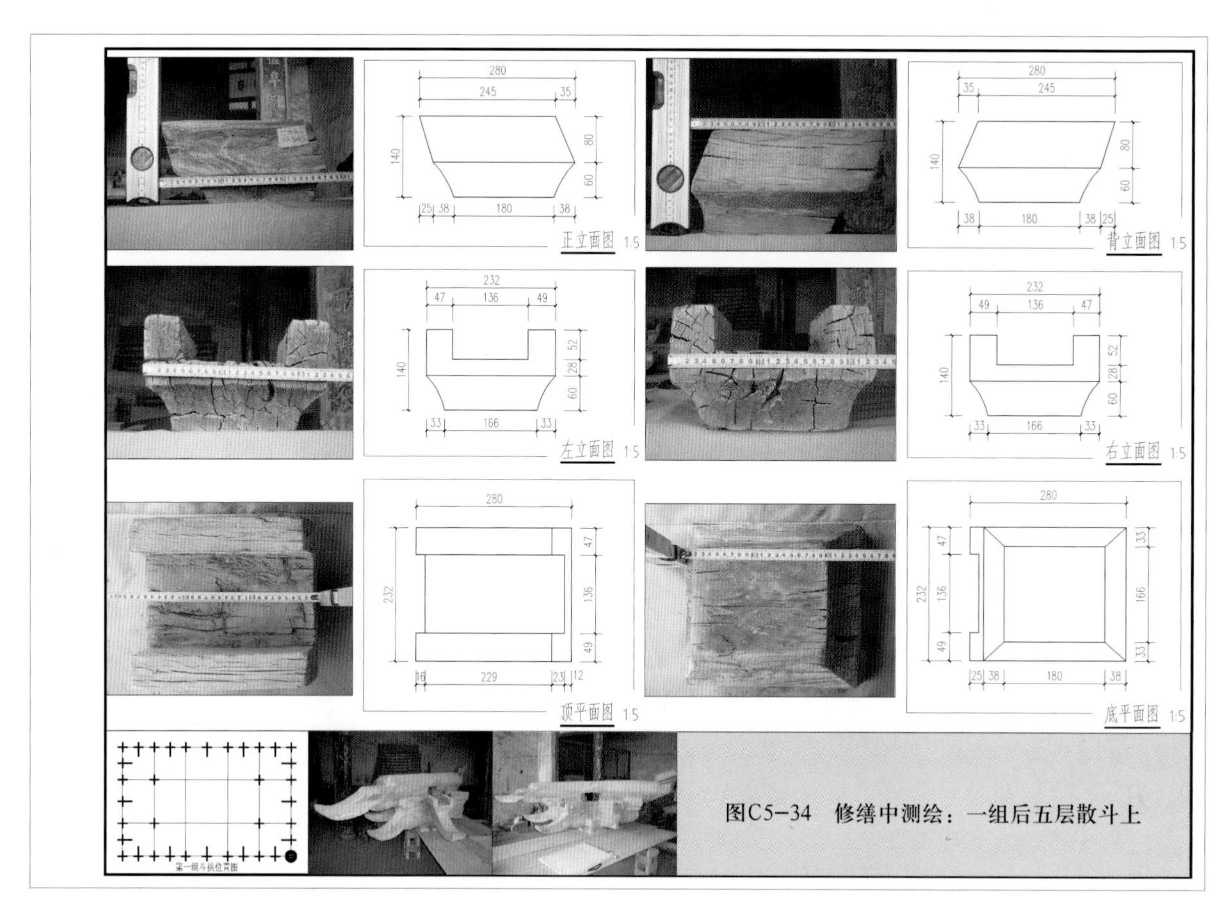

图C5-34　修缮中测绘：一组后五层散斗上

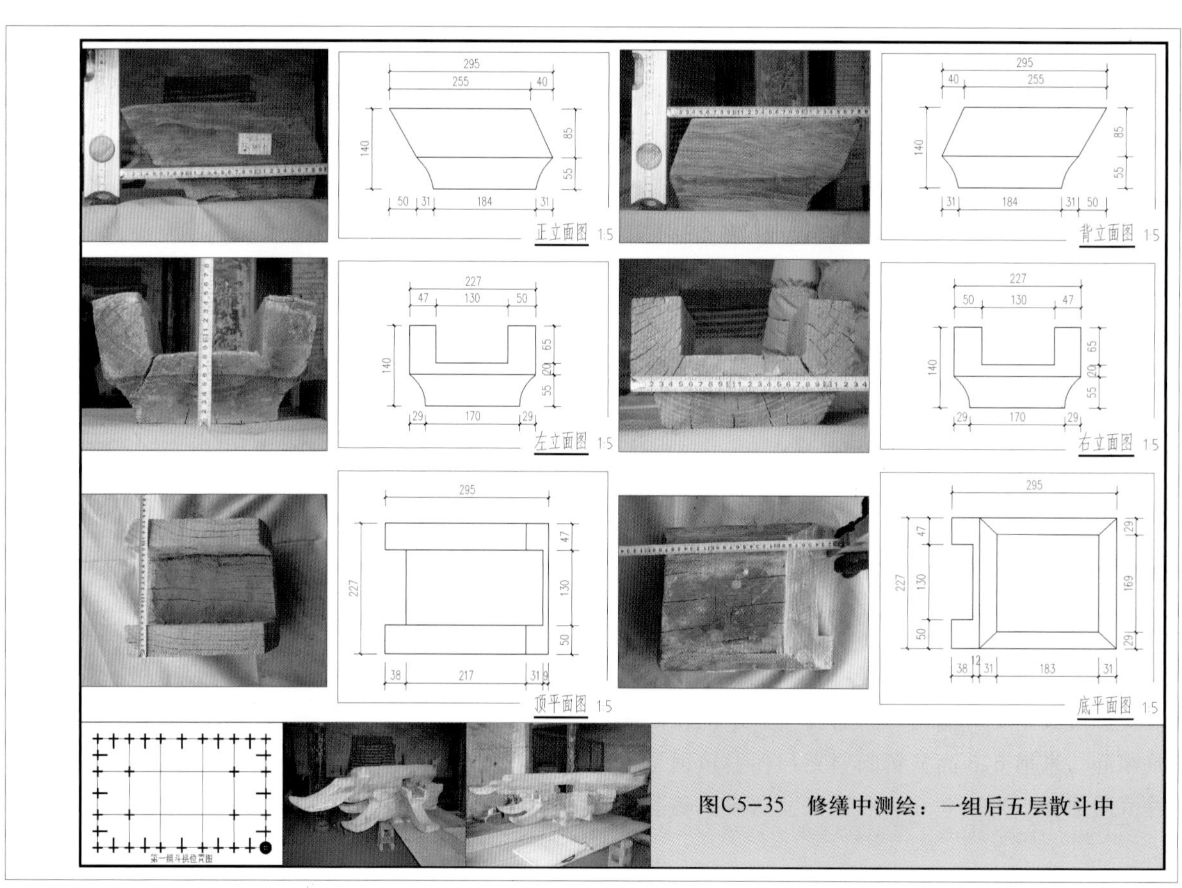

图C5-35　修缮中测绘：一组后五层散斗中

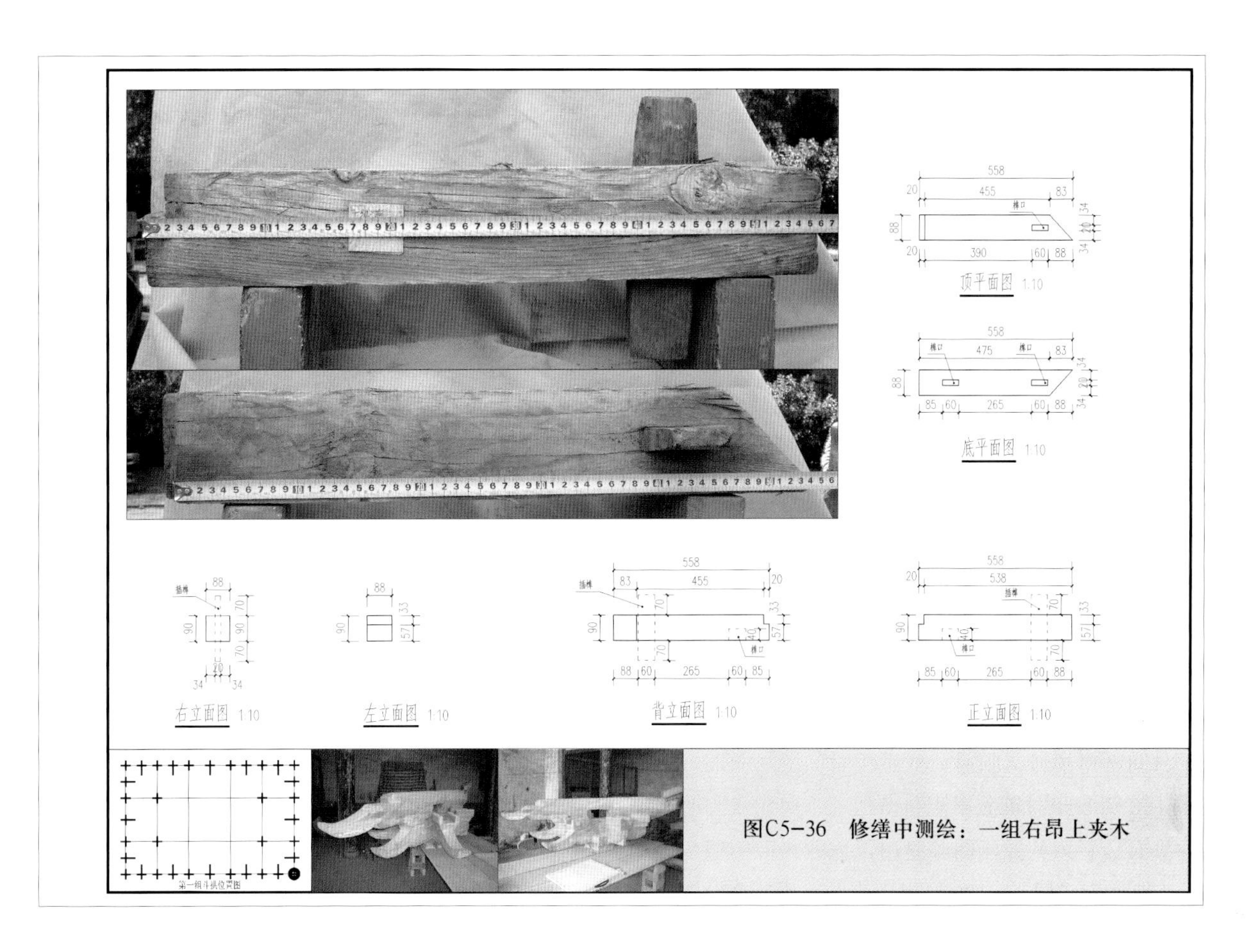

图C5-36　修缮中测绘：一组右昂上夹木

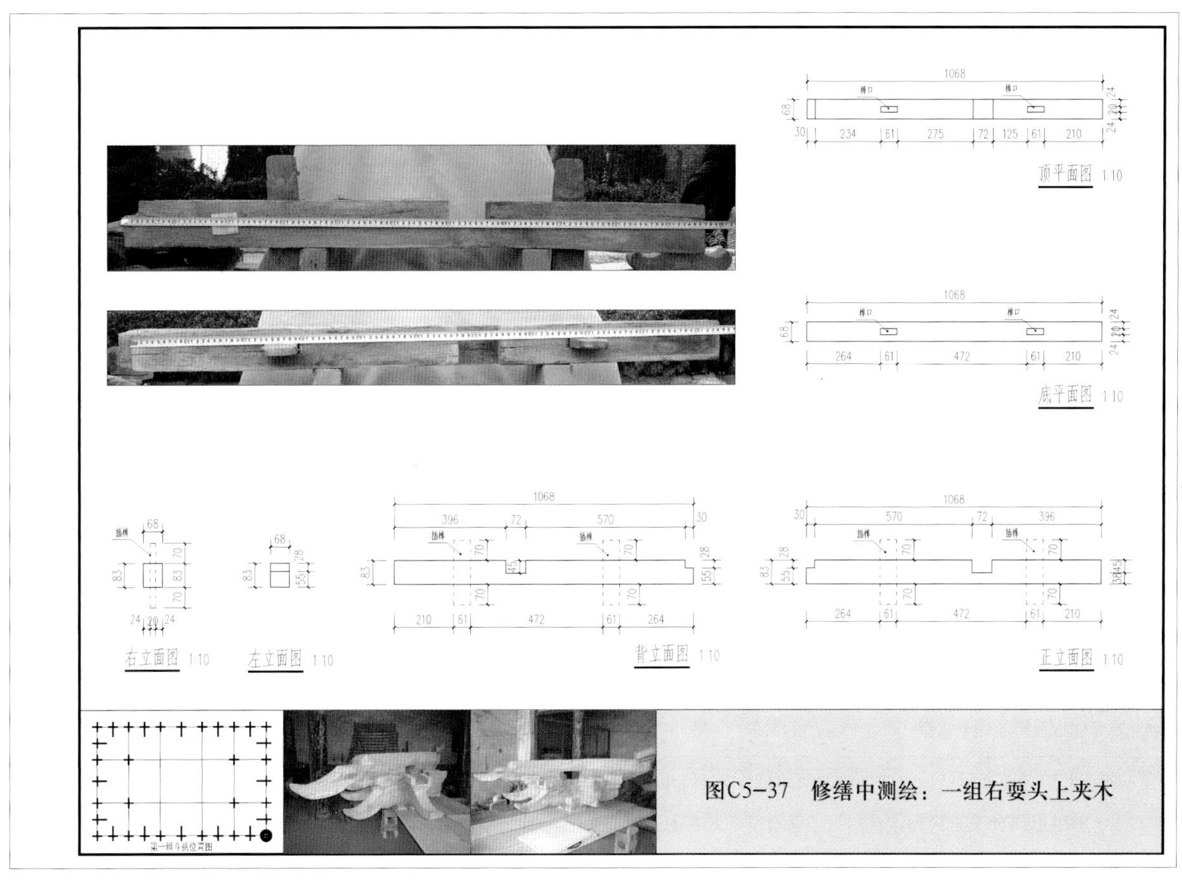

图C5-37　修缮中测绘：一组右耍头上夹木

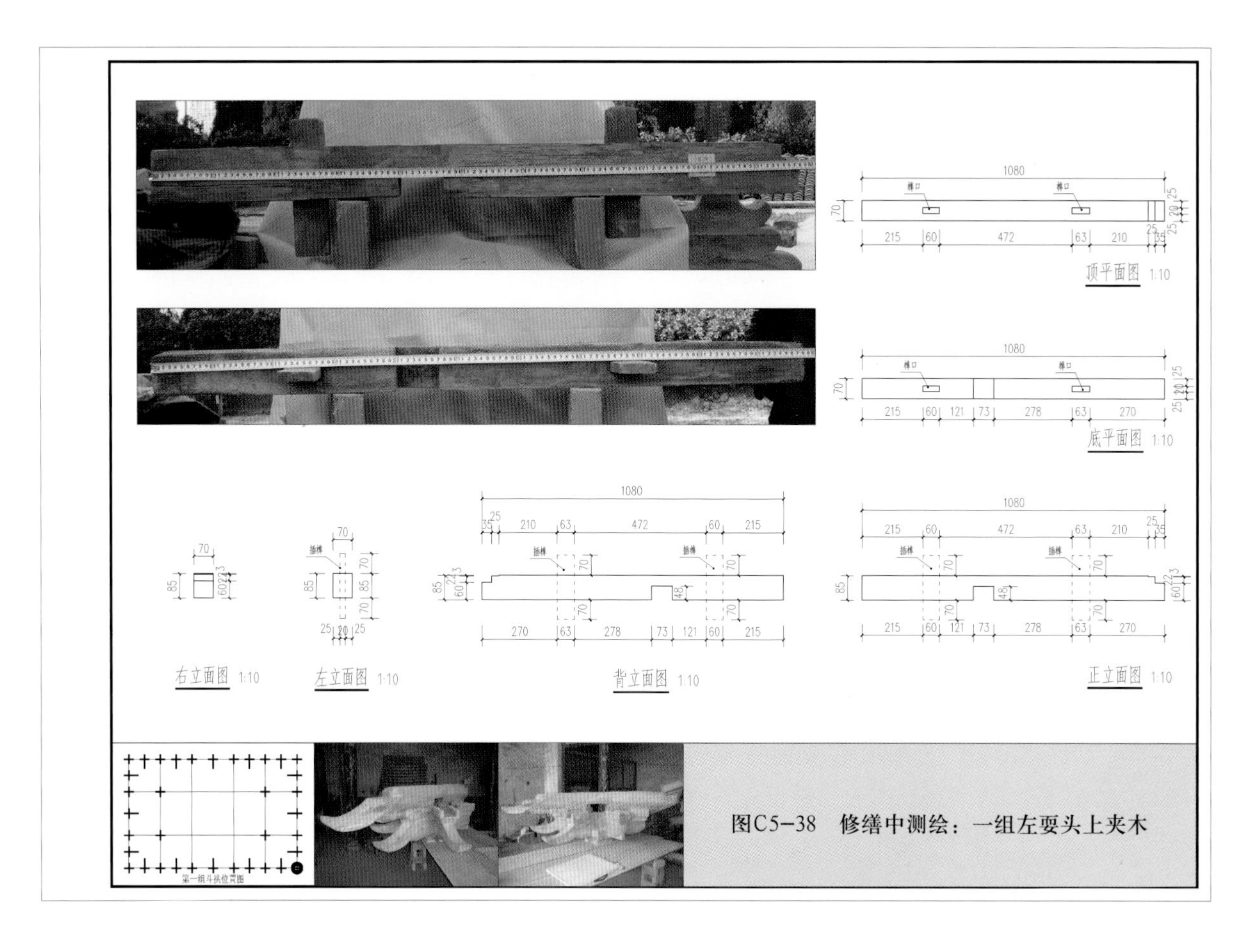

图C5-38　修缮中测绘：一组左耍头上夹木

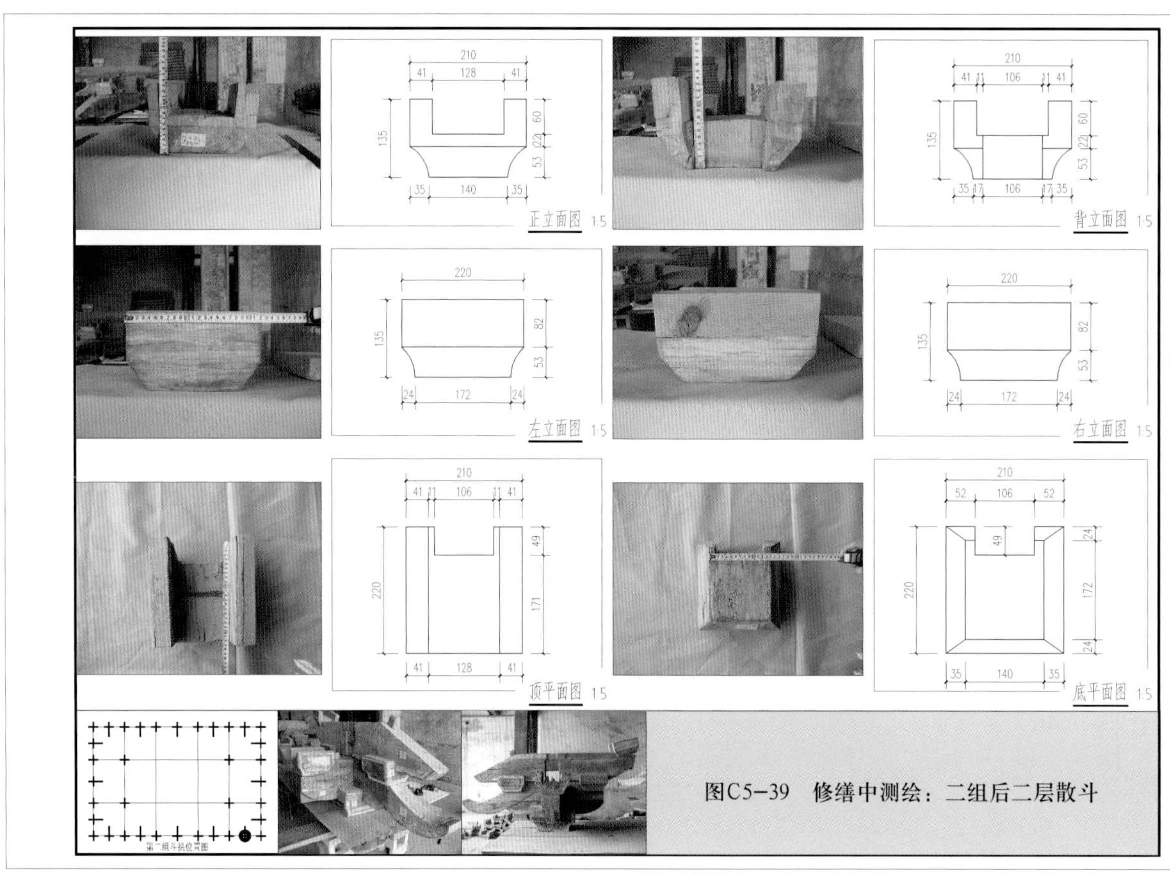

图C5-39　修缮中测绘：二组后二层散斗

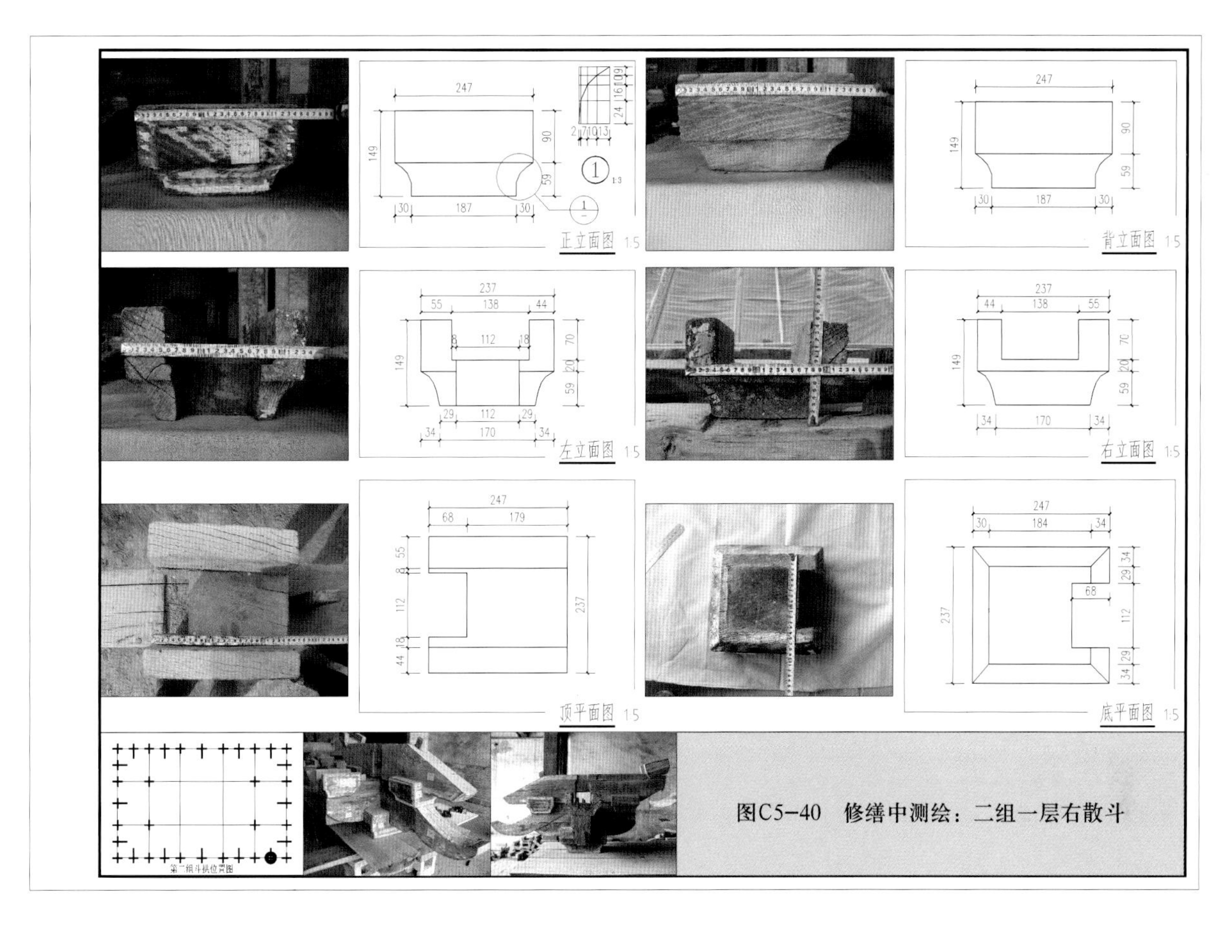

图C5-40　修缮中测绘：二组一层右散斗

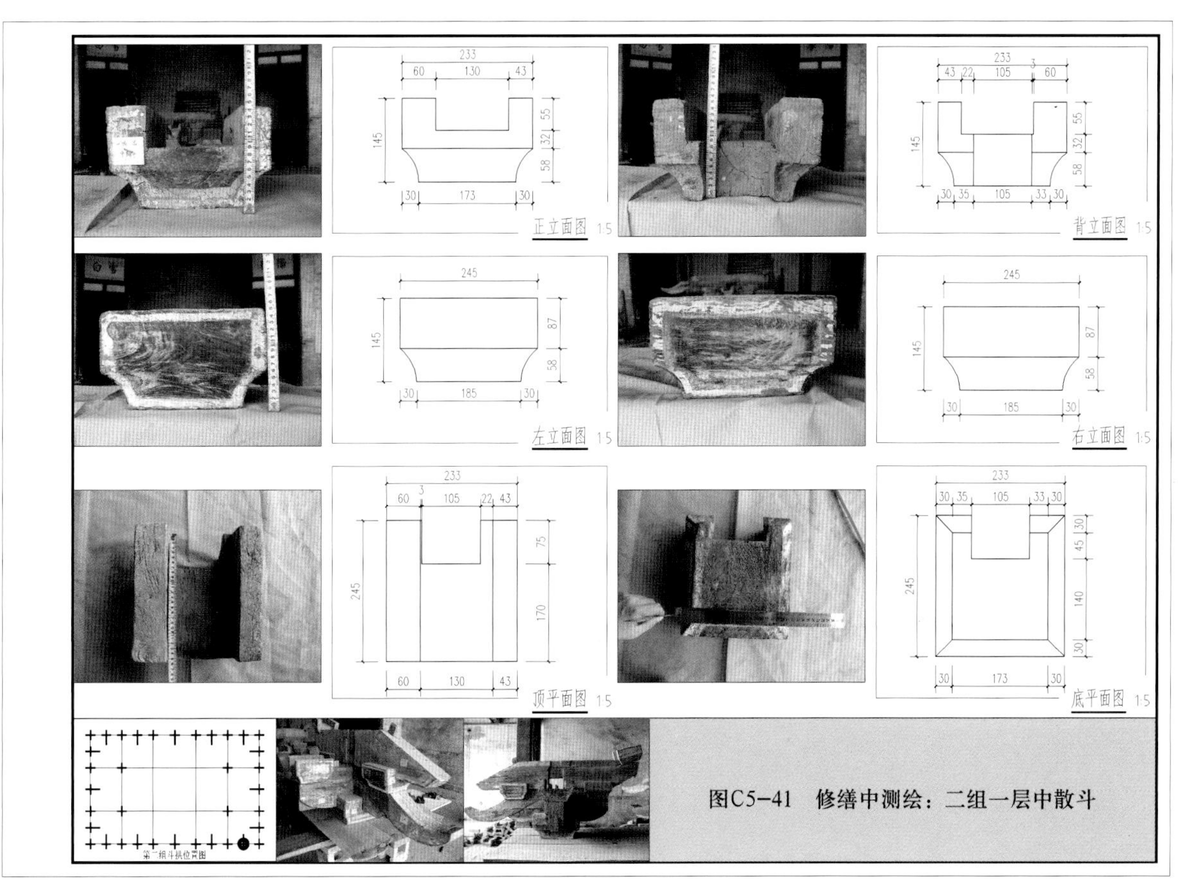

图C5-41　修缮中测绘：二组一层中散斗

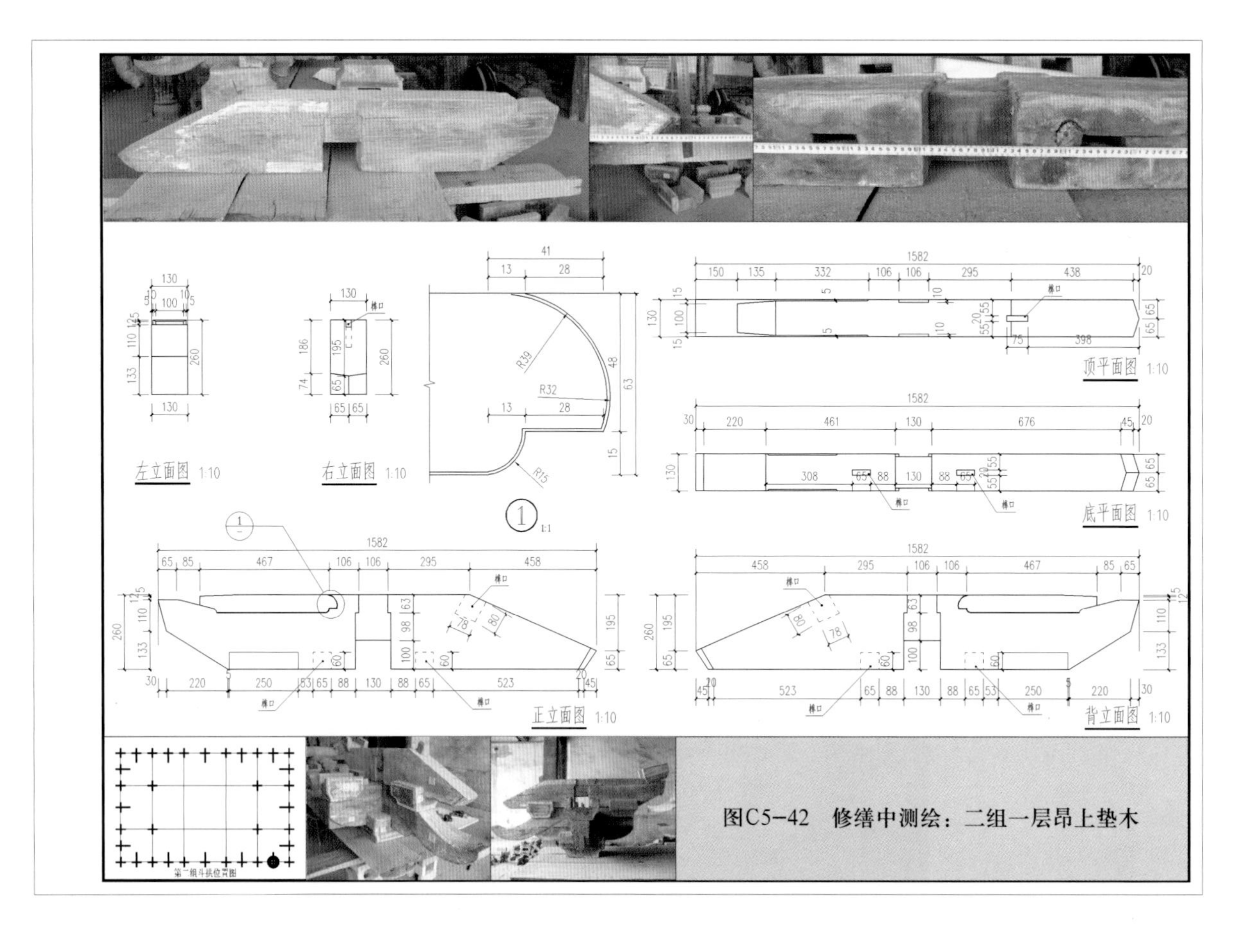

图C5-42 修缮中测绘：二组一层昂上垫木

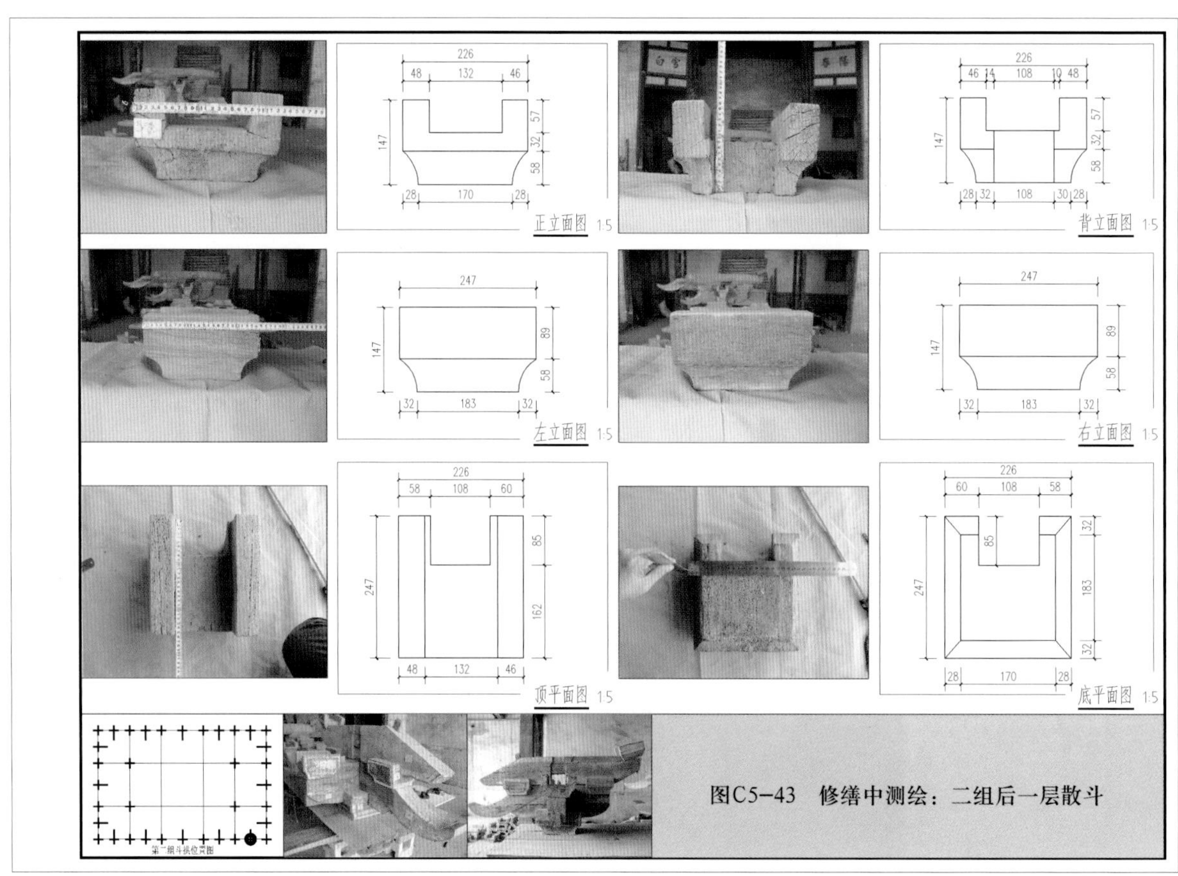

图C5-43 修缮中测绘：二组后一层散斗

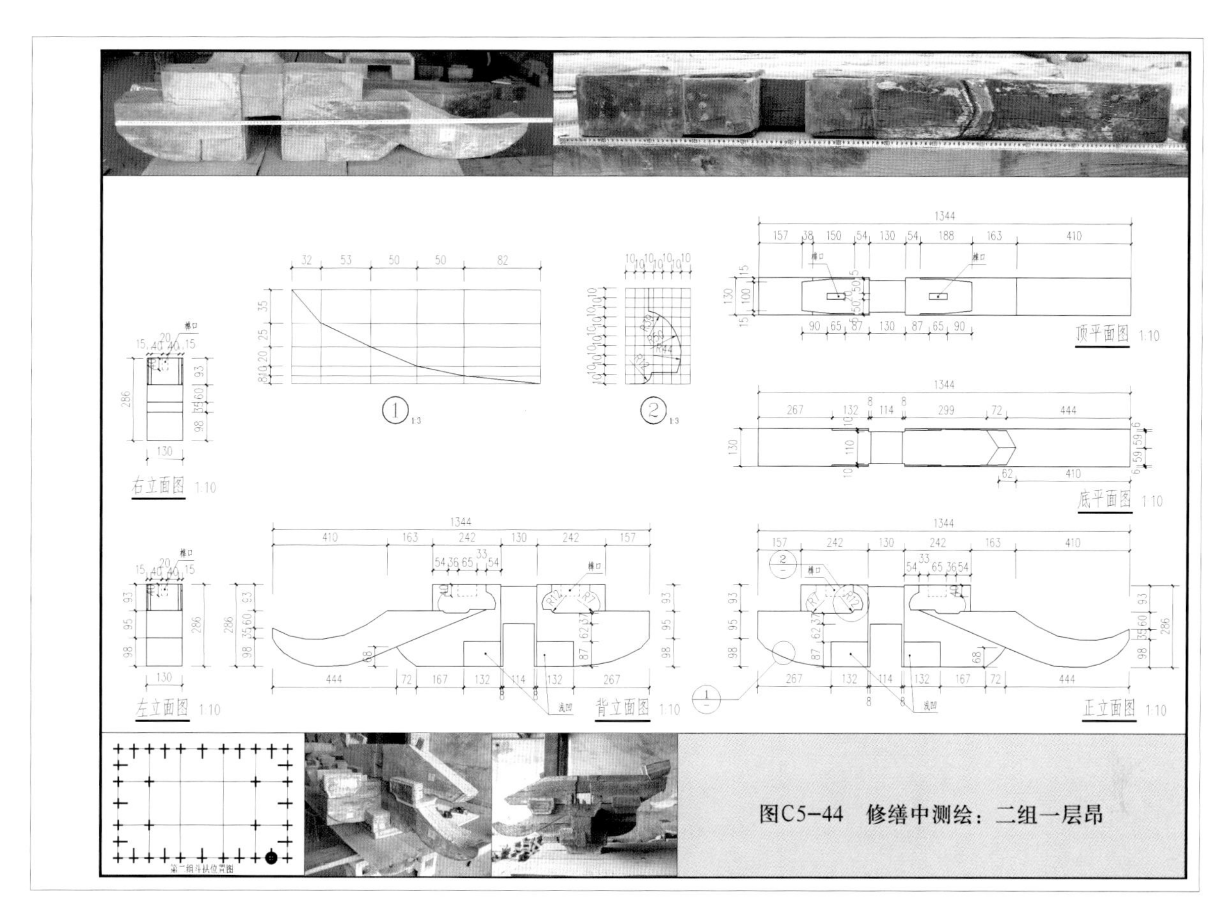

图C5-44　修缮中测绘：二组一层昂

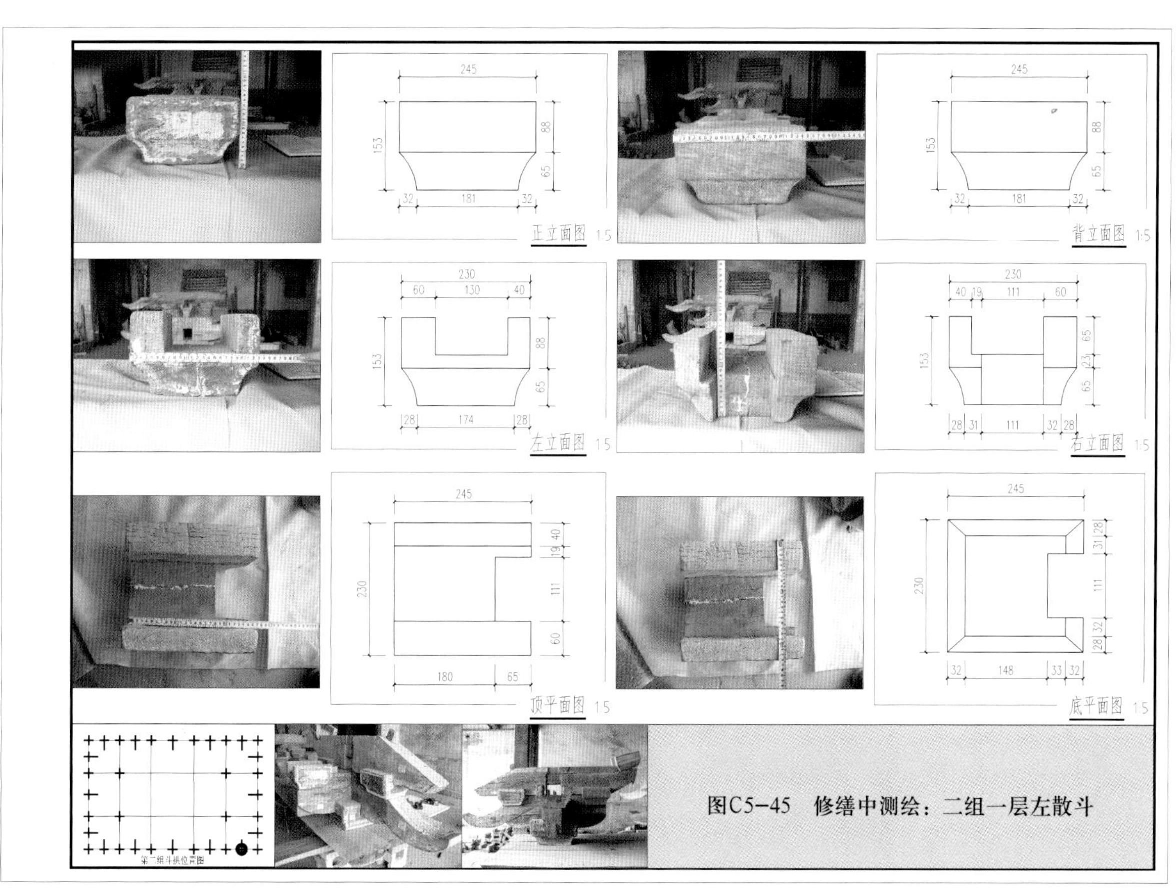

图C5-45　修缮中测绘：二组一层左散斗

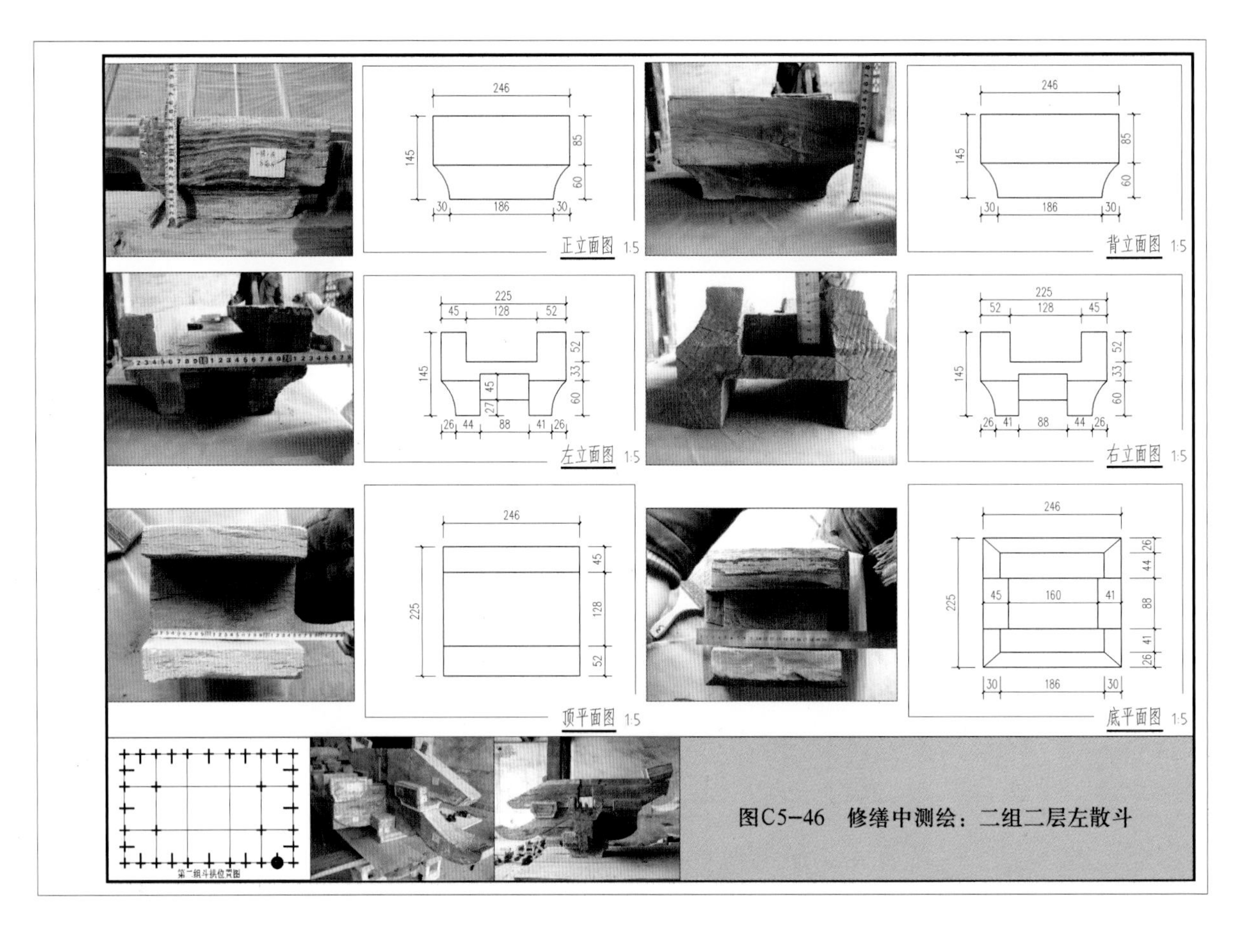

图C5-46　修缮中测绘：二组二层左散斗

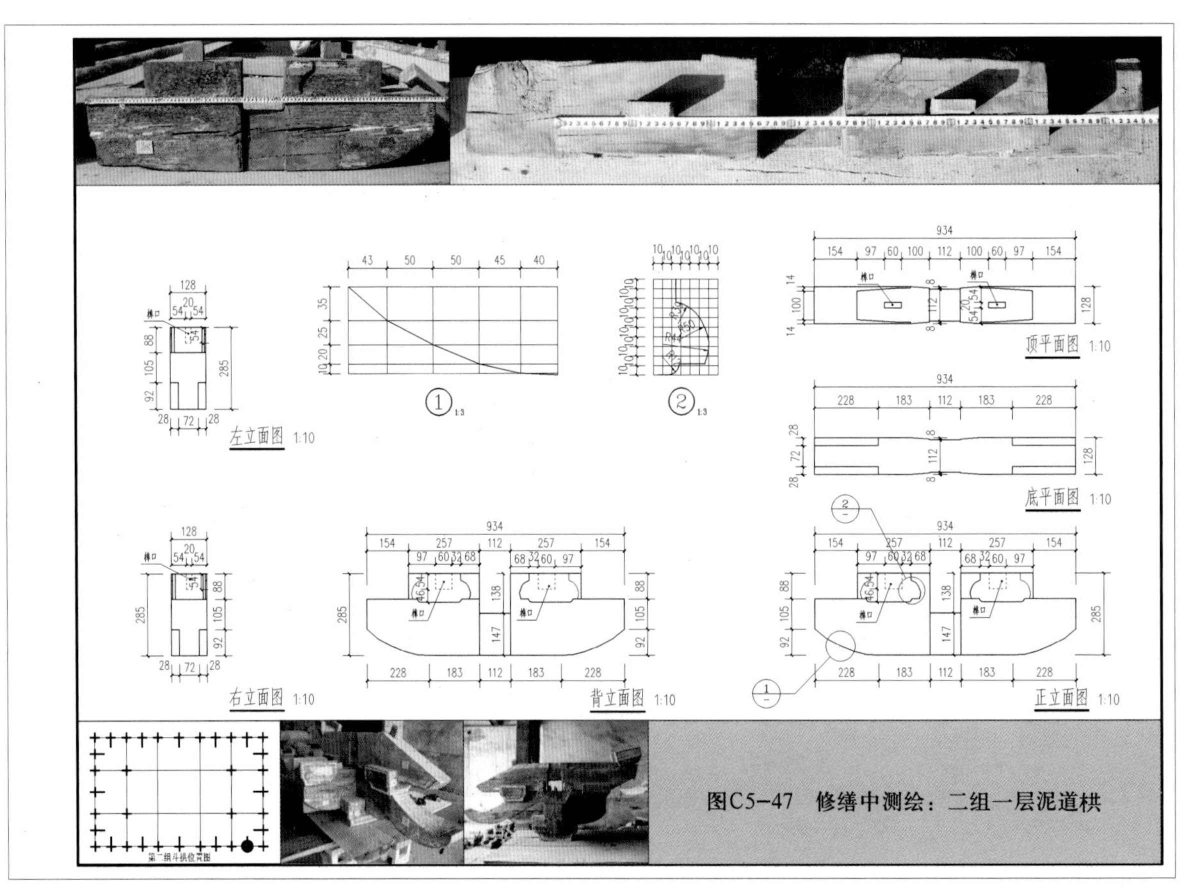

图C5-47　修缮中测绘：二组一层泥道栱

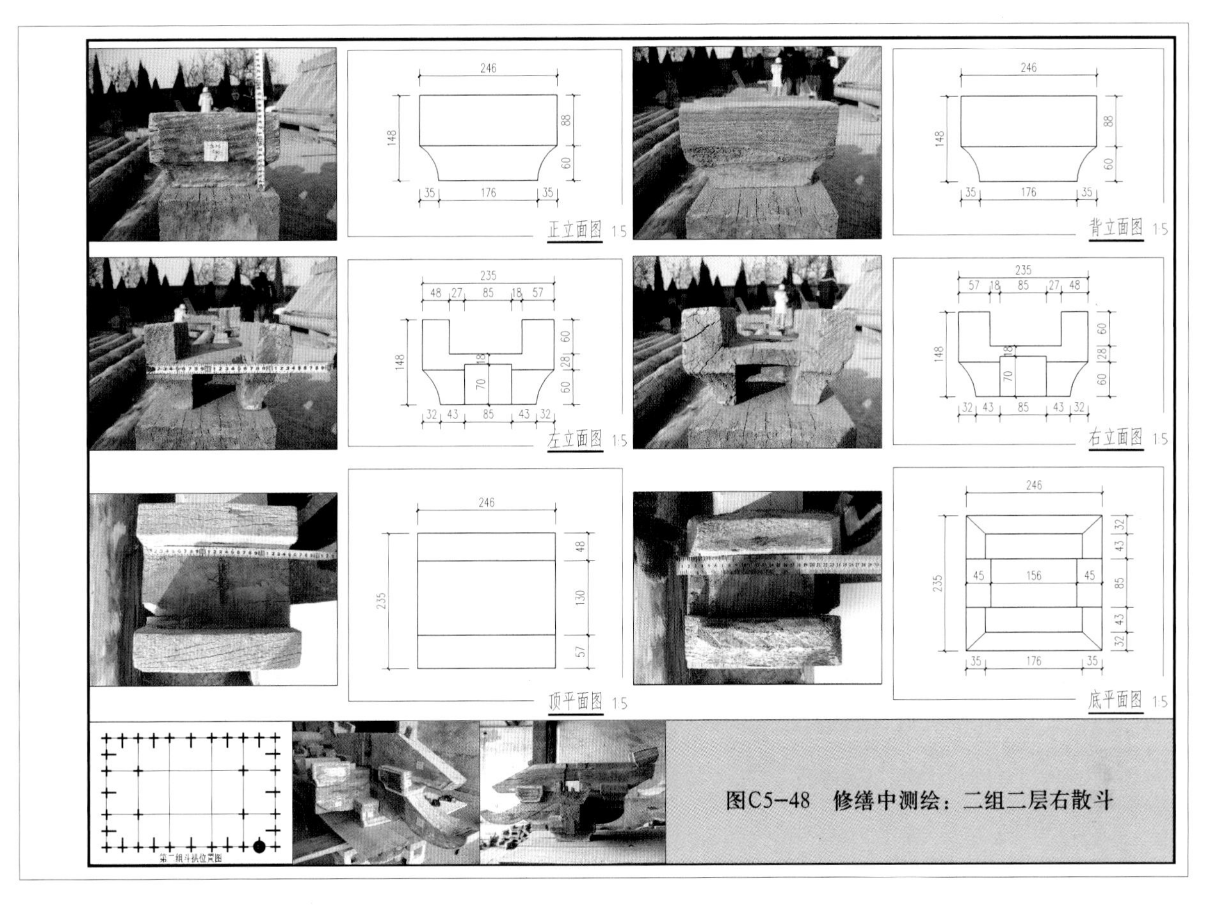

图C5-48　修缮中测绘：二组二层右散斗

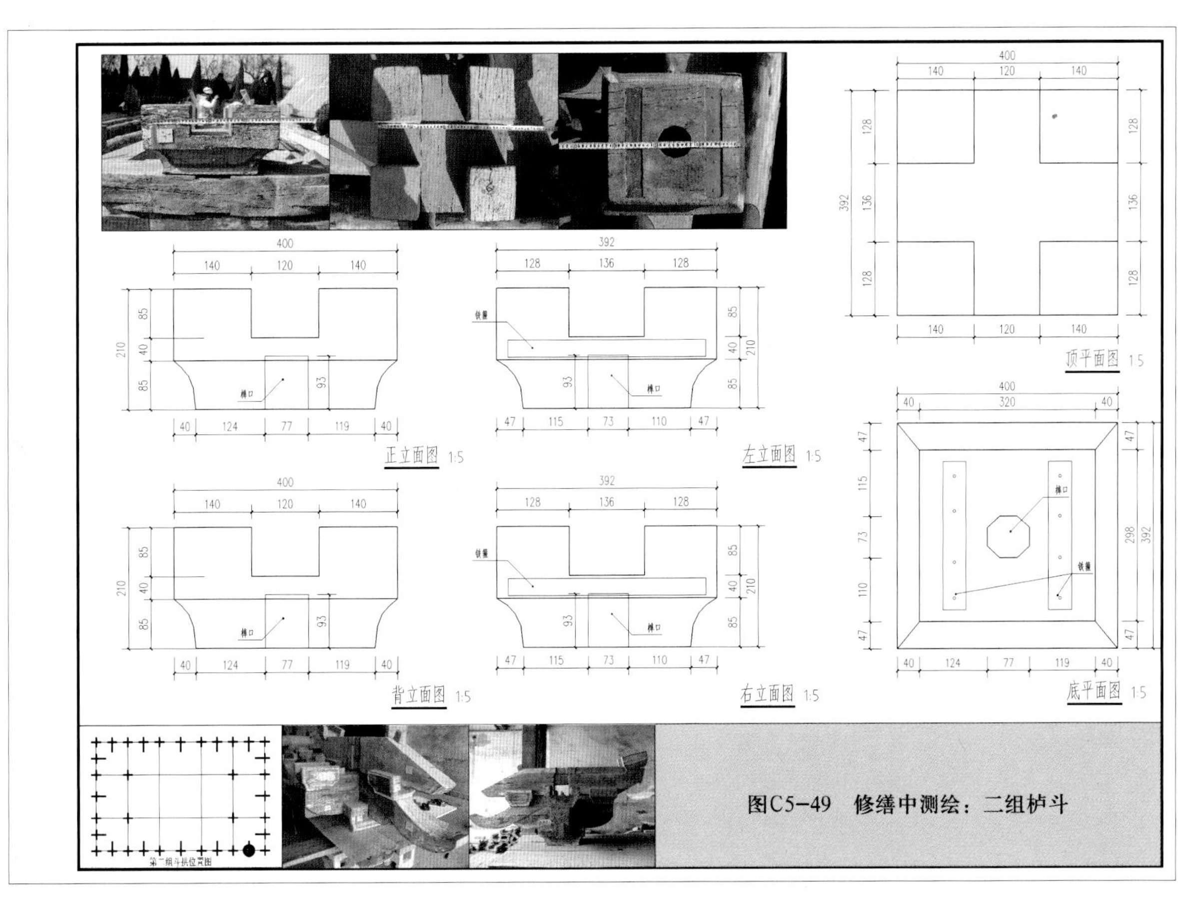

图C5-49　修缮中测绘：二组栌斗

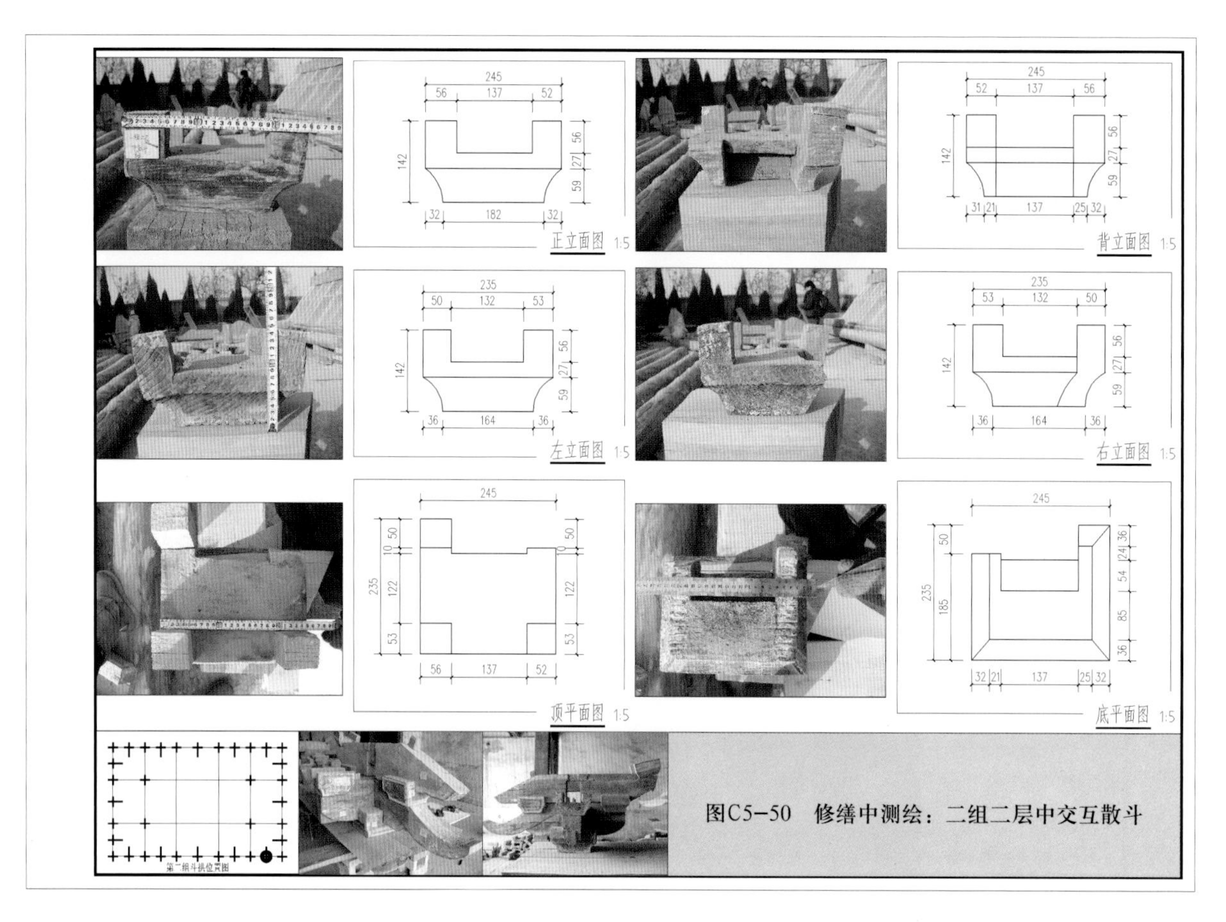

图C5-50　修缮中测绘：二组二层中交互散斗

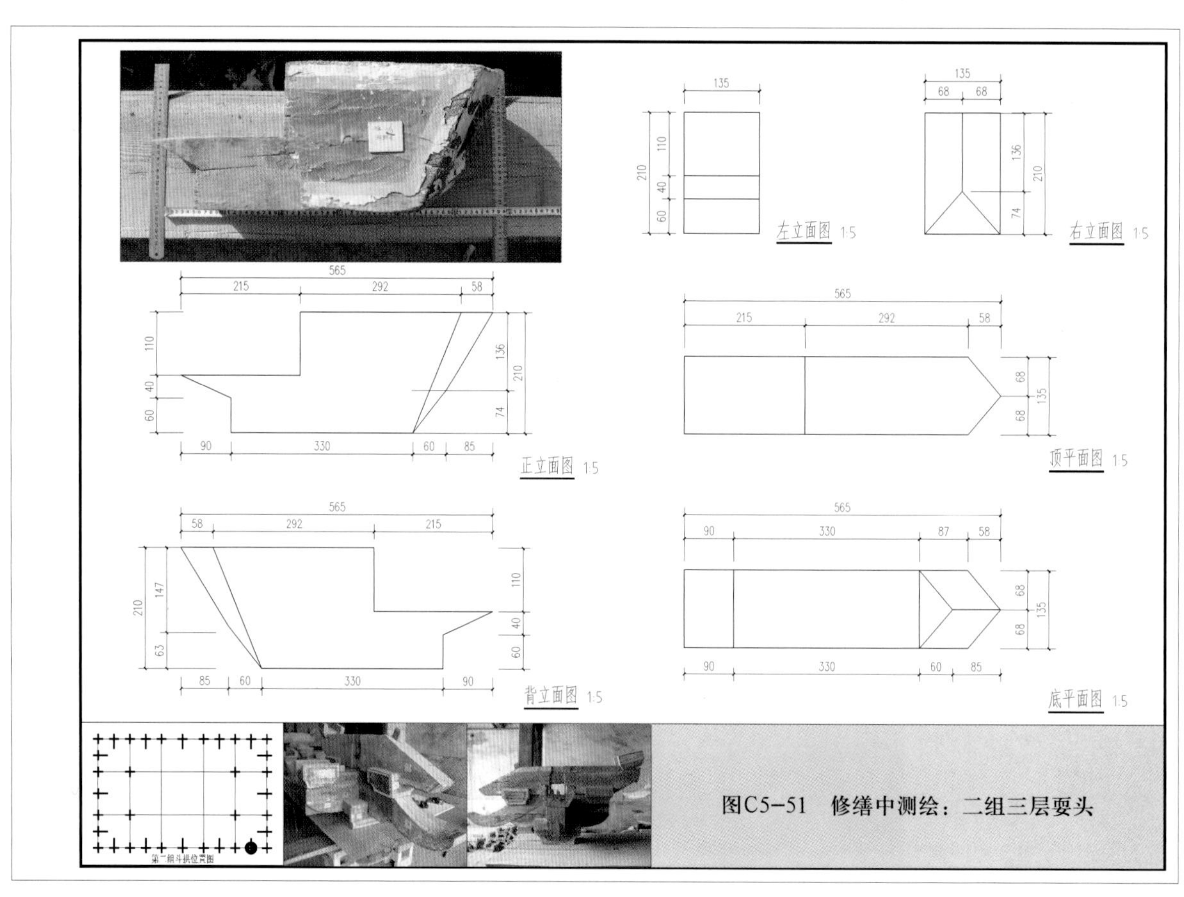

图C5-51　修缮中测绘：二组三层耍头

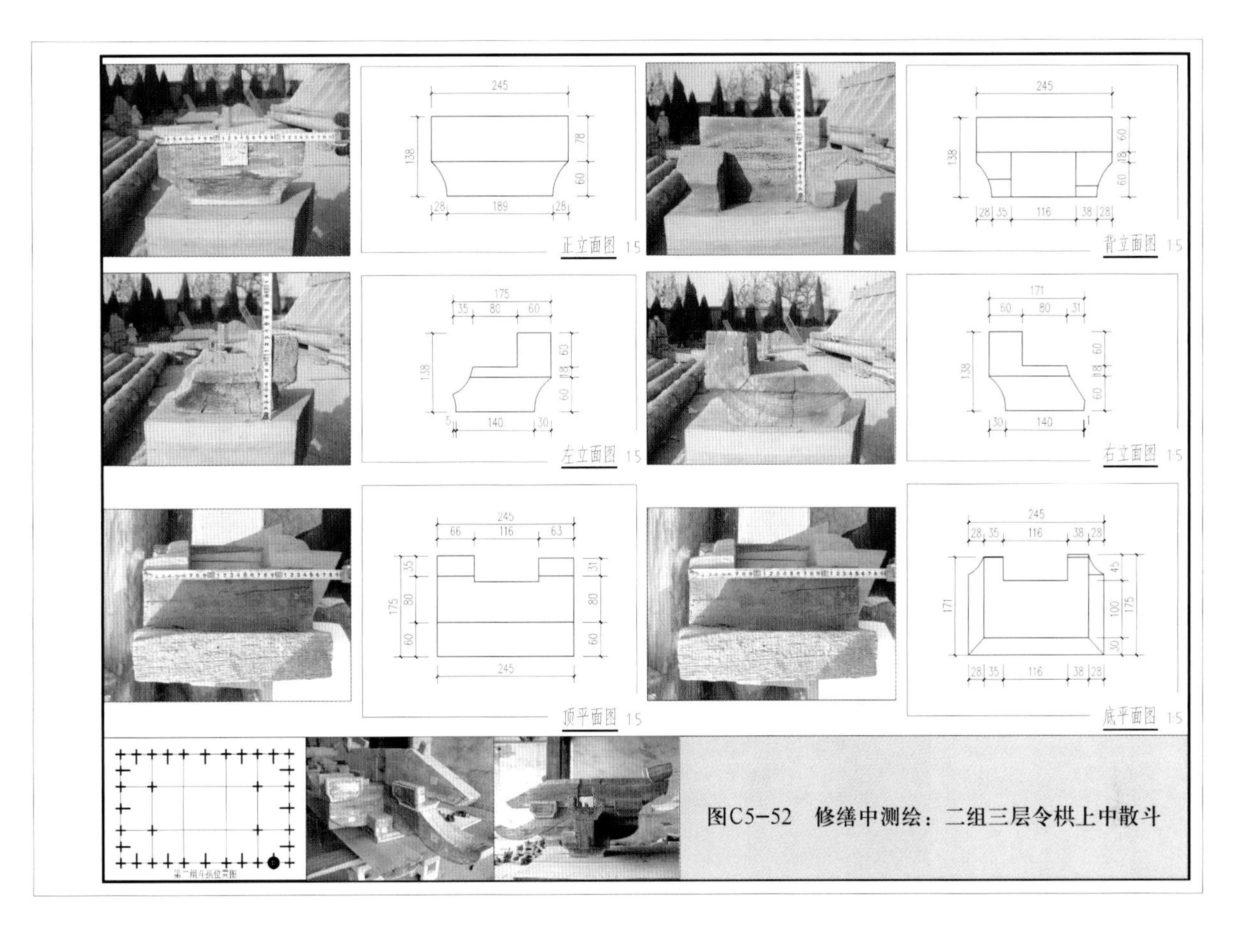

图C5-52　修缮中测绘：二组三层令栱上中散斗

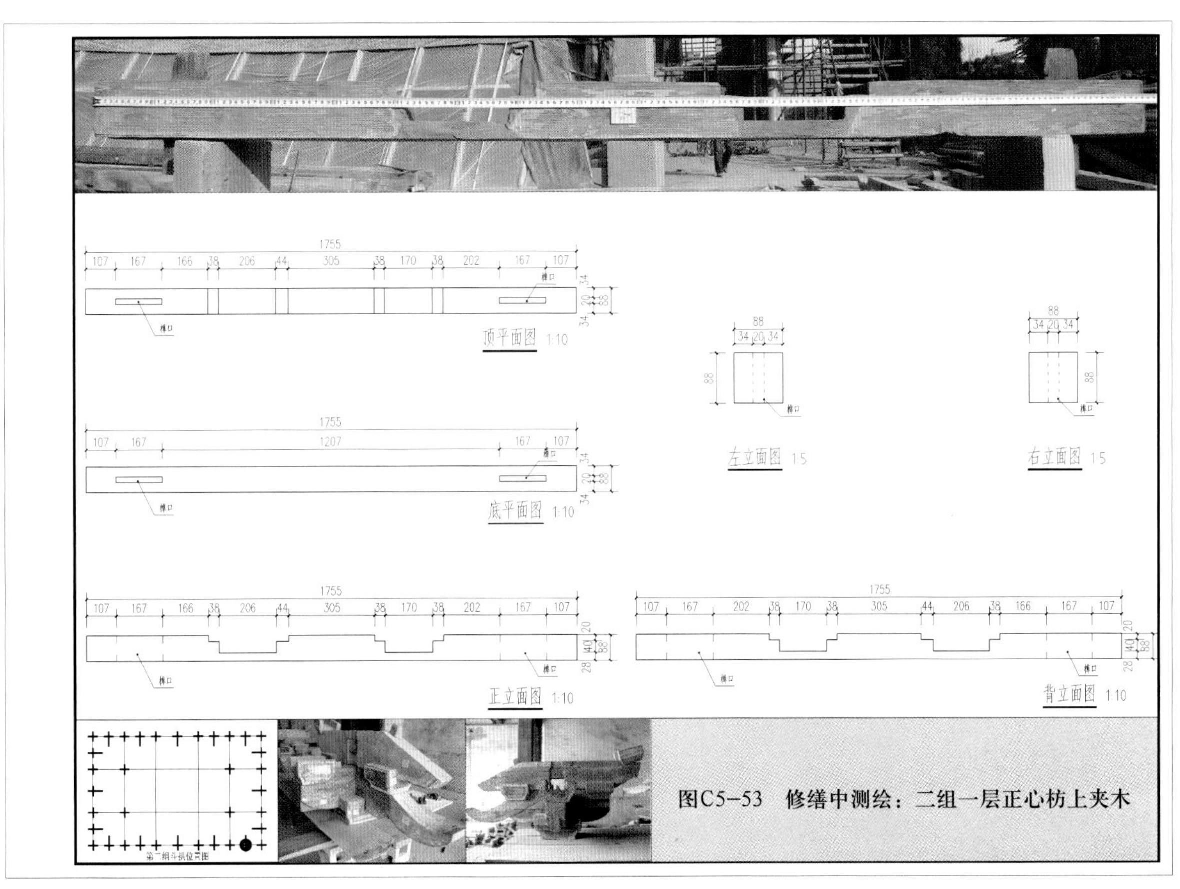

图C5-53　修缮中测绘：二组一层正心枋上夹木

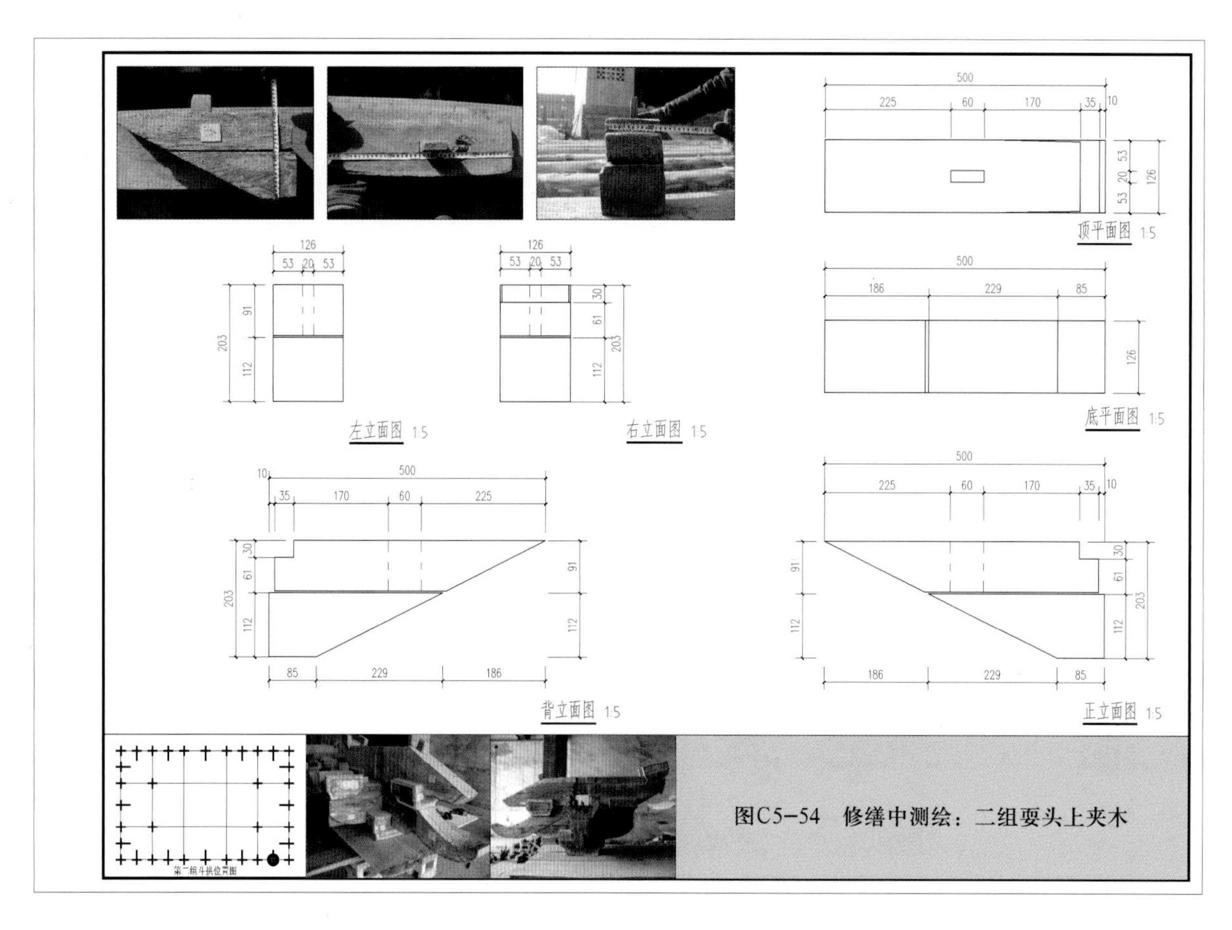

图C5-54　修缮中测绘：二组耍头上夹木

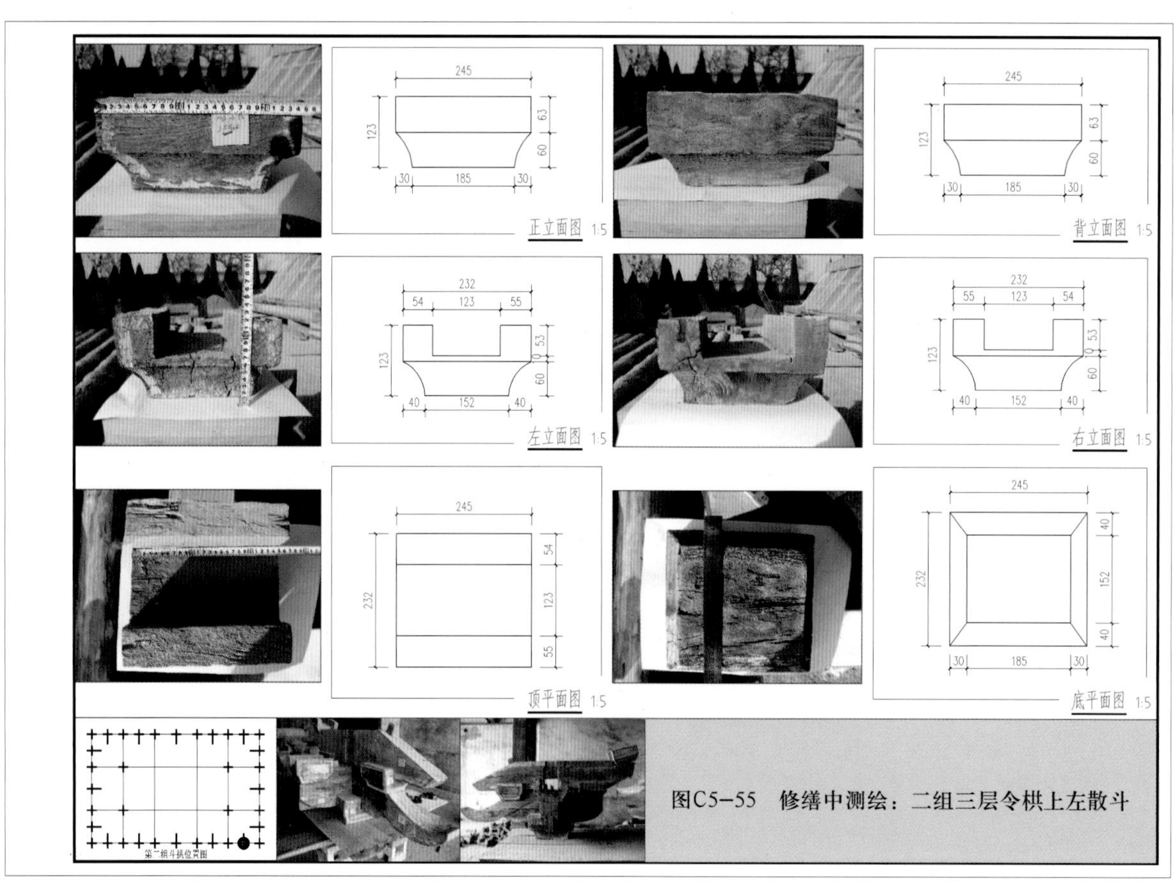

图C5-55　修缮中测绘：二组三层令栱上左散斗

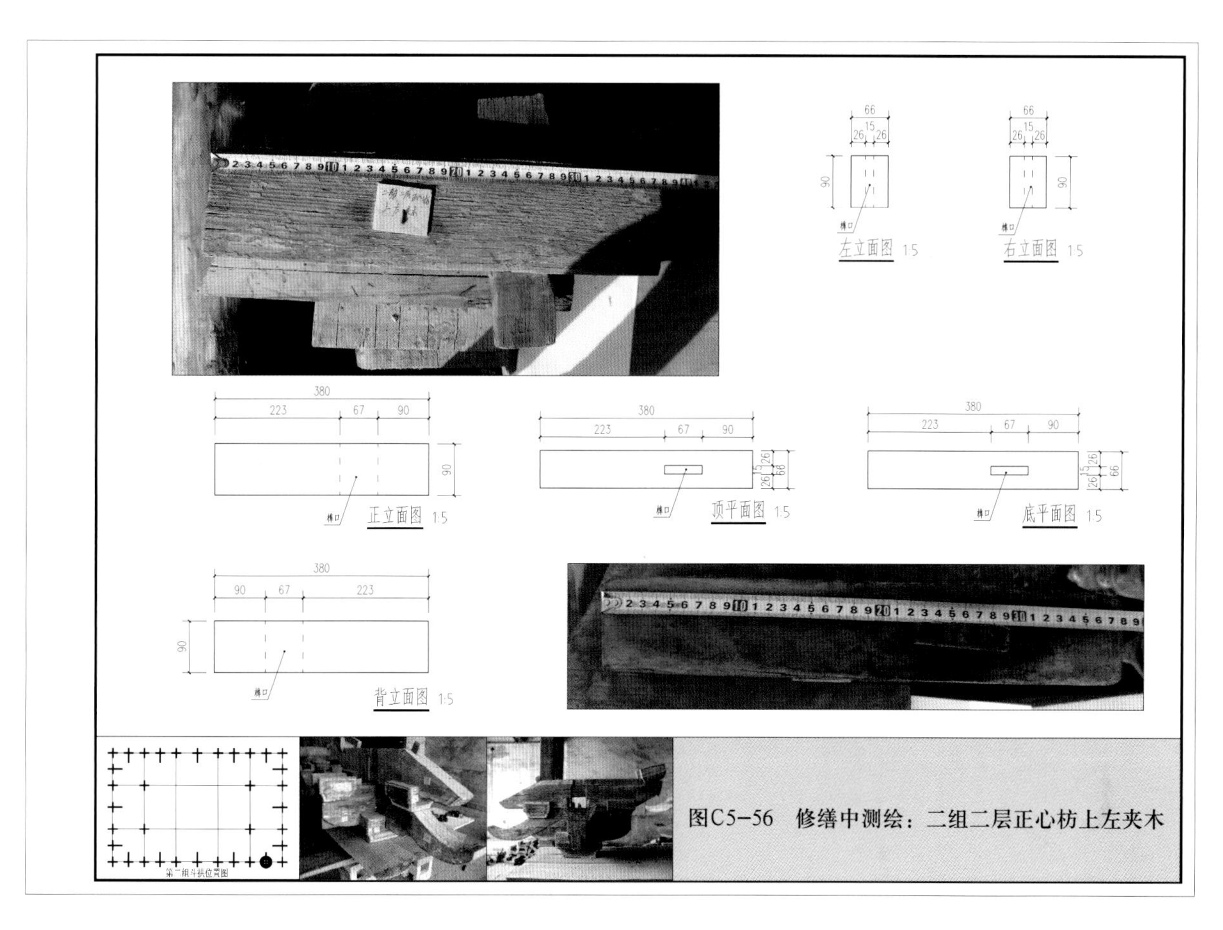

图C5-56　修缮中测绘：二组二层正心枋上左夹木

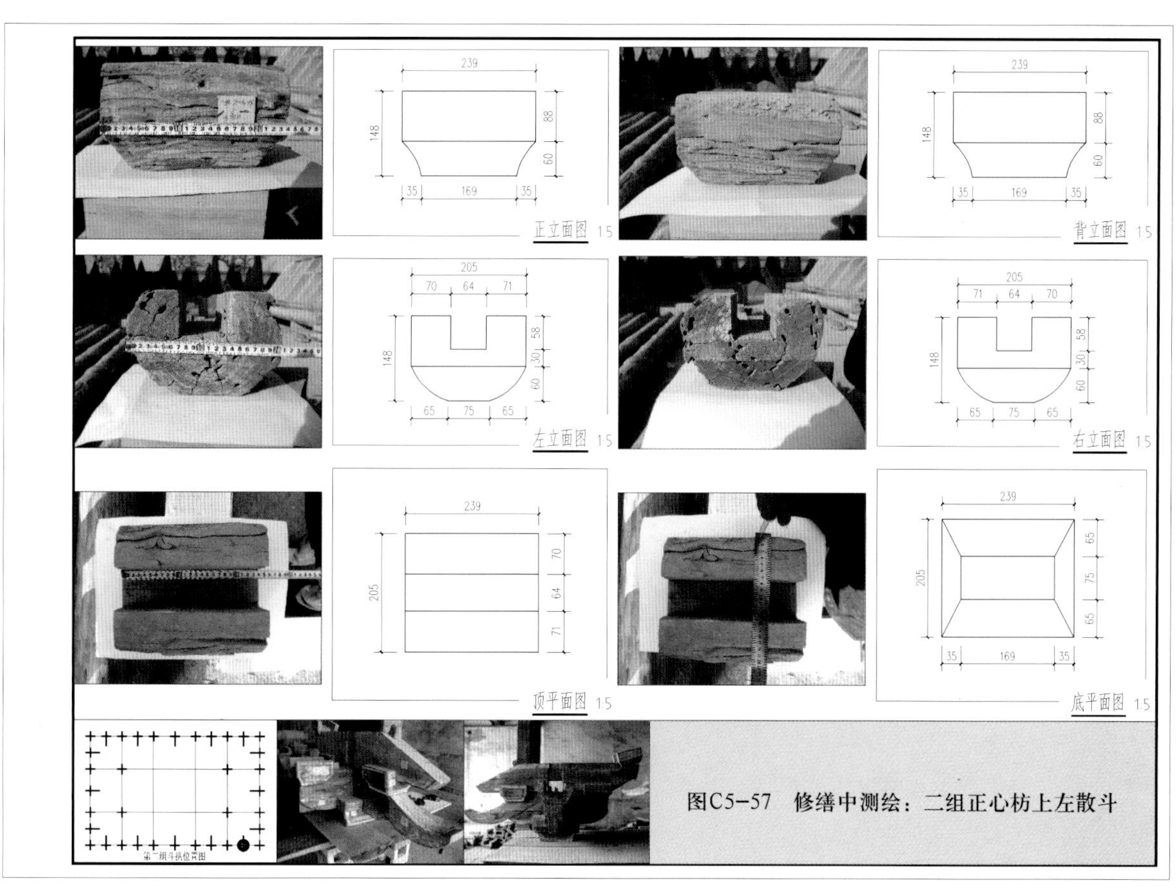

图C5-57　修缮中测绘：二组正心枋上左散斗

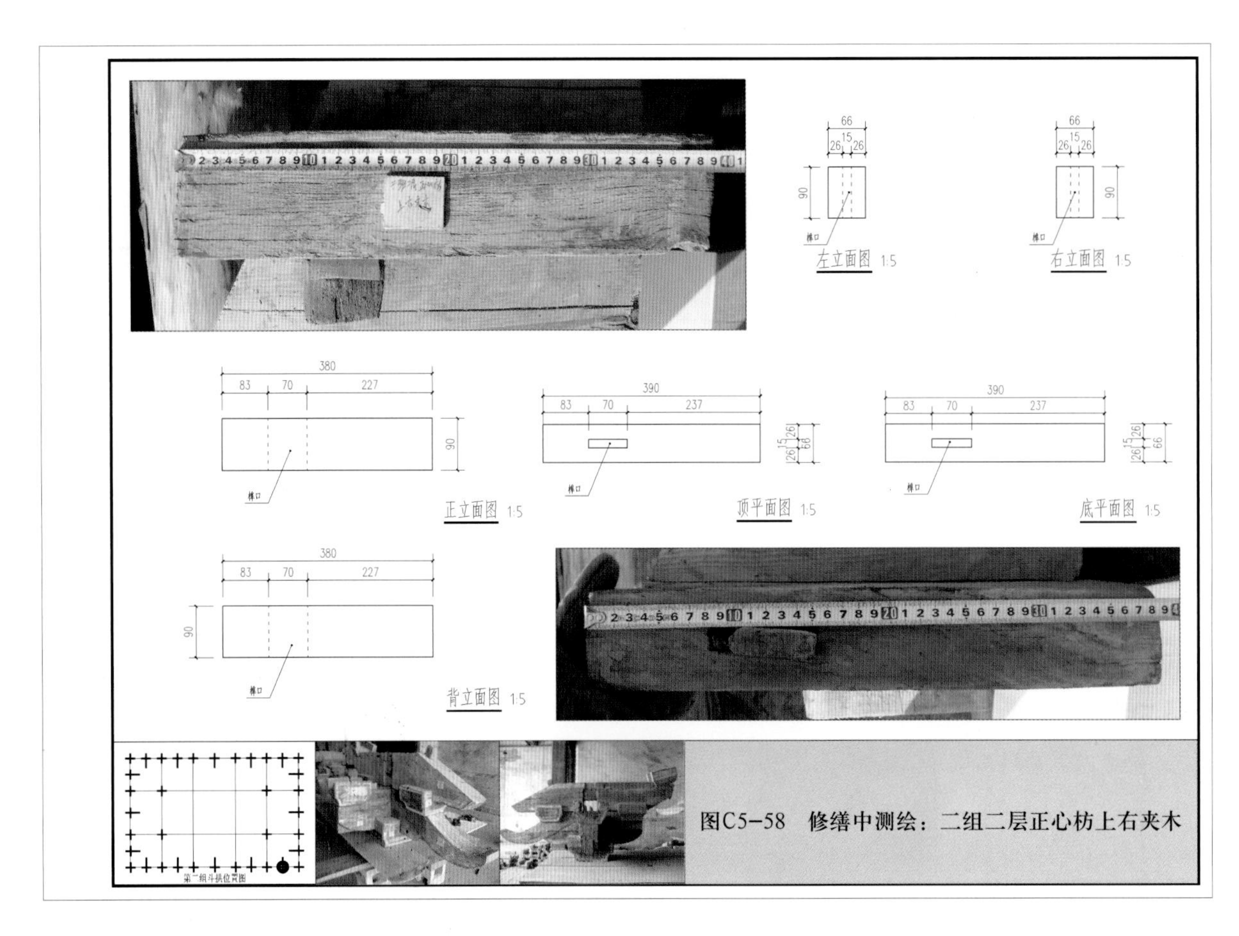

图C5-58　修缮中测绘：二组二层正心枋上右夹木

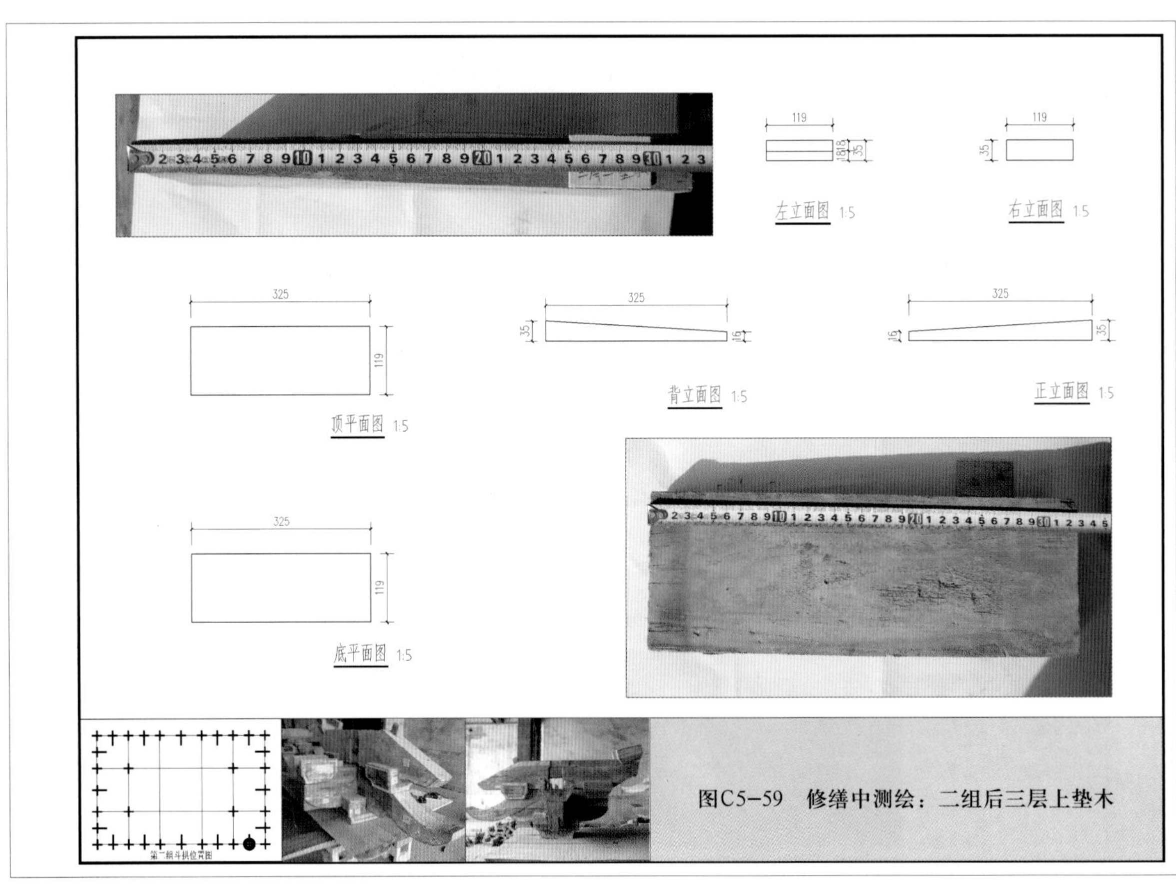

图C5-59　修缮中测绘：二组后三层上垫木

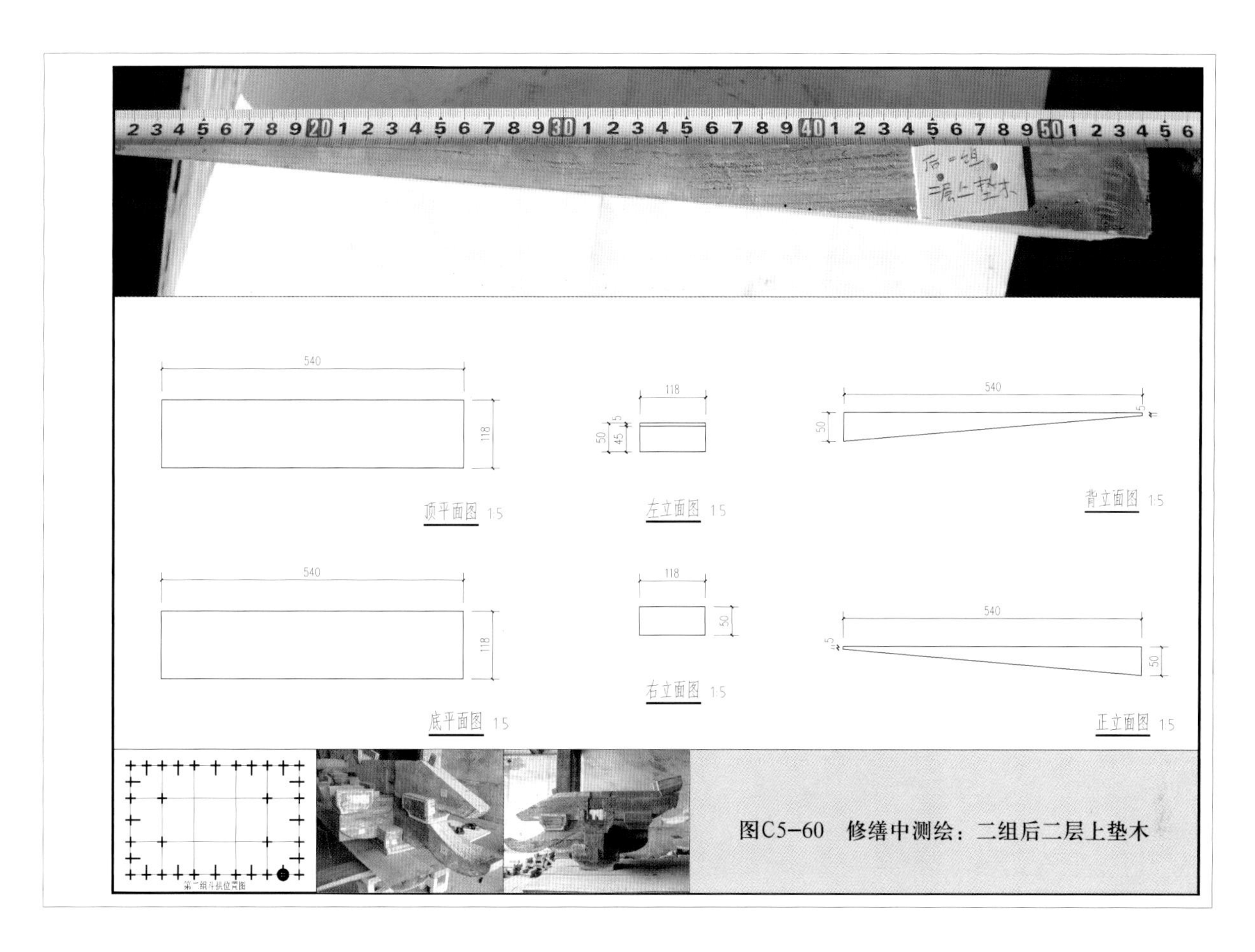

图C5–60　修缮中测绘：二组后二层上垫木

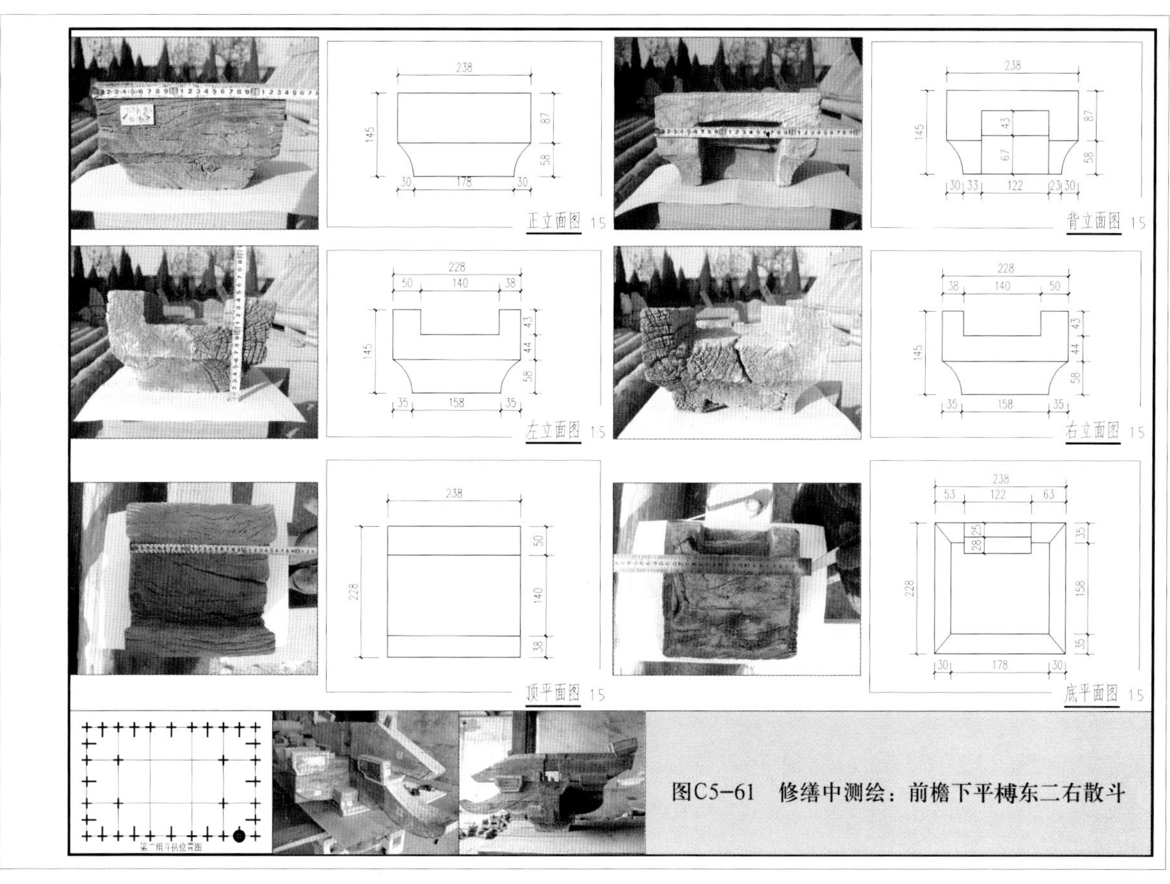

图C5–61　修缮中测绘：前檐下平榑东二右散斗

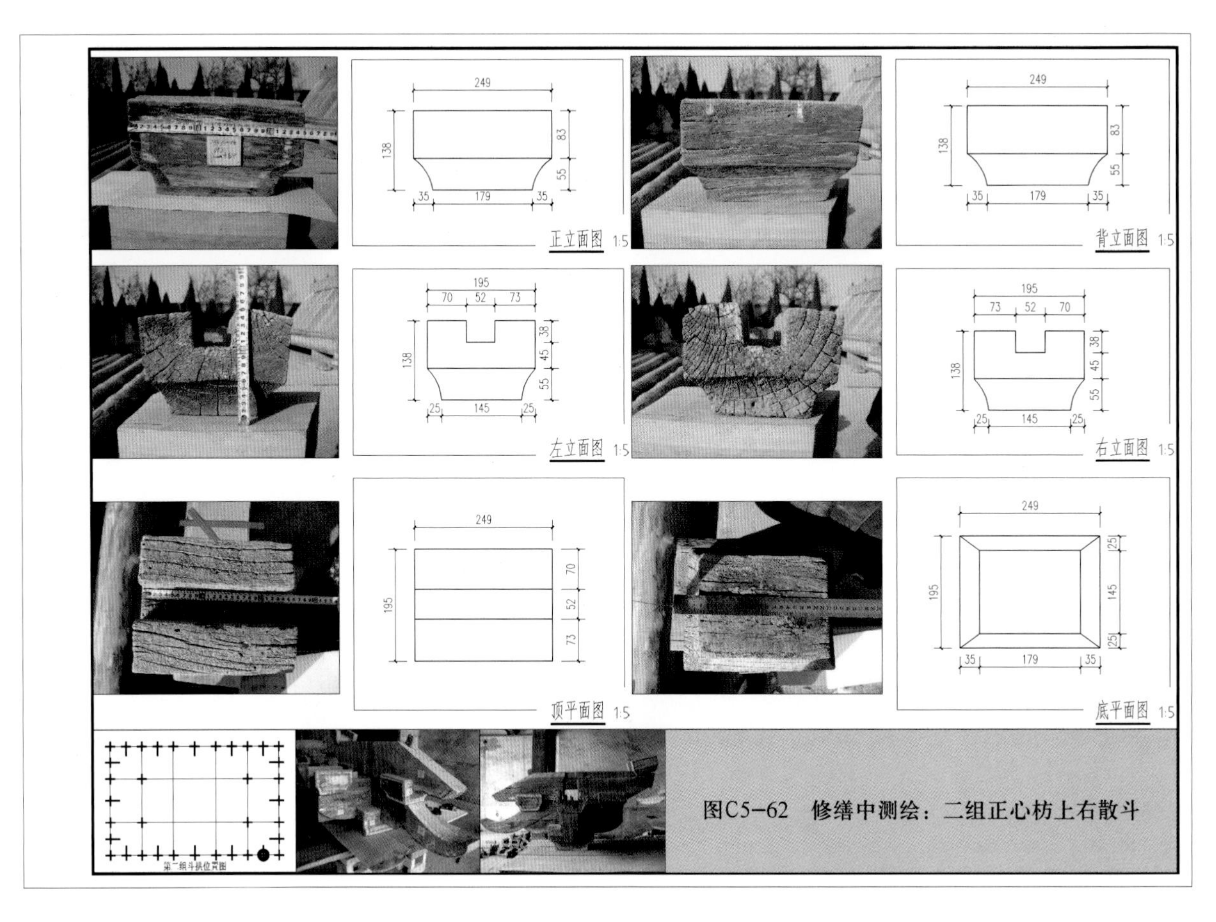

图C5–62　修缮中测绘：二组正心枋上右散斗

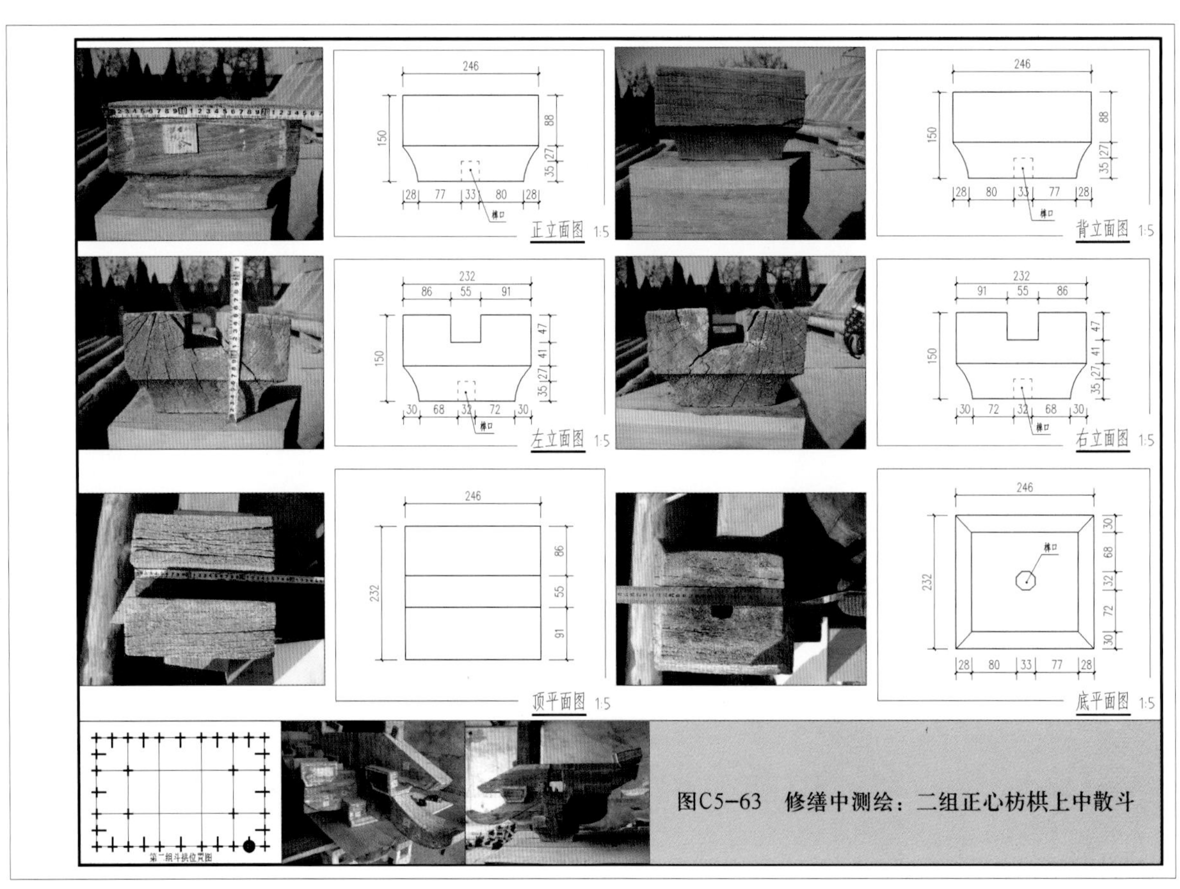

图C5–63　修缮中测绘：二组正心枋棋上中散斗

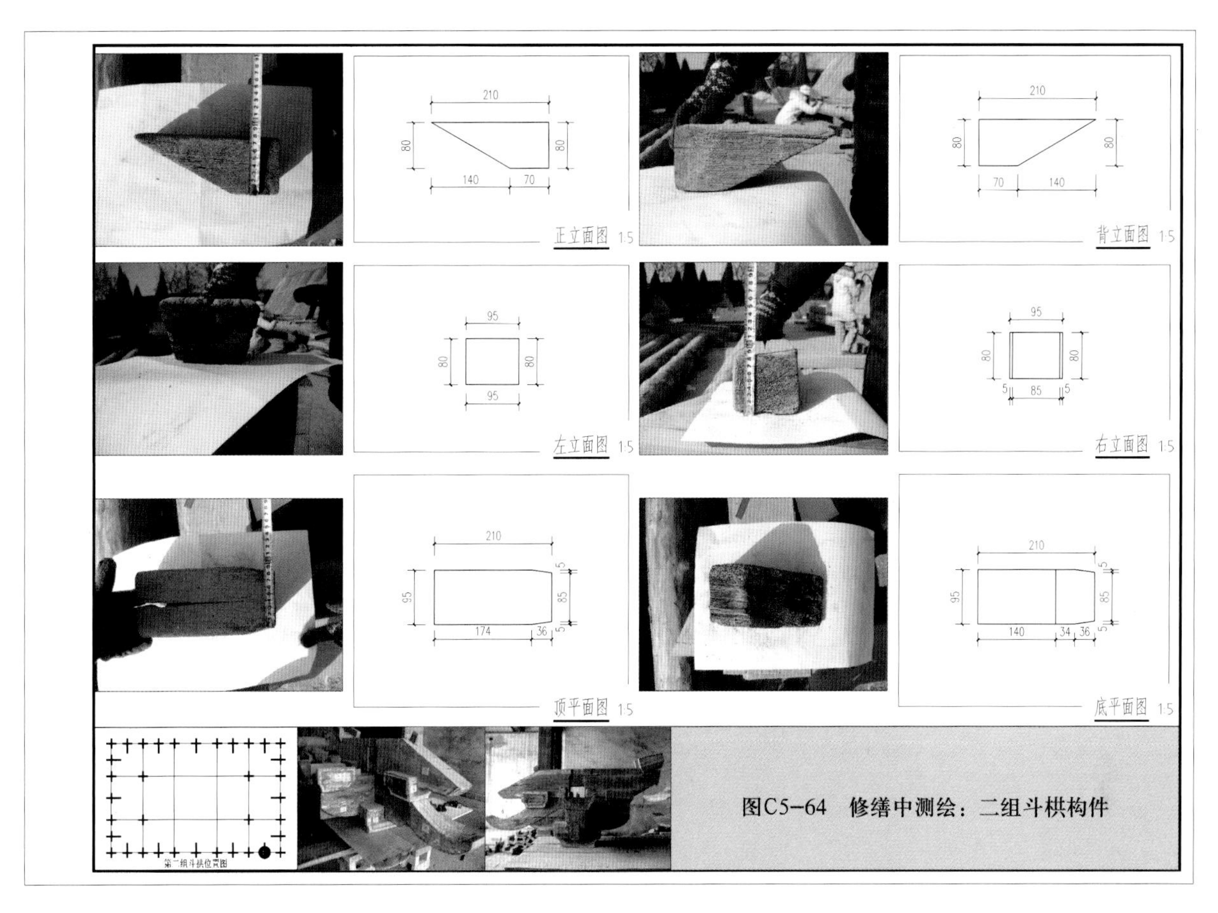

图C5-64　修缮中测绘：二组斗栱构件

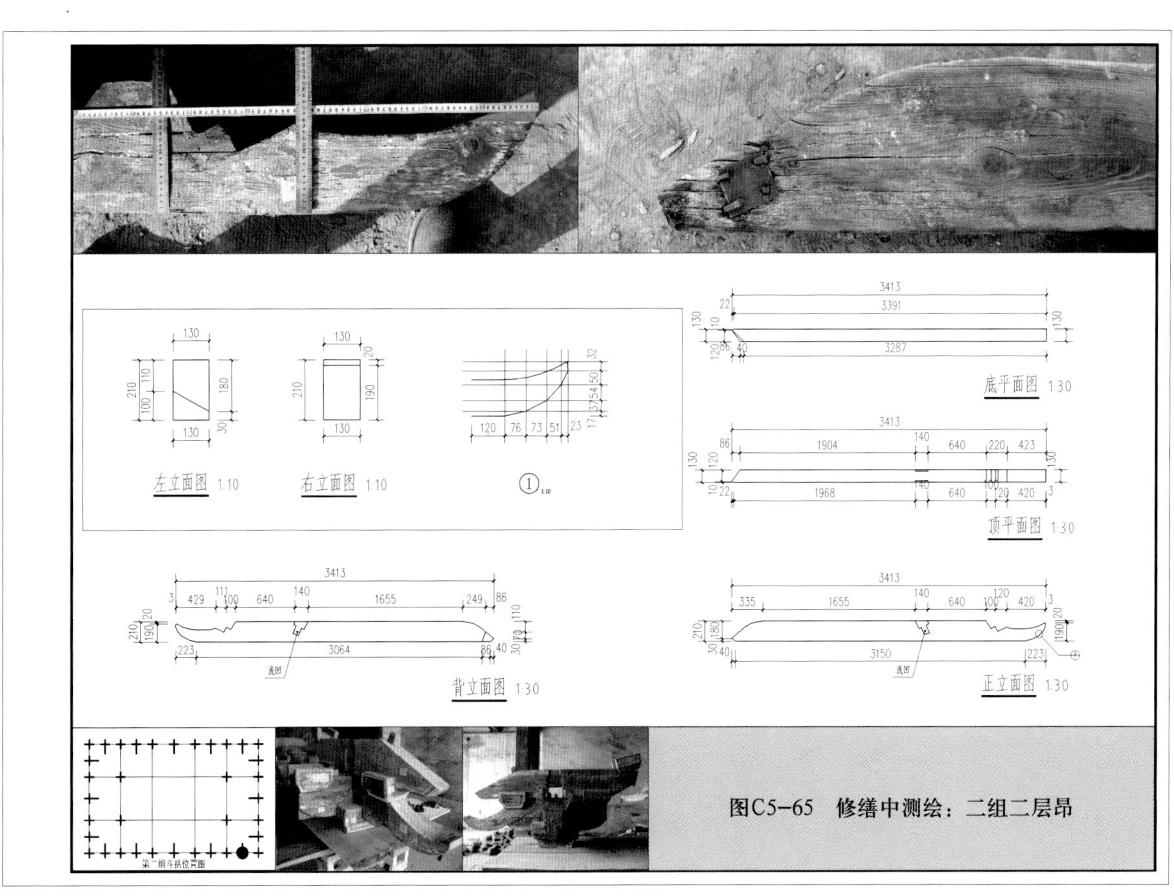

图C5-65　修缮中测绘：二组二层昂

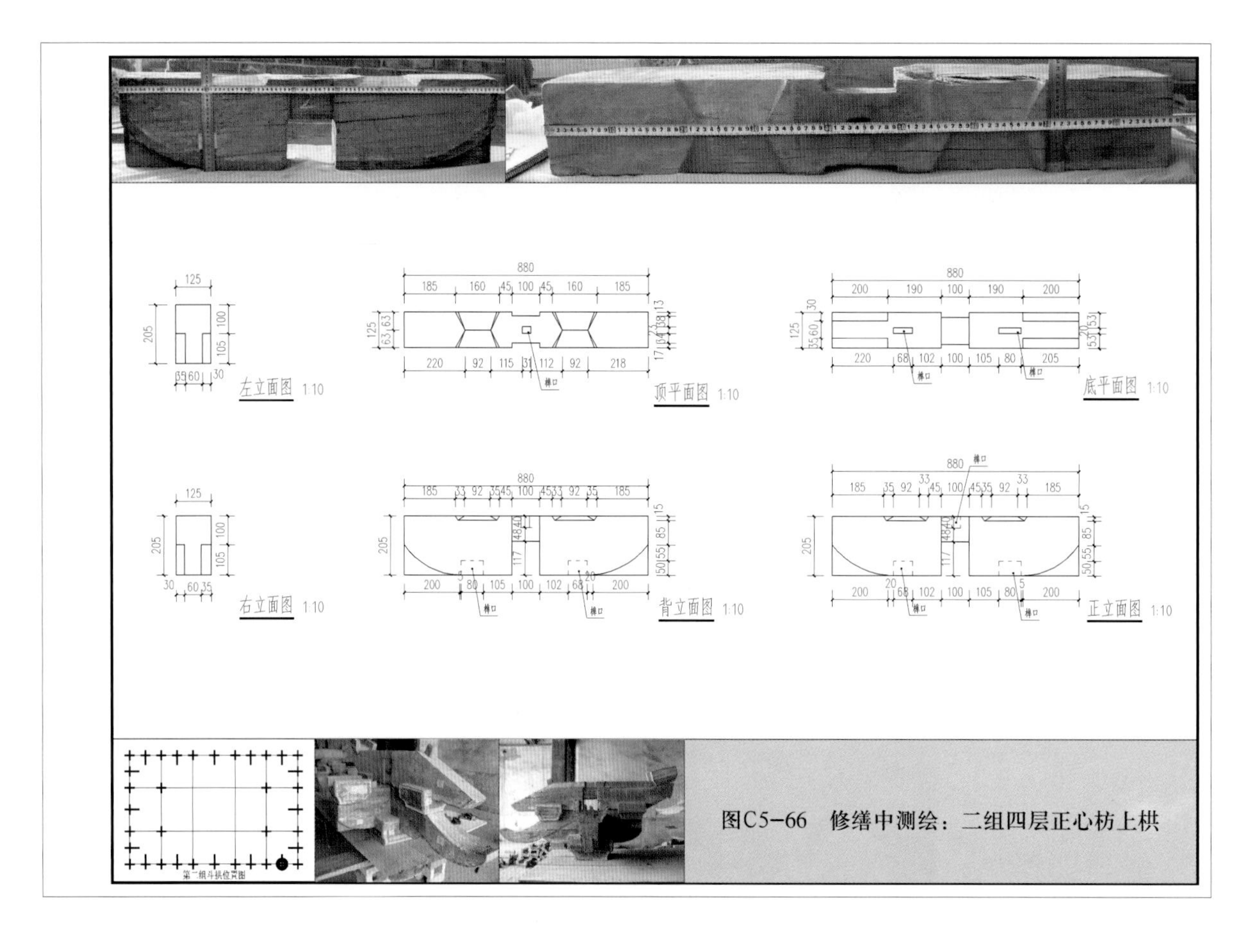

图C5-66　修缮中测绘：二组四层正心枋上栱

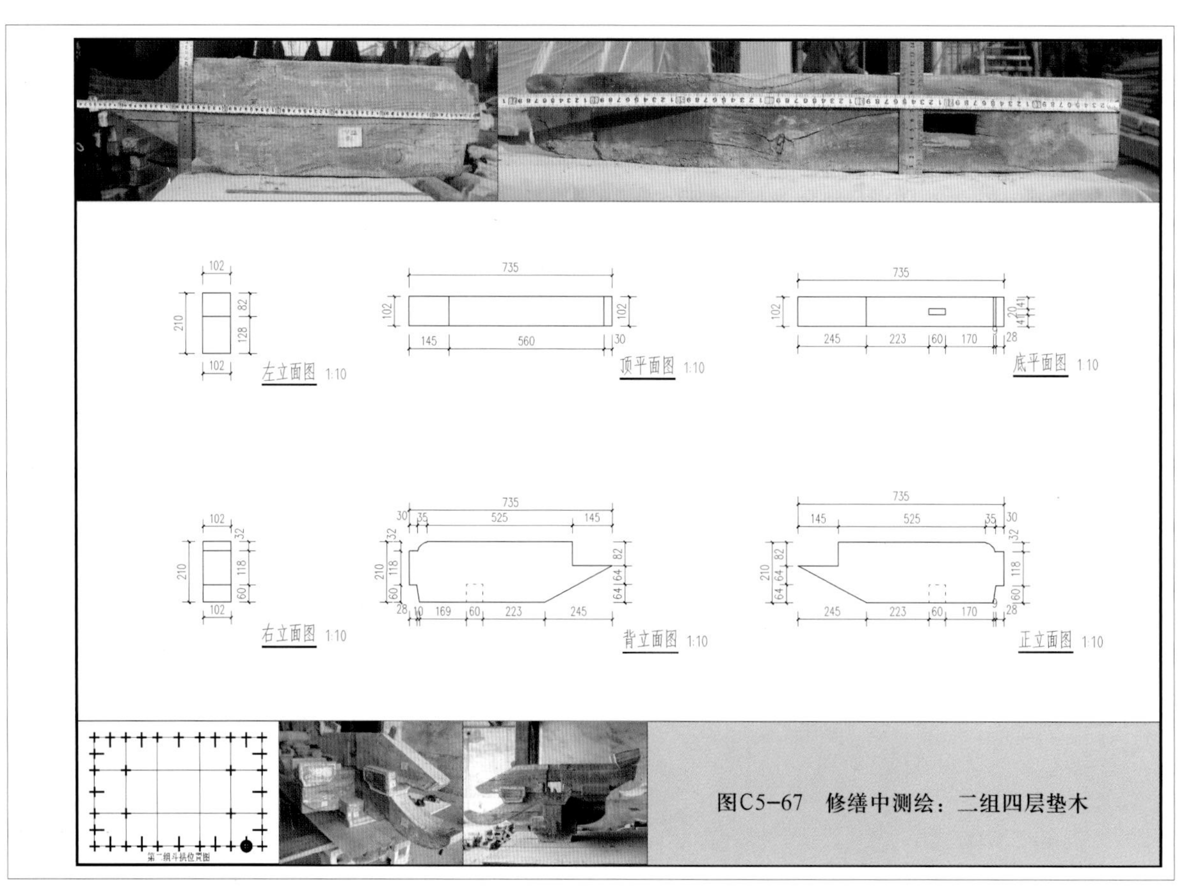

图C5-67　修缮中测绘：二组四层垫木

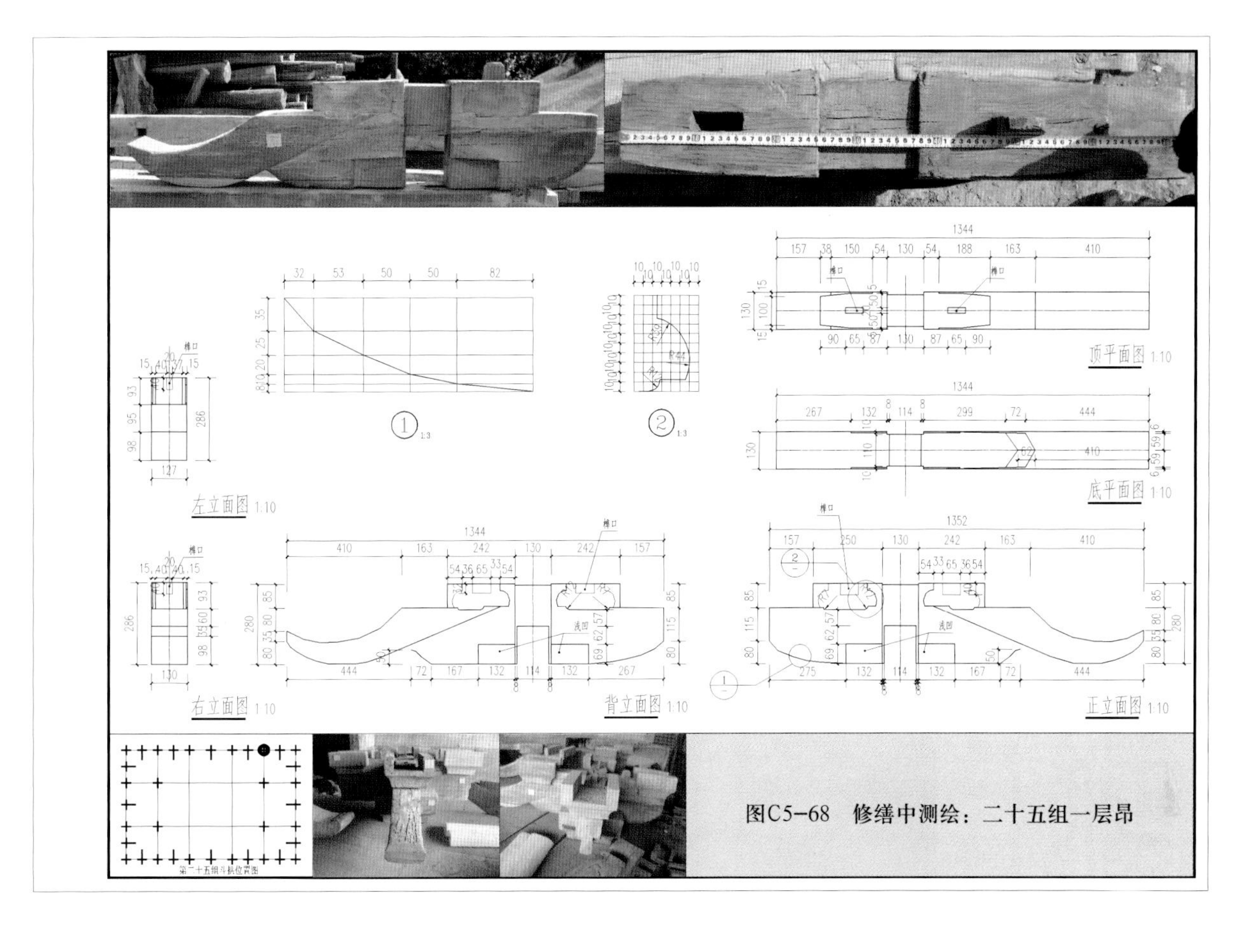

图C5-68　修缮中测绘：二十五组一层昂

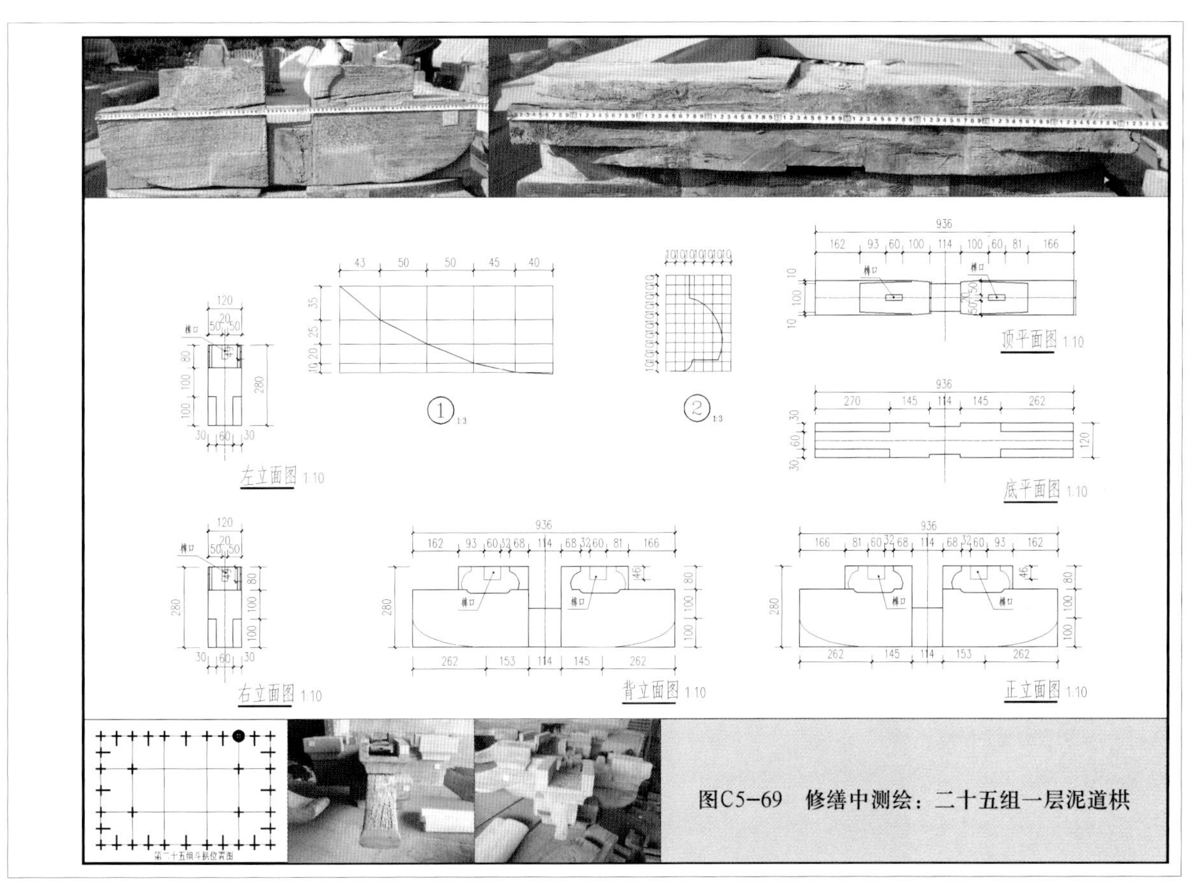

图C5-69　修缮中测绘：二十五组一层泥道栱

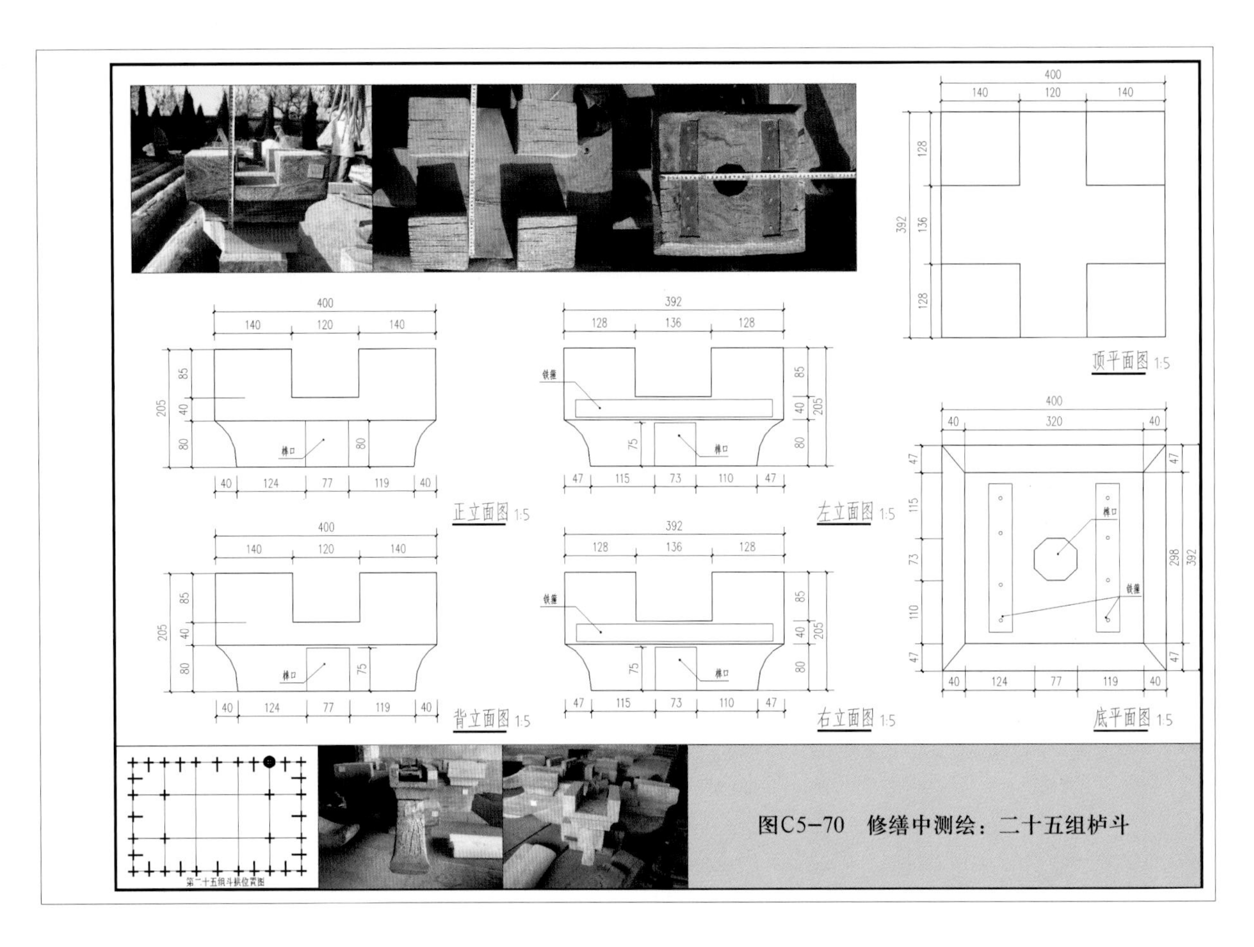

图C5-70　修缮中测绘：二十五组栌斗

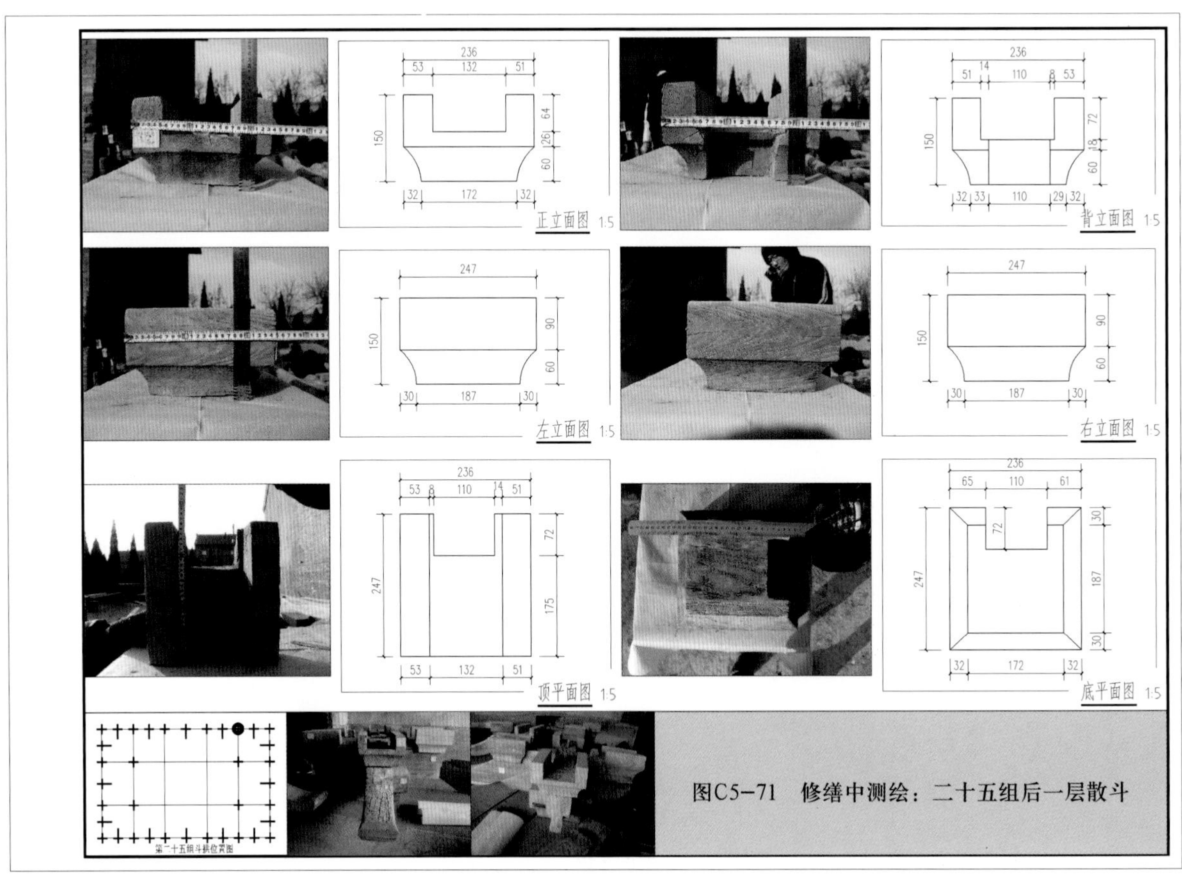

图C5-71　修缮中测绘：二十五组后一层散斗

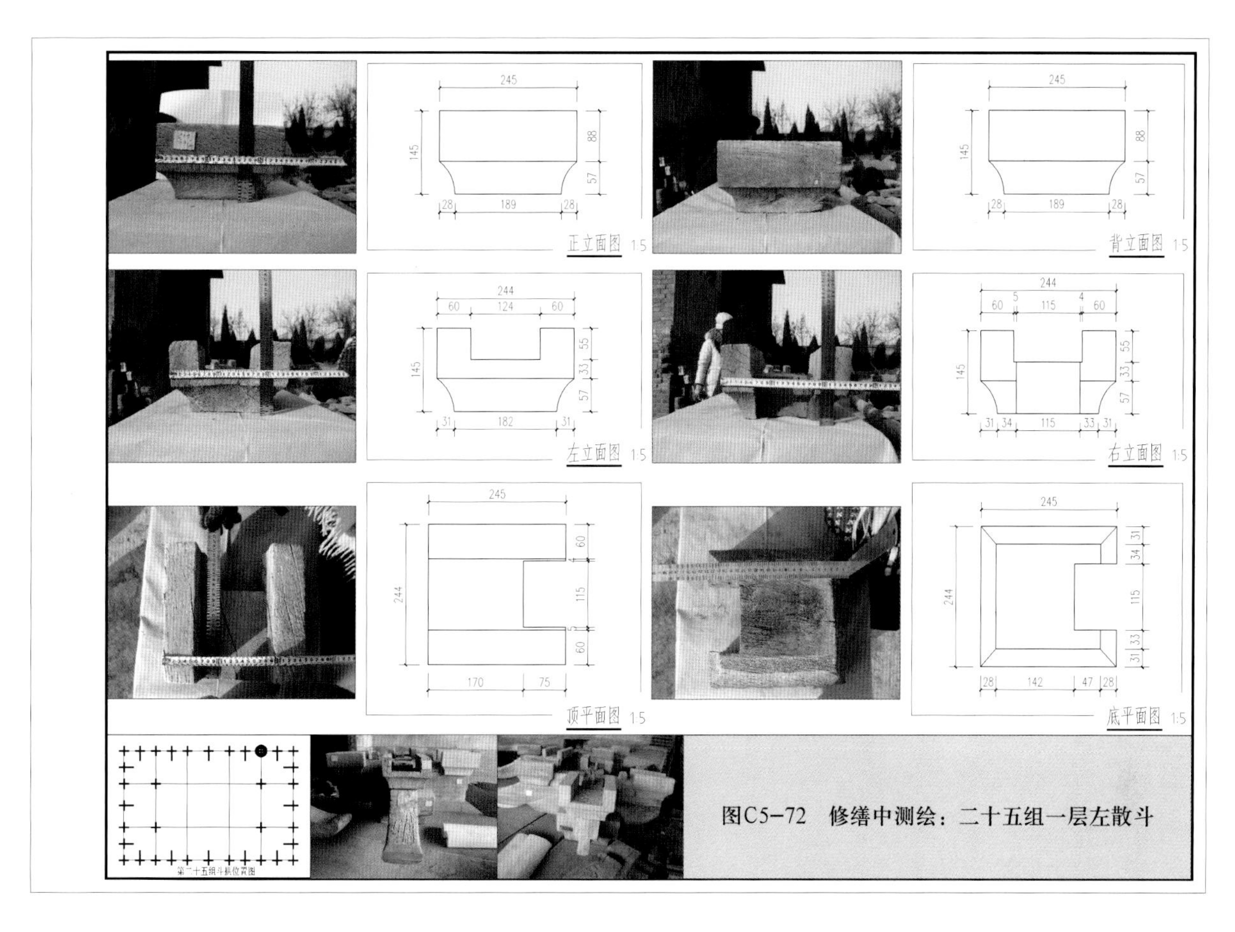

图C5-72　修缮中测绘：二十五组一层左散斗

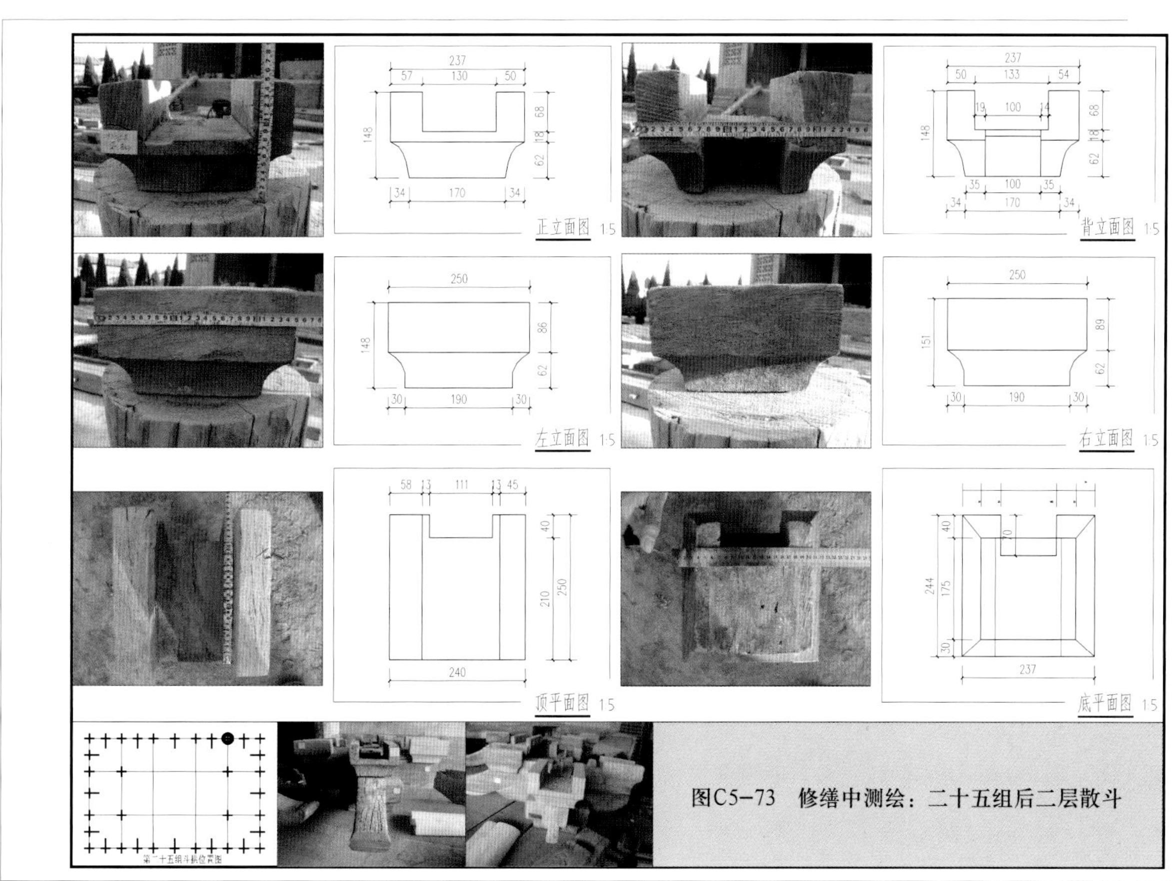

图C5-73　修缮中测绘：二十五组后二层散斗

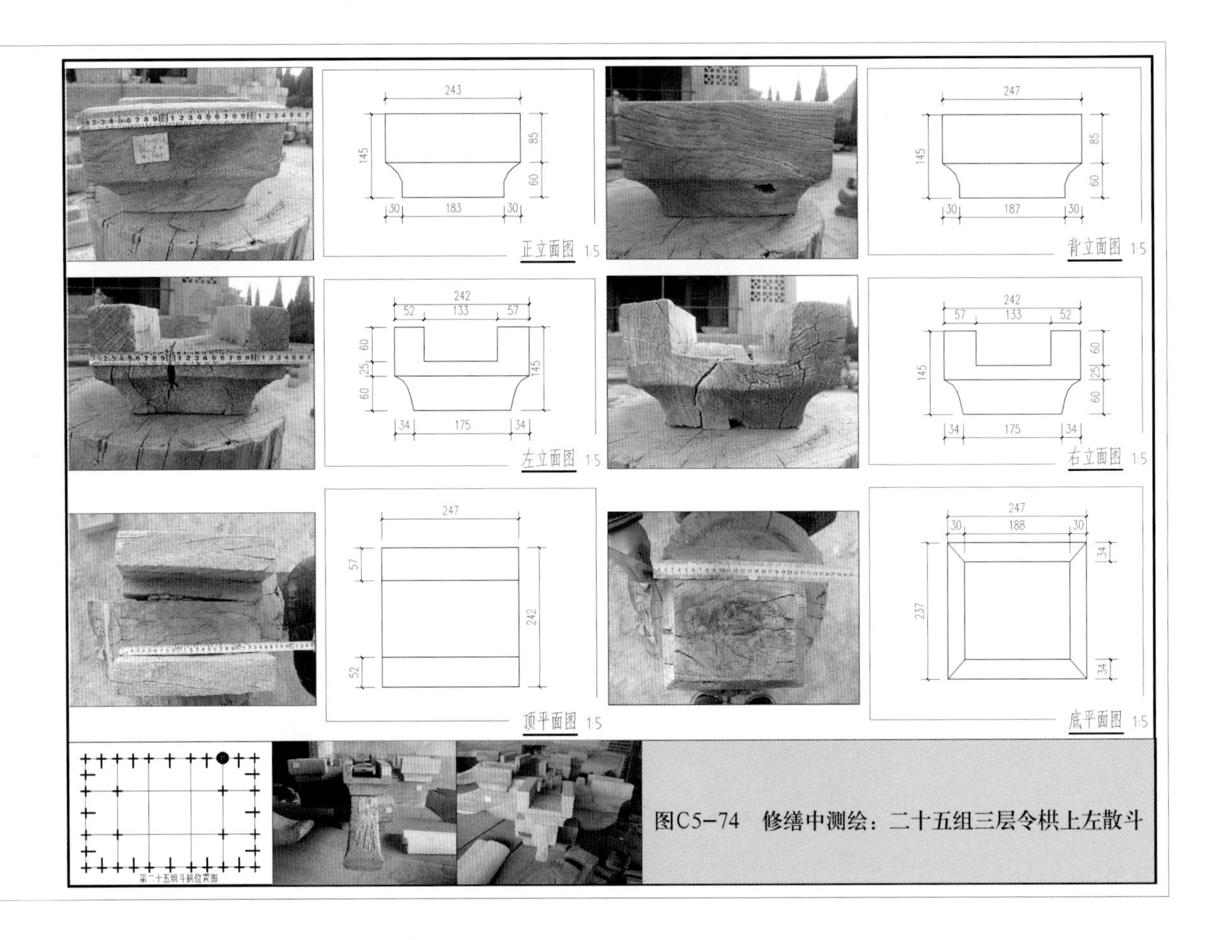

图C5-74 修缮中测绘：二十五组三层令栱上左散斗

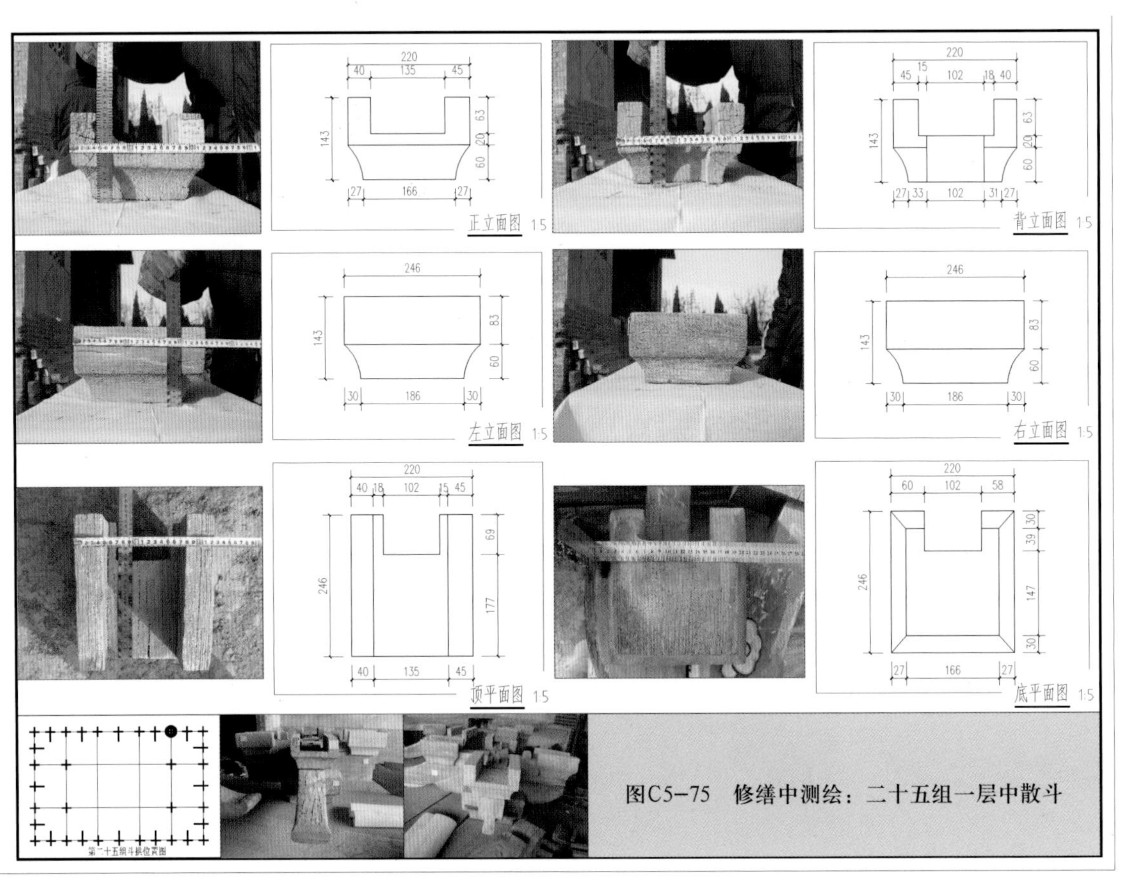

图C5-75 修缮中测绘：二十五组一层中散斗

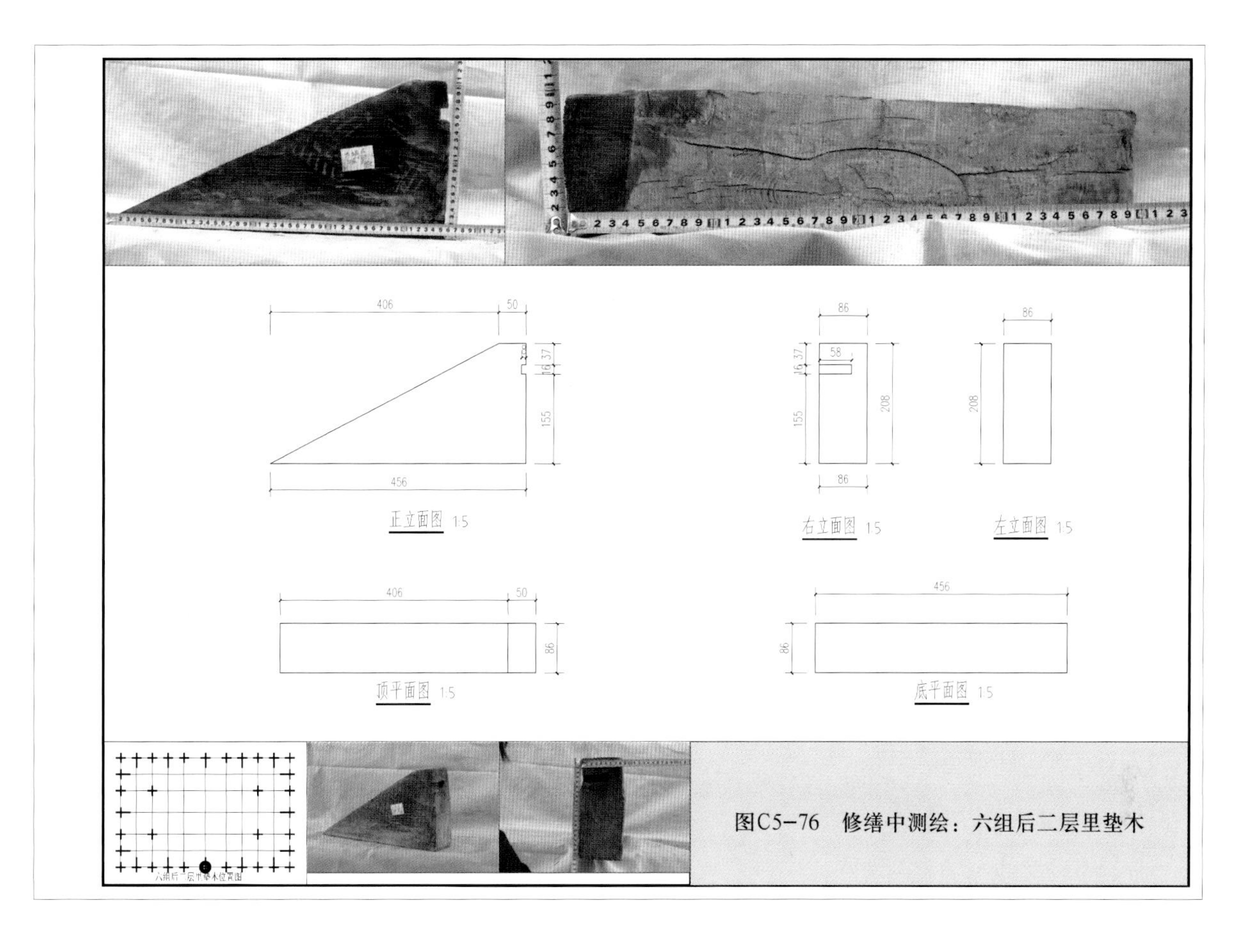

图C5-76　修缮中测绘：六组后二层里垫木

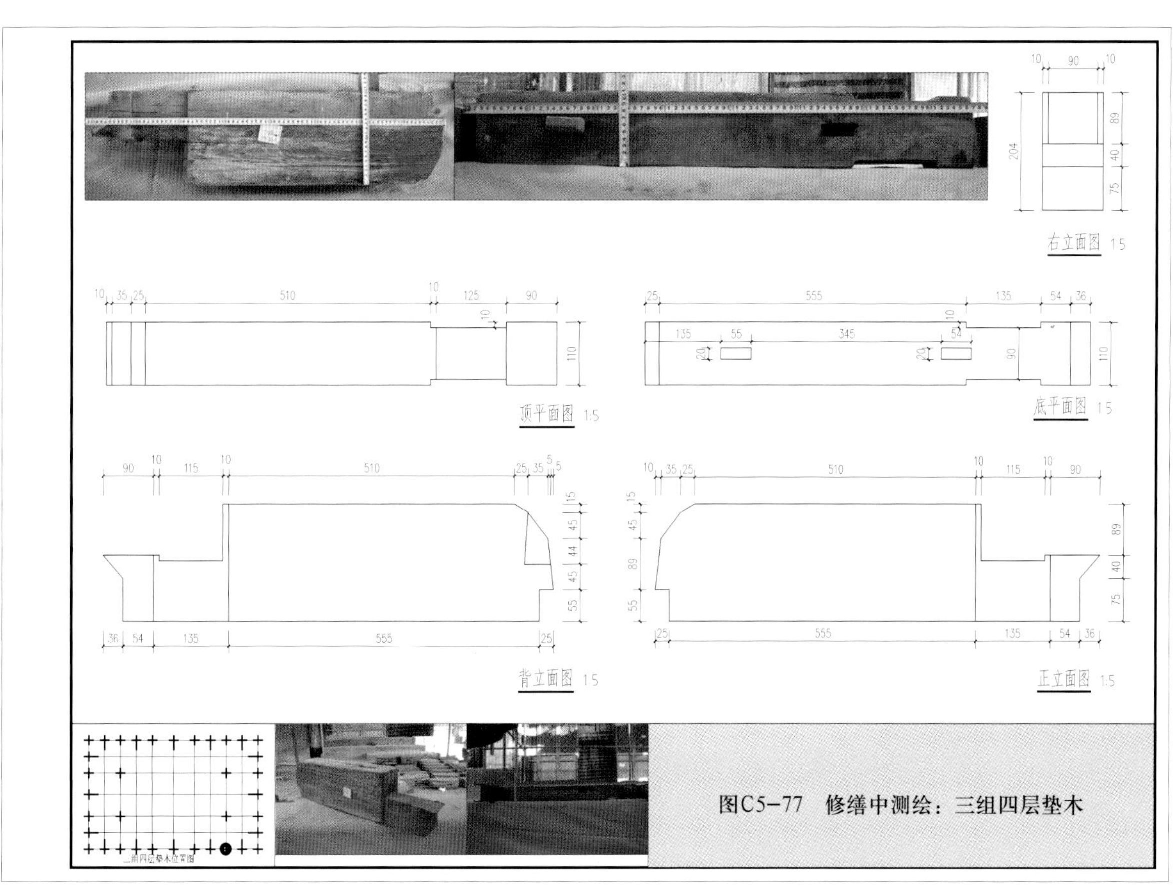

图C5-77　修缮中测绘：三组四层垫木

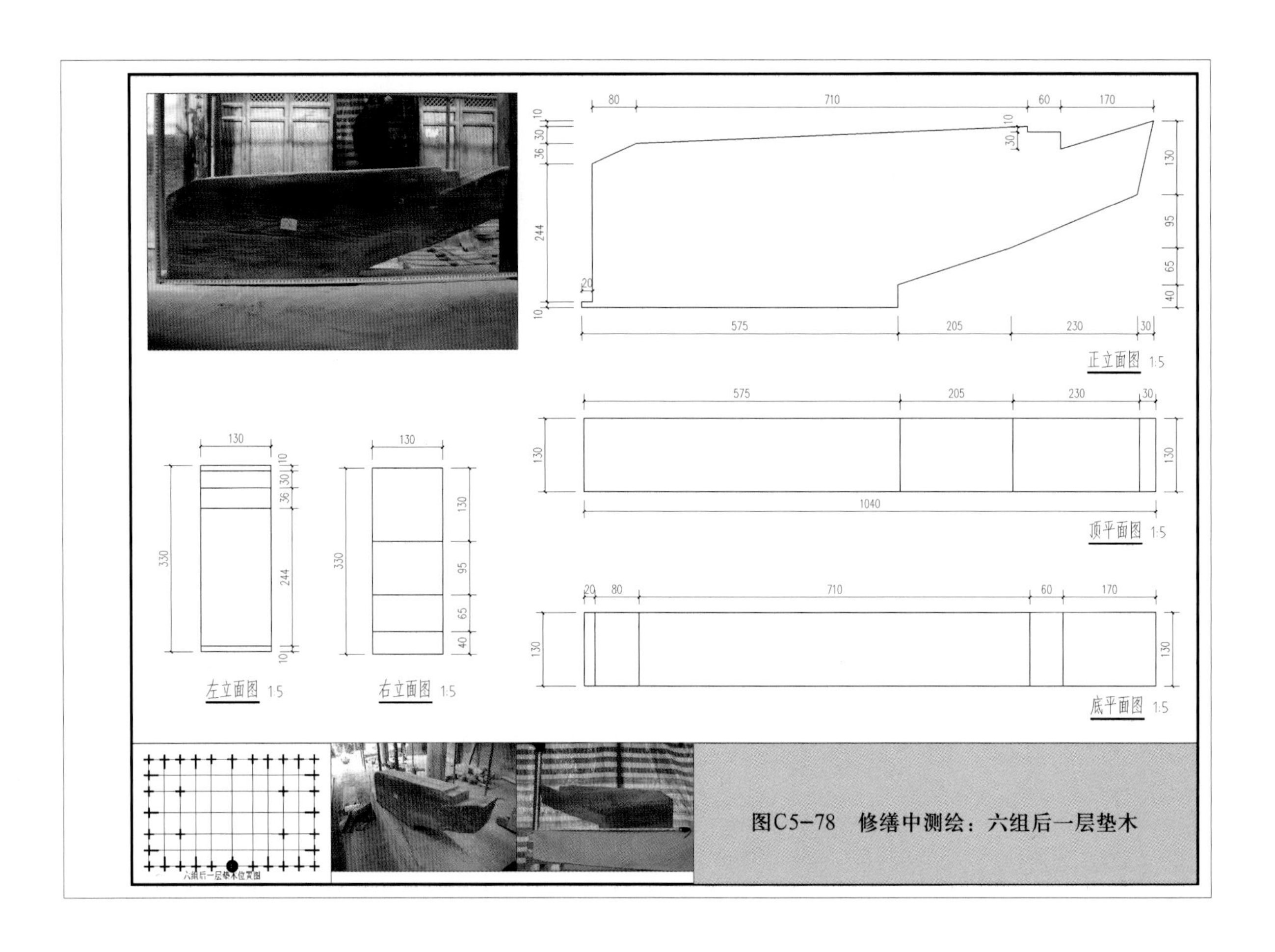

图C5-78　修缮中测绘：六组后一层垫木

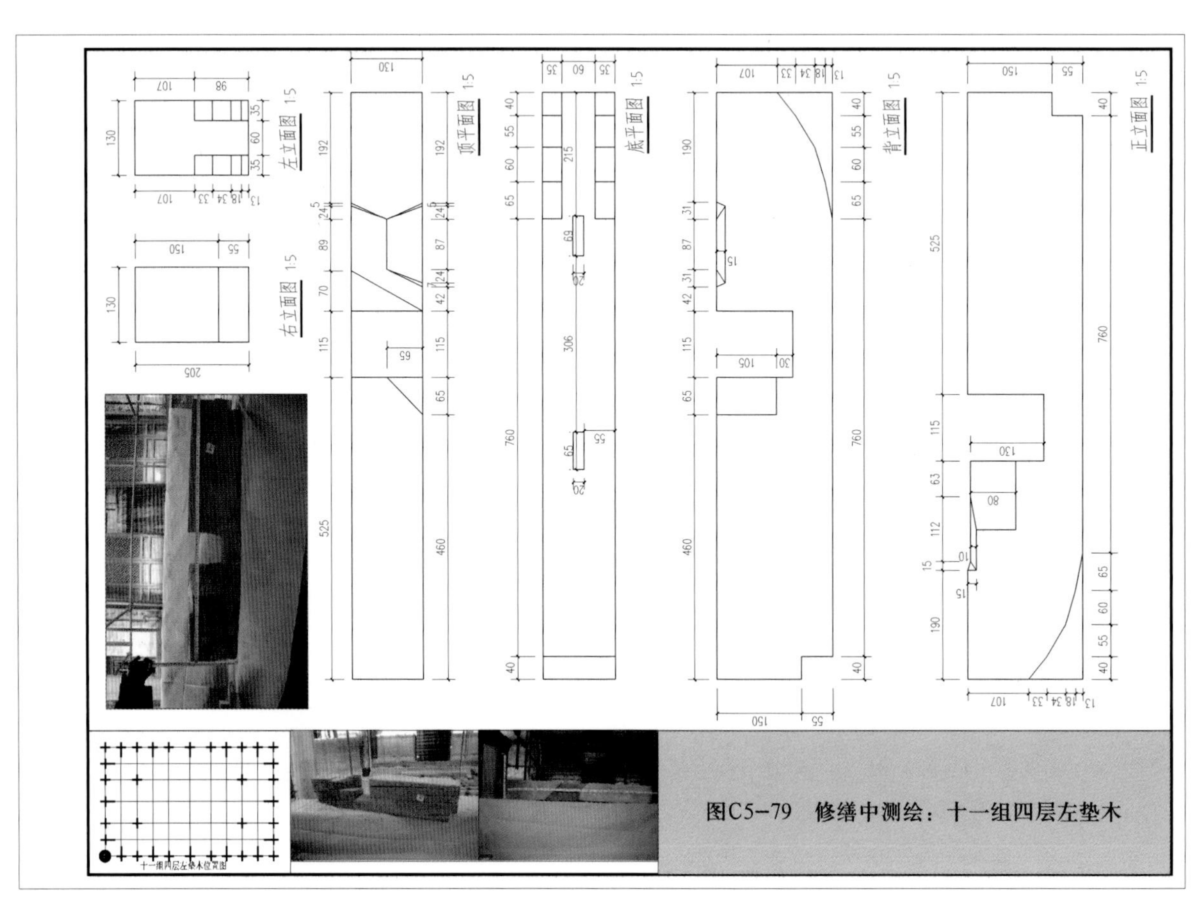

图C5-79　修缮中测绘：十一组四层左垫木

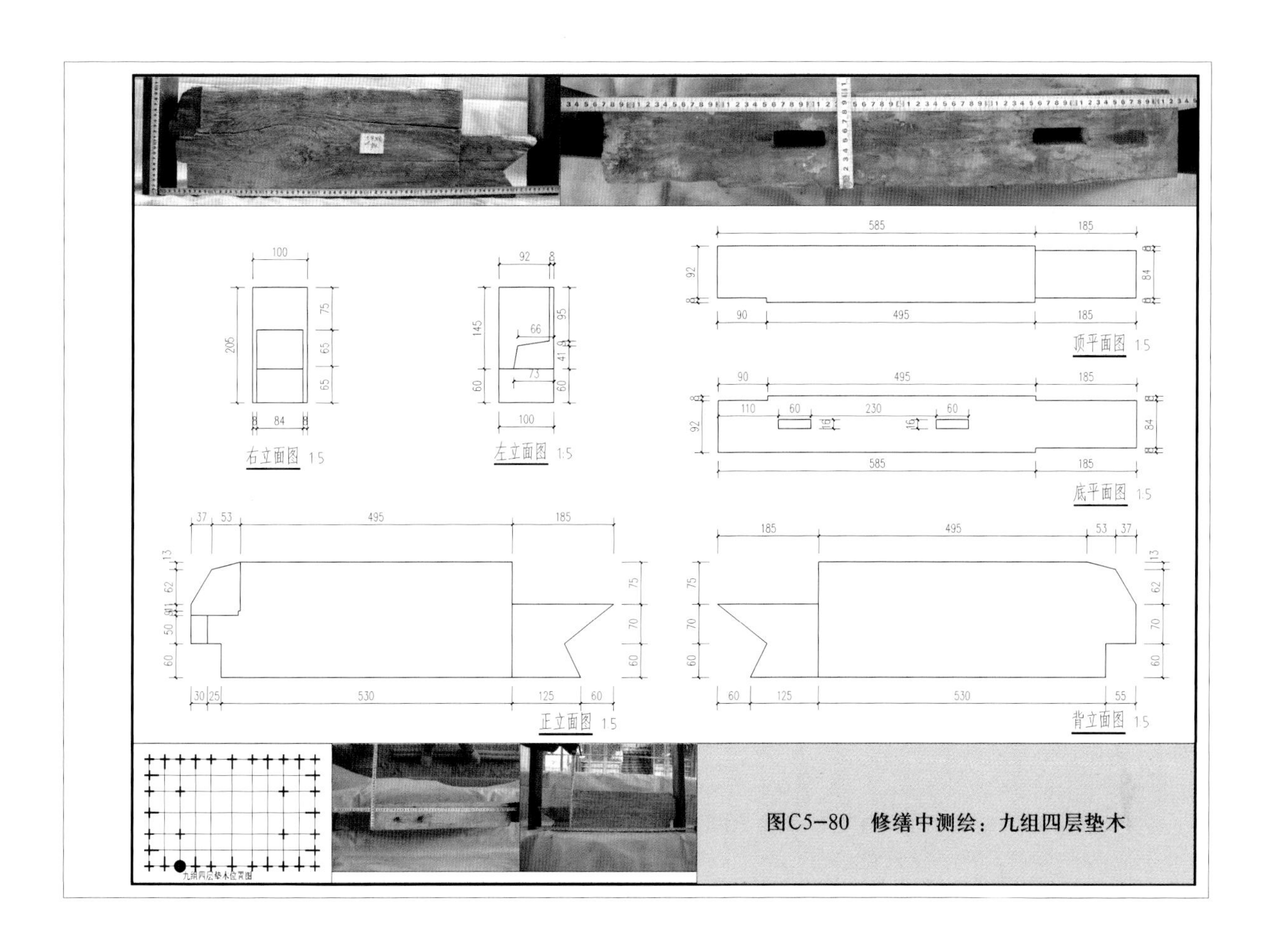

图C5-80　修缮中测绘：九组四层垫木

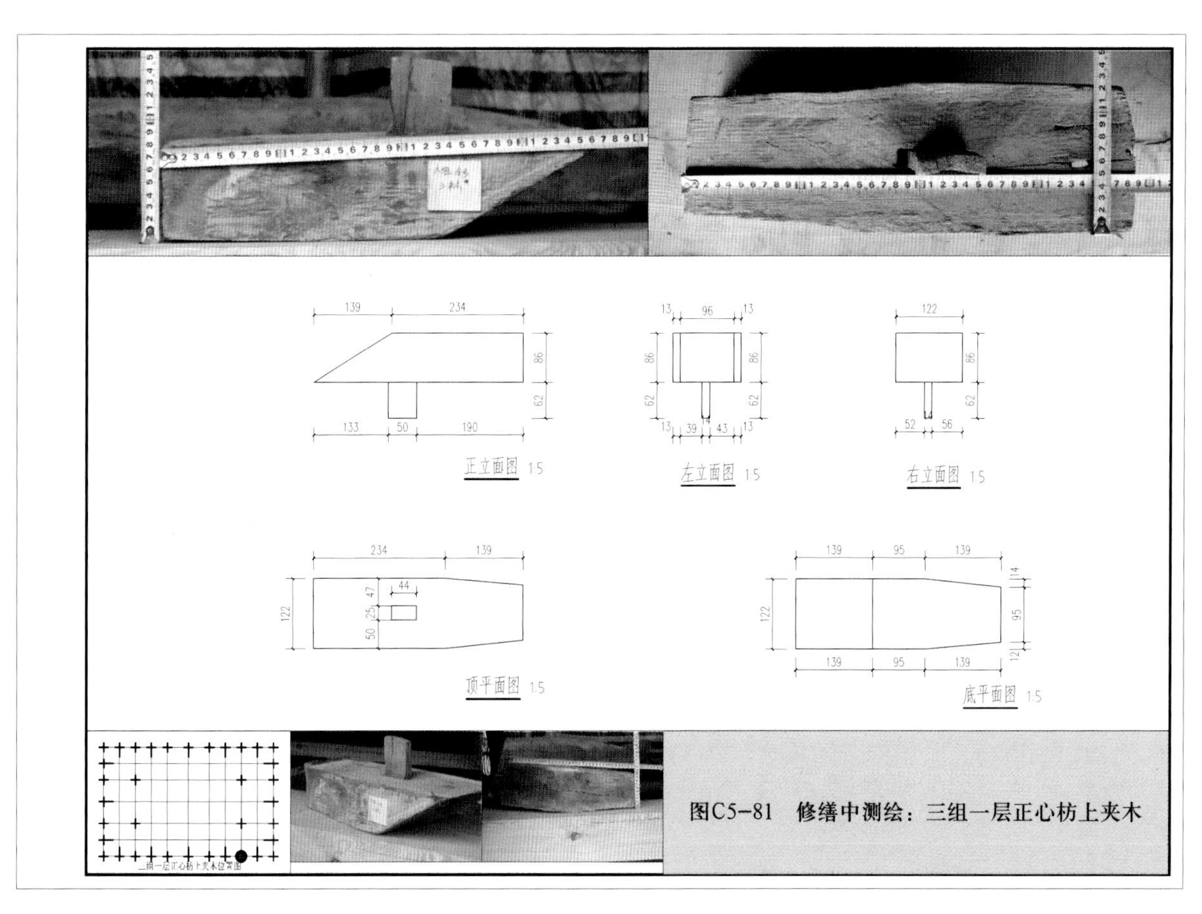

图C5-81　修缮中测绘：三组一层正心枋上夹木

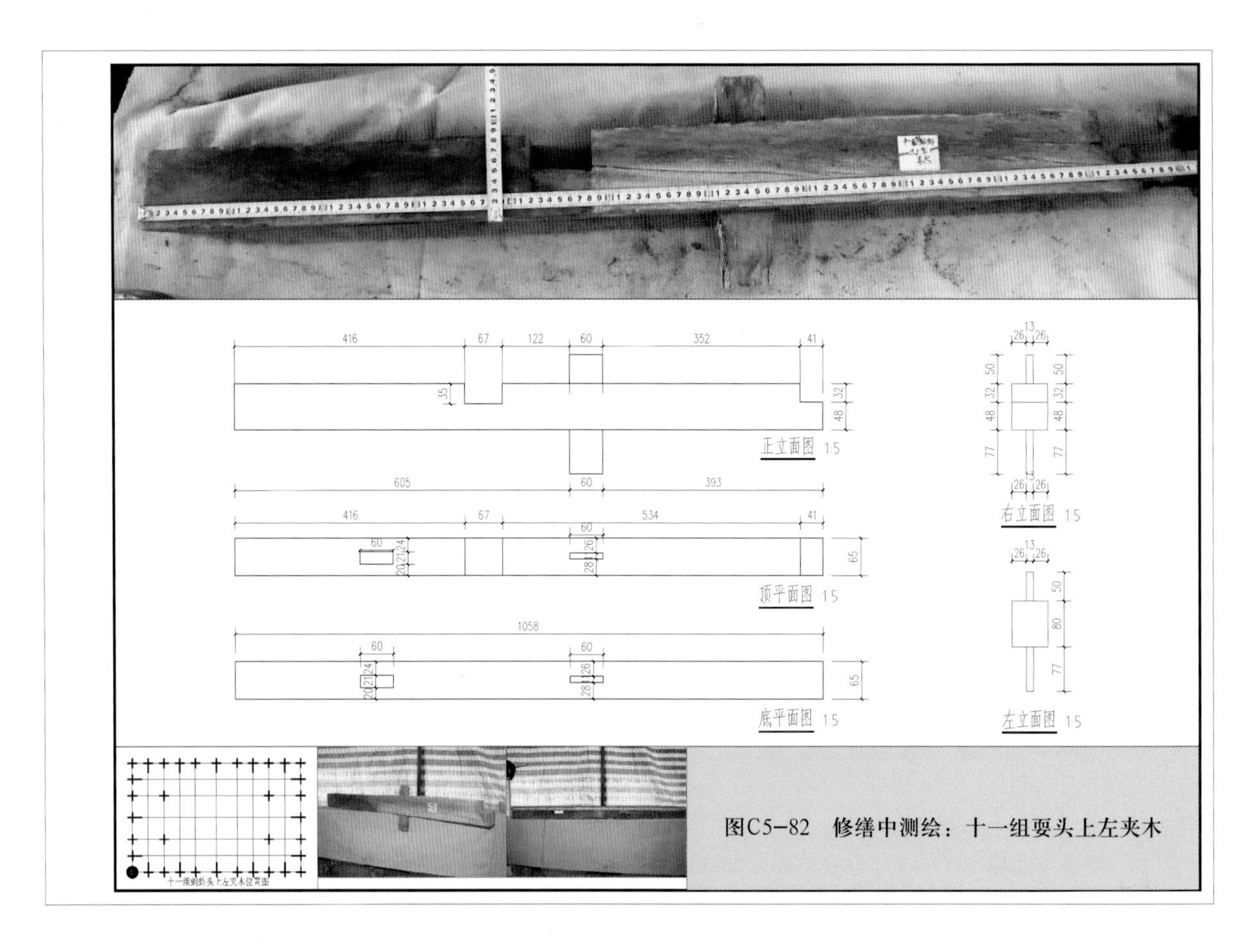

图C5-82　修缮中测绘：十一组耍头上左夹木

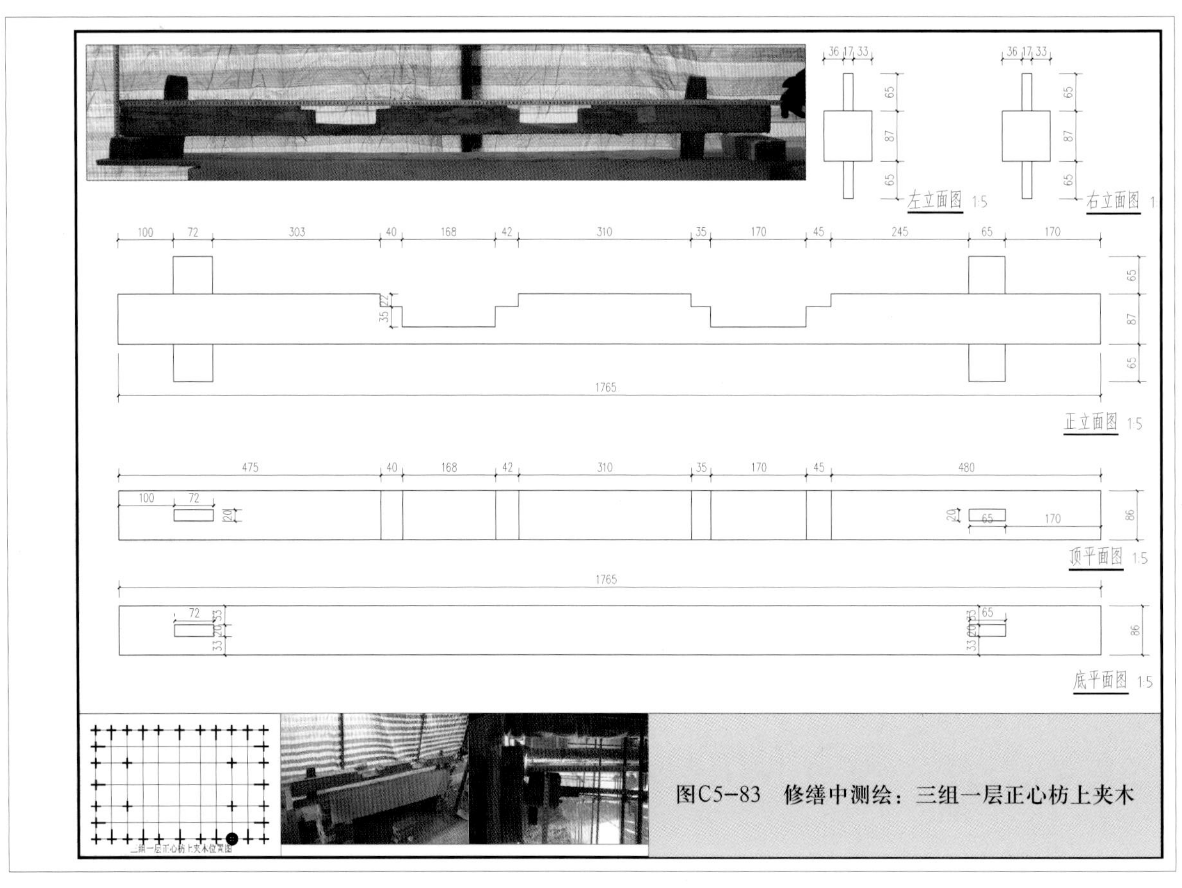

图C5-83　修缮中测绘：三组一层正心枋上夹木

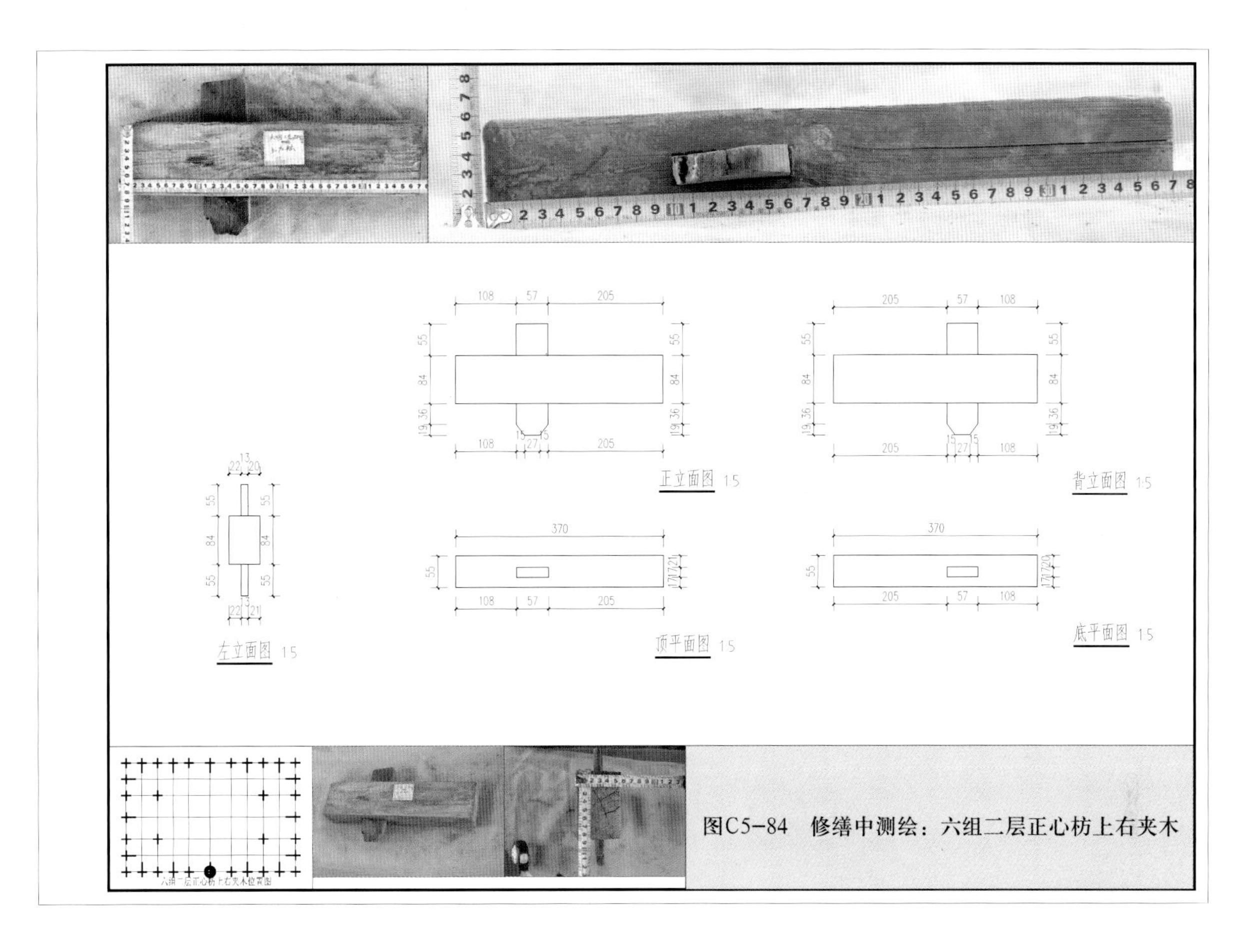

图C5-84　修缮中测绘：六组二层正心枋上右夹木

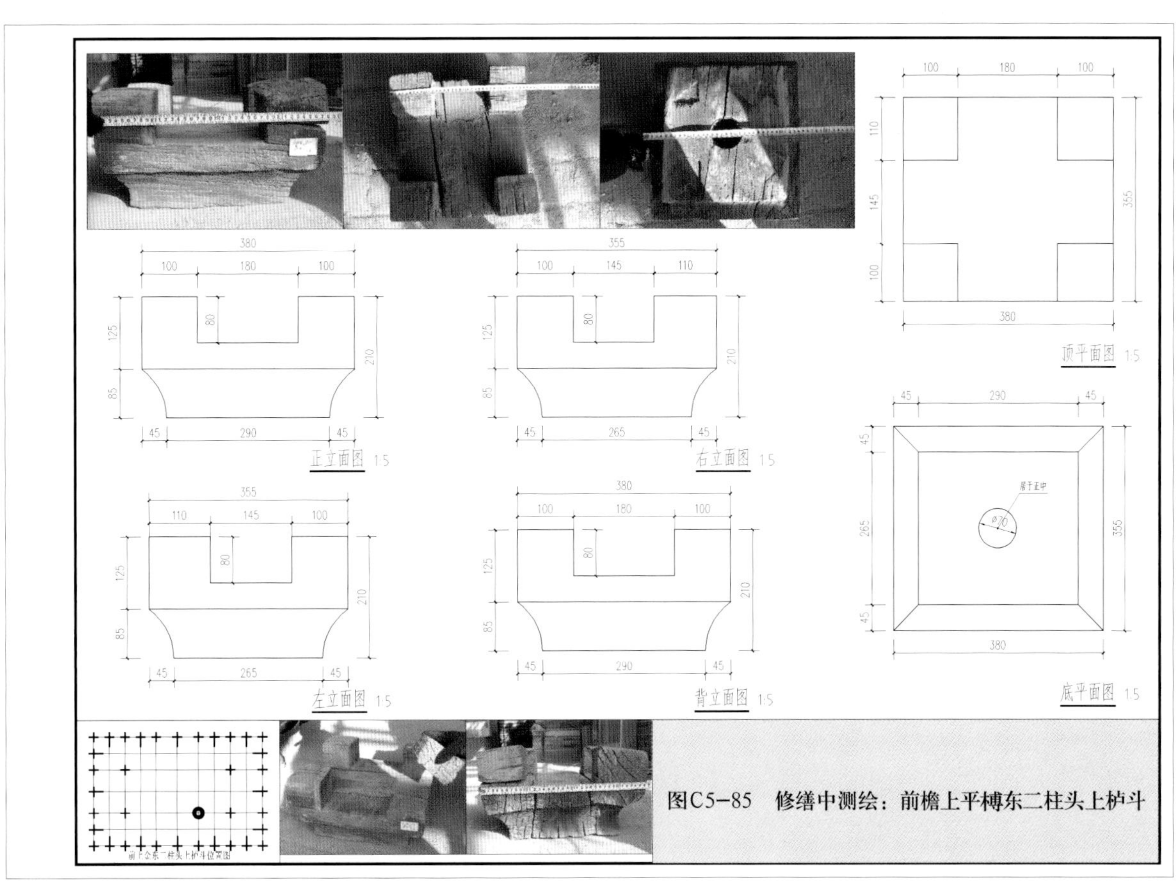

图C5-85　修缮中测绘：前檐上平槫东二柱头上栌斗

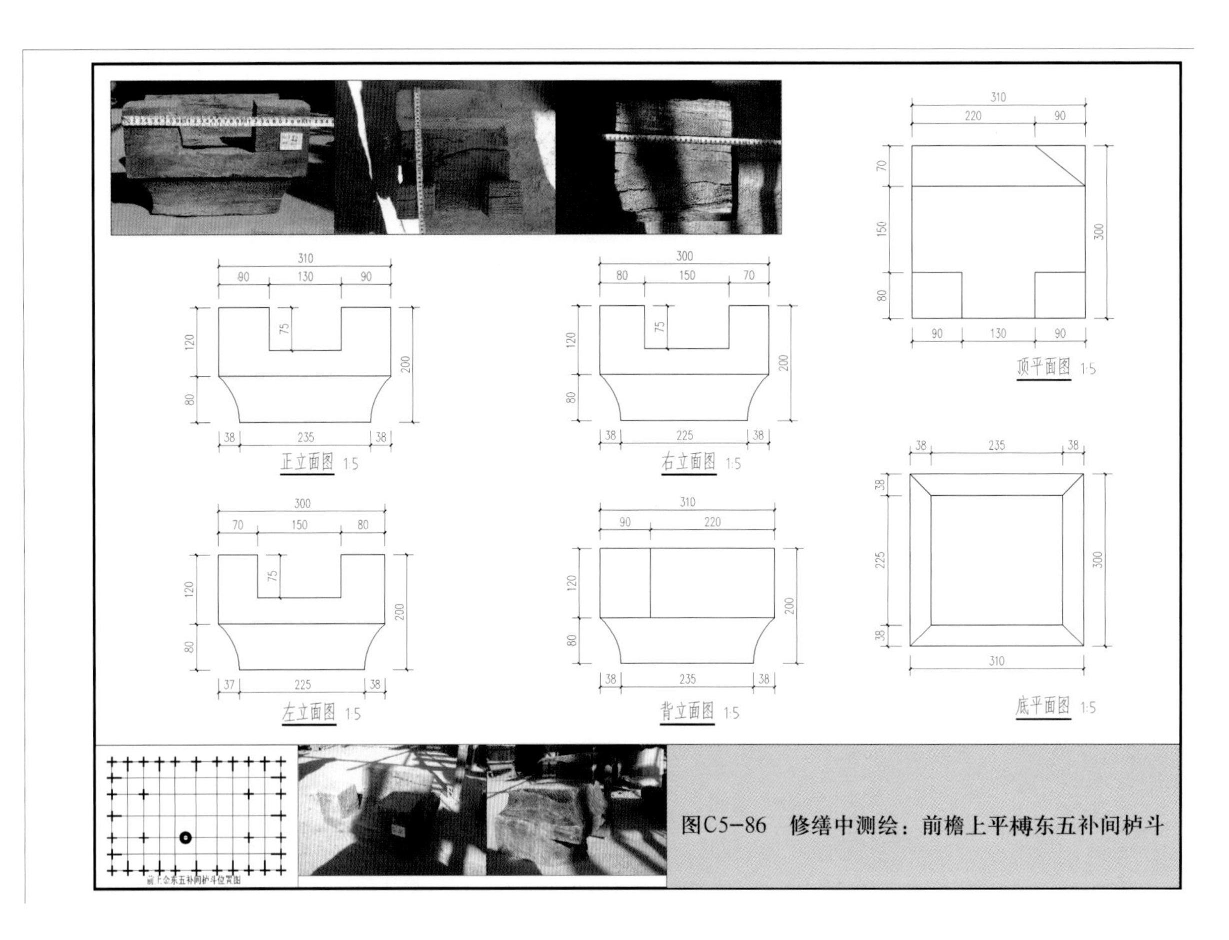

图C5-86　修缮中测绘：前檐上平槫东五补间栌斗

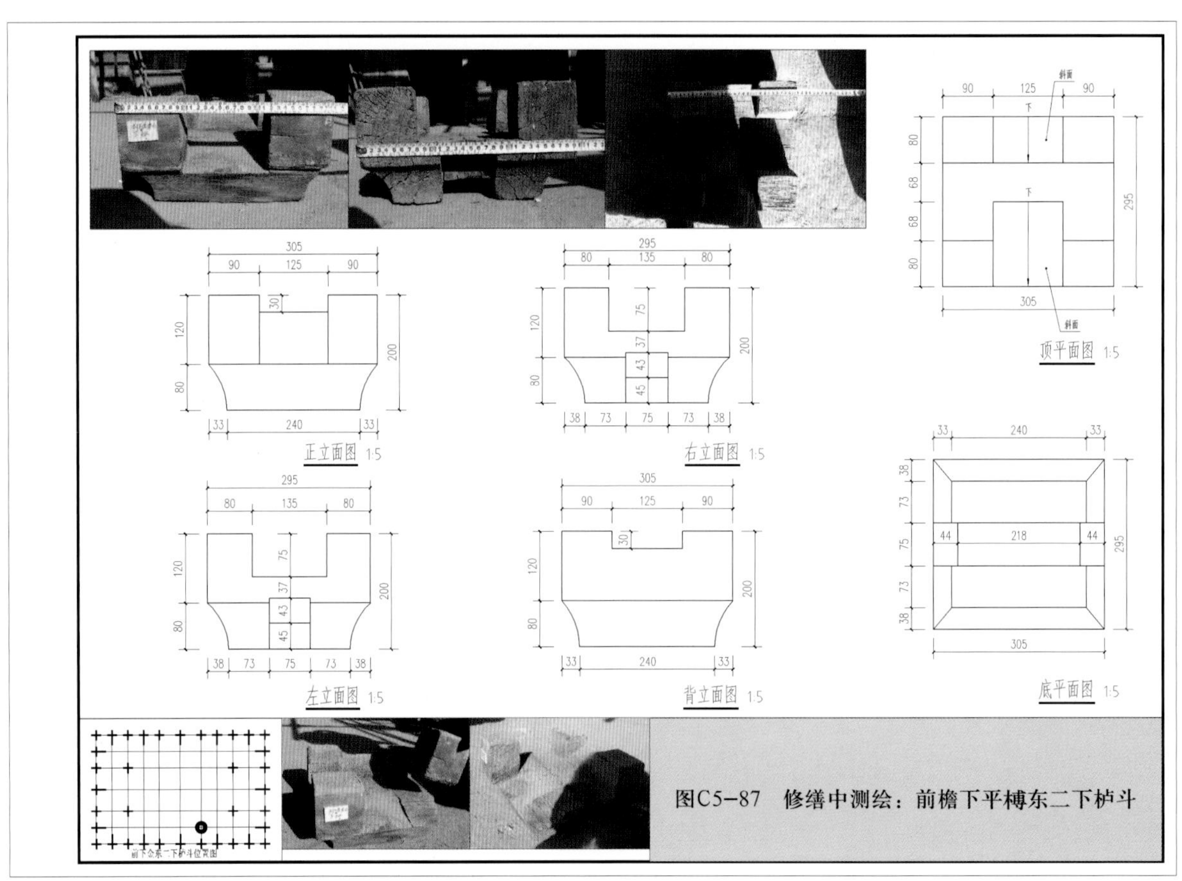

图C5-87　修缮中测绘：前檐下平槫东二下栌斗

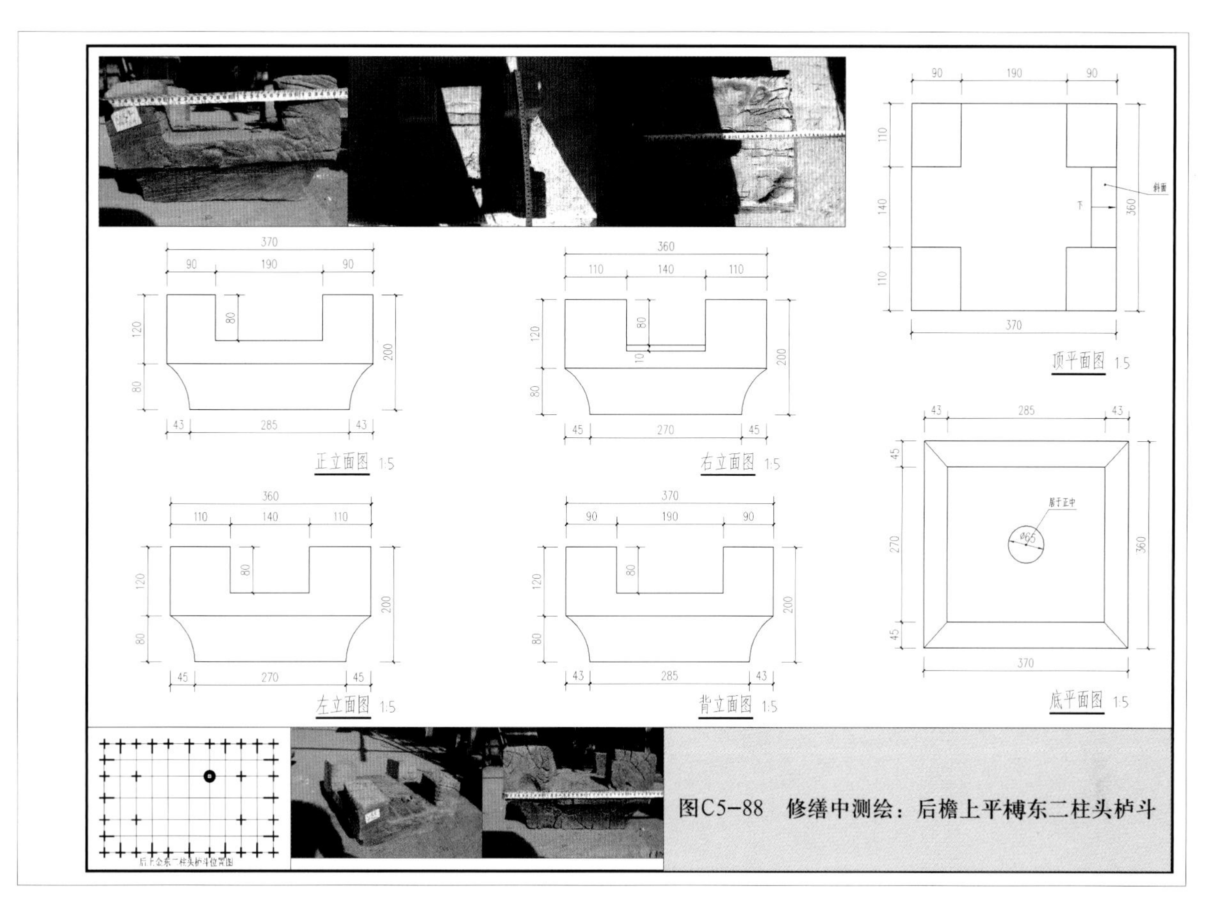

图C5-88 修缮中测绘：后檐上平槫东二柱头栌斗

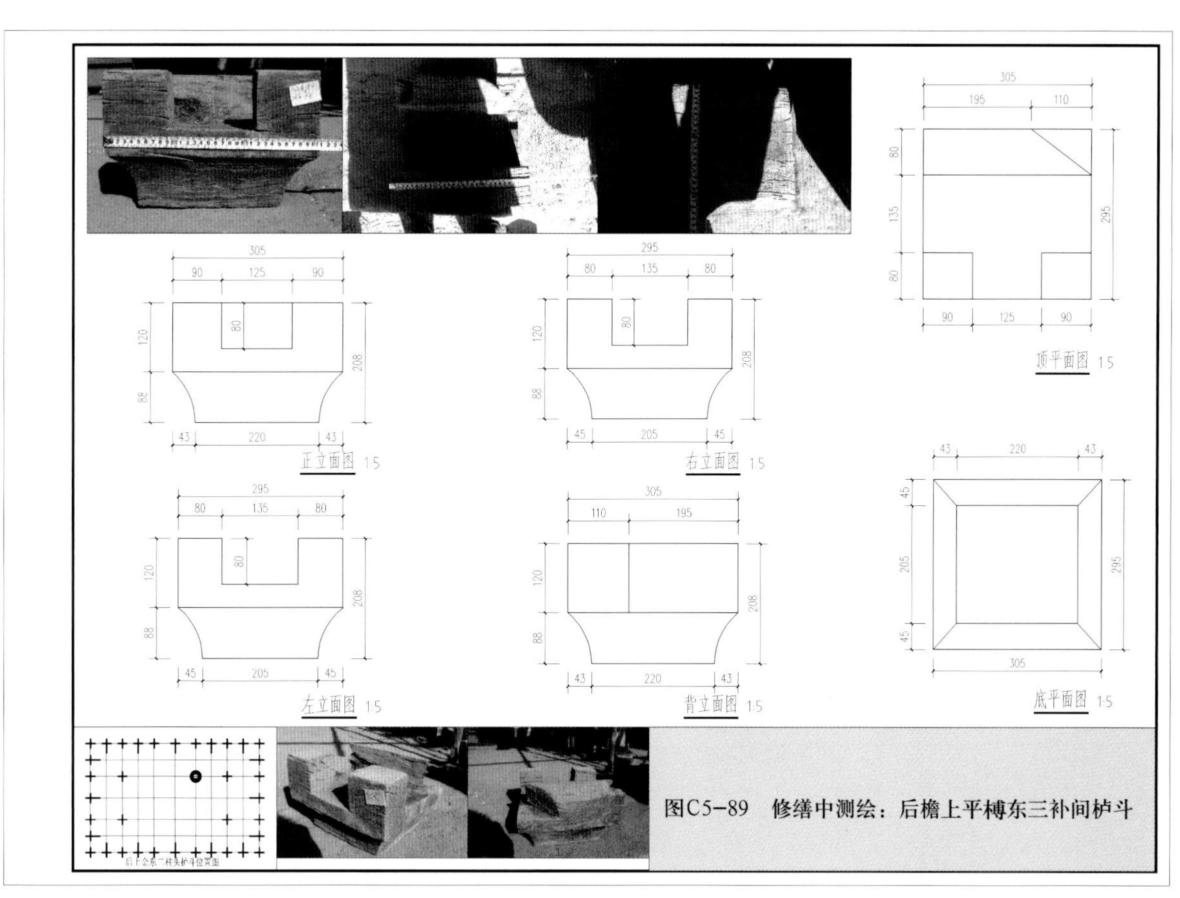

图C5-89 修缮中测绘：后檐上平槫东三补间栌斗

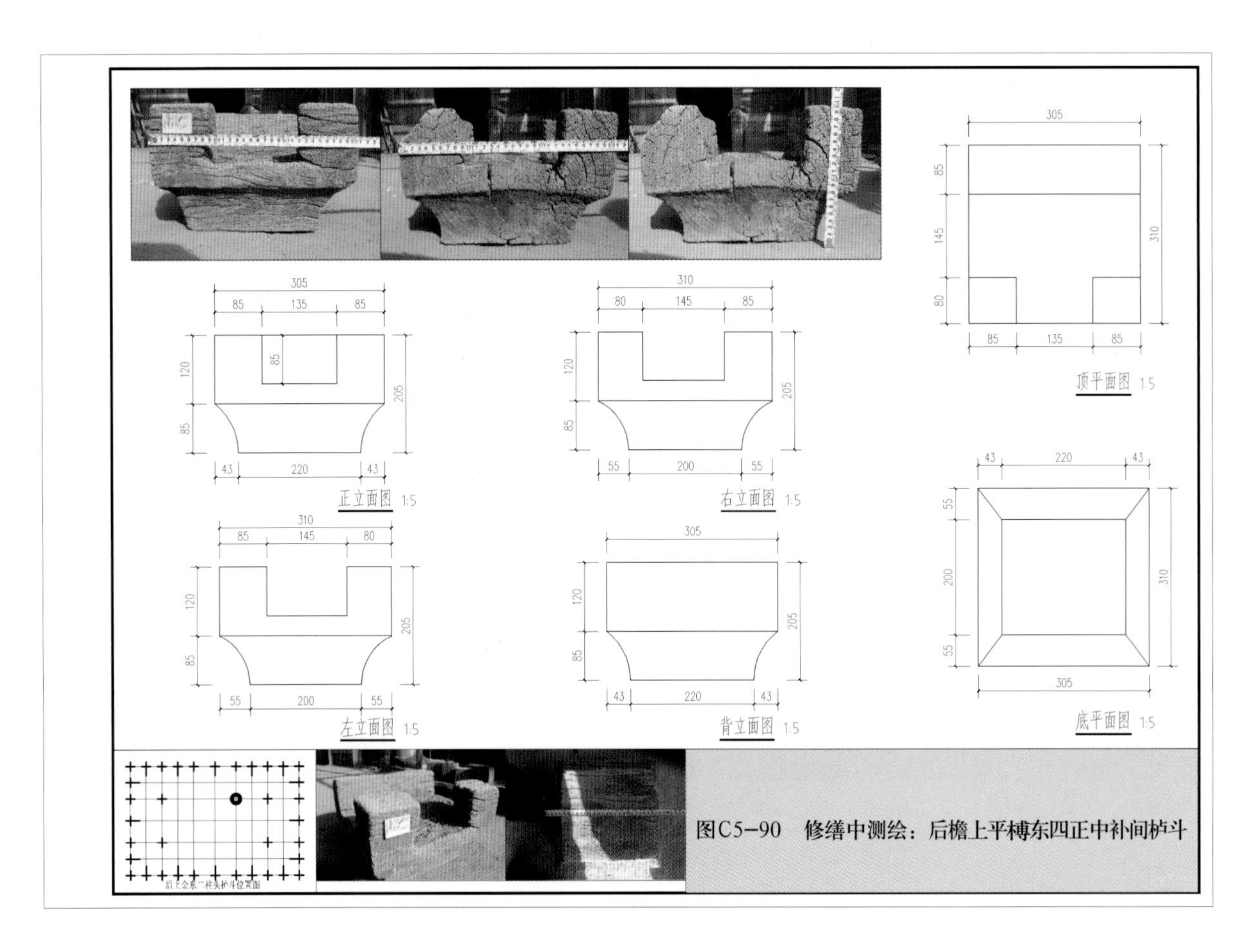

图C5-90　修缮中测绘：后檐上平槫东四正中补间栌斗

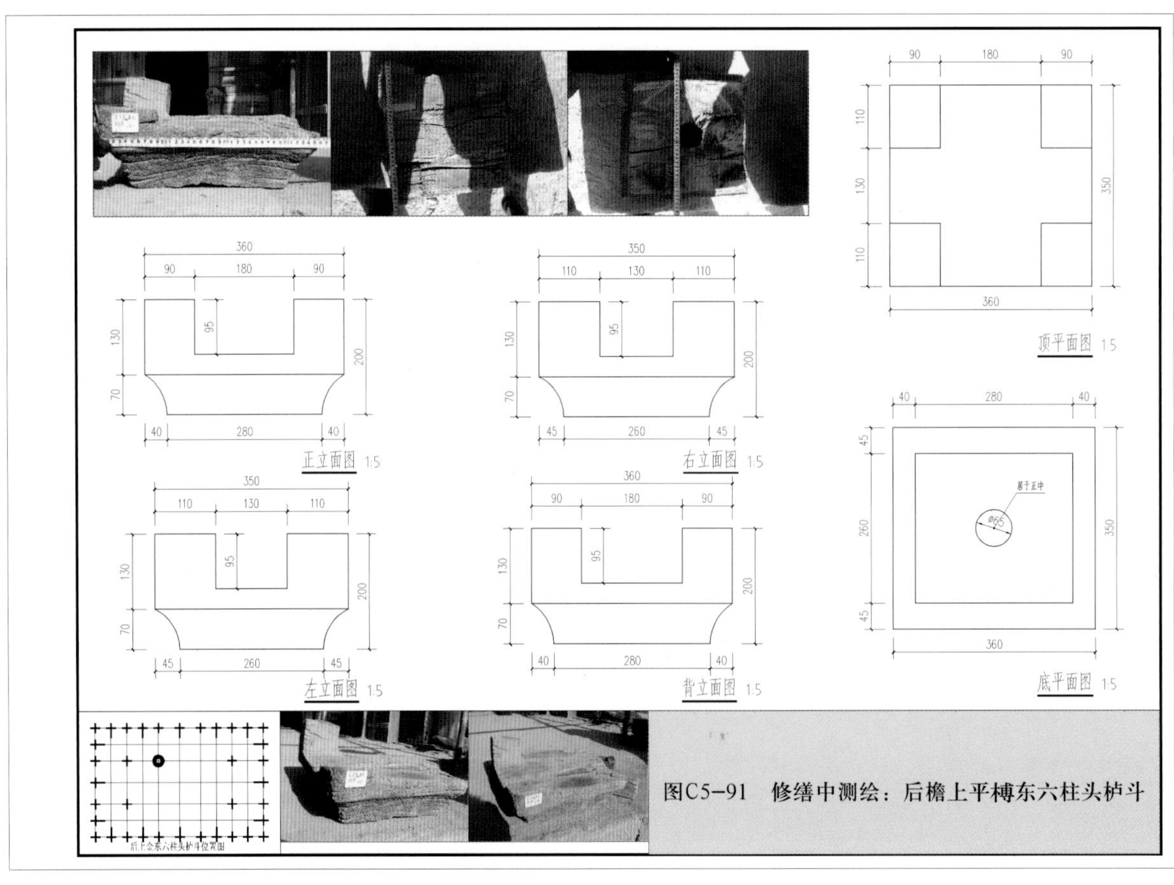

图C5-91　修缮中测绘：后檐上平槫东六柱头栌斗

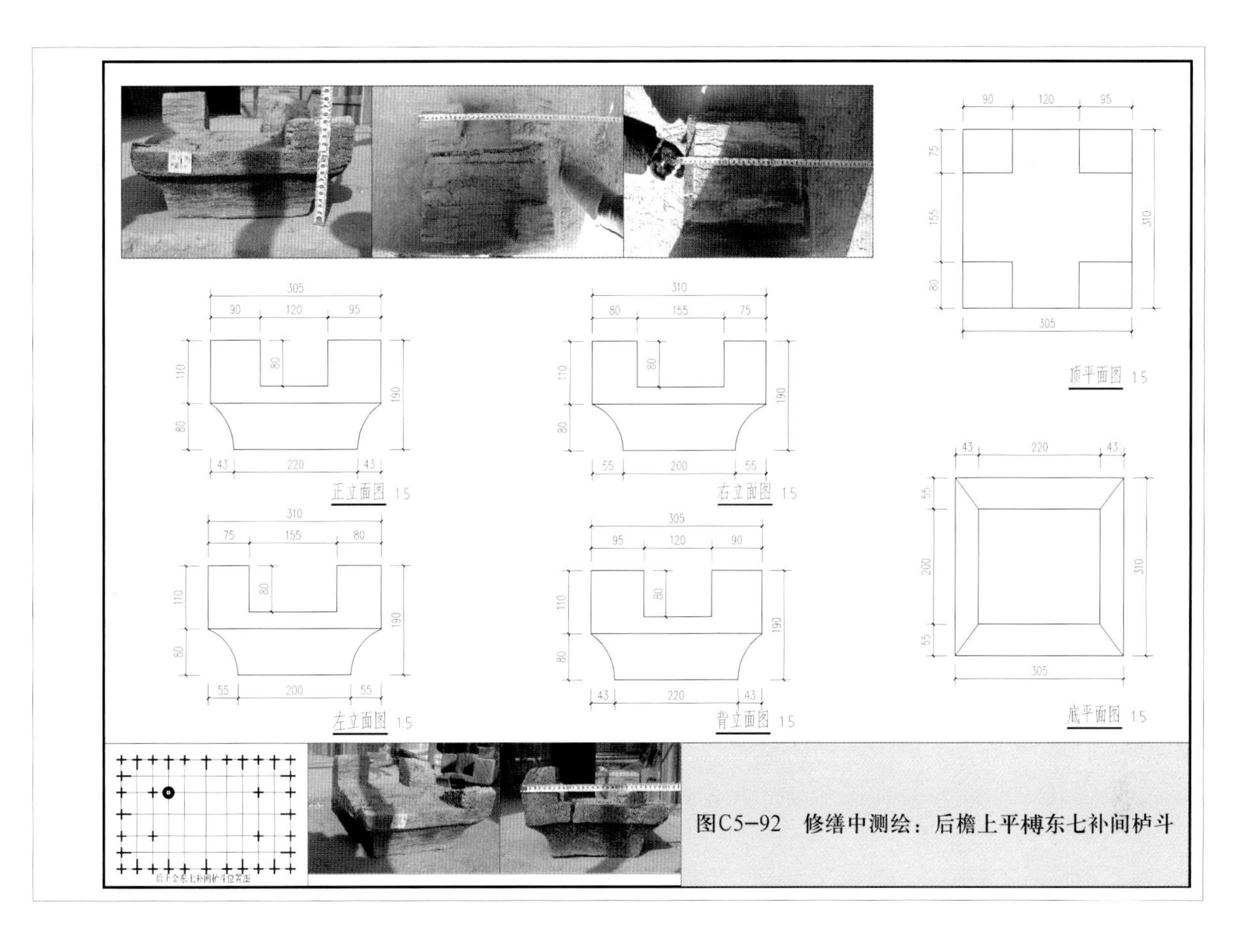

图C5-92　修缮中测绘：后檐上平槫东七补间栌斗

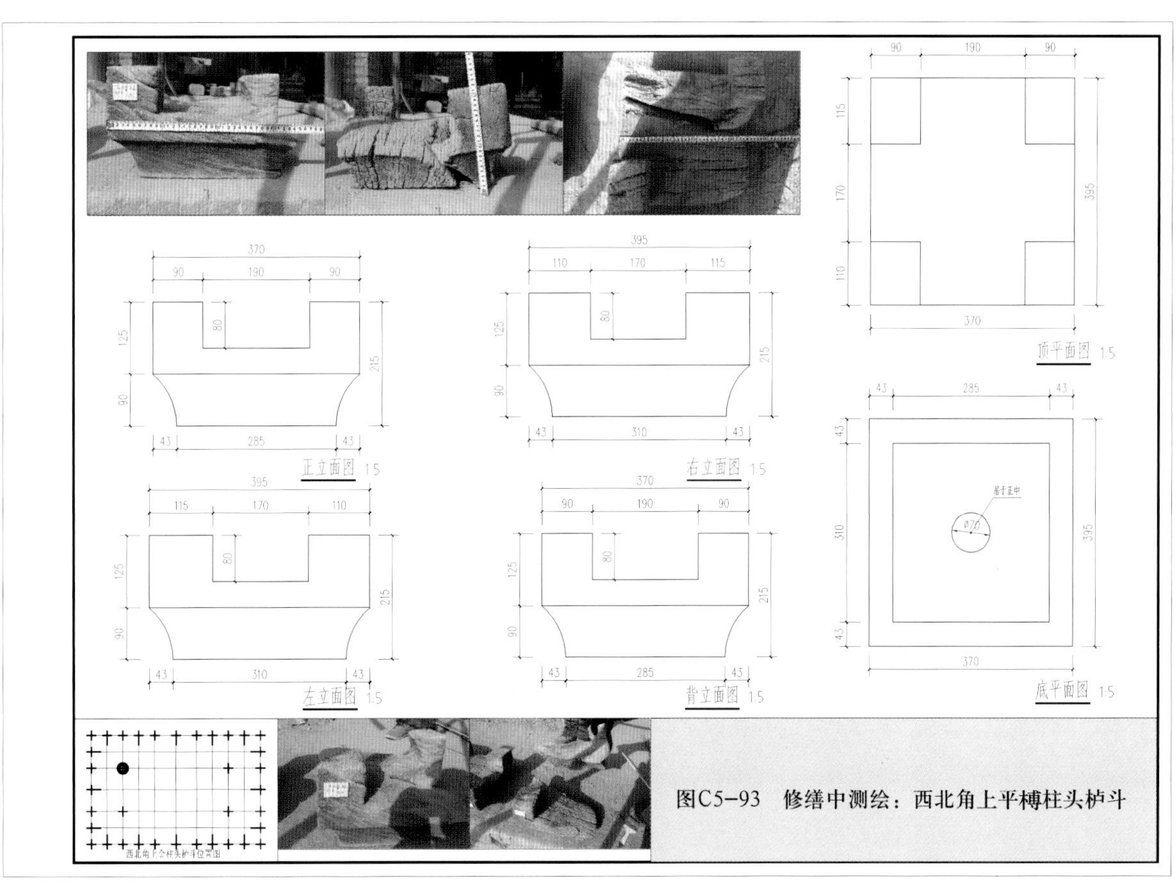

图C5-93　修缮中测绘：西北角上平槫柱头栌斗

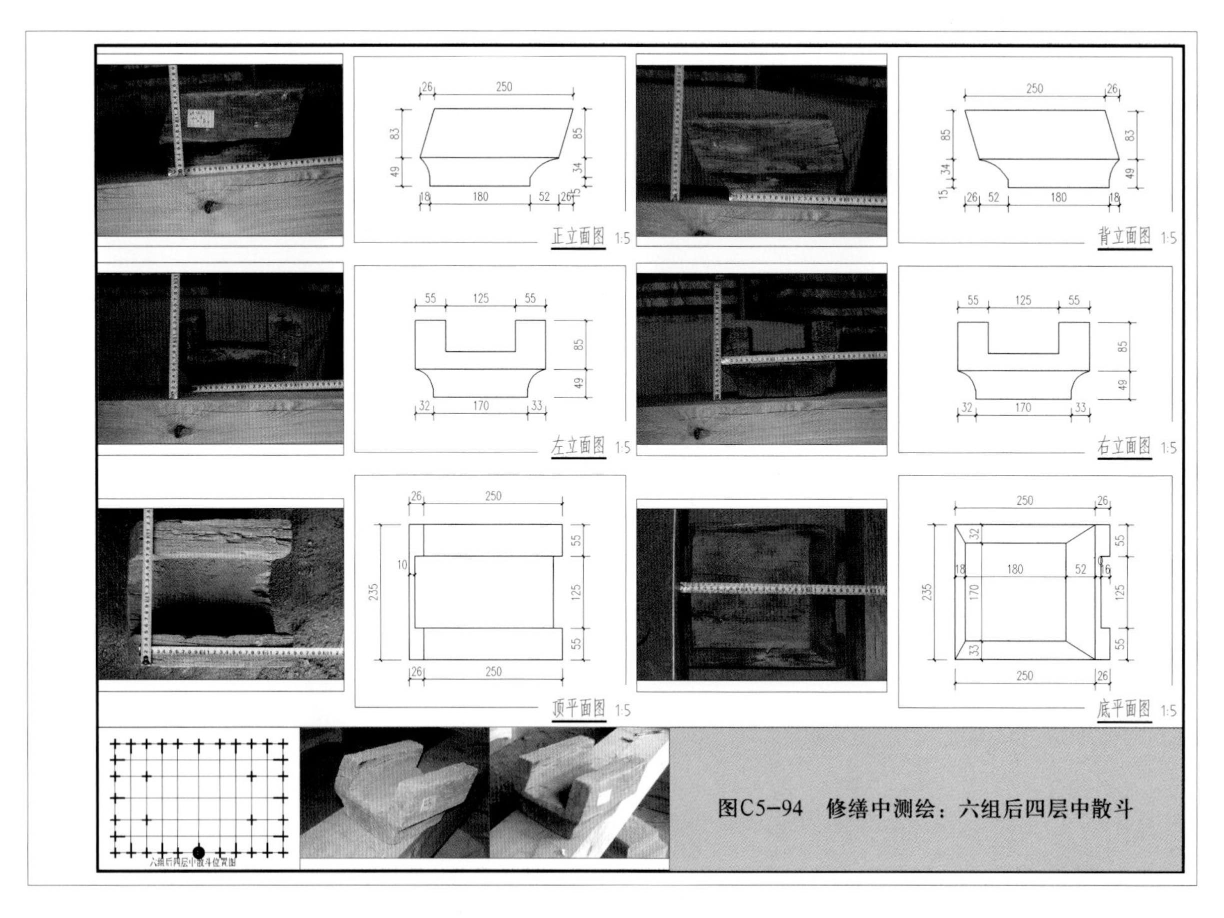

图C5-94　修缮中测绘：六组后四层中散斗

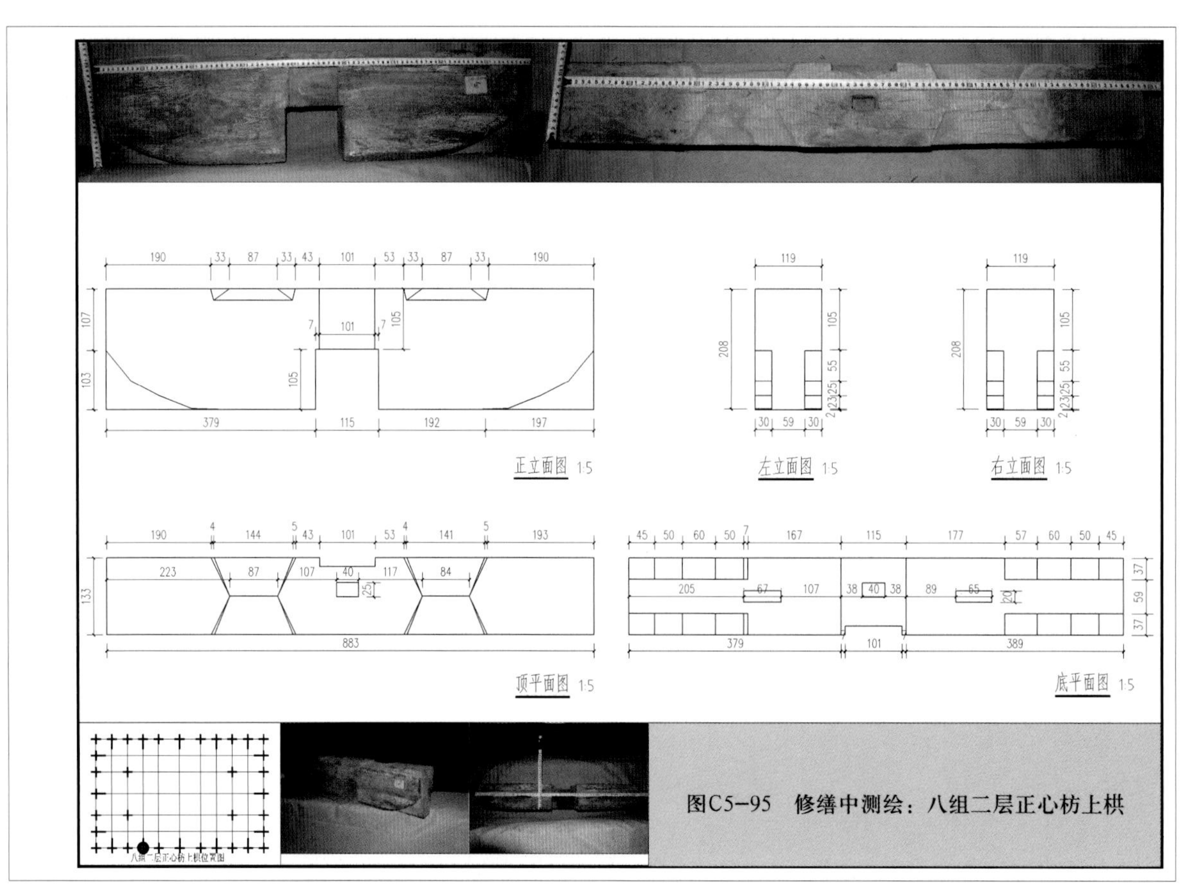

图C5-95　修缮中测绘：八组二层正心枋上栱

附　录

附录一　文献史料汇编

历史文献汇编收录了万荣稷王庙现存各类各时期的历史文献，包括建筑上的题记、已知碑刻等。按时代顺序全文记录如下：

（1）大殿前檐明间下平榑襻间枋外皮题记：天聖元年

（2）宋宣和四年钟铭：

甾大宋宣和四年四月二十六日安邑縣
楊衛村鑄鐘大鑑衙能所造作
副鑑董顺　少鑑王全

秉義郎縣蔚蔣自器
□功郎主簿董鄉绅
□郎知縣管勾勸農公　　车万世史

观世音菩萨

河中村万泉县太趙村
释迦院大县□□□
住持普賢院僧□□
讲论沙门文静□
□□僧小師　普海
礼到合社维那等同发
意鑄鐘一顶　上祝
皇帝萬歲
后佐千秋
雨順風調
國泰民安
薛李村助木炭
维那　王善

（3）舞厅石：

舞厅石
今有本廟自建修年深雖經
兵革殿宇而存既有舞基
自來不曾與盖今有本
村□□□等謹發虔心施
其宝钞二佰貫文创建修盖舞
厅一座刻立斯石矣
甾大朝至元八年三月初三日创建
塼匠李記

（4）大殿前檐明间下平榑下题记：甾大元國至元貳拾伍年歲次戊子□寘月望日重修主殿　功德主……謹記

（5）大殿前檐西侧乳栿下题记：……至元二十五年歲次戊子仲夏望日　謹記

（6）重修后稷庙记：

正面碑文（下半部分残缺）：

重修后稷廟跡
盖闻獨樹雖荣
不荣一流難海切
后稷廟宇正殿五門
縈碍神像歆便從
后稷聖帝乃唐虞之
善教農民之師滋
恩澤孰盛於此肇
聖帝之德謝大地雨
初建立廟盖造週
之德□众士本村
釘線請工匠人等
者天報之以福今將
天順八年

背面碑文（下半部分残缺）：

萬泉縣太趙村施錢善士人等　衛文秉禾三石　薛昱母麦三
南李方禾二石三斗花二斤八刄　張哲禾三石小麦四斗張十四禾八斗
北李方禾六石麦一石李廣禾二石六斗小麦□三斗手怕一个　李有毋
李□福禾谷三石衛文彬禾一石八斗艮一两　張山禾五斗
南李昇禾一十石　李福荣禾九石麦五斗　暢宣禾一石二斗
姬宣禾一十石麦二石　張方禾六斗　裴文秀禾九斗　裴海禾四斗
王閏禾一十石艮一两　姬内禾三斗　北李旺禾三斗　康五禾三斗
李演禾一十五石　張順禾八斗　衛五禾一石三斗　李成禾三斗　趙端禾
王彪禾一斗五石　王宣禾二斗　王能艮五分　衛欽禾三斗　張則禾
致仕官衛昇禾一十石艮五錢　張全禾七斗　陳放禾五斗　裴荣禾三斗　毋
覔外官李新艮二連，二两四錢禾二十五石石灰二十石　張二禾五斗　李剛禾三斗
李文政　王鼎禾五石麦六斗　張志剛禾一石　李志禾三斗　張寧
裴順禾一十二石麦一石三斗男裴朗艮一两　烏蘇里師仲賢禾二石五斗□礼坊范□
李瑛驢一頭禾　北薛宣禾五斗　南薛宣禾三斗　姬能禾三斗李從□
姬辛禾一十石麦一石三斗　李寬禾一石　薛二禾三斗　薛諒禾三斗　陳安
李欽禾一十二石麦一石三斗　張荣禾一石□斗花二斤　姬礼艮一錢
北李昇禾一十石八斗麦一石　陳通禾三石三斗小麦三斗張文義禾二石四斗北李端禾三石十二斗艮
李玹禾六石麦一石　姬威禾谷八斗　李六禾一石五斗暢彬禾三石小麦三斗艮
毋希顏艮一两禾二石六斗　僧官洪斌禾二石　澄師禾五斗　李春禾二石
李定禾四石五斗花四斤　北李各禾三石七斗　張貴禾二石七斗　李儒禾四
李宣禾六石麥二石花四斤　李思讓禾八石麥五斗　孫七禾七斗　李青禾八斗

（7）大殿前檐明间东侧蟠龙石柱题记：□國正德拾陸年歲次辛巳冬仲月吉日　□社元祖人暢□室人裴氏□陽世　□租暢思中□　高祖暢□□□　曾祖暢米季　□□□暢道□□　楊氏　胡氏……河津縣黃村鎮石匠　□□錦□□成　□□世

（8）大殿前檐明间下平榑底部题记：时大明万历三十九年三月□日天启六年正月吉日……

（9）白衣洞成功碑记：

正面碑文（大部分碑文已湮灭）：

大清道光□年歲次癸巳春三月　白衣洞成功碑記
衣洞也坟之石記創自大明天啟六年由今計之蓋幾二百歲矣內塑　聖母娘娘五尊靈應捷若影□
十月□□□□祭衛者紛紛不絕蓋　神之顯靈□□□矣第曆年久遠洞內規模如初而洞外周圍土層
磚砌　難其人是年春洞有　東都募化貨財營運載得銀五十餘兩欲举其　兩
莫　然　之助　各施雖集湊得二千兩由是隅主出　起於二月初旬至三月兩其
成功碑記入　古今施善者錄功善之有關　腺者　之功不可　兩社
巨　連川光　兩不　也故祇於
之定於　不

□□□　□□□
□□□　□□□
永□館　□□□
□□□　□　□　李會文　□□祥
□□光　□　館　金盛館　萬盛居
王迎祥　□□□　洪順軒　李科考

背面碑文：

本村施銀人開後
監生
李成學　艮八□
李延佑　艮八□
李成名　艮七□
李提元　艮七□
生員
李成義　艮六□
李連科　艮五□八卜
李□周　艮五□八卜
舉人
李□飛
李滿成
李春東
張三槐　以上各五□
增生
李守信　四□四卜
李勝芳
李登基
李登□
□文德
李嘉樂
李春光
李會□
李有望
李勝升
李宗義
□耆
結義會
李喜春
李如金　以上各二□四

刘自□　以上各一□二卜
李清兰
李延楝
李成子
李孝正
李成□
李績先
李清山
李曰智
李迎財
李新院
姬李□
李小印
以上各一不五卜

李曰礼　李立盛　李枝茂　李浦益　李招運　李口口　李守德　口口口　李廣我　李金梁　李茂良　李清源　李坎成　李滿盛　口成元　李長口

李文統　李必正　姬安康　李曰信　李夢春　李楝選　李維真　李通口　李天業　李和方　李生福　袁富貴　李記辰　李口口　李口娃　口口口　李口口　李口口　范口口　李建口　李口口　李口口　李口口　李口口　李口口

李聯桂　李新成　以上各一□　李飛林　一□七卜　賈德卯　李處仁　李□□　李口口　李曰成　口口口　李口口　口口口　李口口　李口口　李曰樂　李口子　李口口　謝口口　李口口　口口口　口口口　李口口　李口口　口口口　張口口　李守義

李口口　李世口　李官口　李曰仁　李發魁　口口口　李會口　孫景口　李進才　李星元　李夢口　李口口　李長口　口普口　李金元　李口口　口從口　李口口　李口口　李口口

李安成　刘春娃　張文元　李埃學　以上各五卜

首事人
謝口口　李金梁　李維口　李飛林　李登基　李口口　李會口　李仲口　李成口　薛　口　李口口　孫口口　張文魁　李喜口　李成口　李口周　李春口　刘口口　李口慶　李清源

（10）重修后稷庙碑记：

重修　后稷廟碑記
自古稼穡之事起於　神農成於　后稷　神農創耒耜之制神以農名　后稷辨樹藝之宜后以稷名后者土也廣生之德同於昊天故祭天
地者專推　后稷歷代之祭祀所特隆也予村舊有　后稷廟一所正殿周圍共十八間纂頂挑角四檐齊飛功程甚浩大焉居中者　后稷邊
有坤像下有羅漢雖不詳其神號總之不離德配　后稷功崇廟宇者近是左閣　祖師諸尊右閣　關帝数聖東廊法藥馬牛王西廊坤后城隍午門
將軍累次重修傾圮至今如故眾紳士觸目傷心有心為之而力不及再遲迴焉而目難覩協眾商　聚村中之善士以歛布施撒方外之緣薄
以儘募化財力猶不足收租資便樹皆以增益之不特修裝正殿廟內房宇莫不整新以張大廟中神像無不裝容以壯威正殿內加煖閣而觀
瞻肅西廊前建香亭而神靈妥至於建馬房以衛牲口開便門以別女路猶追先聖之遺風焉補葺於二年七月告竣於三年十月眾紳士晝夜
經營心力勞瘁事訖之日囑予作文以誌之予不揣固陋謹遵眾紳士之言以叙其事而已嗟乎　后稷之德如此其大也人之食其德而安業
者又如此其久且長也不識不知順帝之則渺不知神德之何在也出作入息耕田而食亦不知神德之何若也即崇祀時享亦惟敬其所當敬
者而已復何補於神功哉予生長斯邑又少讀書於此廟中觀其容沐其德及讀思文諸詩不獨天下之務農者非后稷之德无以為農即天下
之士工商賈非　后稷之德亦無以為士為工為商也已易曰含宏光大德合無疆　后稷之德於斯永張

邑儒學廪膳生員李逢源沐浴敬撰
國子監肄業弟子李志濂沐浴敬書

首事人
李德瑞
貢生李登峰
八品李志讓
監生范同生
商賓李如楠
□九李瑞鳳
李董成
耆賓李承慶
八品李清賓
監生李有閬
仝立

同治四年六月初二日

（11）重修瘟神庙碑：

重修　瘟神廟碑
客有問於余曰疫病俗謂之瘟此乃陰陽失位寒暑错時故生疫而陰陽書有瘟星瘟鬼道藏經有天瘟地瘟
并三十五瘟之說歷代名人如陳思王廖百子者咸斥為妄語不之信由斯言之瘟且不得為神乂烏得而有
廟耶余應之曰福善禍淫天道不爽人得此病即有默持此病以為之禍福者且嘗考之周禮季冬大儺方相
氏掌□疫而索鬼神事雖不經而先王神道設教之意亦未可盡廢也客唯唯而退適縣治北鄉太趙村西三
里許有廟一所內供
瘟神五尊　左有金玉財神　右有秋苗土地廟前有樂樓一座創始於雍正九年歷來廟宇傾圮牆垣倒塌
村人於重修　后稷廟之功竣而即議修此廟於是興築垣墉重裝金身閱兩雨月而煥然聿新費金約一百
有奇工既訖求記於余余以前言應之如右
誥授□□大大知州銜直隸保定府滿城縣知縣加三□紀錄五次卓異候陞
辛卯　恩科舉人姚希元熏沐謹撰
國子監肄業弟子李志濂沐浴敬書

經理人
李承慶
李瑞鳳
范同升
李董成
李志濂
仝立

石工郝富忠刻

大清同治八年暑月穀旦

（12）戏台南部硬山顶脊檩下题记：岀中華民國拾年歲次辛酉癸己月甲午日庚午時□村創建歌舞樓一座告竣之后永保吉祥如意……謹記

（13）重修稷王庙戏楼碑记：

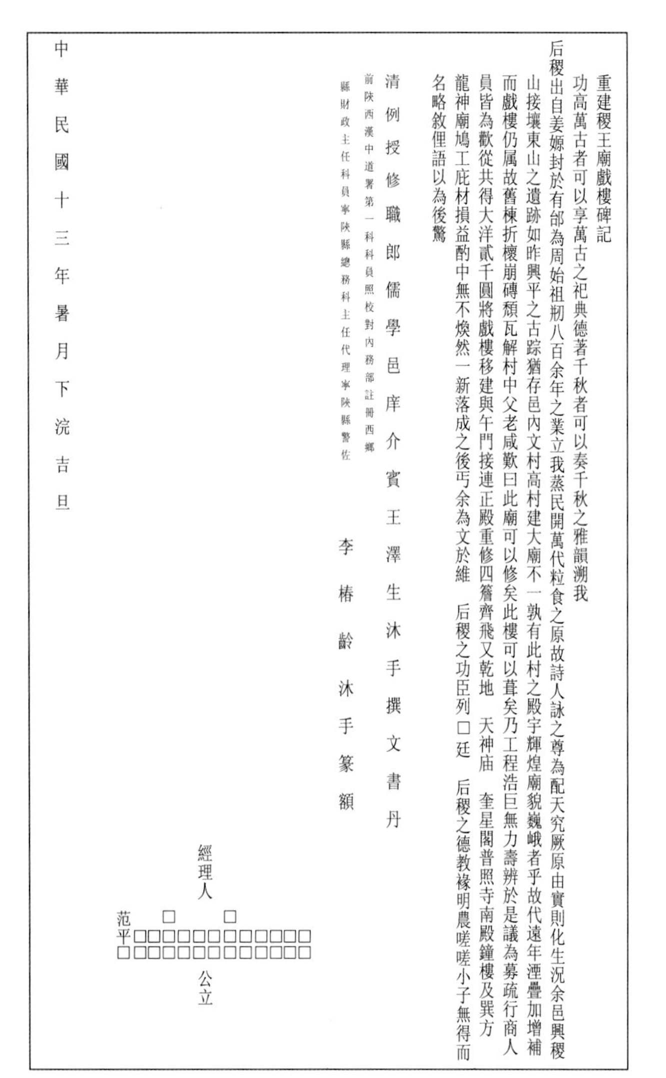

重建稷王廟戲樓碑記

功高萬古者可以享萬古之祀典德著千秋者可以奏千秋之雅韻溯我

后稷出自姜嫄封於有邰為周始祖刱八百余年之業立我蒸民開萬代粒食之原故詩人詠之尊為配天究厥原由實則化生況余邑興稷

山接壤東山之遺跡如昨興平之古踪猶存邑內文村高村建大廟不一孰有此村之殿宇輝煌廟貌巍峨者乎故代遠年湮疊加增補

而戲樓仍属故舊棟折穰崩磚頹瓦解村中父老咸歎曰此廟可以修矣此樓可以葺矣乃工程浩巨無力壽辨於是議為募疏行商人

員皆為歡從共得大洋貳千圓將戲樓移建與午門接連正殿重修四簷齊飛又乾地　天神庙　奎星閣普照寺南殿鐘樓及巽方

龍神廟鳩工庇材損益酌中無不煥然一新落成之後丐余為文於維　后稷之功臣列□廷　后稷之德教稼明農嗟嗟小子無得而

名略敘俚語以為後鷩

清例授修職郎儒學邑庠介賓王澤生沐手撰文書丹

前陝西漢中道署第一科科員照校對內務部註冊西鄉

縣財政主任科員寧陝縣總務科主任代理寧陝縣警佐　李椿齡沐手篆額

經理人

范　□　□

平□□□□□□□□□□□□

□□□□□□□□□□□□□

公立

中華民國十三年暑月下浣吉旦

（14）文物古迹保护标志：

文物古蹟
保护标誌

太朝無樑殿不知創自何時、元代屡經重修、它具有特殊建筑形式、頗似大傘四簷整齊、周围廊簷下层全用斗拱承托直趨上层漸漸收缩、方形間架互相率依、两根斜撑木隼结屋頂、重点四散下层、頂脊簡單灵巧四面坡度很大形似扇面、脊頂部份不及殿長的五分之一

這種民族形式的特殊風格、顯示出我国劳动人民的工艺美妙、對研究我国古代建筑有偉大意義

應特別保护、在殿周围三十公尺内不准興工动土、殿内禁止放置任何易燃和暴炸之物、對該殿不得有任何損害現象、如不遵守規定引起該殿發生事故、按照中央文物保护法令给予处理

万荣县人民委員会

1961.10

（15）杏花池重修记：

杏花池重修記

杏花池位于我村之西北隅為我县之名池相傳漢刘秀曾飲水于此历史悠久近年皆聞每当

滥秸孤二山之水蜿蜒而来注入此池共 □ 悠悠清彻透底为他池所不及并且池周杨柳碧绿

人□□□□不心旷神怡乃以年久失修元人管理使名冠西方之杏苍徒有虚名耳虽于民国

曾复修一次但□□□另各方其差之故致□年备水均成干涸村人殊覺遺憾未悉何時修好始滿足

之願望尤其在干旱之我县需水更属　来时发生水荒遇此我村曾在相距廿余里汾河一代

拉水人畜需水誠属不易解放后　領領导下全國各項事业百废俱新有欣欣向荣之势我村

群众在大興水利之号召下欣然修池　岔起追查夜以继日不乏严冬烈风不惧夏日炎膚

是斗忠□□意气风发　功与艰苦　自六二年十一月开始复修至六三年六月仪

历时四□月而且□□□利　之以□始□見从此不仅解决人畜需水

□难向题而且□建設　社会制度优越象征群

□□□□步入　社会之美好确为旧社会

所不及　元百元謹將事之顛末

爰为之記以　李海清李天武书撰李国卿

李瀾初

李印中张□梯□李印忠

李□生

公元一九六三年十月□□日　立

（16）戏台北部拆除部分桁架结构脊檩下题记：旹公元一九八六年五月十四日太赵……吉祥如意

（17）香炉题记：

太赵铸造厂　经手人　李□禄　金火人 吴吉祥　公元一九九八年正月十七日

太赵铸造厂　经手人　李□禄　金火人 吴吉祥　公元一九九八年四月七日

（18）重塑稷王庙祖师关公像碑记：

重塑稷王庙祖師关聖像碑記

後稷者竣赤炎稼穡之鴻業為天地立心皆生民立命為我中華开粟食之源者也髙山景行天下共仰之故亭千秋之庙食宜也然則祖師关圣何以同庙受其祀其功其德焉在易曰無极生太极太极生兩儀斯乃自然之理也太极者後稷也兩儀者文武二聖也天地得人而立心生民获食而立命苟無倫常綱紀則先民不異於禽兽耳文聖武聖应天承运以倫常教之以纲纪化之以武力导之使先民闻絃歌而知雅意習文尚武敬賢慕義三教九流各有所宗七十二行各有所循各業所業各樂其樂其功其德不亦崇乎从祀后稷不亦宜乎是以為記

李山泉沐手撰文

兹兩仟貳佰捌　李建恩　岳群英　李東喜　淮树泉

将拾捌元河津东梁　岳淑贤　李嘉東　李星義　董丽華

捐　師長青夫　李青喜　李燕　張宛平　苏获人

款　百元以上　張青云　李彩云　丁喜凤　賈尚勤

人　范中兴　蔡□宗　李仙凤　李貴堂　張杰

名　伍拾元以上　李改群　李开武　孫转玉　牛德喜

单　李林登　陳新福　李淑变　許晓欣　楊砚武

列　黄天保　王山顺　楊看好　郭玉秀　李光荣

下　楊淑爱　郝富奎　馮西爱　王中华

賈秀枝　貳拾元以上　暢淑爱　暢仰贤

王玉蓮　李改娥　李銀竹　暢定雷

叁拾元以上　李恩盛　郝蓮淑　王世强

古城　北□朝

尚家　尚家　太贾　通化　通化

小梁　小梁　芦邑　芦邑　□李

李家　西陈　新城　潘朝　長乐　西贾　通化　汉□　北□朝

稷王庙文物管护成员　李金鉌　李世禄　李忠雲　李满山　李□庭

承办人　李金泉　郭玉秀

协办人　李鴻山　李喜林　李文良

雕塑　李正兴

书丹　孫敬儒　鐫石　衛满紅

公元一九九九年农历四月十七日　立

（19）美化无梁殿碑记：

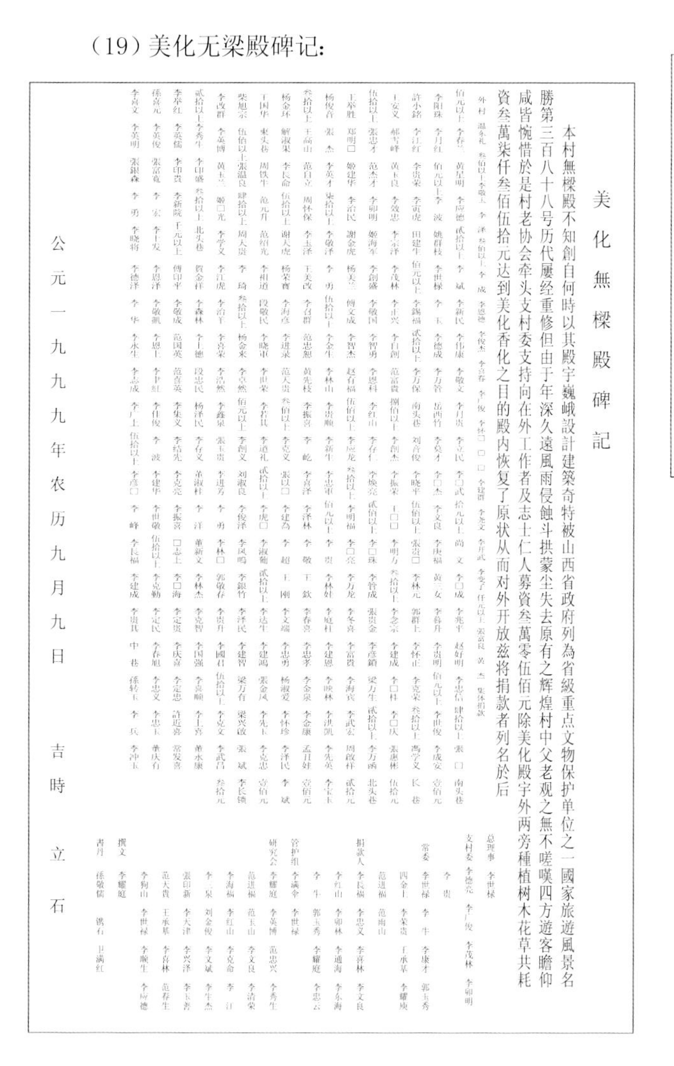

美化無樑殿碑記

本村無樑殿不知創自何時以其殿宇巍峨設計建築奇特被山西省政府列為省級重点文物保护单位之一國家旅遊風景名勝第三百八十八号历代屢经重修但由于年深久遠風雨侵蝕斗拱蒙尘失去原有之辉煌村中父老观之無不嗟嘆四方遊客瞻仰咸皆惋惜於是村老协会牵头支村委支持向在外工作者及志士仁人募資叁萬零伍佰元除美化殿宇外两旁種植树木花草共耗資叁萬柒仟叁佰伍拾元达到美化香化之目的殿内恢复了原状从而对外开放兹将捐款者列名於后

公元一九九九年农历九月九日　吉時立石

（20）宋宣和年种迁址说明：

宋宣和年钟迁址说明

原后稷庙之钟于一九五八年大炼钢铁时被毁宋宣和四年（公元一一二二年）之钟系原普照寺之钟因日寇侵略中国时于一九四二年将钟楼炮轰摧毁该钟一直在普照寺院（今学校）弃置为保护文物古蹟二零零一年经村老协会牵头县文物局村党支部村委会同意移置于此

承办者　太趙村老协会

承办人　李世禄

公元二零零一年四月十七日　立

附录二　访谈记录

记录一

访谈时间：2011 年 5 月 18 日 16 时

访谈地点：山西万荣稷王庙

访谈人：佟可、张梦遥

被访谈人：李长福（太赵村村民，男，现年 87 岁，从小生活在太赵村）

审核人：徐怡涛

访谈目的：通过对村民进行访谈，了解稷王庙建筑群、大殿、塑像等文物近几十年来的相关情况，稷王庙与村民日常生活中所处的地位及与社区的关系，并与实物、文献等其他资料进行比对。

访谈内容：

问：您觉得新修的这两个建筑和以前的有很大的变化吗？

答：没什么变化。从小就这样。我今年八十七，我见到就这样。

问：这个大殿的门、窗都是原来的样子吗？

答：窗不是原来的。

问：这个台基也一直是这个高度吗？

答：恩，就这么高。

问：大殿里面的神像是一直就有吗？

答：这神像是五几年有的。原来旧的神像在解放的时候都搬走了。

问：稷王庙里还有什么建筑？

答：还有左庙和右庙，这个西面的庙是娘娘庙。两边还盖有房子，房子盖得很好，里面住人。

问：那左庙和右庙后来为什么拆了？

答：日本人来的时候拆的。后来不要庙，就都拆了。

问：两边加建的房子里面住着什么人？

答：生产大队住着。

问：那两边的房子是什么时候拆的？

答：解放后。

问：以前大殿和戏台中间部分还有其他建筑吗？

答：中间就是这个广场，有献台，供人们磕头、供奉祭品使用。

问：您方便给我们画下稷王庙的原来的建筑位置图吗？

答：恩，好。

（李长福分别在地上和纸上画了原稷王庙内建筑的布局图）

问：以前院子里什么样？有绿化吗？

答：没有。

问：以前的院墙、围墙也是这个样子吗？

答：原来是是土墙，东西墙比这个稍微大一些。

（李长福用手对宽出的距离做了示意，约为 30 厘米）

问：那是不是现在外边的土墙就是原来的围墙？

答：不是。

问：这以前的土围墙是什么时候坏的？

答：七、八年，十年以内。

问：这个戏台是您小时候就有的吗？一直都这样吗？

答：以前就有。

问：以前会演戏吗？

答：演戏。旧历四月十七有一台大戏。

问：村民对这个感兴趣吗？

答：感兴趣。我每年都去。

问：这个戏台前面是有两个大将军吧？

答：恩，一直有两个把门将军。

问：以前在戏台前面是不是还有个大门？与大殿、戏台类似的那种建筑？

答：是，一样的。

问：大门的位置是在哪里？

答：这个大门有五六尺宽，有栏杆围着。位置在这儿。

（李长福指出了原稷王庙大门的位置，约为现在铁门南边 2 米处）

问：有栏杆，是不许外人随便进入吗？

答：恩，是。

问：大门台基有多高？

（李长福用手做出示意，大约 80 厘米高）

问：大门也是和东西庙一起拆的吗？

答：是解放后才拆的。

问：您知道政府一直以来对稷王庙有什么保护措施吗？

答：基本上没有什么保护。

问：有人来修是在九几年的事了？再早没有人来修过？

答：恩，是。

访谈总结：通过访谈我们可以了解到，稷王庙内原有大殿、戏台、左庙、右庙及午门，在左、右庙前还有加建的房屋，为大队所占。左右庙在解放前就已经拆除，午门及加建的房屋是解放后拆除的，而大殿和戏台自上世纪 50 年代末以来没有大的变动，但大殿原有塑像在 50 年代末被移走，现有神像为 50 年代新移置过来的。以前大殿前有的广场有献台，供人们磕头、供奉祭品使用。戏台的东南、西南角一直有两个把门将军，在阴历 4 月 17 号，稷王庙戏台有大戏，村民聚集观看。戏台前原有的大门，位于现有铁门处 2 米左右，宽约五六尺，有栏杆不允许外人随便进入。现在稷王庙的院墙、院内铺地、植被等均为九几年后修缮所建，可与碑文对照。

图 F2–1　访谈现场照片一

图 F2–2　访谈现场照片二

记录二

访谈时间：2011 年 5 月 19 日 15 点左右

访谈地点：山西万荣太赵村稷王庙东南方向广场（停车场）附近小卖部

访谈人：佟可、张梦遥

被访谈人：冯春春、薛金半

审核人：徐怡涛

访谈描述：被访谈人冯春春为稷王庙附近小卖部人员，女，现年 73 岁，原非太赵村人，19 岁嫁到本村；被访谈人薛金半为冯春春的亲戚（侄子），在太赵村长大，后去县城上中学，现在外打工，不时回来。后者主动为不会讲普通话的冯奶奶担当翻译，问题主要由冯春春回答。

访谈目的：通过对村民进行访谈，了解稷王庙（村民口中大庙）建筑群、大殿、塑像等文物近几十年来的相关情况，稷王庙与村民日常生活中所处的地位及与社区的关系，并与实物、文献等其他资料进行比对。

访谈内容：

问：您今年多大岁数了？最早是什么时候见到大庙？

答：今年 73 了，不是本村人，19 岁嫁到太赵村。那时就见过大庙的院子，没进去过。

（注：冯春春为 1938 或 1939 年生人，19 岁应为虚岁，嫁到太赵村约在 1956 年前后。）

问：当时大庙的院子和现在一样吗？大小有什么变化？

答：那时院子就和现在一样，但墙是土墙，大门也不一样，是木头门。

问：当时有山门吗？

答：没有，就是一个木头门。

问：当时大庙周围还有没有其他建筑呢？

答：没见过，不太清楚。

问：现在大庙的院墙和大门是什么时候翻修成现在这样的？

答：最近一次翻修，前两年。

（薛金半补充为 2003、2004 年）

问：您第一次进去大庙是什么时候？和现在有什么不同？

答：那时候常进去听戏，从嫁过来不久开始。那时候没有现在这些树，周围也没有这些房子。

（冯春春所提“树”应指院内现有的绿化，在1999年和其后的修葺中建设，可与碑文对照。）

问：50年代末、60年代的时候，村民常常去大庙听戏吗？还有什么其他的祭拜和活动吗？

答：年轻的时候戏台逢有节庆的时候就有一台戏，大家都去听。正月初一、正月十五都有大戏。还有四月十七也有。过去村里人会去庙里拜神。

问：您记忆中那时候的大殿（稷王庙大殿）和现在有什么不同吗？

答：没什么不同。

问：大殿的台基高度也是和现在一样吗？屋顶呢？

答：台基就是这么低（用手比画）。屋顶瓦换过了吧？（问薛金半）对，瓦也是前两年换的。

问：那您记得那时候戏台和现在的有什么不同吗？

答：那时候戏台子后面有两个大将军，很高大。

问：是大将军的塑像吗？什么时候没有了的？

答：对，塑像。不太清楚，大概是和大殿的塑像一起拉走了。（薛金半称大殿以前的神像是在1958年左右被移走了。）

问：大殿的塑像是被拉走做什么了？新塑像是什么时候有的呢？

答：拉到别的庙去了。新塑像是十多年前才有的。（薛金半补充应为1999年）

问：从什么时候开始您们不再去大庙看戏了呢？

答：后来院子被军队占了，就不看戏了。院子不让进。七八十年代就不去了。

问：之后什么时候大庙又可以进了呢？

答：（薛金半答）我小时候就可以进去玩儿，但不演戏。

问：近十年来，您们还会去大庙祭拜吗？还有什么公众的活动在大庙举行吗？

答：逢年过节去，一般不太去。没有，随便不让进。

问：祭拜的神像都是那些？

答：有稷王爷、药王爷、送子娘娘、关老爷、祖师爷。

问：祖师爷具体叫什么名字呢？是主管什么的神仙？

答：就叫祖师爷。

访谈总结：通过访谈我们可以了解到，稷王庙大殿和戏台自上世纪50年代末以来没有大的改动；原有塑像在50年代末被移走。现在的院墙、院内铺地、植被等均为1999年后修缮所建，可与碑文对照。50年代时，稷王庙在当地社区的宗教和文娱生活中充当重要角色，但后因曾禁止入内而逐渐失去其文化作用，但居民仍对其怀有感情。庙中主要祭拜稷王，以及药王、送子娘娘、关公和祖师爷。其中祖师爷不能确定是什么神仙，可进一步通过塑像特征和文献确定。

图F2-3　访谈现场照片三

记录三

访谈时间：2011年11月6日下午

访谈地点：山西万荣太赵村稷王庙

访谈人：徐怡涛、俞莉娜、吕经武

被访谈人：李俊富

访谈目的：通过对村民进行访谈。了解稷王庙原始格局。

访谈内容：

问：您知道以前稷王庙除了现有的建筑还有什么建筑吗？比如大门处有什么建筑，大殿与戏台间还有什么建筑？

答：现稷王庙入口大门位置为原来门的位置，大殿和戏台间原有穿廊，大殿前左右各有三间小殿，东为药王殿，西为娘娘殿，左右廊庑解放前拆除。

附录三　考古勘探报告

1. 考古勘探概况

中国古代建筑常见两种保存状态，一是地面上现存的古建筑，二是地下埋藏的古建筑遗址，通常，对于地面现存古建筑，由文物建筑相关专业人士负责测绘、研究和保护修缮；地下埋藏的建筑遗址则由考古相关专业人士发掘和整理。但实际上，许多古建筑的遗存状态是以上两种形式的综合，即，既有地上建筑，也有地下遗址。以万荣稷王庙为例，地面现存有大殿和戏台两座古建筑，而同时，万荣稷王庙在历史中存在过的许多建筑已成为遗址埋藏于地下。所以，如果要全面了解万荣稷王庙格局的历史演变过程，就必须引入田野考古的方法，才可获得全面的史料。基于以上认识，课题组设置了考古勘探环节，在庙宇现有四至范围内进行了考古勘探。考古勘探由北京大学考古文博学院和洛阳市文物考古研究院合作完成，主要参与人员有马利强、马建民、彭明浩等。

本次考古勘探探明了万荣稷王庙东侧廊庑的遗址，以及中轴线上疑似的舞基等建筑遗址。由于受稷王庙现有四至的局限，西侧廊庑遗址被民居占压，无法直接勘探，但依据中国古代庙宇建筑中轴对称的布局规律，可知西侧廊庑的准确位置，从而使我们获得了超出庙宇现有四至范围的庙宇历史分布范围，为文物未来制定合理的保护范围提供了科学依据。在考古勘探成果的基础上，课题组又综合运用碑刻记载、访谈记录、建筑形制等史料，以模数尺度控制分析的方法，对现存古建筑和考古遗迹之间的位置关系进行了研究，尽可能揭示出庙宇历史格局和演变历程。

总之，通过对万荣稷王庙进行的考古勘探，我们确认，田野考古技术（尤其是考古勘探）对现存古建筑的研究、保护和管理，具有不可忽视的重要作用，本课题所获得的研究经验，值得在未来推广，并不断完善，从而通过学科融合创新，提高古建筑研究、保护和管理的科学性。

2. 田野调查

2-1. 概况

山西省万荣县南张乡太赵村位于万荣县西北约 9 公里处。村北部座落一座古庙，名曰稷王庙，该庙四周有围墙且大门南开，其南北长约 81 米，东西宽约 45 米，大门东侧竖立有全国重点文物保护碑。现存庙院四周均为太赵村民房，庙院大门南为一东西向街道。

庙院内现存有大殿一座，大殿南侧为一戏台。据史料记载，稷王庙，初建于宋代，自元、明、清各代均对该庙重建或补修。大殿及戏台东西两侧广植树木绿化。

2011 年 5 月下旬，北京大学考古文博学院决定对稷王庙实施考古勘探工作，目的搞清其范围，布局、结构及主要内涵等。具体考古勘探工作由洛阳市文物考古研究院承担，马利强记录。

2-2. 工作方法

首先确定大殿南侧基础中心为原点，过原点按正方向设置南北中轴线，同时将庙院划分为 8 个钻探单位探区，具体如下：

大殿南侧基础至北围墙，中轴线东侧为 Q1，中轴线西侧为 Q2；

大殿南侧基础至戏台之间，中轴线东侧为 Q3，中轴线西侧为 Q4；

戏台北侧基础至南基础，中轴线东侧为 Q5，中轴线西侧为 Q6；

戏台南侧基础至南围墙，中轴线东侧为 Q7，中轴线西侧为 Q8。

各钻探探区大小均不相等。

考古钻探采用正方向布孔，行、孔距均 2 米之梅花孔。

受自然因素及其他因素影响（绿化、庙内堆砖、堆土等），局部无法钻探。

自 2011 年 5 月 23 日至 5 月 28 日完成了稷王庙考古勘探工作，勘探面积约 2900 平方米。

2-3. 田野日记

2011.5.23　星期一　天气：晴

出勤人数：5 名

工作概况及进展：下午首先对大殿与戏台之间中轴线东侧 Q3 调查钻探，对 1 ～ 8 行，1 ～ 8 孔勘探。

当天探明地层堆积情况大致如下：

第①层，花土层，0 ～ 0.6 米或 0 ～ 0.8 米，土质较硬；

第②层，浅灰色土层，0.6 ～ 0.8 米或 0.8 ～ 1.0 米，含残砖、瓦片、炭灰、白灰粒等；

0.8 米或 1.0 米以下为浅黄色生土。

部分区域①层下即为浅黄色生土。

发现且探明遗迹现象如下：

（1）于 2 行 3 孔，卡探一坑，口深 0.6 米，底深 1.4 米，填花土含残砖、瓦片、黑灰等；

（2）于 3 行 5 孔，卡探一坑，口深 0.6 米，底深 1.5 米，填花土含残砖、瓦片；

（3）于 4 行，3 ～ 5 孔，卡探一坑，口深 0.3 米，底深 1.6 米，填大量白灰；

（4）于 4 行 6 孔，发现红烧土，卡探一灶坑，口深 0.6 米，底深 0.9 米，见红烧土、烧灰。

2011.5.24　星期二　天气：多云

出勤人数：5 名

工作概况及进展：上午对 Q3 钻探区 5 ～ 12 行，1 ～ 8 孔调查钻探，探明地层堆积如下：

A. 大致同昨天一致；

B. 靠近戏台处：

第①层：扰、垫土层，0 ～ 0.3 米或 0 ～ 0.5 米，含少量残砖、瓦片。

以下见浅黄色生土。

探明现象如下：

（1）于 6 ～ 8 行，1 孔，卡探一坑，口深 0.5 米，底深 0.9 ～ 1.2 米，填大量残砖、瓦片、白灰粒，部分孔不过；

（2）于 6 行 5 孔，卡探一灰坑，口深 0.6 米，底深 2.4 米，内填大量灰土，含少量瓦片；

（3）于 11 行 1 孔，卡探一夯土区，口深 0.3 米，底深 0.7 米，夯土坚实；

（4）于 10 行 3 孔，卡探一花土坑，口深 0.3 米，底深 1.5 米；

（5）于 10 行 4 ～ 5 孔，亦卡探一花土坑，口深 0.3 米，底深 1.4 米。

下午对 Q3 钻探区 1 ～ 12 行 9 ～ 14 孔钻探，即在东部绿化带内调查，对此处钻探采用见缝插针的方法。

探明地层堆积如下：

第①层：扰、垫土层，0 ～ 0.2 米；

第②层：花土层，0.2 ～ 0.4 米，土质较硬；

第③层：浅灰色土层，0.4 ～ 0.6 米，含少量残砖、瓦片。

以下为浅黄色生土。

部分区域 0.8 米以下见浅黄色生土。

经过钻探，发现一处南北向夯土基槽，口深 0.4 或 0.6 米，底深 0.9 ～ 1.0 米，夯土坚实。卡探长度约 20 米。

2011.5.25　星期三　天气：晴

出勤人数：5 名

工作概况及进度：今天上午对戏台东侧绿化带内即 Q5 内，采用“丰”字布孔，调查、卡探已探明基槽（Q3 内）向南延伸。

探明地层堆积如下：

第①层：扰、垫土层，0 ～ 0.2 米；

第②层：花土层，0.2 ～ 0.4 米，土质较硬；

第③层：浅灰色土层，0.4 ～ 0.6 米，含残砖、瓦片。

0.6 米以下为浅黄色生土。

发现且卡明夯土基槽向南延伸进入 Q7，口深 0.4 米，底深 0.8 米，夯土坚实。宽度约 1.2 米。

下午于大殿东侧 Q1 内，仍在绿化带内，采用“丰”字布孔探查夯土基槽。

探明地层堆积如下：

第①层：扰、垫土层，0 ～ 0.2 米；

第②层：花土层，0.2 ～ 0.4 米，土质较硬；

第③层：浅灰色土层，0.4 ～ 0.6 米，含残砖、瓦片。

0.6 米以下为浅黄色生土。

发现夯土基槽与前两天卡探相连，口深 0.4 米，底深 0.7 ～ 0.8 米，同时探明一段东西夯土基槽与之垂直相连，东西向夯土基槽，口深 0.4 米，底深 0.7 ～ 0.9 米，夯土坚实。

又于南北向夯土基槽东侧，围墙西侧约 2 米，发现一南北走向夯土基槽，口深 0.4 ～ 0.5 米，底深 0.8 ～ 0.9 米，同时采用“丰”字布孔，在 Q3、Q5 内卡探，结果探明此夯土基槽向南延伸进入Q7内，待卡。

2011.5.26　星期四　天气：晴

出勤人数：5名

工作概况及进度：今天对南北走向两段夯土基槽之间布一排南北向探孔，孔距约0.8米，结果发现几段隔墙之夯土基槽。

下午抽调一人对Q1内现存一眼井钻探深度，探深约3.2米左右无法下探。

其余人员对大殿与戏台之间，中轴线西侧Q4调查钻探。

探明地层堆积如下：

第①层：扰、垫土层，0～0.2米；

第②层：花土层，0.2～0.5米，土质较硬；

第③层：浅灰色土层，0.5～0.7米或0.5～0.9米，含残砖、瓦片。

以下为浅黄色生土。

或（靠近戏台处）

第①层：扰、垫土层，0～0.3米或0～0.5米；

以下见浅黄色生土。

探明残迹如下：

（1）于3～4行，3孔，发现一灰坑，口深0.5米，底深1.4米，内填灰土含残砖、瓦片；

（2）于6～8行，1～3孔，发现一坑，口深0.5米，底深1.0～1.2米，含残砖、瓦片、白灰粒；

（3）对2坑进行细卡，结果发现一边缘较为齐整的正方形坑，边长4米，口深1.2米，底深1.6米，内含大量残砖、瓦片及白灰粒。

2011.5.27　星期五　天气：晴

出勤人数：5名

工作概况及进度：首先对戏台西侧钻探调查（Q6内），随后对Q8调查钻探，亦对Q7部分调查。

探明地层堆积如下：

A. 大门正中至戏台前台阶处：

第①层：扰、垫土层，0～0.3米

0.3米以下见浅黄色生土。

B. 左右两侧处：

第①层：扰、垫土层，0～0.8米或0～1.0米，含残砖、瓦片、白灰粒及炉渣

下午于Q7内，采用“丰”字布孔，探查两条夯土基槽。

此处发现一较大坑，口深0.4米，底深1.3～2.0米，填残砖、瓦片、白灰粒、炉渣块等，证明两条夯土基槽在此均被破坏。

2011.5.28　星期六　天气：晴

出勤人数：5名

工作概况及进度：首先对大殿北侧与围墙之间的Q1、Q2调查钻探。

探明地层堆积如下：

第①层：扰、垫土层，0～1.2米，含大量残砖、瓦片、白灰粒。

1.2米以下为浅黄色生土。

无遗迹。

后对庙内西侧绿化带内，即对Q2、Q4、Q6、Q8部分调查钻探。

探明地层堆积如下：

第①层：扰、垫土层，0～0.9或0～1.4米，含残砖、瓦片、炉渣等。

以下为浅黄色生土。

受多种因素的影响，庙院内仍有局部区域无法调查钻探。

今天稷王庙考古调查结束。

2-4. 地层堆积

经过钻探，初步探明稷王庙内地层堆积可分为以下几种情况：

A.

第①层：扰、垫土层，0～0.3或0～1.0米，含残砖、瓦片、炭灰、白灰粒、墙皮等。

层下为浅黄色生土。

B.

第①层：扰、垫土层，0～0.2米；

第②层：花土层，0.2～0.6米，土质较硬；

第③层：浅灰色土层，0.6～0.8米或0.6～1.0米，含残砖、瓦片、白灰粒等。

层下为浅黄色生土。

C.

局部区域扰、垫层深达1.4米左右，下见浅黄色生土。

2-5. 遗迹

经过钻探发现各类坑共12个，编号K1～K12，灰

坑一个，编号H1，灶坑一个，编号Z1，夯土带、墩共8处，编号夯1～夯8。

大殿东侧发现南北向夯土带夯1，长条形，长57.6米，宽1.2米，口深0.4～0.6米，底深0.7～1.0米，残存厚度0.3～0.4米，夯土坚实，北端与夯3垂直相连，南端被K12破坏，北部西侧与夯7相连，东侧分别与夯4～夯6相连。

夯1东侧间隔3.2米发现夯2，南北向，长条形，长57.6米，宽1.2米，口深0.4～0.6米，底深0.7～1.0米，残存厚度0.3～0.4米，夯土坚实，北端与夯3相连，南端被K12破坏，西侧分别与夯4～夯6相连。

夯1、夯2北端均连夯3，东西向，长条形，长6.2米，宽1.5米，口深0.4米，底深0.9米，残存厚度0.5米，夯土坚实。

夯1与夯2之间发现夯4～夯6，具体情况分别如下：

夯4，东西向，长条形，长3.2米，宽1.0米，口深0.5米，底深0.9米，残存厚度0.4米，夯土坚实，东西两端分别与夯2、夯1相连；

夯5，东西向，长条形，长3.2米，宽1.0米，口深0.5米，底深0.9米，残存厚度0.4米，夯土坚实，东西两端分别与夯2、夯1相连；

夯6，东西向，长条形，长3.2米，宽1.0米，口深0.5米，底深0.9米，残存厚度0.4米，夯土坚实，东西两端分别与夯2、夯1相连；

夯1西侧连一夯7（夯土墩），方形，长1.5米，宽1.5米，口深0.5米，底深1.2米，残存厚度0.7米，夯土坚实。

分析以上残迹现象，夯1～夯7已构成了稷王庙内一处重要建筑基址的部分残基，推测与东厢房有关。

大殿南侧发现K5，破坏坑，呈不规则性，长13.5米，宽4.0～7.0米，口深0.4米，底深1.2米，填土含残砖、瓦片、白灰粒等。

于K5内发现K6，破坏坑，呈方形，边长4.0米，口深0.7～1.2米，底深1.6米，K5内卡探出边缘齐整的方形坑，内含残砖、瓦片、白灰粒。

分析上述现象，K6，呈正方形，边缘规整，又位于庙院中轴线上，可能为庙内一重要殿址的区域范围。

戏台北侧发现夯8（夯土墩），长方形，长1.8米，宽1.4米，口深0.3米，底深0.7米，残存厚度0.4米，夯土坚实。

夯8的作用或用途尚无法推测、判断。

区域内发现一些坑，灰坑、灶坑，在此不一一列述，详见考古钻探遗迹统计表。

2-6. 小结

（1） 发现的K6可能勾勒出庙内一重要殿址的区域范围；

（2）发现的夯1～夯7亦已勾勒出稷王庙东厢房的部分残基。

2-7. 存在问题

（1）稷王庙内地层破坏严重，同时存在多处破坏坑，结合长子西上坊村成汤庙的考古调查，古代寺庙大多经过初建、破坏、以后历代的重建和修补，直至现代再度废置破败、无人管理，当地老百姓取土挖砖，导致寺庙地层中的历史信息遭到严重破坏。

（2）稷王庙的山门尚未找到，但在大门两侧发现两个破坏坑K10、K11。

（3）上述问题值得专家思考，对于一些现象的推测判断是否正确有待专家们研究后再做定论。

表F3-1　文物钻探遗迹统计表一

<table>
<tr><td rowspan="2">单位</td><td rowspan="2">名称</td><td rowspan="2" colspan="4">大殿戏台之间，南北中轴线东侧Q3</td><td>行向</td><td>北南</td><td>纪年</td><td>2</td></tr>
<tr><td>孔向</td><td>西东</td><td>孔距</td><td>2</td></tr>
<tr><td>行</td><td>孔</td><td>层次</td><td>深度（米）</td><td>土色</td><td>土质</td><td colspan="2">重要现象及包含物</td><td colspan="2">备注</td></tr>
<tr><td>1</td><td>1、2</td><td>①</td><td>0~0.7</td><td>扰垫土</td><td></td><td colspan="2">含残砖、瓦片、白灰粒</td><td colspan="2"></td></tr>
<tr><td></td><td></td><td>②</td><td>0.7以下</td><td>五花土</td><td></td><td colspan="2"></td><td colspan="2">2孔加0.3见砖</td></tr>
<tr><td></td><td>3~5</td><td></td><td>0.6见砖</td><td></td><td></td><td colspan="2"></td><td colspan="2"></td></tr>
<tr><td></td><td>6</td><td></td><td>1.3见生土</td><td></td><td></td><td colspan="2"></td><td colspan="2"></td></tr>
<tr><td></td><td>7</td><td></td><td>0.5下</td><td>五花土</td><td></td><td colspan="2"></td><td colspan="2"></td></tr>
<tr><td colspan="10"></td></tr>
<tr><td>2</td><td>1</td><td>①</td><td>0~0.6</td><td>扰土</td><td></td><td colspan="2"></td><td colspan="2">2孔加0.6见砖</td></tr>
<tr><td></td><td></td><td></td><td>0.6以下</td><td>浅黄色</td><td>生土</td><td colspan="2"></td><td colspan="2"></td></tr>
<tr><td></td><td>3</td><td></td><td>0.6见砖</td><td></td><td></td><td colspan="2"></td><td colspan="2"></td></tr>
<tr><td></td><td>5~6</td><td></td><td>0.3见石</td><td></td><td></td><td colspan="2"></td><td colspan="2"></td></tr>
<tr><td colspan="10"></td></tr>
</table>

续表

单位	名称	大殿戏台之间，南北中轴线东侧 Q3				行向	北南	纪年	2
						孔向	西东	孔距	2
行	孔	层次	深度（米）	土色	土质	重要现象及包含物		备注	
3	1	①	0~0.9	扰垫层		含残砖、瓦片		2 孔加 0.5 见砖	
			0.9 下	浅黄色	生土				
	4		活土超深			1.4 下见生土		4 孔加亦超深	
	5		0.5 见砖						
4	1	①	0~0.8	扰垫层		含砖、瓦、白灰粒			
			0.8 下见	浅黄色	生土				
	4		0.6 见	白灰粒					
	6		0.5 见	红烧土					
5	2	①	0~0.4	扰垫土					
		②	0.4~1.0	暗红色	花土				
			1.0 下见	浅黄色	生土				
	3~5	同上							
	6~8	①	0~0.3	扰垫土					
			0.3 下见	浅黄色	生土				
6	1	①	0~0.4	扰垫土		含残砖、瓦		1、2 孔加孔	
		②	0.4~1.0	暗红色	花土			0.5 见花土	
	4		活土超深			含残砖、瓦			
	7、8		0.3 以下见	浅黄色	生土				
7	1、2	①	0~0.4	扰垫土		含残砖、瓦			
		②	0.4~1.2		花土	含少量瓦片			
	3		0.7 下见	浅黄色	生土				
	4		活土超深						
	5~8		0~0.3	扰垫土					
			0.3 下见	浅黄色	生土				
8	1	①	0~0.4	扰垫土					
		②	0.4~1.0		花土				
			1.0 下见	浅黄色	生土				
	2~4	同上							
9	1~2	①	0~0.3 或 0.5	扰垫土					
			0.5 下见	浅黄色	生土				
	3		0.6 下见	暗红色	花土				
	4		活土超深						
10	1	①	0~0.3 或 0.5	扰垫土					
			0.5 下见	浅黄色	生土				
	3~5		活土超深						
11	1		0.7 下见	五花	夯土				
	2~7		0.2~0.5 下见	浅黄色	生土				
12	1	①	0~0.3	扰垫土					
			0.3 下见	浅黄色	生土				
	2、3		0.3 下见	浅黄色	生土				

注：1 ~ 12 行，9 ~ 14 孔，位于绿化带内，无法记录。

表 F3-2　文物钻探遗迹统计表二（单位：米）

调进单位	北京大学考古文博学院					地点	万荣县南张乡太赵村			项目	稷王庙考古勘探
编号	名称	形状	长	宽	深（高）	口深	底深	层位	方向	时代	备注
夯 1	夯土带	长条	57.6	1.2		0.4~0.6	0.7~1.0	②	南北		夯土坚实，北端与夯 3 垂直相连，南端被 K12 破坏，北部西侧与夯 7 相连，东侧分别与夯 4~ 夯 6 相连
夯 2	夯土带	长条	57.6	1.2		0.4~0.6	0.7~1.0	②	南北		夯土坚实，北端与夯 3 垂直相连，南端被 K12 破坏，西侧分别与夯 4~ 夯 6 相连
夯 3	夯土带	长条	6.2	1.5		0.4	0.9	②	东西		夯土坚实，南侧分别与夯 1、夯 2 相连
夯 4	夯土带	长条	3.2	1.0		0.5	0.9	②	东西		夯土坚实，西端与夯 1 相连，东端与夯 2 相连
夯 5	夯土带	长条	3.2	1.0		0.5	0.9	②	东西		夯土坚实，西端与夯 1 相连，东端与夯 2 相连
夯 6	夯土带	长条	3.2	1.0		0.5	0.9	②	东西		夯土坚实，西端与夯 1 相连，东端与夯 2 相连
夯 7	夯土墩	方	1.5	1.5		0.5	1.2	②			夯土坚实，东侧与夯 1 相连
夯 8	夯土墩	长方									
H1	灰坑	不规则	3.0	1.5		0.4	2.4	②			内见灰土，含残砖、瓦片等
K1	活土坑	不规则	4.6	3.0		0.4	1.4	②			内含残砖、瓦片、白灰粒等
K2	活土坑	不规则	2.6	2.0		0.4	1.4	②			内含残砖、瓦片、白灰粒等
K3	白灰坑	不规则	3.6	2.4		0.4	1.5	②			内含大量白灰
K4	活土坑	不规则	5.0	3.6		0.4	1.4	②			内见灰土，含残砖、瓦片、白灰粒等
K5	活土坑	不规则	13.5	4.0~7.0		0.4	1.2	②			内见灰土，含残砖、瓦片、白灰粒等
K6	活土坑	方	4.0	4.0		1.2	1.6	②			于 K5 内卡探出四边较齐整一方形坑，内含残砖、瓦片、白灰粒等
K7	花土坑	不规则	1.9	1.5		0.3	1.4	②			内填花土，含少量残砖、瓦片等
K8	花土坑	不规则	3.8	3.0		0.3	1.4	②			内填花土，含少量残砖、瓦片等
K9	活土坑	不规则	5.4	3.6		0.3	1.3	②			内含残砖、瓦片、白灰粒、炉渣等
K10	活土坑	不规则	6.0	4.5		0.3	1.2~1.5	②			内含残砖、瓦片、白灰粒、炉渣等
K11	活土坑	不规则	5.0	3.0		0.3	1.2~1.5	②			内含残砖、瓦片、白灰粒、炉渣等
K12	活土坑	不规则	17.0	10.0		0.3	1.2~2.0	②			内含残砖、瓦片、白灰粒、炉渣等
Z1	灶坑	椭圆	1.2	1.0		0.5	1.0	②			内含红烧土、烧灰

附录四　稷王庙大殿 2011 年修缮替换构件表

该替换构件表为稷王庙大殿 2011 年初国家文物局“南部工程”项目落架大修过程中更换的构件列表。更换构件的统计来自于修缮后测绘的地面散件测绘统计成果以及对修缮后测绘现场照片的辨识。

以下是对替换构件的标记示意（图 F4-1、图 F4-2）：

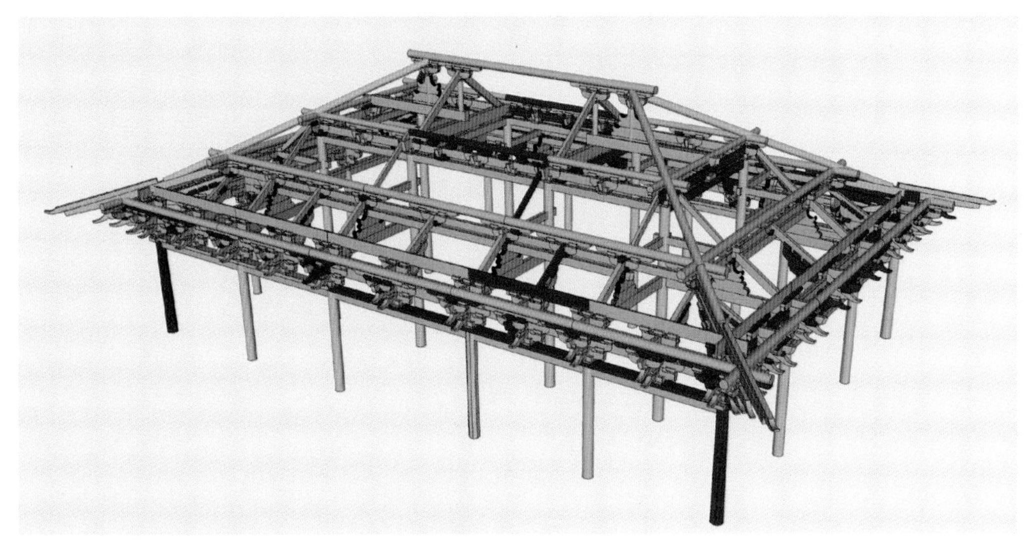

图 F4-1　稷王庙大殿更换构件示意图（自东南向西北）

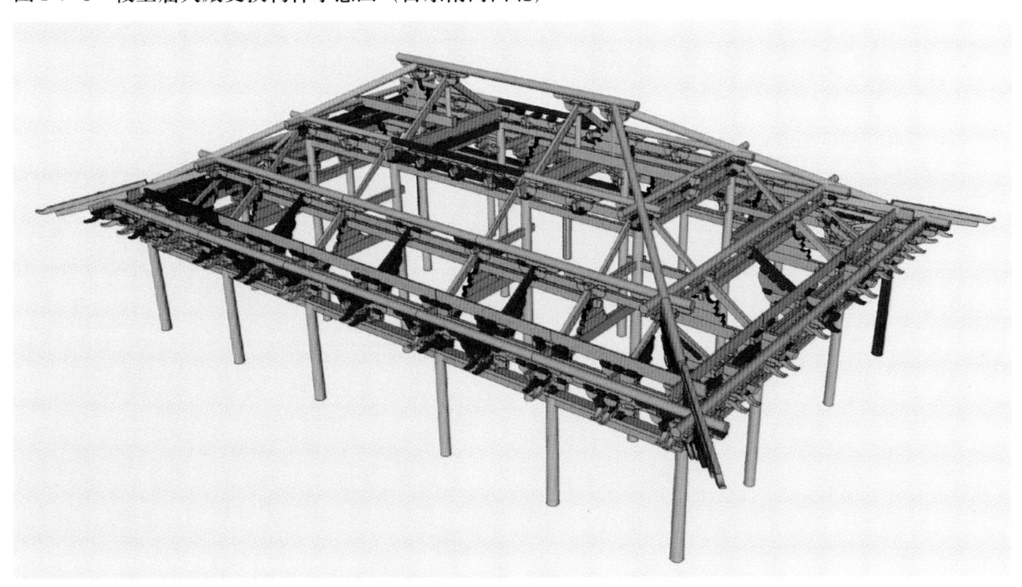

图 F4-2　稷王庙大殿更换构件示意图（自西北向东南）

一、斗类构件替换表

1．栌斗构件替换表

编号	斗类型
18	补间栌斗
19	柱头栌斗
21	柱头栌斗
30	补间栌斗

2．交互斗构件替换表

编号	前后	层	位置	斗类型
1	前	二		交互斗
4	前	二		交互斗
6	前	二		交互斗
7	前	二		交互斗
8	前	二		交互斗
9	前	二		交互斗
10	前	二		交互斗
12	前	二		交互斗
13	前	二		交互斗
14	前	二		交互斗
15	前	二		交互斗
16	前	二		交互斗
17	前	二	西	交互斗
18	前	二		交互斗
19	前	二		交互斗
21	前	二		交互斗
22	前	二		交互斗
23	前	二		交互斗
24	前	二		交互斗
25	前	二		交互斗
26	前	二		交互斗
27	前	二	东	交互斗
28	前	二		交互斗
29	前	二		交互斗
30	前	二		交互斗
31	前	二		交互斗

3．齐心斗及散斗构件替换表

编号	前后	层	栱类型	位置	斗类型
1	前	东二	泥道慢栱	右	散斗
1	前	南二	泥道慢栱	左	散斗
1	前	南四	泥道第四层栱	左	散斗
1	前	南四	泥道第四层栱	中	齐心斗

续表

编号	前后	层	栱类型	位置	斗类型
1	前	东四	泥道第四层栱	右	散斗
1	前	南三	左交手令栱	中	齐心斗
1	前	东三	右交手令栱	上	散斗
1	后	五	靴楔栱	下	散斗
1	后	五	靴楔栱	中	散斗
1	后	一	华栱		散斗
2	前	三	令栱	上右	散斗
2	前	三	令栱	上中	散斗
2	后	二	华栱		散斗
2	后	三	华栱		散斗
2	后	四	靴楔栱	上	散斗
2	后	四	靴楔栱	中	散斗
2	后	四	靴楔栱	下	散斗
3	前	二	泥道慢栱	左	散斗
3	前	三	令栱	上中	散斗
4	前	三	令栱	中	散斗
4	前	三	令栱	右	散斗
4	后	四	靴楔栱	上	散斗
5	前	三	令栱	上中	散斗
6	前	三	令栱	左	散斗
6	前	三	令栱	中	散斗
6	前	三	令栱	右	散斗
7	前	三	令栱	上中	散斗
8	前	一	泥道栱	左	散斗
8	前	二	泥道第四层栱	上左	散斗
8	后	三	华栱		散斗
8	后	四	靴楔栱	上	散斗
8	后	四	靴楔栱	中	齐心斗
9	前	一	泥道栱	左	散斗
9	前	三	令栱	右	散斗
9	前	三	令栱	中	齐心斗
9	前	三	令栱	左	散斗
10	后	三	华栱		散斗
10	后	四	靴楔栱	上	散斗
11	前	三	交手令栱	上角	散斗
11	前	二	昂	角	平盘斗
11	前	一	昂	角	散斗
11	后	一	华栱		散斗
11	后	四	靴楔栱	上	散斗
11	后	四	靴楔栱	中	齐心斗
11	后	四	靴楔栱	下	散斗
12	后	四	靴楔栱	下	散斗
12	后	四	靴楔栱	上	散斗
13	前	一	泥道栱	左	散斗

续表

编号	前后	层	栱类型	位置	斗类型
13	前	四	泥道第四层栱	左	散斗
13	前	三	令栱	中	齐心斗
13	前	三	令栱	左	散斗
13	前	三	令栱	右	散斗
14	前	一	泥道栱	左	散斗
14	前	三	令栱	左	散斗
14	前	三	令栱	中	齐心斗
14	前	四	泥道第四层栱	中	齐心斗
14	后	二	华栱		散斗
14	后	三	华栱		散斗
14	后	四	靴楔栱	上	散斗
14	后	四	靴楔栱	中	齐心斗
14	后	四	靴楔栱	下	散斗
15	前	二	泥道慢栱	左	散斗
15	前	四	泥道第四层栱	右	散斗
15	前	二	泥道第四层栱	左	散斗
15	前	三	令栱	中	齐心斗
16	后	一	华栱		散斗
16	后	二	华栱		散斗
16	后	三	华栱		散斗
16	后	四	靴楔栱	上	散斗
16	后	四	靴楔栱	中	齐心斗
16	后	四	靴楔栱	下	散斗
17	前	一	昂	角	散斗
17	前	二	昂	角	平盘斗
17	前	二	泥道慢栱	右	散斗
17	前	三	右交手令栱	中	齐心斗
17	前	三	左交斗令栱	中	齐心斗
17	前	三	昂	角	散斗
17	前	四	昂	角	散斗
17	前	四	右正心枋栱	右	散斗
17	后	二	华栱		散斗
17	后	三	华栱		散斗
17	后	五	靴楔栱	上	散斗
17	后	五	靴楔栱	下	散斗
17	后	五	靴楔栱	中	散斗
18	前	一	华栱	左	散斗
18	前	一	昂	中	散斗
18	前	二	泥道慢栱	右	散斗
18	前	三	令栱	上右	散斗
18	前	三	令栱	上左	散斗
18	前	三	令栱	上中	散斗
18	后	二	华栱		散斗
18	后	三	华栱		散斗

续表

编号	前后	层	栱类型	位置	斗类型
18	后	四	靴楔栱	下	散斗
18	后	四	靴楔栱	中	散斗
18	后	四	靴楔栱	上	散斗
19	前	一	泥道栱	右	散斗
19	前	一	昂	中	散斗
19	前	二	泥道栱	右	散斗
19	前	三	令栱	上左	散斗
19	前	三	令栱	上中	散斗
19	前	三	令栱	上右	散斗
19	前	四	正心枋栱	左	散斗
19	前	四	正心枋栱	右	散斗
19	后	一	华栱		散斗
20	前	一	泥道栱	左	散斗
20	前	二	泥道慢栱	左	散斗
20	前	三	令栱	上左	散斗
20	前	三	令栱	中	散斗
20	前	三	令栱	右	散斗
20	前	四	泥道第四层栱	左	散斗
20	前	四	泥道第四层栱	中	散斗
20	后	一	华栱		散斗
20	后	二	华栱		散斗
20	后	三	华栱		散斗
20	后	四	靴楔栱	上	散斗
20	后	四	靴楔栱	中	散斗
20	后	四	靴楔栱	下	散斗
21	前	一	泥道栱	左	散斗
21	前	二	泥道慢栱	右	散斗
21	前	三	令栱	上右	散斗
21	前	三	令栱	上左	散斗
21	前	四	泥道第四层栱	左	散斗
21	前	四	泥道第四层栱	中	散斗
21	前	四	泥道第四层栱	右	散斗
22	前	三	令栱	上右	散斗
22	前	一	泥道栱	右	散斗
22	前	二	泥道慢栱	右	散斗
22	前	三	令栱	左	散斗
22	前	三	令栱	中	散斗
22	前	三	令栱	右	散斗
22	前	四	泥道第四层栱	左	散斗
22	前	四	泥道第四层栱	中	散斗
22	前	四	泥道第四层栱	右	散斗
22	后	一	华栱		散斗
22	后	二	华栱		散斗
22	后	三	华栱		散斗

编号	前后	层	栱类型	位置	斗类型
22	后	四	靴楔栱	上	散斗
22	后	四	靴楔栱	中	散斗
22	后	四	靴楔栱	下	散斗
23	前	一	泥道栱	左	散斗
23	前	一	泥道栱	右	散斗
23	前	三	令栱	上左	散斗
23	前	三	令栱	上中	散斗
23	前	三	令栱	上右	散斗
23	前	四	泥道第四层栱	上左	散斗
23	前	四	泥道第四层栱	上中	散斗
23	前	四	泥道第四层栱	上右	散斗
23	后	一	华栱		散斗
23	后	二	华栱		散斗
23	后	二	华栱		散斗
23	后	三	华栱		散斗
23	后	四	靴楔栱	上	散斗
23	后	四	靴楔栱	中	散斗
23	后	四	靴楔栱	下	散斗
24	前	一	华栱	左	散斗
24	前	三	令栱	上左	散斗
24	前	三	令栱	上右	散斗
24	前	四	泥道第四层栱	上左	散斗
24	前	四	泥道第四层栱	上中	散斗
24	前	四	泥道第四层栱	上右	散斗
25	前	一	泥道栱	右	散斗
25	前	二	泥道慢栱	右	散斗
25	前	四	泥道第四层栱	左	散斗
25	前	四	泥道第四层栱	右	散斗
25	前	四	泥道第四层栱	右	散斗
25	前	三	令栱	上右	散斗
25	前	三	令栱	上中	散斗
26	前	二	泥道慢栱	左	散斗
26	前	三	令栱	左	散斗
26	前	三	令栱	中	散斗
26	前	四	泥道第四层栱	左	散斗
26	前	四	泥道第四层栱	中	散斗
26	前	四	泥道第四层栱	右	散斗
26	后	一	华栱		散斗
26	后	二	华栱		散斗
26	后	三	华栱		散斗
26	后	四	靴楔栱	上	散斗
26	后	四	靴楔栱	中	散斗
26	后	四	靴楔栱	下	散斗
27	前	一	昂	角	散斗

续表

编号	前后	层	栱类型	位置	斗类型
27	前	二	泥道慢栱	左	散斗
27	前	二	昂	角	平盘斗
27	前	三	左交手令栱	上	散斗
27	前	三	交手令栱	上角	散斗
27	前	四	泥道第四层栱	左	散斗
27	前	四	泥道第四层栱	中	散斗
27	后	一	华栱	下	散斗
27	后	三	华栱	下	散斗
27	后	四	华栱	下	散斗
27	后	五	靴楔栱	上	散斗
27	后	五	靴楔栱	中	散斗
27	后	五	靴楔栱	下	散斗
28	前	一	泥道栱	右	散斗
28	前	二	泥道慢栱	左	散斗
28	前	二	泥道慢栱	右	散斗
28	前	三	令栱	左	散斗
28	前	三	令栱	上中	散斗
28	前	三	令栱	上右	散斗
28	前	四	泥道第四层栱	左	散斗
28	前	四	泥道第四层栱	中	散斗
28	前	四	泥道第四层栱	右	散斗
28	后	一	华栱		散斗
28	后	二	华栱		散斗
28	后	三	华栱		散斗
28	后	四	靴楔栱	上	散斗
28	后	四	靴楔栱	中	散斗
28	后	四	靴楔栱	下	散斗
29	前	一	泥道栱	右	散斗
29	前	二	泥道慢栱	右	散斗
29	前	三	令栱	上左	散斗
29	前	三	令栱	上中	散斗
29	前	三	令栱	上右	散斗
29	前	四	泥道第四层栱	左	散斗
29	前	四	泥道第四层栱	中	散斗
29	前	四	泥道第四层栱	右	散斗
29	后	一	华栱		散斗
30	前	二	泥道慢栱	左	散斗
30	前	二	泥道慢栱	右	散斗
30	前	三	令栱	左	散斗
30	前	三	令栱	中	散斗
30	前	三	令栱	右	散斗
30	前	四	泥道第四层栱	左	散斗
30	前	四	泥道第四层栱	中	散斗
30	前	四	泥道第四层栱	右	散斗

续表

编号	前后	层	栱类型	位置	斗类型
30	后	二	华栱		散斗
30	后	三	华栱		散斗
30	后	四	靴楔栱	上	散斗
30	后	四	靴楔栱	中	散斗
30	后	四	靴楔栱	下	散斗
31	前	一	泥道栱	右	散斗
31	前	二	泥道慢栱	右	散斗
31	前	三	令栱	上左	散斗
31	前	三	令栱	右	散斗
31	前	三	令栱	上中	散斗
31	前	四	泥道第四层栱	左	散斗
31	前	四	泥道第四层栱	中	散斗
31	前	四	泥道第四层栱	右	散斗
31	后	一	华栱		散斗
31	后	二	华栱		散斗
32	前	一	泥道栱	左	散斗
32	前	一	泥道栱	右	散斗
32	前	一	昂	中	散斗
32	前	二	泥道慢栱	右	散斗
32	前	三	令栱	上左	散斗
32	前	三	令栱	上中	散斗
32	前	四	泥道第四层栱	左	散斗
32	前	四	泥道第四层栱	中	散斗
32	前	四	泥道第四层栱	右	散斗
32	后	一	华栱		散斗
32	后	四	靴楔栱	上	散斗
32	后	四	靴楔栱	中	散斗
32	后	四	靴楔栱	下	散斗

二、栱类构件替换表

编号	前后	层	栱类型	位置
1	前	三	交手令栱	南
7	前	三	令栱	
7	后	二	华栱	
13	后	一	华栱	
17	前	一	泥道栱与昂头出跳相列	北
19	前	四	泥道最上层栱	
19	后	二	华栱	
20	前	三	令栱	
20	前	四	泥道最上层栱	
20	后	一	华栱	
21	前	三	令栱	
21	前	一	泥道栱	
21	后	一	华栱	
22	前	三	令栱	
22	后	一	华栱	
23	前	三	令栱	
24	前	三	令栱	
24	后	一	华栱	
25	后	二	华栱	
27	前	一	泥道栱与昂头出跳相列	西
29	后	一	华栱	
29	后	二	华栱	
30	前	三	令栱	
30	后	一	华栱	
30	后	三	华栱	
30	后	四	靴楔栱	
31	前	三	令栱	

三、昂类构件替换表

编号	前后	层	昂类型	位置
4	前	二	真昂	
14	前	二	真昂	
17	前	三	由昂	角
20	前	二	真昂	
22	前	二	真昂	
24	前	二	真昂	
27	前	一	泥道栱与昂出跳相列	北
27	前	三	由昂	角

四、要头构件替换表

编号	层	要头类型	位置
1	三	蚂蚱头	南
4	三	蚂蚱头	
9	三	蚂蚱头	
10	三	蚂蚱头	
14	三	蚂蚱头	
17	三	蚂蚱头	北
18	三	蚂蚱头	
19	三	蚂蚱头	
20	三	蚂蚱头	
24	三	蚂蚱头	
27	三	蚂蚱头	北
30	三	蚂蚱头	

五、替木构件替换表

编号	位置
1	南
2	
3	
5	
7	
10	
11	南
17	北
19	
20	
21	
22	
23	
24	
27	西
29	
30	
31	

六、檐柱构件替换表

位置	类型
前檐东一	檐柱
前檐西三	檐柱
前檐西一	檐柱

附录五　实测数据统计表

一、斗栱类构件数据统计表

（1）本文斗栱类构件数据均取自大殿外檐铺作。大殿外檐铺作共 32 朵，为了方便统计，对大殿外檐铺作自东南角角铺作顺时针由 1 号至 32 号进行编号。具体情况见图 F5-1：

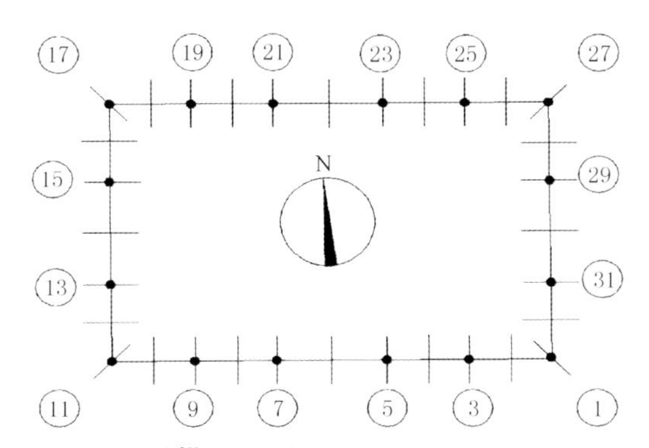

图 F5-1　斗栱编号示意图

（2）数据表中对于每个构件数据的来源情况作了统计，其中，“二散”为第二次修缮过程中地面散件测量所获得的数据，“三散”为第三次修缮后测绘中地面更换散件测量所获得的数据，“三架”为第三次修缮后测绘中架上测绘所获得的数据。

（3）对于未能获得手测数据的构件相关数值，用第三次修缮后测绘所进行的三维激光扫描点云数据进行补充，补充数据在表格中用深底填充表示。

（4）斗类构件的斗凹情况不统一，数据表中在“备注”一栏中进行补充说明，斗凹情况见图 F5-2 至图 F5-4：

（5）靴楔栱栱瓣形制情况不统一，数据表中在“备注”一栏中进行补充说明，情况见图 F5-5、图 F5-6。

（6）耍头构件中对的 A、B、C、D 点位置的定义见图 F5-7。

图 F5-2　斗凹形制：有斗凹

图 F5-3　斗凹形制：无斗凹

图 F5-4　斗凹形制：圆斗耳外凸

图 F5-5　靴楔栱形制：平滑弧线

图 F5-6　靴楔栱形制：分瓣

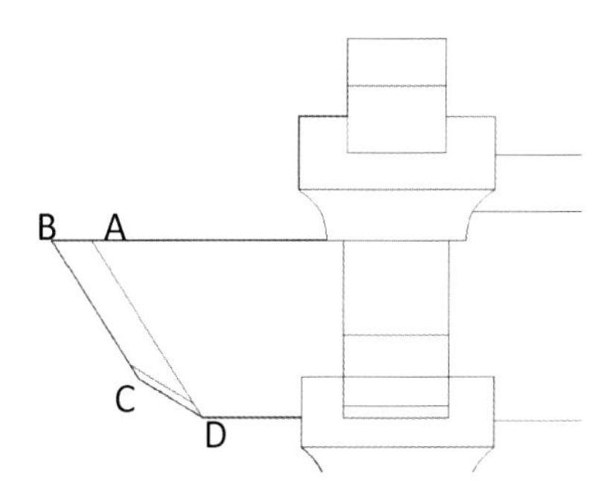

图 F5-7　外檐铺作耍头控制点编号示意图

1. 斗类数据构件表

1-1. 栌斗构件数据统计表

（单位：毫米）

编号	位置	长			宽			高				数据来源	备注
		总长	斗口	斗底	总长	斗口	斗底	总高	耳	平	欹		
1	柱头	397	113			129	296	214	89	40	85	二散	有斗凹
2	补间	400	120	320	392	136	298	210	85	40	85	二散	有斗凹
3	柱头	403	124	310	417	132	301	211	84	37	90	三架	有斗凹
4	补间	402	121	312	393	129	300	203	82	41	80	三架	有斗凹
5	柱头	403	127	311	388	128	300	210	87	40	83	三架	有斗凹
6	补间	408	125	310	380	126	292	202	80	41	83	三架	有斗凹
7	柱头	404	124	312	370	130	297	203	81	78	84	三架	有斗凹
8	补间	406	119	307	390	132	290	202	74	45	83	三架	有斗凹
9	柱头	403	120	340	384	120	296	206	76	50	80	三架	有斗凹
10	补间	404	120	312	380	130	296	210	80	43	87	三架	有斗凹
12	补间	404	123	312	397	130	301	214	87	35	92	三架	有斗凹
14	补间	402	118	307	394	137	290	208	68	54	86	三架	有斗凹
16	补间	398	121	309	389	128	283	204	75	43	86	三架	有斗凹
18	补间	384	158	296	396	122	303	199	81	35	83	三散	有斗凹
20	补间	393	123	296	365	98	255	210	82	39	89	三架	有斗凹
21	柱头	409	123	316	390	131	302	197	88	34	75	三架	有斗凹
23	柱头	403	118	312	389	139	315	203	102	22	79	三架	有斗凹
24	补间	403	117	314	395	130	300	205	76	43	86	三架	有斗凹
25	柱头	400	120	320	392	136	298	205	85	40	80	二散	有斗凹
26	补间	400	122	310.5	378	118	286	212	100	25	87	三架	有斗凹
	后上金东二柱头	361	152	278	378	188	290	191	92	36	63	三散	有斗凹
	前上金东二柱头	365	151	272	374	196	291	191	84	39	67	三散	有斗凹
	后上金东六柱头	360	180	280	350	130	260	200	95	35	70	二散	有斗凹
	西北角上金柱头	370	190	285	395	170	310	215	80	45	90	二散	有斗凹
	前上金东五补间	310	130	235	300	150	225	200	75	45	80	二散	有斗凹
	前下金东二下	305	125	240	295	135	221	200	75	45	80	二散	有斗凹
	后上金东三补间	305	125	220	295	135	205	208	80	40	88	二散	有斗凹
	后上金东四正中补间	305	135	220	310	145	200	205	85	35	85	二散	有斗凹
	后上金东七补间	305	120	220	310	155	200	190	80	30	80	二散	有斗凹

1-2. 交互斗构件数据统计表

（单位：毫米）

编号	位置	长			宽			高				数据来源	备注
		总长	斗口	斗底	总长	斗口	斗底	总高	耳	平	欹		
1	二层右散斗 2 号	243	131	182	224	128	166	145	56.5	28.5	60	二散	有斗凹
1	二层左散斗 2 号	245	138	182	226	127	168	130	46	31	53	二散	有斗凹
2	二层中交互散斗	245	137	182	235	132	164	142	56	27	59	二散	有斗凹
28	三层令拱上中散斗	205	135	147	210	117	148	141	未测	未测	63	三散	无斗凹
	东下金南二中大斗	248	108	185	205	68	150	152	58	31	63	三散	有斗凹
	西南角上金角散斗	247	124	180	240	140	168	136	52	27	57	三散	有斗凹
	西山上金补间中散斗	248	132	186	224	114	170	150	62	25	63	三散	有斗凹

1-3．散斗构件数据统计表

（单位：毫米）

编号	位置	长			宽			高				数据来源	备注
		总长	斗口	斗底	总长	斗口	斗底	总高	耳	平	欹		
1	角一层散斗	240	131	170	238		170	148	68/60	20/28	60	二散	有斗凹
1	一层左散斗 2 号	240.5	128	150	245		181	146	56	28	62	二散	有斗凹
1	右交手令拱散斗 1 号	240		174	245	117	168	145	55/48	30/37	60	二散	有斗凹
1	右交手令拱散斗 3 号	244		180	235	124	162	135	55	20	60	二散	有斗凹
1	右交手令拱散斗 4 号	245		180	232	138	162	132	60	10	62	二散	有斗凹
1	左交手令拱散斗 1 号	245		286	232	143	164	145	52	33	60	二散	有斗凹
1	左交手令拱散斗 3 号	250		184	236	131	166	131	46	27	58	二散	有斗凹
1	左交手令拱散斗 4 号	240		184	218	133	144	134	60	20	54	二散	有斗凹
1	一层右散斗 2 号	240		176	230	134	174	150	75	17	58	二散	有斗凹
1	一层左散斗 1 号	246		168	232	130.5	150	152	72	20	60	二散	有斗凹
1	二层右散斗 1 号	243		186	233	137	162	145	55	32	58	二散	有斗凹
1	四层左 1 号散斗	245		186	232	61	176	148	58	27	63	二散	有斗凹
1	后一层散斗	232	133	168	244		190	149	53	32	60	二散	有斗凹
2	一层右散斗	247		187	237	138	170	149	70	20	59	二散	有斗凹
2	一层中散斗（一交）	233	130	173	245		185	145	55	32	58	二散	有斗凹
2	一层左散斗	245		181	230	138	174	153	65	23	65	二散	有斗凹
2	二层左散斗	246		186	225	128	173	145	52	33	60	二散	有斗凹
2	二层右散斗	246		176	235	130	171	148	60	28	60	二散	有斗凹
2	三层令拱左散斗	245		185	232	123	152	123	53	10	60	二散	有斗凹
2	正心枋拱左散斗	239		169	205	64	75	148	58	30	60	二散	圆耳斗凹外凸
2	正心枋拱右散斗	249		179	195	52	145	138	38	45	55	二散	有斗凹
2	后一层散斗	226	132	170	247		183	147	57	32	58	二散	有斗凹
2	后二层散斗	210	128	140	220		172	135	60	22	53	二散	无斗凹
2	后下金东二右散斗	238		178	228	140	158	145	43	44	58	二散	有斗凹
4	三层令拱上右散斗	205		153	202	124	150	130	56	34	40	三散	无斗凹
8	一层左散斗	221.5		169	204	130	144	131	52	28	51	三散	无斗凹
9	三层令拱右散斗	205		144	207	137	148	142	未测	未测	58	三散	无斗凹
13	一层左散斗	224		154	198	133	126	141	未测	未测	62	三散	无斗凹
13	正心枋拱左散斗	234.5		184	235	65	164	155	55	34	66	三散	有斗凹
14	一层左散斗	224		150	180	136	129	144	未测	未测	55	三散	无斗凹
14	未知	177		未测	178	106	未测	109	42	4	63	三散	无斗凹
14	未知	181		140	173	101	126	未测	未测	未测	59	三散	无斗凹
15	正心枋拱左散斗	203		129	165	70	103	134	54	18	62	三散	无斗凹
16	后一层散斗	224		164	220	141	148	137	51	30	56	三散	无斗凹
16	后二层散斗	194	128	未测	226		165	127	44	33	50	二散	有斗凹
17	后三层散斗	248	172	188	251		171	150	67	23	60	三散	有斗凹
18	一层右散斗	223		162	218	126	152	139	未测	未测	58	三散	无斗凹
18	三层令拱右散斗	239.5		179	232	135	160	141	未测	未测	62	三散	有斗凹
18	三层令拱左散斗	241.5		176	242	139	159	148	未测	未测	63	三散	有斗凹
19	一层右散斗	226		162	210	130	149	135	73	8	54	三散	无斗凹
19	三层令拱左散斗	233.5		185	249	248	178	139	未测	未测	44	二散	有斗凹
20	后一层散斗	226		157	216	131	150	128	40	39	49	三散	无斗凹

编号	位置	长			宽			高				数据来源	备注
		总长	斗口	斗底	总长	斗口	斗底	总高	耳	平	欹		
20	三层令拱左散斗	165		109	186	116	103	144	未测	未测	57	三散	无斗凹
20	三层令拱右散斗	166		102	188	119	105	145	未测	未测	51	三散	无斗凹
22	一层右散斗	224.5		163	219	139	145	130	77	未测	未测	三散	无斗凹
22	三层令拱右散斗	163.5		97	181	99	113	132	未测	未测	51	三散	无斗凹
24	三层令拱右散斗	171.5		105	177	111	102	131	未测	未测	未测	三散	无斗凹
24	三层令拱左散斗	169		106	175	113	113	144	未测	未测	61	三散	无斗凹
25	一层左散斗	245		189	244	124	182	145	55	33	57	二散	有斗凹
25	一层中散斗（一交）	220	135	166	246		186	143	63	20	60	二散	有斗凹
25	二层右散斗	245		185	230	130	163	150	60	30	60	二散	有斗凹
25	二层左散斗	245		185	230	130	163	150	60	30	60	二散	有斗凹
25	三层令拱左散斗	243		183	242	133	175	145	60	25	60	二散	有斗凹
25	后一层散斗	236	132	172	247		187	150	64	26	60	二散	有斗凹
25	后二层散斗	237	130	170	250		190	148	68	18	62	二散	有斗凹
26	正心枋拱左散斗	243		185	231	70	138	148	未测	未测	64	三散	有斗凹
27	后一层散斗	219		163	206	139	152	122	50	31	41	三散	无斗凹
28	三层令拱左散斗	203		146	205	114	148	136	未测	未测	56	三散	无斗凹
30	后二层散斗	222		141	209	140	147	135	61	10	64	三散	无斗凹
30	三层令拱右散斗	204		150	204	113	153	未测	未测	未测	未测	三散	无斗凹
30	三层令拱左散斗	201.5		145	208	115	139	140	未测	未测	65	三散	无斗凹
31	三层令拱右散斗	205.5		145	206	117	146	139	未测	未测	56	三散	无斗凹
31	三层令拱左散斗	204.5		149	204	116	146	135	未测	未测	60	三散	无斗凹
32	一层右散斗	226		162	193	131	129	137	未测	未测	未测	三散	无斗凹
	后下金东七左散斗	241.5		192	222	127	163	115	60	0	55	三散	有斗凹
	后下金东五右散斗	237		195	216	140	162	116	48	34	34	三散	无斗凹
	后下金东五左散斗	240		197	215	137	165	116			29	三散	无斗凹
	后上金东七右散斗	245.5		183	225	122	167	150	未测	未测	60	三散	有斗凹

1-4. 齐心斗构件数据表 （单位：毫米）

编号	位置	长			宽			高				数据来源	备注
		总长	斗口	斗底	总长	斗口	斗底	总高	耳	平	欹		
1	右交手令拱散斗 2 号	243		182	236	125	156	140	57	28	55	二散	有斗凹
1	左交手令拱散斗 2 号	247		188	235	136	170	140	55	25	60	二散	有斗凹
2	三层令拱中散斗	245		189	175(残)	80	140	138	60	18	60	二散	有斗凹
2	正心枋拱中散斗	246		190	232	55	175	150	47	41	62	二散	有斗凹
18	三层令拱中散斗	230		179	235	147	180	148	73	10	65	三散	有斗凹
25	三层令拱中散斗	240		180	235	136	169	150	70	20	60	二散	有斗凹
	后下金东一中散斗	238		187	228	134	158	115	60	0	55	三散	有斗凹

1-5. 斜斗构件数据表（单位：毫米）

编号	位置	长			宽		高（斜向）				高（垂直）				数据来源	备注
		总长	斗口	斗底	总宽	斗底	总高	耳	平	欹	总高	耳	平	欹		
1	后二层散斗	236	127	160	240	182	91.2	70.9	20.3		145	70	20	55	二散	
1	后三层散斗	240	133	170	240	184	93.41	69.5	23.91		145	71	23/15	55	二散	
1	后四层散斗	244	123	163	244	184	89.5				135	85（耳+平）		48	二散	
1	后五层散斗上	232	136	166	245	180	87.32	56.76	30.56		140	52	28	60	二散	
1	后五层散斗中	227	130	170	255	184	93.94	71.84	22.1		140	65	20	55	二散	
6	后四层散斗	235	125	170	250	180	88.89				134	85（耳+平）		49	二散	
16	后三层散斗	245	127	172	245	178	92.72	55.22	37.5		150	53	37	60	三散	有斗凹
18	后四层上散斗	198	133	109	261	202					135			45	三散	圆斗凹外扩
26	后四层中散斗	215	138	142	230		163	95.46			140			47	三散	
30	后三层散斗	213	130	140	224		165				135	80（耳+平）			三散	圆斗凹外扩
30	后四层中散斗	216	130	144	224		175	87.8			132			47	三散	无斗凹
30	后四层下散斗	210	122	136	224		174	85.16			139	82	0	57	三散	无斗凹

1-6. 平盘斗构件数据表（单位：毫米）

位置编号	长			宽			高				数据来源	备注
	总长	斗口	斗底	总长	斗口	斗底	总高	耳	平	欹		
1	235		172	220		144	90		27	63	二散	有斗凹
11	250		187	230		164	104		46	58	三架	有斗凹
17	248		182	226		164	100		40	60	三架	有斗凹

2. 栱枋类构件数据表

2-1. 泥道第一层栱构件数据表（单位：毫米）

编号	长		宽	高			数据来源
	总长	分瓣数		单材	栱眼	足材	
2	934	4	124	203	83	286	二散
3	929	4	132	211	76	287	三架
4	937	4	138	195	91	286	三架
5	936	4	125	201	81	282	三架
6	876	4	126	198	85	283	三架
7	931	4	127	199	87	286	三架
8	931	4	128	203	88	291	三架
9	927	4	120	196	86	282	三架
10	936	4	130	206	82	288	三架
12	940	4	130	200	83	283	三架
14	933	3	137	200	82	282	三架
16	938	4	128	195	80	275	三架
18	919	4	135	210	78	288	三架
20	929	4	102	189	86	275	三架
22	934	4	140	201	84	285	三架

续表

编号	长		宽	高			数据来源
	总长	分瓣数		单材	栱眼	足材	
23	925	4	139	202	79	281	三架
24	928	4	130	200	86	286	三架
25	937	4	127	200	82	282	三散
26	924	4	123	201	80	281	三架
26	400	122		378	118	286	有斗凹

2-2．泥道慢栱（第二层枋）构件数据表 （单位：毫米）

位置编号	长					宽	高			数据来源
	总长	上留	下出	分瓣数	分瓣长		单材	栱眼	足材	
2	1502	96	74	4	182	126	197	91	288	三架
3	1516	111	70	4	180	138	191	86	277	三架
4	1499	103	77	4	173	122	199	93	292	三架
5	1499	缺	缺	缺	缺	128	209	83	292	三架
6	1477	107	80	4	154	130	204	84	288	三架
7	1501	缺	缺	缺	缺	125	190	75	265	三架
8	1488	102	44		228.5	127	198	96	294	三架
10	1485	104	50		196	126	202	95	297	三架
12	1498	98	122		139	127	202	90	292	三架
14	1392	100	100	3	192	136	203	90	293	三架
16	1515	99	93	3	163	124	202	90	292	三架
18	1488	104	64	3	190	123	207	88	295	三架
20	1502	95	72	3	143	108	198	92	290	三架
21	1501	113	55	3	194	115	196	62	258	三架
22	1507	108	109	3	131	102	202	91	293	三架
23	1513	94	47	3	200	130	212	84	296	三架
24	1496	90	55	3	182	122	205	85	290	三架
26	1500	105	57	4	200	115	200	88	288	三架
26	924		4			123	201	80	281	三架
26	400		122				378	118	286	有斗凹

2-3．泥道第四层栱构件数据表 （单位：毫米）

编号	长		宽	高			数据来源
	总长	分瓣数		单材	栱眼	足材	
2	880	4	127	207			二散
3	881	4	129	216			三架
4	870	4	122	213			三架
5	887	4	125	215			三架
6	884	4	102	205			三架
7	876	4	121	207			三架
8	884	4	121	213			二散
9	880	4	120	202			三架
10	878	4	129	218			三架
12	877	4	119	212			三架

续表

编号	长		宽	高			数据来源
	总长	分瓣数		单材	栱眼	足材	
14	880	4	136	210			三架
16	880	4	133	203			三架
18	869	4	95	202			三架
21	876	4	138	212			三架
22	864	4	99	206			三架
23	878	4	134	208			三架
24	879	4	136	208			三架
26	875	4	118	209			三架

2-4．令栱构件数据表（单位：毫米）

编号	位置	长					宽	高	数据来源
		总长	上留	下出	分瓣数	分瓣长			
2	三层	873	106	142	4	235	130	206	二散
3	三层	878	98	158	4	217	128	206	二散
4	三层	873	100	157	4	217	126	204	二散
5	三层	873	102	156	4	212	127	204	二散
6	三层	877	105	154	4	220	127	205	二散
8	三层	873	106	159	3	210	128	210	二散
10	三层	874	101	146	4	228	125	205	二散
11	右交手	1600	105	缺	4	221	125	208	二散
12	三层	872	104	132	4	206	128	206	二散
13	三层	872	102	161	4	210	130	203	二散
14	三层	883	103	95	4	243	127	215	三架
15	三层	880	98	159	4	212	128	203	二散
16	三层	878	106	152	4	226	130	204	二散
18	三层	860	104	160	4	205	123	199	二散
19	三层	870	100	167	4	200	128	200	二散
25	三层	872	103	171	4	203	128	208	二散
26	三层	872	105	166	4	211	128	210	二散
28	三层	870	95	170	4	202	130	200	二散
29	三层	867	97	147	4	218	127	202	二散
31	三层	868	99	163	4	203	127	207	二散
32	三层	867	110	156	4	206	126	210	二散

2-5. 华栱构件数据表

（单位：毫米）

编号	位置	长							宽		高						数据来源
		外跳总长	里跳总长	总长	昂头长	外跳跳长	里跳跳长	分瓣数	外跳宽	里跳宽	外跳单材	外跳栱眼	足材	里跳单材	里跳栱眼	足材	
1	右一层	880.5	469.5	1350	485	395.5	388	4	128	128	200	88	288	200	88	288	二散
1	左一层	873	467	1340	465	408	388	4	128	125	200	86	286	200	86	286	二散
1	一层角	1059.5	656.5	1716	484	575.5	576.5	4	缺	缺	200	91	291	200	91	291	二散
1	二层角	1499	1073	2572	483	1016	995	4	124	130	204	84	290	204	86	290	二散
2	一层	885.5	463	1348.5	491	394.5	377	4	128	128	205	83	288	200	82	282	二散
3	一层	888	453	1341	443.5	444.5	356	4	127	125	213	86	299	203	88	291	三架
3	二层	1212	752	1964	444.5	767.5	662	4	120	124	191	86	277	194	82	276	三架
4	一层	877.5	462	1339.5	584	309	366	4	133	120	208	78	286	203	90	293	三架
5	一层	872.5	469.5	1342	488.5	384	368	4	125	129	202	74	287	190	96	286	三架
5	二层	1198	784	1982	483.5	714.5	523.5	4	131	132	198	83	280	200	67	267	三架
6	一层	878	464	1342	497	381	368	4	125	130	195	90	285	207	83	290	三架
7	一层	893	463.5	1356.5	505.5	376.5	370	4	124	125	205	80	285	201	91	292	三架
8	一层	887	467	1354	486	404	372	4	119	128	213	85	298	202	95	297	三架
10	一层	882	449	1331	566	315	371	4	120	130	197	90	287	206	82	288	三架
11	右二层	1197			489	708			128		195	90	285				三架
11	左二层	1110			529	661			126		205	95	300				三架
12	一层	878	516	1394	499.5	342.5	420	4	123	139	198	89	287	195	89	284	三架
13	一层	882	470	1352	484	444.5	390	4	126	126	168	82	250	204	86	290	三散
13	二层	1183	681	1864	506	677	681.5	4	131	128	200	88	288	203	85	288	三架
14	一层	890	523	1413	478	412	431	4	118	128	205	82	287	204	83	287	三架
15	二层	1171	757	1928	495	677	677	4	127	128	202	88	290	200	90	290	三架
16	一层	881	497	1378	493	391	403	4	132	132	200	85	285	197	96	293	三架
18	一层	880	472	1352	492	387	378	4	125	131	201	93	294	209	97	306	三架
21	二层	1209	762	1971	491	781	372	4	120	121	186	91	277	173	86	259	三架
23	二层	1191	782	1973	470.5	767.5	702	4	130	130	200	80	280	192	88	280	二散
23	一层	892	461	1353	483	409	368	4	119	126	207	79	286	210	71	281	三架
24	一层	886	467	1353	493	293.5	383	4	125	125	130	89	219	203	87	290	三散
25	一层	869	463	1332	474.5	384	382	4	128	128	194	84	278	194	84	278	二散
26	一层	857	464	1321	477	380	366	4	117	128	192	79	271	202	94	296	三架
27	左二层	1185			495	690				126	212	93	305				三架
27	右二层	1180			467	714				116	200	93	293				三架
31	二层	1178	751	1929	469	709.5	661.5	4	125	122	196	90	286	195	85	290	三架

2-6. 补间内转第二跳华栱构件数据表

（单位：毫米）

位置	长		宽	高			数据来源
	里跳总长	里跳跳长	里跳宽	里跳单材	里跳栱眼	足材	
二层	787	670	117	250	83	333	三架
二层	771	618.5	126	197	61	258	三架
二层	785.5	677	126	212	62	274	三架
二层	765	661	130	205	60	265	三架
二层	778	699	130	211	53	264	三架
二层	791	706	132	219	94	313	三架

续表

位置	长		宽	高		数据来源
	里跳总长	里跳跳长	里跳宽	里跳单材	里跳栱眼	足材	
二层	795	704	129	204	48	252	三架
二层	755	679	124	237	90	327	三架
二层	760	679	125	192	113	305	三架
二层	795	701	126	228	36	264	三架
二层	768	683.5	126	197	59	256	三架
二层	751	662	129	233	110	343	三架

2-7. 补间内转第二跳华栱构件数据表（单位：毫米）

位置	长		宽	高			数据来源
	里跳总长	里跳跳长	里跳宽	里跳单材	里跳栱眼	足材	
4	1105	1022	133	349	30	379	三架
6	1035	958	134	305	43	348	三架
8	1018.9	936.55	133	253	94	347	三架
10	1144	958.5	123	125	60	185	三架
12	1164	1086	125	212	105	317	三架
14	1087	1000	135	244	54	298	三架
16	1066	974	122	206	30	236	三架
26	1077	998.5	131	182	81	263	三架

2-8. 靴楔栱构件数据表（单位：毫米）

位置	长	宽	高	数据来源	备注
4	1105	133	349	三架	
2	920	112	417	三架	平滑弧线
4	755	126	544	三架	分瓣
6	747	116	558	三架	分瓣
8	816	119	511	三架	分瓣
10	793	134	375	三架	分瓣
12	792	121	357	三架	平滑弧线
14	770	132	574	三架	分瓣
16	773	130	495	三架	分瓣
26	824	114	428	三架	分瓣

2-9. 泥道第三层枋构件数据表（单位：毫米）

编号	高	厚	数据来源
1	222	129	三架
4	220	122	三架
6	233	127	三架
8	237	126	三架
10	209	130	三架
12	210	138	三架
14	200	133	三架
16	200	140	三架
18	219	95	三架

编号	高	厚	数据来源
20	205	99	三架
22	213	98	三架
24	197	129	三架
26	210	113	三架

2-10．下平槫襻间构件数据表（单位：毫米）

编号	位置	高	厚	数据来源
2 号斗栱后尾	二层	209	132	三架
4 号斗栱后尾	一层	216	127	三架
	二层	245	127	三架
6 号斗栱后尾	一层	220	125	三架
	二层	216	128	三架
8 号斗栱后尾	一层	216	120	三架
	二层	211	120	三架
10 号斗栱后尾	二层	210	138	三架
12 号斗栱后尾	二层	189	125	三架
14 号斗栱后尾	一层	223	115	三架
	二层	215	130	三架
16 号斗栱后尾	二层	210	125	三架
18 号斗栱后尾	二层	212	182	三架
20 号斗栱后尾	一层	208	119	三架
	二层	189	137	三架
22 号斗栱后尾	一层	213	116	三架
	二层	241		三架
24 号斗栱后尾	一层	220	127	三架
	二层	245	141	三架
26 号斗栱后尾	二层	221	126	三架

3．昂及要头类构件数据表

3-1．补间第二跳昂构件数据表（单位：毫米）

编号	昂头长	跳长	宽	高	出跳高度	数据来源
2	372.5	742.5	130	220	267	三架
4	495	723	121	223	257	三架
6	507.5	699	125	199	301	三架
8	474	734	124	196	234	三架
10	503	718	120	215	273	三架
12	436	703	123	228	292	三架
16	441	716	125	210	272	三架
18	443.5	694	119	221	247	三架
26	465	709	120	199	295	三架

3-2．耍头构件数据表 （单位：毫米）

编号	昂头长		跳长		宽		高	宽	数据来源
	总长	AB 水平距离	BC 水平距离	CD 水平距离	总高	BC 垂直距离	CD 垂直距离		
1	406.5	41	85	80	200	142	58	124	二散
2	残	58	85	60	210	136	74	135	二散
3	393	71	71	93	205	150	55	126	三架
4	414	57	95	87	210	182	28	125	三架
5	408	64	91	69	202	167	35	126	三架
6	386.5	53	45	93	191	147	44	128	三架
7	373	61	67	81	215	181	34	141	三架
8	394	54	107	82	212	169	43	124	三架
10	405	48	120	80	202	167	35	120	三架
12	421	55	77	97	208	143	65	131	三架
16	413.5	55	67	73	200	152	42	126	三架
26	394	60	85	80	212	136	42	126	三架

二、柱梁类构件数据统计表

（1）柱梁类构件尺寸主要来自修缮后测量，数据来源中，“三仪”为全站仪或测距仪等仪器测量数据，“三架”为架上手测数据，“三点”为修缮后三维激光扫描点云获得数据。

（2）前檐心间东柱为明正德年间更换石柱。前檐西一和东一二柱为2011年初大修所更换，为了说明柱高尺寸，将其录入。

（3）后檐心间柱头铺作内转二乳栿（21、23号斗栱内转）断面为原型，为后期更换构件。

（4）驼峰形制如下（图F5-8至图F5-10）：

图F5-8　驼峰形制I式

图F5-9　驼峰形制II式

图F5-10　驼峰形制III式

1. 外檐柱尺寸数据统计表

（单位：毫米）

位置	柱高	柱底径	柱顶径	数据来源	备注
前檐西一	3217	366	344	三仪	换
前檐西二	3206	344	298	三仪	
前檐心间西	3187	348	302	三仪	
前檐心间东	3167			三仪	
前檐东二	3210	334	294	三仪	
前檐东一	3216	355	316	三仪	换
16	441	716	125	272	三架
18	443.5	694	119	247	三架
26	465	709	120	295	三架

2. 梁栿柱尺寸数据统计表

2-1. 乳栿构件数据统计表

（单位：毫米）

位置	高	宽	长	数据来源
3 号后尾	229	168	两椽	三架
5 号后尾	295	177	两椽	三架
7 号后尾	295	172	两椽	三架
9 号后尾	330	167	两椽	三架
13 号后尾	242	151	两椽	三点
15 号后尾	245	153	两椽	三点
25 号后尾	251	142	两椽	三点
29 号后尾	242	137	两椽	三点
31 号后尾	258	131	两椽	三点
21 号后尾	298	径 260	两椽	三架
23 号后尾	262	径 288	两椽	三架

2-2. 劄牵构件数据统计表

（单位：毫米）

位置	高	宽	长	数据来源
3 号后尾	209	166	一椽	三点
5 号后尾	210	191	一椽	三点
7 号后尾	212	158	一椽	三点
13 号后尾	214	129	一椽	三点
15 号后尾	213	131	一椽	三点
21 号后尾	204	123	一椽	三点
23 号后尾	203	124	一椽	三点
25 号后尾	200	134	一椽	三点
29 号后尾	217	132	一椽	三点
31 号后尾	217	130	一椽	三点

2-3. 平梁构件数据统计表

（单位：毫米）

位置	高	宽	长	数据来源
当心间东	364	270	两椽	三架

3. 榑类构件数据统计表

榑径：250 毫米

4. 驼峰类构件数据统计表

（单位：毫米）

位置	高	厚	长	数据来源	备注
3 号后尾	802	143	1260	三架	I 式
5 号后尾	838	155	1170	三架	I 式
7 号后尾	812	116	1173	三架	I 式
13 号后尾	884	147	1192	三点	I 式
15 号后尾	866	149	1248	三点	I 式
21 号后尾	874	148	1135	三点	I 式
23 号后尾	870	155	1128	三点	I 式
25 号后尾	858	118	1229	三点	I 式
29 号后尾	843	129	1040	三点	II 式
31 号后尾	837	126	1035	三点	II 式
当心间东丁栿上	1023	137	1370	三架	III 式
当心间西丁栿上	996	128	1337	三架	III 式

三、平面及屋架数据统计表

平面及屋架数据选用了修缮前山西古建所主持测绘以及修缮后北京大学考古文博学院进行的测绘所获得的数据。修缮前测绘的数据来自测绘图，修缮后测绘的数据来自三维扫描点云数据。

1. 平面数据统计表

1-1. 面阔数据统计表

（单位：毫米）

历次实测	位置	东一梢间	东二次间	当心间	西二次间	西一梢间	总面阔
修缮前		3780	3760	5050	3760	3780	20 130
修缮后	南立面	3774	3768	5009	3779	3757	20 087
	北立面	3791	3757	5010	3760	3772	20 090

1-2. 进深数据统计表

（单位：毫米）

历次实测	位置	南次间	当心间	北次间	总进深
修缮前		3780	5000	3840	12 620
修缮后	东立面	3789	4994	3777	12 560
	西立面	3797	5010	3792	12 599

2. 屋架数据统计表

（单位：毫米）

	历次实测	橑 - 压	压 - 下	下 - 上	上 - 脊	脊 - 上	上 - 下	下 - 压	压 - 橑
水平距离	修缮前	680	1600	2180	2500	2500	2180	1600	680
	修缮后	2481		2070	2585	2507	1938	2420	
垂直高差	修缮前	315	840	1215	1755	1755	1215	840	315
	修缮后	1175		1200	1713	1680	1217	1256	

附录六　测量技术报告

项目负责人：徐怡涛

技术负责：梁孟华、席玮

受“指南针计划”项目组北京大学考古文博学院的委托，为达到在充分利用现有先进科学仪器、设备的基础上，全面、完整、精细地记录古建筑的现存状态及历史信息，为进一步的研究、保护工作提供较全面、系统的基础资料的目的，由我公司承担运用三维激光扫描和近景摄影测量现代设备和先进技术，配合完成山西万荣县稷王庙大殿的精细测绘工作，并为探索文物建筑踏察、评估、记录、测绘的规范化及探索适合文物建筑的测绘成果综合表达方式提供有利资料。根据“指南针计划”专项“中国古建筑精细测绘”项目申报指南中“三、关于测绘要求”和项目组的要求，参照有关规范和标准，针对项目实际组织实施。

图 F6–1　山西万荣县稷王庙大殿正立面（2010 年修缮前摄）

图 F6–2　山西万荣县稷王庙大殿东立面（2010 年修缮前摄）

一、项目概况

“指南针计划”主要以实证我国古代重大发明创造的文化遗产为对象，运用现代科学技术手段开展农业、水利、交通、建筑、纺织等领域的系列文化遗产专项调查，全面掌握我国古代重大发明创造的基本情况，开展实证我国古代重大发明创造的文化遗产的保护研究、展示传播理论与技术研究以及应用示范工作。“中国古建筑精细测绘”是“指南针计划主体类项目——中国古代建筑与营造科学价值挖掘与展示”的基础项目，其目的是在充分利用现有先进科学仪器、设备的基础上，全面、完整、精细地记录古建筑的现存状态及其历史信息，为进一步的研究、保护工作提供较全面、系统的基础资料。本次实施的项目山西万荣县稷王庙大殿的精细测绘，其现状图像如图 F6-1、图 F6-2。

稷王庙大殿位于山西万荣县南张乡太赵村，初步确定为金代文物遗存，现为村老年人活动中心。整个建筑基本完好，但局部位置出现损坏，也急需维修。建筑的正立面较为清晰，其他各面树木和围墙离建筑物都很近，距离短于近景摄影测量的摄影基线，所以在本次测量中，三维激光扫描通过多站扫描完成了整个建筑测量数据的完整性，近景摄影测量仅为正立面数据。

二、执行规范和要求

（1）《工程测量规范》（GB50026-2007）；

（2）《1:500　1:1000　1:2000 地形图航空摄影测量外业规范》（GB / T7931-2008）；

（3）《近景摄影测量规范》（GB/T 12979-2008）

（4）《测绘产品检查验收规定》（CH1002-95）；

（5）“指南针计划”专项“中国古建筑精细测绘”项目申报指南中“三、关于测绘要求”；

（6）项目委托方的要求。

三、项目实施

1. 三维激光扫描测量

1-1. 仪器简介

本次测量仪器为Leica Scanstation 2三维激光扫描仪（图F6-3），该仪器是一款脉冲式、高精度、快速三维激光扫描仪，它集多功能、高精度于一身，广泛地应用于市政工程、工厂规划、改建设计、建筑测量、文物考古等工程领域。

仪器的特点：

（1）双扫描窗口设计，扫描视场角360°×270°；

（2）内置数码相机与扫描仪同轴，能够自动获取扫描点云的颜色信息；

（3）扫描范围：1～300米；

（4）扫描速度：50000点/秒；

（5）50M测量距离点位测量精度小于6毫米；

（6）内置高精度双轴补偿器；

（7）扫描仪可以架设在已知点上；

图F6-3 Leica Scanstation 2三维激光扫描仪

（8）可用“QuicScan”按钮轻松定义测量范围；

（9）最小采样密度＜1毫米；

（10）标靶获取精度±1.5毫米，点云拼接精度<2毫米；

（11）在明亮的阳光下和完全黑暗的情况下都能进行正常的操作；

（12）在开机和运行过程中定期实施测量精度的自我检测，保证数据的正确性。

1-2. 测量计划

（1）现场测量

① 采用内外景多次架站采集方式，保证实体数据的完整性；

② 架站位置以相邻站点可互为视角为原则，获取的数据重叠大于30%；

③ 站站之间设置共用标靶，用于坐标传递和数据拼接；

④ 最小采样密度一般控制在2～5毫米，对重点部位控制在1～2 毫米，共用标靶控制在1 毫米；

⑤ 全部扫描过程均由一体化高分辨率数码相机进行同步记录。

（2）后期处理

① 单站数据的检查和整理（在现场进行）；

② 数据拼接，标靶的拼接精度控制在<1.5毫米，点云的精度控制在<2毫米；

③ 颜色信息校准及调整；

④ 漫游视频制作。

1-3. 现场测量

山西省万荣县稷王庙的扫描测量工作：室内架设7个测站，保证了室内扫描数据的完整性，并应用“QuicScan”功能对室内顶面（木结构较为复杂）部分进行了精确扫描（即最小采样密度控制在1～2 毫米）；室外架设7个测站，保证了外围墙体、屋檐和屋顶扫描数据的完整性，对屋顶装饰、屋檐和木结构较为复杂部分进行了精确扫描。由于局部实体内部光线不满足数码相机拍摄条件没有进行同步拍摄外，全部扫描过程均进行了同步影像拍摄。现场扫描测量工作时间2个工作日。（图F6-4至图F6-6）

1-4. 后期处理

（1）在现场应用Leica Cyclone-Scan软件对单站数据进行细致的检查和整理，数据合格后再进行下一站

图 F6-4　Leica Scanstation 2 三维激光扫描仪在稷王庙内作业

图 F6-5　Leica Scanstation 2 三维激光扫描仪使用的靶标

图 F6-6　Leica Scanstation 2 三维激光扫描仪在稷王庙大殿作业

的作业或结束作业。

（2）应用 Leica Cyclone-Register 软件对扫描数据进行拼接，把从不同的角度扫描得到的扫描数据拼接为一个完整的实体点云数据，其拼接方法基于扫描标靶、扫描公共点点云完成。标靶的拼接精度控制在 <1.5 毫米，点云的精度控制在 <2 毫米。

（3）对各站数码相机同步拍摄的影像的颜色信息进行校准及调整，使得在数据拼接的同时对影像的拼接也能在颜色信息保持一致。

（4）通过点云数据发布 Leica Cyclone-Publisher 软件进行漫游视频的制作，使得对点云数据可以进行浏览。

1-5. 精度说明

点云的拼接精度可以由表 F6-1 进行简单的说明。

2. 近景摄测测量

2-1. 设备及参数

本次项目使用了摄影测量控制点采集设备全站式电子速测仪、高分辨率单反数码相机、数字近景摄影测量系统及其它辅助材料等，相关参数如下：

（1）摄影测量控制点获取设备 Sokia230R 免棱镜全站仪　索佳 Set230R 全站仪可实现高精度、远距离无协作目标测距、反射片测距及棱镜测距。其测角精度为 2 秒；测距标称精度在单棱镜测程 5000 米，精度可达（2 毫米 ±2ppm×D），反射片测程 1.3-500 米，精度可达（3 毫米 ±2ppm×D），无协作目标测距范围 0.3-350 米，精度可达（3 毫米 ±2ppm×D）。

（2）摄影设备：Nikon D5000 单反数码摄影系统　其摄影镜头焦距为 24 毫米，感光元件为 CMOS，传感器

表 F6-1　点云拼接精度说明表

Constraint ID	Scan World	Scan World	Type	Status	Weight	Error	Error Vector
Target I	Scan World 1	Scan World 2	Coincident: Vertex	on	1.0000	0.002	(0.000, -0.002, …
Target I	Scan World 1	Scan World 2	Coincident: Vertex	on	1.0000	0.002	(-0.001, 0.001, …
Target I	Scan World 1	Scan World 2	Coincident: Vertex	on	1.0000	0.001	(0.000, -0.001, …
Target I	Scan World 1	Scan World 2	Coincident: Vertex	on	1.0000	0.002	(0.000, -0.002, …
Target I	Scan World 1	Scan World 2	Coincident: Vertex	on	1.0000	0.002	(0.000, -0.002, …
Target I	Scan World 1	Scan World 2	Coincident: Vertex	on	1.0000	0.001	(-0.001, -0.001, …
Cloud/M	Scan World 1	Scan World 2	Coincident: Vertex	on	1.0000	0.002	aligned[0.013 m]

图 F6-7　稷王庙三维激光扫描点云透视图

尺寸大小为 23.6×15.8 毫米，总像素数为 1230 万像素，最高分辨率达 4288×2848。

（3）数字摄影测量软件系统　数字摄影测量软件系统所含模块主要有：数据预处理模块、相机检校模块、影像畸变差改正模块、工程管理模块、同名点匹配模块、光束法自由网平差模块、点云生成模块。

（4）三角架及标靶等其他辅助设备　采用三角架辅助数码相机进行照片拍摄；使用明显的标靶点确保像点坐标与控制点坐标的对应关系精确无误。

2-2. 工作计划

本次测绘工作分为外业数据获取和内业数据处理两个部分。外业数据获取需要至少两名人员即一名相片拍摄人员和一名外业控制点测量人员，每个项目的外业计划用时 1 个工作日，外业工作需要在光线充足的条件下进行。内业数据处理需要一名熟练使用数字摄影测量软件及掌握纹理映射方法和数字图像处理技术的专业人员，约用时 5 个工作日，内、外业共计约需 6 至 7 个工作日。

近景摄影测量作业技术路线如下：

前期工作非量测相机检校→现场测量原始数据的获取→数据处理创建工程文件→相片畸变纠正→全自动匹配与转点→构建测区自由网→量测控制点→光束法平差→ 密集匹配生成点云→点云编辑→生成 DEM → DEM 编辑→纹理映射→正射影像（DOM）图生成。

2-3. 前期工作

前期工作其中一个重要的内容为非量测相机的检校，其主要步骤为：

（1）拍摄控制场或 LCD 检校影像

（2）半自动量测像控点

（3）平差解算相机内方位元素

2-4. 现场测量

现场测量是通过近景摄影技术手段，获取被摄实体的原始测量数据。现场测量数据的获取分为四个步骤（如图 F6-8 至图 F6-10）：

（1）根据摄影条件和被测对象的规模、形态确定相片控制点的大小及分布并严格按照摄影测量的要求进行布设及测量。

（2）根据摄影成图的要求合理选取摄影镜头并进行检校，以便纠正因镜头畸变引起的测量误差。

（3）假定工程坐标系统，使用全站仪测量相片控制点坐标。

（4）按照固定的基线长度，控制摄影机的拍摄角度拍摄照片。

2-5. 数据处理

（1）相片畸变纠正　根据相机参数纠正相片畸变。

图 F6-8　近景摄影测量控制点

图 F6-9　稷王庙近景摄影测量作业一

图 F6-10　稷王庙近景摄影测量作业二

（2）创建工程文件　创建测区工程文件主要步骤为：

a. 导入测区影像，接受影像格式为：*.JPG、*.BMP、*.TIF。

b. 填写总航带数，依次从左边的影像文件列表中加载对应航带的影像。

c. 填写空三匹配格网数范围，填写加密匹配格网数范围。

d. 输入相机参数。

e. 保存退出。

（3）全自动匹配与转点　全自动匹配前需要人工添加航带内影像和航带间影像的种子点，种子点用于提高匹配速度与可靠性，相邻影像间只需人工给定一对概略种子点。

种子点添加完毕开始进行程序的全自动匹配与转点。

（4）构建区域自由网　匹配与转点完毕之后构建整个测区的自由网。首先构建单航带自由网，然后是航带拼接生成测区的自由网。

（5）量测控制点　控制点量测的目的是在影像上精确量测控制点的坐标。

控制点量测的主要步骤：

a. 引入控制点文件；

b. 量测测区四角控制点；

c. 自由网 + 控制点平差；

d. 预测控制点（蓝色显示）；

e. 量测预测出来的控制点，可以采用多像片量测或者是立体量测的方法。

（6）光束法平差　光束法平差是利用已经构建起来的自由网结果以及控制点来进行绝对定向。

（7）密集匹配生成点云　密集匹配是在空三加密完成的基础上进行的，操作与全自动匹配一致，不同的是密集匹配不用添加种子点。

点云是利用空三加密得到的外方位元素，加上密集匹配生成的点，多片前交生成点云。

（8）点云编辑　生成的点云数据易受环境和系统等因素的影响，如相机抖动、运动物体干扰等，影响点云数据的质量，导致噪音数据点的产生，有时可能产生不属于扫描实体本身的数据导致冗余数据。为提供可靠精确的点云数据进行模型重建，提高最终结果的稳健性，需要对点云数据进行去噪和平滑操作。

对于比较明显的噪声数据如突起点（spikes）或孤立点（isolated points），这些点一般都是孤立于点云数据之外，可以采用软件自动剔出，也可采取手工删除的方法剔除孤立点（isolated points），可利用矩形框选或任意多边形选择工具剔除这些点（如图 F6-11 至图 F6-13）。

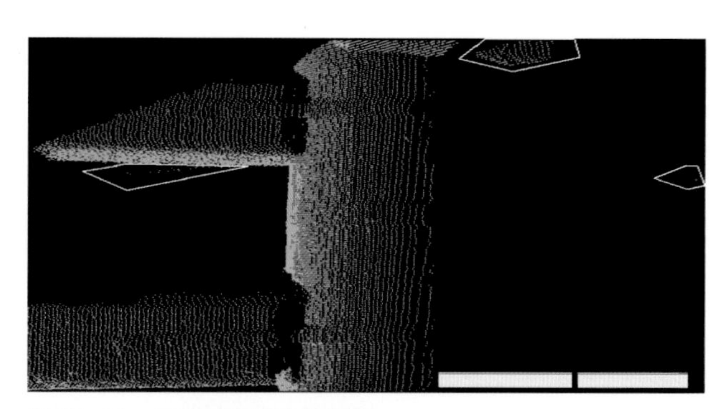

图 F6-11　手动删除噪声数据图

图 F6-12　自动剔除噪声点（红色）示意图

图 F6-13　进行点云平滑时找出的粗差点（红色）

点云数据在采集时还可能产生少量的随机误差，需采用平滑方法对随机误差进行平均，得到比较光滑分布的点云。对于各类古建筑，它们经过几百年的历史沧桑，历经风吹雨打，沉淀了很多灰尘，有些黏漆已经脱落和剥皮，或者本身的影响、环境的因素等等，致使获取的古建筑点云会受到不同程度噪声的干扰，为保证后续数据处理的稳健性，对点云数据的平滑去噪过程必不可少，其重要性也显而易见。如图 5-4-13 所示，使用我们的方法在敏感度为 45% 的情况下剔除出的粗差点——红色标示的点云。

（9）DEM 生成　通过摄影测量软件匹配和点云生成功能得到一系列规则排序的点的三维坐标，但离散点并不能有效地再现实物的表面，需要立体模型的重建，重现出具有完整结构和精确空间位置信息的实体模型。几何模型的制作主要包括点云数据预处理和几何模型重建这两个方面内容。数据预处理的原则是在不影响重构的模型精度的前提下，大幅度减少数据并使之光顺。优化的数据预处理过程，可以保证后期重构过程能够有可靠精确的点云数据，从而不仅提高模型重构的精确度，更可以降低重构过程的复杂度，提高速度。数据预处理过程有不同视点数据的配准、点云数据的滤波、点云数据的平滑、点云数据的缩减、点云数据的区域分割、残缺数据的处理，而模型重建过程则包含三维模型的重建、模型重建后的平滑和模型简化（如图 F6-14、图 F6-15）。

由于密集匹配生成的点云存在一定的粗差，为了提高 DEM 的精度，在生成 DEM 前要对点云进行编辑，剔除一部分的粗差点。粗差点剔除完成之后构建不规则三角网（TIN），由不规则三角网内插生成 DEM。

（10）DEM 编辑　为了进一步提高正射影像的精度，需要立体编辑 DEM。DEM 编辑使用的软件是全数字摄影测量系统 VirtuoZo NT。

DEM 编辑的主要作业流程：

① 建立测区建立：测区文件，输入控制点及相机文件。

② 建立立体模型：由于近景摄影的影像重叠度较大，所以在重叠度参数中填写百分之百重叠。

③ 模型定向：

a. 相对定向　由于近景摄影所得到的相邻像片旋片较大，程序自动匹配的点精度较差，所以在做相对定向时采用全人工加点的方式。加点的时候保证点在像片上均匀分布，尽可能多加点。

b. 绝对定向　由于空三加密已经完成，所以绝对定向直接用已有的外方位元素进行定向即可。

④ 核线重采样：定向完成之后进行核线重采样，生成核线影像。

⑤ 立体编辑 DEM：调用 DEMEdit 模块，进行立体编辑 DEM。

（11）纹理映射　纹理映射技术是指利用事先获得的纹理图像，确定三维景物表面的点与纹理图像中像素点的映射关系，按一定的算法将纹理图像映射到三维景物上。纹理映射主要解决映射关系的确定和纹理的反走样处理，以用较少的时间和空间代价，取得高度真实感效果的三维景物。

在摄影测量学中，这种映射是基于共线方程的，其

图 F6-14　原始点云生成的三角网模型

图 F6-15　经过补洞操作后生成的完整三角网模型

原理如图 F6-16 所示：

三角网模型上某一点 P 经透镜中心映射到数字影像上某一点 P，这两个对应点分别在各自的坐标系中，把它们联系到一起的即是 P 点、P 点和透镜中心在一条直线上，这就是共线方程。

在按照片划分图生成的高、低分辨率三角网模型的基础上，结合外业获取的高分辨率数字图像就可以进行纹理映射生成单块的彩色三角网模型。首先在高分辨率模型和数字图像上分别选定至少 4 对同名点，由于二者的精度都比较高，依纹理映射原理计算的结果误差就比较小，而且多余同名点也可进行联合平差以减少误差。同名点选取过程如图 F6-17 所示。

虽然是在高分辨率模型上选取同名点，但由于计算机软硬件在三维模型可视化方面的限制，还是需要将数字图像上的纹理映射到低分辨率模型上，最终获得的彩色三角网模型是由低分辨率模型和数字图像构成的。稷王庙南面的一块彩色三角网成果如图 F6-18 所示。

（12）正射影像（DOM）图生成　一般认为正射影像是指将中心投影的像片，经过纠正处理，在一定程度上限制了因景深起伏不同引起的投影误差和传感器等误差产生的像点位移的影像。

本次项目最终生成的稷王庙大殿主体建筑正面正射影像如图 F6-19 所示。

2-6. 精度说明

（1）稷王庙大殿正面控制点（1 ～ 9 号点）精度检查点（h1 ～ h10 号点）分布图如 6-20。

（2）稷王庙大殿正面 DOM 精度报告 见表 6-2。

表 F6-2　稷王庙大殿正面 DOM 精度报告

控制点点号	*x* 方向中误差 (m)	*y* 方向中误差 (m)
h1	0.001	0.007
h2	0.023	-0.009
h3	0.007	0.009
h4	0.019	0.006
h5	-0.015	-0.003
h6	0.021	-0.003
h7	0.005	0.007
h8	-0.011	0.007
h9	0.020	0.003
h10	0.014	0.005

作为一项新的测量技术，与其相关的测量成果的精度评定、误差理论及误差模型的研究，以及测量方法的研究等，目前都还在探索过程中。到目前为止，对近景摄影测量所获取的点云数据的测量成果精度评定，还没有形成成熟的、通用的方法体系及评价理论体系。本次测量的精度评定采用传统的办法，即以目前已经非常成熟的全站仪测量值为真值，与数字摄影测量所测结果进行比较，按照测量中误差的计算方法进行评定。抽样 10 对点进行精度比较，并计算中误差。确定本次测量成果精度整体能够保持在 2 厘米。

数据成果质量的控制：

①按照 IS09001：2000 质量体系文件的要求，对测绘过程的各道工序实行质量控制。

②严格执行相应的技术规范和项目要求，执行事先指导、中间检查和成果审核的管理制度。

③测绘成果按照国家测绘局发布的《测绘产品检查验收规定》（CH1002-1995），执行三级检查验收制度。

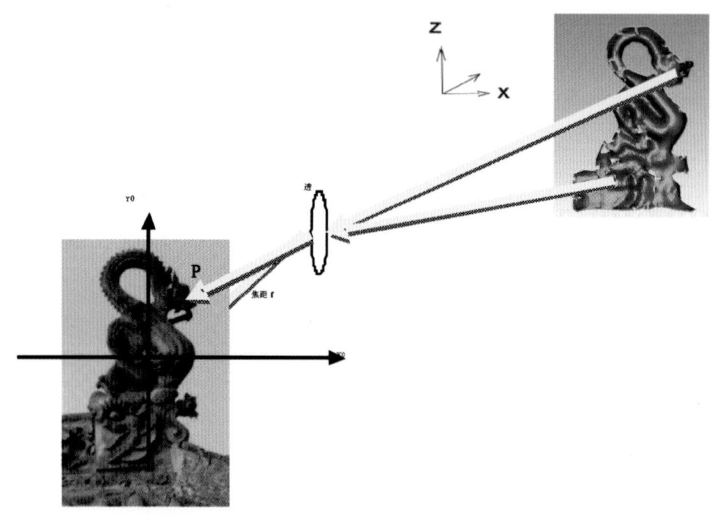

图 F6-16　数字图像与三角网模型配准原理

图 F6-17　同名点的选定

图 F6-18　一块彩色三角网模型（透视效果）

图 F6-19　生成的稷王庙大殿建筑正面正射影像

图 F6-20　稷王庙大殿正面控制点（1 ~ 9 号点）精度检查点（h1 ~ h10 号点）分布图

④观测所使用的仪器、设备都经过相关质量检测部门的检测，并经常性地进行必要的检查和复核，以保证在整个测量过程中，仪器的各项性能指标处于良好状态，确保观测数据的可靠性。

⑤按要求对测量所使用的控制点进行认真的检查和复核，保证基准数据成果的正确和稳定。

⑥项目组检核贯彻项目始终和每个方面；作业队检查：外业检查、内业检查；公司检查：对项目的组织施工、人员、设备及报告编写进行检查，对项目进行验收。

四、测量技术方法比较

1. 三维激光扫描技术在古建测绘中的应用

三维激光扫描技术是近几年逐步发展成熟的最新测量技术，它具有其他测量技术无法比拟的优势。尤其是非接触式的测量手段，不会对古建筑造成损伤。三维激光扫描区别于传统的单点定位测量、点线测绘技术及照相测量技术，它可以深入到任何复杂的现场环境中快速完成实体表面的扫描测量工作，获取实体表面密集的、高精度的三维坐标点云数据，并将这些数据完整地传输至计算机，运用专业的软件进而构建出实体复杂而又不规则的表面三维模型。点云数据能为古建筑保存、保护和研究建立完整、精确、永久的数字档案，通过数字记录方式为古建筑的保护提供检测和修复依据，并能够在已知数据的基础上重建已经不存在的、或者被毁坏的历史遗迹，再现古建筑的原貌，也满足了古建筑高精度普查的需要。此外该技术明显降低了古建筑测量和文物保护工作中测量工作的难度和强度，所得的数据的可挖掘性强，多用性好，具有广泛的应用性。而地理信息系统、虚拟现实和数据库技术在古建筑保护中的应用，则为其建立了一套科学性、实践性很强的系统规范，从技术层面上加强了对古建筑的数字化保护力度，并为实现古建筑的数字化保护探索了一条可行的技术路线。可以预见，随着三维激光扫描技术同GIS等相关技术的结合，必将不断增强其在古建筑保护领域的应用价值和潜力。

2. 近景摄影测量在古建测绘中的应用

近景摄影测量相对于三维激光扫描测量来说已经是一种应用时间长、应用普遍、技术成熟、标准完善的测量手段，可以说是进行古建筑测量的常规测量手段，特别是随着数字化摄影技术和计算机处理技术的不断发展，近景摄影测量技术在技术方法、成果精度和成果形式上更是有了很大的提高，可以和三维激光扫描测量技术媲美。通过本次项目的实施，总结数字近景摄影测量技术应用于古建筑测绘具有的优势和不足之处，分别如下：

2-1. 优势

1）设备及使用成本低

相对于地面三维激光扫描系统高达一两百万购置价格和高昂的维护费用而言，地面数字摄影测量系统的设备购置成本及维护成本都是很低的，一套配备齐全的数字摄影测量购置成本一般不超过三十万，维护成本几乎没有。

2）测量现场外业工作时间短

在条件具备的情况下，测绘一幅普通规模的古建筑的立面图，数字近景摄影测量现场的工作时间一般不超过两个小时，相比传统测绘手段其效率是相当高的，和三维激光扫描测量的时间相比也要短一些。

3）测量精细度高

数字摄影测量作为正直的面状测量，而三维激光扫描测量只是在密集点基础上的近似面状测量。所以数字摄影测量的成果可以在室内再现被测物体的三维立体形状，并进行三维量测，其测量的精细度基本等同于数码相机的分辨率，对于古建细节的精细描绘，其他测量手段一般难以达到。

2-2. 不足

1）操作相对复杂度，对技术人员要求高

影响摄影测量成果精度的因素很多，包括成像质量、摄影的条件、摄影的方式、控制点及布设方式、图像处理及摄影测量处理的方法等等诸多因素，这就要求实施测量的技术人员有相当的经验，能够控制最终成果的质量。

2）要求工作环境比较高

为获取高质量的古建空间信息，摄影测量通常要求满足合适的摄影光线和摄影位置、规范的摄影角度和重叠度、一定的摄影比例尺、精确的控制点等等，因而对现场的工作环境也提出了较高的要求。

3）适用范围具有一定的局限性

数字近景摄影测量对于建筑物的外立面测绘速度较快，但是对于狭小及遮挡较为严重的建筑物内部，往往显得有些力不从心，因而对于建立整个建筑物的三维模型，数字近景摄影测量暴露了它的局限性。

3. 三维激光扫描和近景摄影测量的比较

三维激光扫描测量和近景摄影测量技术是当今文物保护工作中基本的测量技术手段，之所以这两种测量技术能在当今文物保护工作中得到广泛的应用，是因为其非接触式测量的特点，两种测量技术有很多的相似之处，但深入的研究也存在着一些区别，表 6-3 结合实际工作对这两种测量技术做一个比较全面的比较。

4. 测绘成果提交

（1）测绘技术报告；

（2）三维激光扫描点云数据成果；

（3）数字正射影像图（DOM）；

（4）两个漫游视频。

4-5. 遥感数据

遥感技术是一种重要的现代信息技术。信息的集成包括复合和融合。集成的目的是分析信息之间的相互作用，或者是利用信息的互补效应，弥补单信息的不足，最大限度地挖掘和利用信息资源。遥感技术在古建测绘中的应用，有着现实和长远的意义。

（1）原始数据　为山西运城万荣县为中心的遥感数据数据时间分别为：

① 2007-08-14 14:28:25.657

cenlat=35.488879344673;　cenlon=110.771597796542<

② 2007-08-14 14:28:28.833

cenlat=35.295850384584 ;　cenlon=110.716021129307

③ 2010-06-11T15:53:29

cenlon=110.760776,　cenlat=35.4835310

④ 2010-09-19T07:30:44

cenlon=110.868724,　cenlat=35.4776390,

原始数据为国产卫星生产的数据，数据分辨率为 2 米；全色。

（2）数据处理软件　PCI

（3）数据处理流程　用相同区域的 ETM，和网上公开的 DEM（90 米），作为控制资料，基于 PCI 遥感数据专业处理软件，利用有理函数算法，通过选点，纠片，和正射校正，最终得到了正射数据成果．但由于控制资料的精度和质量优次，会对数据处理的效果产生直接影响。

（4）数据成果　4 个 TIF 文件——4 个不同时期的影像的正射影像数据处理成果，数据分辨率 2.5 米。

（5）附　参考控制资料：

① ETM 参考影像；② DEM 。

表 F6-3　三维激光扫描与近景摄影测量的比较[1]

	设备投资	人员要求	外业作业时间	内业作业时间	综合精度	基础成果形式	测量费用
三维激光扫描测量	160 万	一般培训	每站 30 分钟	1~2 个工作日	±2 mm	点云及点云加影像	5 万 ~10 万
近景摄影测量	30 万	专业培训	每站 20 分钟	4~6 个工作日	±2 cm	正射影像	2 万 ~5 万

1 此表内数据为 2011 年数据。

参考文献

古籍

《大清一统志》，四库全书文渊阁版．

《明一统志》，四库全书文渊阁版．

《平阳府志》，明万历版．

《蒲州府志》，清乾隆版．

《荣河县志》，清光绪七年刊本．

《山西通志》，四库全书文渊阁版．

《万泉县志》，民国六年石印本．

《万泉县志》，清乾隆版．

胡聘之．《山西石刻丛编》，清光绪二十七年刻本．

（宋）李诫．营造法式[M]//梁思成全集：第七卷．徐伯安主编校．北京：中国建筑工业出版社，2001.

（宋）王存；魏嵩山，王文楚，点校．元丰九域志：卷3[M]．北京：中华书局，1984.

专著

陈明达．营造法式大木作制度[M]．北京：文物出版社，1981.

柴泽俊，等．太原晋祠圣母殿修缮工程报告[M]．北京：文物出版社，2000.

傅熹年．傅熹年建筑史论文集[M]．北京：文物出版社，1998.

傅熹年．中国古代城市规划建筑群布局及建筑设计方法研究[M]．北京：中国建筑工业出版社，2001.

傅熹年．中国古代城市规划、建筑群布局及建筑设计方法研究[M]．北京：中国建筑工业出版社，2001.

国家文物局．中国文物地图集（山西分册）[M]．北京：中国地图出版社，2006.

贺业钜，等．建筑历史研究[M]．北京：中国建筑工业出版社，1992.

梁思成．梁思成全集[M]．北京：中国建筑工业出版社，2001.

辽宁省文物保护中心，义县文物保管所．义县奉国寺[M]．北京：文物出版社，2011.

刘敦桢．中国古代建筑史[M]．2版．北京：中国建筑工业出版社，1984.

罗德胤．中国古戏台建筑[M]．南京：东南大学出版社，2009.

潘谷西．曲阜孔庙建筑[M]．北京：中国建筑工业出版社，1987.

齐平，柴泽俊，张武安，等．大同华严寺（上寺）[M]．北京：文物出版社，2008.

山西省古建筑保护研究所，柴泽俊．朔州崇福寺[M]．北京：文物出版社，1996.

山西省运城地区志编委会．运城地区志：上册[M]．北京：海潮出版社，1999.

山西运城地区地方志编纂委员会办公室．运城地区简志[C]，1986.

王贵祥，刘畅，段智钧．中国古代木构建筑比例与尺度研究[M]．北京：中国建筑工业出版社，2011.

肖旻．唐宋古建筑尺度规律研究[M]．南京：东南大学出版社，2006.

张十庆．中日古建筑大木技术的源流与变迁[M]．天津：天津大学出版社，2004.

中国文物研究所，天津市文物管理中心，杨新，等．蓟县独乐寺[M]．北京：文物出版社，2007.

论文[1]

柴泽俊．山西临汾魏村牛王庙元代舞台[G]//建筑历史与理论第五辑，1993.

车文明．神庙献殿源流[J]．古建园林技术，2005(1).

崔梦一．北宋祠庙建筑研究[D]．郑州：河南大学，2007.

1　参考文献之论文部分仅列出与古代建筑直接相关的主要论文，详细引用及参考论文详见注释。

何莉莉．善化寺 [J]．五台山研究，2010(3)．

黄维若．宋元明三代中国北方农村舞台的沿革（续一）[J]．戏剧，1986(2)．

贾红艳．浅析万荣稷王庙正殿的建筑特点及价值 [J]．文物世界，2010(2)．

梁思成，刘敦桢．大同古建筑调查报告 [J]．中国营造学社汇刊，4(3)．

梁思成．记五台山佛光寺的建筑 [J]．中国营造学社汇刊，3(4)．

莫宗江．山西榆次永寿寺雨华宫 [J]．中国营造学社汇刊，7(2)．

彭明浩．山西南部早期建筑大木作选材研究 [D]．北京：北京大学，2011．

祁英涛，柴泽俊．南禅寺大殿的修复 [J]．文物，1980(11)．

祁英涛．河北省新城县开善寺大殿 [J]．文物参考资料，1957(10)．

祁英涛．两年来山西省新发现的古建筑 [J]．文物参考资料，1954(11)．

祁英涛．对少林寺初祖庵大殿的初步分析 [M]//《建筑史专辑》编辑委员会．科学史文集：第二辑．上海：上海科学技术出版社，1979．

祁英涛．晋祠圣母殿研究 [J] 文物季刊，1992(1)．

屈殿奎．万荣东岳庙 [N]．山西日报，2002(C01)．

王宝库．大同市善化寺 [J]．五台山研究，1993．

王世仁．记后土祠庙貌碑 [J]．考古，1963(5)．

吴锐．临汾市魏村牛王庙元代戏台修复工程述要 [J]．文物季刊，1992(1)．

徐新云．临汾、运城地区的宋金元寺庙建筑 [D]．北京：北京大学，2009．

徐怡涛．长治晋城地区的五代宋金寺庙建筑 [D]．北京：北京大学，2003．

徐怡涛．河北涞源阁院寺文殊殿建筑年代鉴别研究 [G]// 建筑史论文集：第 16 辑，2002．

徐怡涛．山西平顺回龙寺大殿测绘研究报告 [J]．文物，2003(4)．

徐怡涛．唐代木构建筑材份制度初探 [J]．建筑史，2003(1)．

徐怡涛．《营造法式》大木作控制性尺度规律研究 [J]．故宫博物院院刊，2015(6)．

薛林平，王季卿．山西元代传统戏场建筑研究 [J]．同济大学学报（社会科学版），2003, 14(4)．

杨烈．山西平顺县古建筑勘察记 [J]．文物，1962(2)．

员海瑞，唐云俊．全国重点文物保护单位：善化寺 [J]．文物，1979(11)．

张家泰．《大金承安重修中岳庙图》碑试析 [J]．中原文物，1983(1)．

插图目录

第四章　稷王庙寺庙格局研究

正文表格目录

测绘图目录

后　记

感谢一直以来培养教导我成长的先生们：我的父亲清华大学教授徐伯安先生、硕士导师东南大学教授陈薇先生、博士导师北京大学教授宿白先生和有幸聆听其课业的社科院考古所研究员徐苹芳先生。正是各位先生引领我走上这条道路，教会我方法，给予我方向。

多少研究中的不眠之夜，我会想到北医三院病榻上的父亲，打着点滴仍连夜编辑着梁思成全集，渐渐迎来东升的朝阳。父亲曾陪我考察古建，跨越长江与太行，而今，他的在天之灵是否看到，我带着一届届的学生们，继续着我们当年的道路。

要告慰的还有徐苹芳先生。就在发现“天圣”题记并完成第三次测绘工作准备启程回京时，传来了徐苹芳先生病逝的噩耗。徐苹芳先生生前曾多次鼓励我，让我坚持自己的道路，他总是和蔼安详地倾听着一个晚辈的心声，在最紧要的时候给予鼓舞。而当我正准备以成果回报徐苹芳先生的期待与信任时，却天人相隔。在万荣县宾馆的大堂，我默立良久，“徐苹芳先生走了”，等待启程返校的本科生们听到我的通报，可能因为与徐先生不熟悉而并没有深切的感触，但我相信，岁月的磨砺终有一天会让他们在某个瞬间感受到，这世界上有种高贵的精神在人间传承，如丝如缕，但从未断绝，那是在鲁班挥动雷霆之斧之时，那是在司马迁落下如椽之笔之时，那是在我们凝望着古建筑而为之泪流满面之时。

谨以此书献给所有支持北京大学考古文博学院文物建筑专业发展的人士！

建筑不甘被世人遗忘，
她将唤醒的使命托付于后人，
当我们有幸揭开历史尘封的面纱时，
所见证的，
竟是自己的宿命。
——徐怡涛

谨以此书致敬曾经致力于、正在致力于，以及终将致力于建筑考古的同仁

图书在版编目（CIP）数据

山西万荣稷王庙建筑考古研究 / 徐怡涛等著 .—
南京：东南大学出版社，2016.3
（中国古代建筑精细测绘与营造技术研究丛书）
ISBN 978-7-5641-6312-9

Ⅰ . ①山… Ⅱ . ①徐… Ⅲ . ①寺庙—古建筑—建筑测量—万荣县 Ⅳ . ① TU-092.2

中国版本图书馆 CIP 数据核字（2015）第 314244 号

山西万荣稷王庙建筑考古研究

出版发行 东南大学出版社
社　　址 南京市四牌楼 2 号　邮编 210096
出 版 人 江建中
网　　址 http：//www.seupress.com
策划编辑 戴　丽　姜　来　魏晓平
文字编辑 李成思
美术编辑 余武莉
责任编辑 姜　来

经　　销 全国各地新华书店
印　　刷 北京利丰雅高长城印刷有限公司
开　　本 889 mm × 1194 mm　1/16
印　　张 13.5
字　　数 327 千字
版　　次 2016 年 3 月第 1 版
印　　次 2016 年 3 月第 1 次印刷
书　　号 ISBN 978-7-5641-6312-9
定　　价 168.00 元

本社图书若有印装质量问题，请直接与营销部联系。
电话：025-83791830。